"十二五"职业教育国家规划教材

经全国职业教育教材审定委员会审定

高等职业院校教学改革创新示范教材·计算机系列规划教材

计算机组装、维护与维修
（第3版）

王小磊　主　编

文光斌　王　磊　王小洁　副主编

电子工业出版社

Publishing House of Electronics Industry

北京·BEIJING

内 容 简 介

本书内容涵盖了计算机的硬件和软件知识。硬件部分,重点对计算机各部件的组成、原理、性能参数、测试、选购、维护与维修进行了一系列的讲述,并且对各部件最常见的故障点进行了原理分析,细化到芯片级;软件部分,重点围绕计算机的基础应用,包括对硬盘的分区与格式化、操作系统的安装与优化、虚拟技术的应用、数据的安全与备份进行了全方位的讲述。此外,还介绍了小型网络的管理以及智能手机的管理。

通过对本书的学习,读者既可以掌握计算机的硬件原理和维修知识,也能很好地对计算机操作系统、小型局域网等进行管理和维护,能够让读者成为具备一定专业技术能力的计算机维护、维修专家。本书强调理论与实践相结合,每章都精心安排了实验项目,以培养读者的实际动手能力。

本书可作为普通高校和职业院校的电子信息类、计算机类专业的教材,也适合企事业单位的计算机维护人员和对计算机维护、维修感兴趣的读者阅读。

未经许可,不得以任何方式复制或抄袭本书之部分或全部内容。
版权所有,侵权必究。

图书在版编目(CIP)数据

计算机组装、维护与维修/王小磊主编. —3版. —北京:电子工业出版社,2018.8
ISBN 978-7-121-34760-3

Ⅰ.①计… Ⅱ.①王… Ⅲ.①电子计算机-组装-高等学校-教材②电子计算机-维修-高等学校-教材 Ⅳ.①TP30

中国版本图书馆CIP数据核字(2018)第161133号

策划编辑:程超群
责任编辑:王 炜
印　　刷:三河市良远印务有限公司
装　　订:三河市良远印务有限公司
出版发行:电子工业出版社
　　　　　北京市海淀区万寿路173信箱　邮编100036
开　　本:787×1 092　1/16　印张:22　字数:606千字
版　　次:2011年3月第1版
　　　　　2018年8月第3版
印　　次:2020年7月第5次印刷
定　　价:49.00元

凡所购买电子工业出版社图书有缺损问题,请向购买书店调换。若书店售缺,请与本社发行部联系,联系及邮购电话:(010)88254888,88258888。
质量投诉请发邮件至zlts@phei.com.cn,盗版侵权举报请发邮件至dbqq@phei.com.cn。
本书咨询联系方式:(010)88254577,ccq@phei.com.cn。

　　随着计算机技术的日益普及，计算机硬件发展也日新月异，各行各业都离不开对计算机的使用。因此，各企事业单位迫切需要计算机的维护与维修人员，要求其具有计算机的选购、保养、维护与维修等方面的知识和技能。本书内容涵盖了计算机的硬件和软件知识。硬件部分，重点对计算机各部件的组成、原理、性能参数、测试、选购、维护与维修进行了一系列的讲述，并且对各部件最常见的故障点进行了原理分析，细化到了芯片级；软件部分，重点围绕计算机的基础应用，包括对硬盘的分区与格式化、操作系统的安装与优化、虚拟技术的应用、数据的安全与备份进行了全方位的讲述。此外，还介绍了小型网络的管理以及智能手机的管理。通过对本书的学习，既可以掌握计算机的硬件原理和维修知识，也能对计算机操作系统、小型局域网等进行管理和维护。本书强调理论与实践相结合，每章都精心安排了实验项目，以培养读者的实际动手能力。

　　本书由从事计算机维修和维护多年、具有丰富实践和教学经验的工程师、教师编写而成。书中的故障案例都是在计算机维护与维修中遇到的实际故障，对有意从事计算机维护的技术人员具有较强的针对性，只要按图索骥，就能较快适应工作、轻松排除故障。

　　本书可作为普通高校和职业院校的电子信息类、计算机类专业的教材，也适合企事业单位的计算机维护人员和对计算机维护、维修感兴趣的读者阅读。

　　在本书的改版过程中，编者充分征求了广大用户的意见，特别是深圳职业技术学院计算机工程学院的孙宏伟副院长和邹平辉老师、任定成老师结合教学实践提出了具体的修改建议，同时还得到了深圳职业技术学院计算机工程学院和电子工业出版社的大力支持，对此表示衷心的感谢。

　　本书由深圳职业技术学院王小磊老师担任主编，深圳职业技术学院文光斌、王磊和山西职业技术学院王小洁老师担任副主编，山西职业技术学院王玉洁老师参与编写。其中，文光斌老师编写第1章～第4章，王小磊老师编写第6章～第9章，王磊老师编写第10章～第13章，王小洁老师编写第5章和第14章，王玉洁老师编写第15章和第16章。全书由王小磊统稿。

　　由于编者水平有限，疏漏和不足之处在所难免，敬请广大读者批评指正。

　　编者邮箱：wxl2004@szpt.edu.cn。

编　者

使 用 说 明

一、环境要求

1．硬件要求

本课程是一门动手能力很强的专业技术课，一定要有一个专门的实训室或实验室。对实训室可根据资金情况进行配置，一般应包括如下设施：

各种类型的台式计算机、100Mb/s 交换机、无线路由器、网线、水晶头、网络测试仪等，最好每个机位配一套维修工具（包括万用表、钳子、螺丝刀套装等）。此外，还要配一个高清摄像头，让教师的示范能通过投影展示出来。

2．软件要求

准备 Windows Server 2008、Windows 7、Windows 10、Ubuntu 等常用操作系统软件；测试硬件的 Everest，测试 CPU 的 CPU-Z、SUPER-II，内存测试工具 MemTest86、Microsoft Windows Memory Diagnostic，磁盘工具软件 HD tune、MHDD，分区工具 DiskGenius，备份数据的软件 Ghost，引导光盘制作软件及杀毒和防火墙等软件。

二、授课教师的技术要求

教员应具有计算机维修的知识和经验。如果没有，上课前要精心准备，熟悉有关实训的操作规程，对典型故障要预先实验，熟悉故障现象、故障原因，做到胸有成竹，运用自如。

三、授课方法

每次授课为 2 学时，一般性原理讲解 25 分钟，操作示范 20 分钟，其余时间为学生实训操作。每次学生操作，都要布置一些与操作有关的具体问题，让学生解决并回答这些问题，达到巩固、提高、熟能生巧的效果。对于重大的实训，如拆/装机、操作系统安装与优化、小型网络管理等，可安排一次或两次课。

四、课时安排

本课程根据专业和学生就业需求情况适当安排学时，一般为 40～80 学时，对将来希望从事计算机维护的学生，可视情况适当增加学时。

五、配套资源

本书提供配套教学资源（授课 PPT），需要者可从华信教育资源网（www.hxedu.com.cn）免费下载。编者将陆续提供部分实训操作的授课视频，读者可通过扫描以下二维码（建议在 Wi-Fi 环境下）在线观看：

第 1 章	计算机组装、维护与维修概述 … 1
1.1	计算机的组成 …………………… 1
	1.1.1 计算机的硬件组成 ……… 1
	1.1.2 计算机的软件组成 ……… 3
1.2	计算机的保养与日常维护 ……… 3
	1.2.1 计算机的适用环境 ……… 3
	1.2.2 计算机的正确使用方法 … 4
	1.2.3 主机的清洁 ……………… 5
	1.2.4 硬盘的日常维护 ………… 6
	1.2.5 显示器的保养 …………… 7
	1.2.6 计算机软件系统的日常维护 …………………… 8
1.3	计算机维护、维修的概念 ……… 9
	1.3.1 计算机的维护概念 ……… 9
	1.3.2 计算机的维修 …………… 9
	1.3.3 维护、维修的注意事项 … 10
1.4	计算机维护、维修的工具与设备 …………………………… 11
	1.4.1 常用的维修工具 ………… 11
	1.4.2 常用的维修设备 ………… 12
	1.4.3 万用表的使用方法 ……… 13
	1.4.4 逻辑笔的使用 …………… 17
实验 1 …………………………………… 17
习题 1 …………………………………… 19
第 2 章	计算机的拆卸与组装 ………… 22
2.1	主机的拆卸 ……………………… 22
	2.1.1 主机拆卸应注意的问题 … 22

2.1.2 主机拆卸的步骤 ……… 22
2.2 主机的安装 ……………………… 25
　　2.2.1 主机安装应注意的问题 … 25
　　2.2.2 主机安装的步骤 ……… 25
　　2.2.3 主机安装的过程和方法 … 26
实验 2 …………………………………… 36
习题 2 …………………………………… 37
第 3 章　主板 …………………………… 39
3.1 主板的定义与分类 ……………… 39
　　3.1.1 主板的定义 …………… 39
　　3.1.2 主板的分类 …………… 39
3.2 主板的组成 ……………………… 41
　　3.2.1 主板的芯片组 ………… 42
　　3.2.2 主板 BIOS 和 UEFI 电路 …………………… 50
　　3.2.3 主板的时钟电路 ……… 51
　　3.2.4 主板的供电电路 ……… 52
　　3.2.5 主板 CPU 插座的种类 … 55
　　3.2.6 主板的内存插槽 ……… 56
　　3.2.7 高端主板 Debug 灯的功用 …………………… 58
3.3 主板的总线与接口 ……………… 58
　　3.3.1 总线简介 ……………… 59
　　3.3.2 常见的主板总线 ……… 59
　　3.3.3 主板的常见外部接口 … 62
3.4 主板的测试 ……………………… 63
　　3.4.1 主板测试软件 Everest … 63

  3.4.2　主板测试软件鲁大师……63
 3.5　主板的选购…………………64
  3.5.1　主板选购的原则…………64
  3.5.2　主板选购时需要注意的
     问题……………………64
  3.5.3　原厂主板和山寨主板的
     识别方法………………65
 3.6　主板故障的分析与判断………65
  3.6.1　主板故障的分类…………65
  3.6.2　主板故障产生的原因……66
  3.6.3　主板常见故障的分析
     与排除…………………66
 实验3………………………………68
 习题3………………………………69
第4章　CPU………………………………71
 4.1　CPU的基本构成和工作原理……71
  4.1.1　CPU的基本构成…………71
  4.1.2　CPU的工作原理…………72
 4.2　CPU的分类及命名规则………73
  4.2.1　CPU的分类………………73
  4.2.2　CPU的命名规则…………73
 4.3　CPU的技术指标………………74
 4.4　CPU的封装形式………………80
 4.5　CPU的类型……………………82
  4.5.1　过去的CPU………………82
  4.5.2　目前主流的CPU…………85
  4.5.3　未来即将出现的CPU……96
 4.6　CPU的鉴别与维护……………96
  4.6.1　CPU的鉴别与测试………96
  4.6.2　CPU的维护………………97
 4.7　CPU的常见故障及排除………98
 实验4………………………………99
 习题4………………………………99
第5章　内存储器…………………………101
 5.1　内存的分类与性能指标………101
  5.1.1　内存的分类………………101
  5.1.2　内存的主要性能指标……101
  5.1.3　ROM存储器………………103
  5.1.4　RAM存储器………………104

 5.2　内存的发展……………………105
 5.3　内存的优化与测试……………112
  5.3.1　内存的优化………………112
  5.3.2　内存的测试………………113
 5.4　内存的选购……………………116
  5.4.1　内存组件的选择…………116
  5.4.2　内存芯片的标识…………117
  5.4.3　内存选购要点……………117
 5.5　内存的常见故障及排除………117
 实验5………………………………119
 习题5………………………………119
第6章　外存储器…………………………121
 6.1　硬盘驱动器……………………121
  6.1.1　硬盘的物理结构…………121
  6.1.2　硬盘的工作原理…………122
  6.1.3　硬盘的存储原理及
     逻辑结构………………123
  6.1.4　硬盘的技术指标…………125
  6.1.5　硬盘的主流技术…………127
  6.1.6　硬盘的选购………………127
  6.1.7　硬盘安装需注意的
     问题……………………127
  6.1.8　硬盘的维护及故障
     分析……………………128
 6.2　固态硬盘………………………129
  6.2.1　固态硬盘内部结构………129
  6.2.2　固态硬盘的接口…………130
  6.2.3　固态硬盘与硬盘对比……131
  6.2.4　混合硬盘…………………132
  6.2.5　固态硬盘的选购…………132
  6.2.6　固态硬盘的维护…………132
 6.3　移动硬盘………………………133
  6.3.1　移动硬盘的构成…………133
  6.3.2　移动硬盘的接口…………134
  6.3.3　移动硬盘的保养及故障
     分析……………………134
 6.4　闪存与闪存盘…………………135
  6.4.1　闪存………………………135
  6.4.2　闪存盘……………………136

6.4.3　闪存盘的保养及故障
　　　　　分析 …………………… 136
实验 6 …………………………………… 137
习题 6 …………………………………… 138

第 7 章　显示系统 …………………… 140
7.1　显示系统的组成及工作过程 …… 140
7.2　显示卡 …………………………… 140
　　7.2.1　显示卡的分类 …………… 140
　　7.2.2　显示卡的结构、组成及
　　　　　工作原理 ……………… 141
　　7.2.3　显示卡的参数及主要
　　　　　技术指标 ……………… 148
　　7.2.4　显示卡的新技术 ………… 150
　　7.2.5　安装显示卡需要注意的
　　　　　事项 …………………… 152
　　7.2.6　显示卡的测试 …………… 152
　　7.2.7　显示卡的常见故障与
　　　　　维修 …………………… 153
7.3　显示器 …………………………… 154
　　7.3.1　显示器的分类 …………… 154
　　7.3.2　LCD 显示器的原理 …… 154
　　7.3.3　LCD 显示器的物理
　　　　　结构 …………………… 154
　　7.3.4　LCD 显示器的参数 …… 157
　　7.3.5　显示器的测试 …………… 159
　　7.3.6　显示器的选购 …………… 160
　　7.3.7　显示器的常见故障与
　　　　　维修 …………………… 160
实验 7 …………………………………… 160
习题 7 …………………………………… 161

第 8 章　计算机功能扩展卡 ………… 163
8.1　声卡 ……………………………… 163
　　8.1.1　声卡的工作原理及
　　　　　组成 …………………… 163
　　8.1.2　声卡的分类 ……………… 164
　　8.1.3　声卡的技术指标 ………… 166
　　8.1.4　声卡的选购 ……………… 168
　　8.1.5　声卡的常见故障及
　　　　　排除 …………………… 169

8.2　视频采集卡 ……………………… 169
　　8.2.1　视频采集卡的工作
　　　　　原理 …………………… 169
　　8.2.2　视频采集卡的分类 ……… 170
　　8.2.3　视频采集卡的技术
　　　　　指标 …………………… 170
　　8.2.4　视频采集卡的选购 ……… 170
8.3　网络适配器 ……………………… 171
　　8.3.1　网卡的功能 ……………… 171
　　8.3.2　网卡的分类 ……………… 171
　　8.3.3　网卡的组成 ……………… 174
　　8.3.4　网卡的性能指标 ………… 175
　　8.3.5　网卡的选购 ……………… 175
　　8.3.6　网卡的测试 ……………… 176
　　8.3.7　网卡的故障及排除 ……… 176
　　8.3.8　网线的制作方法 ………… 177
8.4　数据接口扩展卡 ………………… 179
　　8.4.1　数据接口扩展卡的
　　　　　分类 …………………… 179
　　8.4.2　数据接口转换扩展卡的
　　　　　功能 …………………… 180
实验 8 …………………………………… 181
习题 8 …………………………………… 181

第 9 章　电源、机箱、键盘、鼠标、
　　　　　音箱 …………………………… 183
9.1　电源 ……………………………… 183
　　9.1.1　电源的功能与组成 ……… 183
　　9.1.2　电源的工作原理 ………… 183
　　9.1.3　电源的分类 ……………… 184
　　9.1.4　电源的技术指标 ………… 185
　　9.1.5　电源的选购 ……………… 187
　　9.1.6　电源的常见故障与
　　　　　维修 …………………… 187
9.2　机箱 ……………………………… 188
　　9.2.1　机箱的分类 ……………… 188
　　9.2.2　机箱的选购 ……………… 189
9.3　键盘 ……………………………… 190
　　9.3.1　键盘的功能及分类 ……… 190
　　9.3.2　键盘的选购 ……………… 192

9.3.3 键盘的常见故障与
　　　维护……………… 193
9.4 鼠标………………………… 194
　9.4.1 鼠标的分类及原理…… 194
　9.4.2 鼠标的技术指标……… 195
　9.4.3 鼠标的常见故障和维修
　　　方法……………… 196
9.5 音箱………………………… 196
　9.5.1 音箱的组成及工作
　　　原理……………… 197
　9.5.2 音箱的性能指标……… 197
　9.5.3 音箱的选购…………… 198
　9.5.4 音箱的常见故障及
　　　排除……………… 199
实验 9 ………………………… 199
习题 9 ………………………… 200

第 10 章 传统 BIOS 与 UEFI………… 202
10.1 BIOS 概述………………… 202
　10.1.1 上电自检…………… 202
　10.1.2 BIOS 的概念………… 204
10.2 传统 BIOS 引导模式……… 204
10.3 最新 UEFI 引导模式……… 205
　10.3.1 UEFI 构成…………… 205
　10.3.2 UEFI 引导流程……… 205
10.4 传统 BIOS 与 UEFI 的
　　 区别………………… 206
10.5 如何设置 BIOS 与 UEFI…… 207
　10.5.1 常见 BIOS 生产
　　　 厂商………………… 207
　10.5.2 需要进行 BIOS 设置的
　　　 场合………………… 207
　10.5.3 BIOS 参数的设置…… 207
　10.5.4 UEFI 参数设置……… 216
　10.5.5 清除 BIOS 参数的
　　　 方法………………… 219
　10.5.6 BIOS 程序升级……… 220
实验 10 ………………………… 223
习题 10 ………………………… 224

第 11 章 硬盘分区与格式化及操作
　　　 系统安装……………… 226
11.1 硬盘分区与格式化………… 226
　11.1.1 分区与格式化的概念… 226
　11.1.2 硬盘的低级格式化… 227
　11.1.3 硬盘分区…………… 227
　11.1.4 硬盘高级格式化…… 230
　11.1.5 DiskGenius 介绍及
　　　 使用………………… 230
11.2 认识和安装 Windows 操作
　　 系统………………… 234
　11.2.1 Windows 10 的新特性… 235
　11.2.2 Windows 10 的版本… 235
　11.2.3 Windows 10 的硬件
　　　 配置要求…………… 235
　11.2.4 Windows 10 32 位和
　　　 64 位的选择………… 236
　11.2.5 完全安装 Windows 10… 236
实验 11 ………………………… 241
习题 11 ………………………… 241

第 12 章 虚拟化技术………………… 244
12.1 虚拟机技术简介…………… 245
12.2 主流的虚拟机软件………… 246
12.3 虚拟机的安装……………… 247
　12.3.1 安装 VMware
　　　 Workstation………… 247
　12.3.2 创建虚拟机………… 249
　12.3.3 在虚拟机中安装
　　　 ubuntu……………… 252
　12.3.4 安装 VMware Tools… 255
12.4 移动终端系统（iOS、Android）
　　 模拟器………………… 257
实验 12 ………………………… 260
习题 12 ………………………… 260

第 13 章 计算机故障的分析与排除…… 262
13.1 计算机故障的分类………… 262
　13.1.1 计算机硬件故障…… 262
　13.1.2 计算机软件故障…… 262
13.2 计算机故障的分析与排除… 263

13.2.1 计算机故障分析与
　　　　　　排除的基本原则⋯⋯ 263
　　　13.2.2 故障分析、排除的
　　　　　　常用方法⋯⋯⋯⋯⋯ 264
　13.3 常见计算机故障的分析
　　　案例⋯⋯⋯⋯⋯⋯⋯⋯⋯⋯ 265
　　　13.3.1 常见计算机故障的
　　　　　　分析流程⋯⋯⋯⋯⋯ 265
　　　13.3.2 计算机故障综合
　　　　　　案例分析⋯⋯⋯⋯⋯ 275
　实验 13 ⋯⋯⋯⋯⋯⋯⋯⋯⋯⋯⋯ 276
　习题 13 ⋯⋯⋯⋯⋯⋯⋯⋯⋯⋯⋯ 276
第 14 章　Windows 操作系统安全与
　　　　　数据安全⋯⋯⋯⋯⋯⋯ 278
　14.1 Windows 操作系统安全⋯⋯ 278
　　　14.1.1 Windows 操作系统
　　　　　　优化⋯⋯⋯⋯⋯⋯⋯ 278
　　　14.1.2 Windows 防火墙设置⋯ 283
　　　14.1.3 计算机病毒的防治⋯⋯ 285
　　　14.1.4 Windows 系统保护⋯⋯ 288
　14.2 数据安全⋯⋯⋯⋯⋯⋯⋯⋯ 290
　　　14.2.1 数据安全的威胁因素⋯ 290
　　　14.2.2 数据安全的物理措施⋯ 290
　　　14.2.3 数据安全的防护技术⋯ 291
　　　14.2.4 数据的备份方法⋯⋯⋯ 292
　　　14.2.5 使用 Ghost 备份数据⋯ 293
　　　14.2.6 数据恢复概述⋯⋯⋯⋯ 297
　　　14.2.7 用数据恢复软件恢复
　　　　　　数据⋯⋯⋯⋯⋯⋯⋯ 298
　实验 14 ⋯⋯⋯⋯⋯⋯⋯⋯⋯⋯⋯ 300
　习题 14 ⋯⋯⋯⋯⋯⋯⋯⋯⋯⋯⋯ 300
第 15 章　小型网络搭建与维护⋯⋯⋯ 302
　15.1 以无线路由器为中心的家庭
　　　网络⋯⋯⋯⋯⋯⋯⋯⋯⋯⋯ 302
　　　15.1.1 无线路由器⋯⋯⋯⋯⋯ 303
　　　15.1.2 无线路由器的工作
　　　　　　模式⋯⋯⋯⋯⋯⋯⋯ 304
　　　15.1.3 配置无线路由器⋯⋯⋯ 305
　15.2 小型网络故障诊断⋯⋯⋯⋯ 309
　　　15.2.1 网络故障分类⋯⋯⋯⋯ 309
　　　15.2.2 常见网络故障⋯⋯⋯⋯ 312
　15.3 特殊环境下的网络组建⋯⋯ 314
　　　15.3.1 计算机网络共享⋯⋯⋯ 314
　　　15.3.2 手机网络共享⋯⋯⋯⋯ 315
　　　15.3.3 利用"蓝牙"组建
　　　　　　网络⋯⋯⋯⋯⋯⋯⋯ 316
　实验 15 ⋯⋯⋯⋯⋯⋯⋯⋯⋯⋯⋯ 317
　习题 15 ⋯⋯⋯⋯⋯⋯⋯⋯⋯⋯⋯ 317
第 16 章　智能手机⋯⋯⋯⋯⋯⋯⋯⋯ 320
　16.1 智能手机的概述⋯⋯⋯⋯⋯ 320
　　　16.1.1 智能手机的特点⋯⋯⋯ 320
　　　16.1.2 智能手机的操作系统⋯ 321
　　　16.1.3 智能手机的构成⋯⋯⋯ 322
　　　16.1.4 智能手机的技术指标⋯ 325
　　　16.1.5 智能手机的日常维护⋯ 326
　16.2 智能手机的管理⋯⋯⋯⋯⋯ 326
　　　16.2.1 利用软件管理智能
　　　　　　手机⋯⋯⋯⋯⋯⋯⋯ 326
　　　16.2.2 利用计算机管理智能
　　　　　　手机⋯⋯⋯⋯⋯⋯⋯ 330
　　　16.2.3 智能手机的特殊设置⋯ 337
　实验 16 ⋯⋯⋯⋯⋯⋯⋯⋯⋯⋯⋯ 337
　习题 16 ⋯⋯⋯⋯⋯⋯⋯⋯⋯⋯⋯ 338
参考文献⋯⋯⋯⋯⋯⋯⋯⋯⋯⋯⋯⋯ 340

第 1 章
计算机组装、维护与维修概述

本章简要介绍计算机的硬、软件组成及作用，计算机维护与维修的概念及基本方法，计算机维护与维修的常用工具及使用方法。

1.1 计算机的组成

计算机的种类繁多，包括微型计算机（个人计算机、台式计算机）、服务器及工控机等，甚至移动电话和智能电子设备也可归属于计算机的范围，因为它们都拥有 CPU、存储器和操作系统等计算机必备的要素。无论何种计算机都是由硬件和软件两大部分组成的。所谓计算机硬件是指组成计算机的显示器、CPU、主板、内存等物理设备；软件是指计算机运行的程序，包括操作系统、应用软件等。本书所讲的计算机除特殊说明外，一般情况下都是指台式计算机。

1.1.1 计算机的硬件组成

计算机的硬件主要由主机、显示器等物理设备组成，其组成关系如图 1-1 所示，实物如图 1-2 所示。

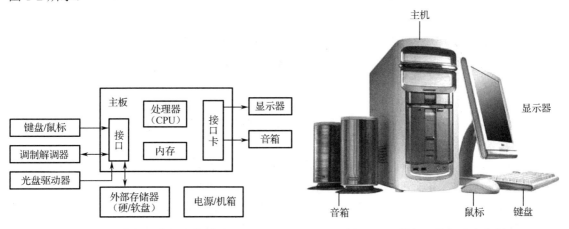

图 1-1　计算机硬件组成关系图　　　　图 1-2　计算机硬件组成实物图

1. 主机

主机是由机箱、电源、主板、软驱（光驱）、硬盘、内存、CPU 及各种接口卡（如显卡、声卡）等组成，下面分别讲述各主要部件的功用。

（1）机箱。它是主机的外壳，主要用于固定主机内部各个部件并对其起到保护的作用。它的内部有安装固定驱动器的支架、机箱面板上的开关、指示灯，以及系统主板所用的紧固件等。

（2）电源。安装在机箱内的直流电源，是一个可以提供五种（+3.3V、+5V、-5V、+12V、-12V）直流电压的开关稳压电源，电源本身具有能对电源内部进行冷却的风扇。电源的作用就是将外部的交流电（AC）转换成为计算机内部工作所需要的直流电（DC）。

（3）主板。主板（Motherboard）是计算机系统中最大的一块电路板，又被称为系统板，是安装在机箱底部的一块多层印制电路板。计算机所有的硬件都是通过主板连接在一起的，它的稳定直接影响到整个计算机系统的性能。主板上的插槽、接口有很多，计算机的各个部件就是安装在这些插槽和接口里的。具体来说，主板上提供的插槽有用来安装 CPU 的 CPU 插槽，安装显卡的 PCI-E 16X（32X）插槽，安装声卡、网卡、内置 Modem 卡等设备的 PCI 和 PCI-E 1X 插槽。主板的接口有 SATA、M.2、U.2 接口，可以连接 SATA 接口的硬盘或光驱及 M.2、U2 接口的固态硬盘；PS/2 接口，可以接键盘和鼠标；还有 USB、VGA、DVI、Display Port、RJ45、HDMA、音频信号等输入、输出接口等。总之，主板是各种部件和信号的连接中枢，其质量的好坏，直接影响计算机的性能和稳定。

（4）CPU。CPU（Central Processing Unit，中央处理器），它是计算机中最重要的一个部分，是计算机的心脏，早期的 CPU 由运算器和控制器组成，现在的 CPU 还包含存储电路、显示电路，接口电路，甚至还有人工智能电路。CPU 性能直接决定了计算机的性能。根据 CPU 内运算器的数据宽度，通常会把它分为 8 位、16 位、32 位和 64 位几种类型。目前市场上的 CPU 基本上都是 64 位的。

（5）内存。内存是存储器的一种，存储器是计算机的重要组成部分，按其用途可以分为主存储器（Main Memory，主存）和辅助存储器（Auxiliary Memory，辅存）。主存又称为内存储器（内存），辅存又称为外存储器（外存）。外存主要有 SSD（Solid State Drives，固态硬盘）和磁性介质的硬盘或光盘，能长期保存信息，并且不依赖通电来保存数据。内存的功能是用来存放程序当前所要用的数据，其存取速度快，但容量小。通常 CPU 的操作都需要经过内存，从内存中提取程序和数据，当计算完后再将结果放回内存，所以内存是计算机不可缺少的一个部分。

（6）存储工具。计算机中的存储工具就是常用的计算机外部存储器，具有存储信息量大、存取方便、信息可以长期保存等特点。一般来说，就是人们经常使用的硬盘、U 盘以及光盘等。硬盘也是计算机中一个不可缺少的组成部分，主要有磁介质硬盘和固态硬盘。硬盘是最常用的数据存储介质，计算机的操作系统和应用程序等都是存储在硬盘里的，硬盘的容量通常以 GB 为单位。光盘驱动器就是光驱，它以光盘为存储介质，具有存储量大、价格便宜、容易携带、保存方便等特点，因此它的应用面极广。U 盘，全称 USB 闪存驱动器，英文名"USB flash Disk"。它是一种使用 USB 接口的无须物理驱动器的微型高容量移动存储产品，通过 USB 接口与计算机连接，实现即插即用，具有价格便宜、携带方便的特点。

（7）各类板卡。计算机中，还有许多因为特殊需求而设的板卡，比如显示卡、声卡、网卡、SSD 硬盘 PCI-E 卡、内置 Modem 卡等。这些卡都是通过主板的扩展槽与计算机连接在一起发挥作用的。

2. 显示器

显示器是计算机各个部件中寿命最长的。一般来说，根据它的显示色彩可以分为单色显示器和彩色显示器；按照它的显示硬件的不同可以分为阴极射线管显示器（Cathode Ray Tube，CRT）和等离子显示器（Plasma Display Panel，PDP）及液晶显示器（Liquid Crystal Display，LCD）。前两种现在已淘汰。显示器是用于输出各种数据和图形信息的设备。显示器的扫描方式分为逐行扫描和隔行扫描两种，逐行扫描比隔行扫描有更加稳定的显示效果，因此，隔行扫描的显示器已经逐步被市场淘汰。刷新率就是指显示器工作时，每秒屏幕刷新的次数，刷新率越高，图像的稳定性就越好，工作时也就越不容易感到疲劳。

总的来说，在计算机中，CPU 负责指令的执行；存储器负责存放信息；输入、输出设备则负责信息的收集与输出。

1.1.2 计算机的软件组成

计算机软件（Computer Software）是指计算机系统中的程序及文档。程序是对计算任务的处理对象和处理规则的描述；文档是为了便于了解程序所需的阐明性资料。软件是用户与硬件之间的接口界面，用户主要是通过软件与计算机进行交流。软件一般是由系统软件和应用软件组成的。

1．系统软件

系统软件是负责管理计算机系统中各种独立的硬件，使其可以协调工作。它为计算机的使用提供了最基本的功能，但是并不针对某一特定应用领域。系统软件包括操作系统和一系列（如编译器、存储器格式化、文件系统管理、用户身份验证、驱动管理、网络连接等）基础软件。常见的操作系统有：

（1）DOS 操作系统。DOS 操作系统是单用户、单任务的文本命令型操作系统，版本有 DOS 1.0~7.0，是 PC 最早、最简单的操作系统，计算机的一些维修工具软件经常要用到它。

（2）Windows 操作系统。Windows 是多用户、多任务、图形命令型的操作系统，版本有 Windows 32、Windows 98、Windows ME、Windows 2000、Windows XP、Windows VISTA、Windows 7、Windows 8、Windows 10、Windows NT、Windows SEVER 2000、Windows SERVER 2003、Windows SEVER 2008、Windows SEVER 2012 等。

（3）Linux 操作系统。Linux 是一个新兴的操作系统，它的优点在于其程序代码完全公开，可免费使用。内核基于 Linux 的嵌入式软件系统有很多，如国内中标麒麟的 Linux、国外 Google 公司的 Android 操作系统等。

2．应用软件

应用软件是为了某种特定的用途而开发的软件。它可以是一个特定的程序（如图像浏览器），可以是一组功能联系紧密互相协作的程序集合（如微软的 Office 软件），还可以是一个由众多独立程序组成的庞大软件系统（如数据库管理系统）。较常见的应用软件有文字处理软件（如 WPS、Word 等）、信息管理软件、辅助设计软件（如 AutoCAD）、实时控制软件、教育与娱乐软件等。

1.2 计算机的保养与日常维护

计算机是高精密的电子设备，除了正确使用外，日常的维护保养也十分重要。大量的故障都是由于缺乏日常维护或者维护方法不当而造成的。本节主要介绍计算机的适用环境、计算机的正确使用方法、主机的清洁、硬盘的日常维护、显示器的保养和计算机软件系统的日常维护。

1.2.1 计算机的适用环境

要保证计算机系统能稳定可靠地工作，就必须使其处于一个良好的工作环境。计算机的工作环境即外部的工作条件，包括温度、湿度、清洁度、交流电压、外部电磁场干扰等。

（1）温度。计算机对环境温度要求不高，在通常的室温下均可工作，室内温度一般应保持在 10~30℃。当室温过高时，会使 CPU 工作温度升高，导致死机。可以采用安装空调、风扇等方法降低室内温度，或者用加大 CPU 风扇的功率、增加机箱风扇的办法给 CPU 降温。当室温过低时，会造成硬盘等机械部件工作不正常，可以在室内加装取暖设备，以提高室内温度。

（2）湿度。计算机所在房间的相对湿度一般应保持在 45%～65%之间。如果相对湿度超过 80%，则机器表面容易结露，可能引起元器件漏电、短路、打火、触点生锈、导线霉断等情况发生；若相对湿度低于 30%，则容易产生静电，可能损坏元器件、破坏磁盘上的信息等。有条件的可以在室内安装除湿机，也可以通过多开门窗，多通风来到解决这个问题。

（3）清洁度。清洁度指计算机所在房间空气的清洁程度。如果空气中尘埃过多，将会附着在印制电路板、元器件的表面，可能会引起元器件的短路、接触不良等情况，也容易吸收空气中酸性离子而腐蚀焊点。因此，室内要经常打扫卫生，及时清除积尘。有条件的地方室内可进行防尘处理，如购置吸尘器、穿拖鞋、密闭门窗、安装空调等。

（4）交流电压。在我国计算机的电源均使用 220V、50Hz 的交流电源。一般要求交流电源电压的波动范围不超过额定值的±10%，如果电压波动过大，会出现计算机工作不稳定的情况。因此，当电压不能满足要求时，就应考虑安装交流稳压电源，以提供稳定的 220V 交流电压。

（5）外部电磁场干扰。计算机都有一定的抗外部电磁场干扰的能力。但是，过强的外部干扰电磁场会给计算机带来很大的危害，可能导致内存或硬盘存储的信息丢失、程序执行混乱、外部设备误操作等。

1.2.2 计算机的正确使用方法

个人使用习惯对计算机的影响很大，有时会因为使用不当，对计算机造成很大的损坏，因此掌握计算机的正确使用方法是十分必要的。

（1）按正确的顺序开、关计算机。计算机正确的开机顺序是先打开外部设备（如打印机、扫描仪等）电源，再打开显示器电源，最后打开主机电源。而关机的顺序则相反，先关闭主机电源，再关显示器电源，最后关闭外部设备电源。这样做能尽可能地减少对主机的损害，因为任何电子设备在开、关机时都会产生瞬时冲击电流，对通电的设备影响较大，而主机最为娇贵，因此后开主机、先关主机能有效消除其他设备在开、关机时产生的瞬时冲击电流对主机的伤害。

（2）不要频繁地开、关机，避免非法关机，尽量少搬动计算机。频繁地开、关机对计算机各配件的冲击很大，尤其是对硬盘的损伤最为严重。一般关机后距离下一次开机的时间，至少要隔 10 秒。特别要注意在计算机工作时，应避免进行非法关机操作，如在计算机读/写数据时突然关机，很可能会损坏硬盘。更不能在计算机工作时进行搬动，即使在计算机没有工作时，也要尽量避免搬动，因为过大的振动会对硬盘等配件造成损坏，也有可能造成内存条、显卡等的松动。

（3）按正确的操作规程进行操作。对计算机进行配置等操作时，一定要搞清楚每一步操作对计算机的影响。许多故障都是由于操作和设置不当引起的，如在 BIOS 设置时禁用硬盘，开机时肯定是启动不了操作系统的；若在"设备管理"中删除了网络适配器或者其驱动程序，就会导致不能访问网络。因此，在操作计算机时，必须按操作规程和正确的方法进行，有不懂的地方，一定要弄清楚以后再操作。否则，乱操作会导致故障频出，甚至会出现数据丢失、硬件损坏的严重后果。

（4）重要的数据要备份，经常升级杀毒软件，及时更新系统补丁。对重要的数据要及时备份，因为计算机的数据都保存在硬盘中，一旦硬盘损坏，数据将难以恢复。由于硬盘是机电部件，随时都有发生故障的可能，因此，对重要数据要多备份，这样即使硬盘损坏，也可以修复或更换硬盘，重装系统后，导入备份的数据，就可以使工作正常进行，将造成的损失减到最小。

由于新的计算机病毒不断涌现，因此，应及时更新防病毒软件的病毒库，这样才能防止计算机病毒对其的破坏或者把破坏降到最小。系统补丁是对系统漏洞的修复，能够有效地防止病毒和人为攻击。

（5）USB 存储器要先进行"安全删除硬件"操作后才能拔出。如果直接拔出 USB 存储器，可能会导致 USB 存储器中数据丢失。

（6）长时间离开时，要关机、断电。计算机长时间工作时，电源变压器和 CPU 温度都会升高，如果因某些不可预知的原因（如市电升高）使变压器温度突然升高，会导致电源变压器、CPU 等重要元器件烧毁，甚至会引发火灾。因此，长时间离开计算机时，一定要关机、断电。

1.2.3 主机的清洁

计算机主机一般是封闭在机箱内的，通过散热风扇和散热孔和外界交换空气。由于机箱内的温度一般会比外面高，导致空气中的灰尘容易吸附到主机的元器件上，如果灰尘过多，会引发接触不良、短路、打火等故障。因此，必须及时对主机进行清洁。

1．机箱内的除尘

对于机箱内表面上的积尘，可用拧干的湿布擦拭，擦拭完毕后用电吹风吹干水渍，否则元器件表面会生锈；也可以用皮老虎吹灰；有条件的还可以用空压机的风枪或专门的主板吹灰机除尘，这样效果更好。

2．插槽、插头、插座的清洁

清洁插槽包括对各种总线（PCI、PCI-E、M.2）扩展插槽、内存条插槽和各种驱动器接口插头、插座等的清洁。插槽内的灰尘一般先用油画笔清扫，然后再用吹气球、皮老虎、电吹风等吹风工具吹尽灰尘。插槽内金属接触脚如有油污，可用脱脂棉球蘸上计算机专用清洁剂或无水乙醇去除。计算机专用清洁剂多为四氯化碳加活性剂构成，涂抹去污后清洁剂能自动挥发。购买清洁剂时要注意检查两点：

（1）挥发性能越快越好；

（2）用 PH 试纸检查其酸碱性，要求呈中性，如呈酸性则对板卡有腐蚀作用。

3．CPU 风扇的清洁

对于较新的计算机，CPU 风扇一般不必取下，直接用油漆刷或者油画笔扫除灰尘即可；而较旧的计算机 CPU 风扇上积尘较多，一般需取下清扫。取下 CPU 风扇后，即可为风扇和散热器除尘，注意散热片的缝中有很多灰尘，一定要仔细清扫。清洁 CPU 风扇时注意不要弄脏 CPU 和散热片结合面间的导热硅胶，如果弄脏或弄掉了导热硅胶，要用新的导热硅胶在 CPU 的外壳上均匀涂抹一层。否则，会导致 CPU 散热不好，引起计算机运行速度慢，甚至死机。

4．清洁内存条和显示适配卡

对内存条和各种适配卡的清洁包括除尘和清洁电路板上的金手指。除尘用油画笔清扫即可。金手指是电路板和插槽之间的连接点，如图 1-3 所示。

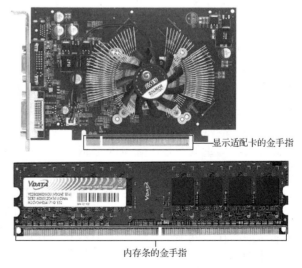

图 1-3　显示适配卡和内存条的金手指

金手指如果有灰尘、油污或者被氧化均会造成接触不良。内存接触不良，计算机就会没有显示，并发出短促的"嘟嘟"声；显卡接触不良，会发出长长的"嘟"声。解决的方法是用橡皮或软棉布蘸无水酒精擦拭金手指表面的灰尘、油污或氧化层，切不可用砂纸类的东西擦拭金手指，这样会损伤其极薄的镀层。

1.2.4 硬盘的日常维护

硬盘是计算机中最重要的数据存储介质，其高速读取和大容量有效数据的存储性能是任何载体都无法比拟的。由于硬盘技术的先进性和精密性，所以一旦硬盘发生故障，就会很难修复，导致数据的丢失。因此，只有正确地维护和使用，才能保证硬盘发挥最佳性能，减少故障的发生概率。平时对硬盘的维护和使用，一定要做到如下几点。

（1）不要轻易进行硬盘的低级格式化操作，避免对盘片性能带来不必要的影响。低级格式化过多，会缩短硬盘的使用寿命。

（2）避免频繁的高级格式化操作，高级格式化过多同样会对盘片性能带来影响。在不重新分区的情况下。可采用加参数"Q"的快速格式化命令（快速格式化只删除文件和目录）进行操作。

（3）硬盘的盘片如出现坏道，即使只有一个簇都有可能具有扩散的破坏性。因此，硬盘在保修期内应尽快找商家更换或维修，如已过保修期，则应尽可能减少格式化硬盘，减少坏簇的扩散，也可以用专业的硬盘工具软件把坏簇屏蔽掉。

（4）硬盘的盘片安装及封装都是在无尘的超净化车间装配的，切记不要打开硬盘的盖板，否则，灰尘进入硬盘腔体可能使磁头或盘片损坏，导致数据丢失。即使硬盘仍可继续使用，其寿命也会大大缩短。

（5）硬盘的工作环境应远离磁场，特别是在硬盘使用时，严禁振动或带电插拔硬盘。

（6）对硬盘中的重要文件特别是应用于软件的数据文件要按一定的策略（如按文件的重要性决定备份的时间间隔）进行备份工作，以免因硬件故障、软件功能不完善、误操作等造成数据损失。

（7）建立 Rescue Disk（灾难拯救）盘。使用 Norton Utilities 等工具软件将硬盘分区表、引导记录及 CMOS 信息等保存到 U 盘或光盘中，以防丢失。

（8）及时删除不再使用的文件、临时文件等，以释放硬盘空间。

（9）经常进行系统自带的"磁盘清理""磁盘碎片整理程序"操作，以回收丢失簇（扇区的整数倍）和减少文件碎片。所谓丢失簇是指当一个程序的执行被非正常中止时，可能会引起一些临时文件没有得到正常的保存或删除，结果造成文件分配单位的丢失。日积月累，丢失簇会占据很大的硬盘空间。文件碎片是指文件存放在不相邻的簇上，通过"磁盘碎片整理程序"可以尽可能地把文件存放在相邻的簇上，达到减少文件碎片，提高访问速度的目的。

（10）合理设置虚拟内存。所谓虚拟内存是在硬盘中分出一部分容量，当作内存来使用，以弥补内存容量的不足。虚拟内存越大，计算机处理文件的速度就越快，但如果设置过大则会影响硬盘存储文件的容量。

（11）操作系统应该安装到固态硬盘（SSD）上，以提高计算机的运行效率。

（12）由于固态硬盘闪存具有擦写次数限制的问题，也就是说固态硬盘是有寿命的，固态硬盘内部闪存完成擦写一次叫作 1P/E，闪存的寿命就以 P/E 为单位，根据闪存类型不同，一般寿命为 1000～5000P/E。因此，对固态硬盘维护的核心就是要减少擦写的次数，延长寿命。为此，在平常使用中要做到如下几点。

①不要关闭页面交换文件（虚拟内存），这会让系统更频繁地读取硬盘，也会导致很多大型软件报内存不足的错误。

②不要关闭 SuperPrefetch，系统会根据用户的使用习惯将相关文件预读到内存中，而不是频繁地读取硬盘。

③如果已经安装了可靠的杀毒软件，可以禁用 Windows Defender，以提高 SSD 性能。

④注意不要把下载软件和网络视频软件的缓存目录放在 SSD 上。

⑤使用 AHCI 磁盘模式，并注意更新磁盘控制器驱动。

⑥Windows 系统定期使用磁盘维护功能对 SSD 进行维护，也可以通过 SSD 厂商提供的 Toolbox 做维护工作。

⑦使用高质量 SATA 线，避免出现 CRC 校验错误。

⑧尽量少用磁盘性能测试软件对 SSD 进行测试，每次测试都会写入大量数据。

⑨重装系统时最好能做一次 Secure Erase，对 SSD 做全盘擦除，恢复 SSD 的初始性能。

⑩安装系统时，尽量使用系统安装程序的分区工具进行分区，并保留 Windows 默认的隐藏分区，实现 4K 扇区对齐。

1.2.5 显示器的保养

显示器的使用寿命可能是计算机所有部件中最长的，有的计算机主机已经换代升级甚至被淘汰，而显示器依然能有效地工作。但如果在使用过程中不注意妥善保养显示器，将大大缩短其可靠性和使用寿命。要想正确地保养显示器，必须做到如下几点。

1. 注意防湿

潮湿的环境是显示器的大敌。当室内湿度保持在 30%～80% 时，显示器都能正常工作。当湿度大于 80%时，可能会导致机内元器件生锈、腐蚀、霉变，严重时会导致漏电，甚至使电路板短路；当室内湿度小于 30%时，会在某些部位产生静电干扰，内部元器件被静电破坏的可能性增大，会影响显示器的正常工作。因此显示器必须注意防潮，特别是在梅雨季节，不用显示器，也要定期接通计算机和显示器的电源，让计算机运行一段时间，以便加热元器件，驱散潮气。

2. 防止灰尘进入

灰尘进入显示器的内部，会长期积累在显示器的内部电路、元器件上，影响元器件散热，使其温度升高，产生漏电而烧坏元器件。另外，灰尘也可能吸收水分，腐蚀电路，造成一些莫名其妙的问题。所以灰尘虽小，但对显示器的危害是不可低估的。因此需要将显示器放置在清洁的环境中，最好再给显示器买一个专用的防尘罩，关机后及时用防尘罩罩上。平时清除显示器屏幕上的灰尘时，一定要关闭电源，还要拔下电源线和信号电缆线，然后用柔软的干布小心地从屏幕中央向外擦拭。千万不能用酒精之类的化学溶液擦拭，因为化学溶液会腐蚀显示屏幕；更不能用粗糙的布、硬纸之类的物品来擦拭显示屏，否则会划伤屏幕；也不要将液体直接喷到屏幕上，以免水汽侵入显示器内部。对于液晶显示器擦拭时不要用力过大，避免损伤屏幕。显示器外壳上的灰尘，可用毛刷、干布等清洁。

3. 避免强光照射

强光照射对显示器的危害往往容易被忽略，显示器的机身受强光照射的时间长了，容易老化变黄，而液晶屏在强光照射下也会老化，降低发光效率。发光效率降低以后，在使用时不得不把显示器的亮度、对比度调得很高，这样会进一步加速老化，最终的结果将导致显示器的寿命大大缩短。为了避免造成这样的结果，必须把显示器摆放在日光照射较弱或没有光照的地方，或者挂上窗帘来减弱光照强度。

4．保持合适的温度

保持显示器周围空气畅通、散热良好是非常重要的。在过高的环境温度下，显示器的工作性能和使用寿命将会大打折扣。某些虚焊的焊点可能由于焊锡熔化脱落而造成开路，使显示器工作不稳定，同时元器件也会加速老化，轻则导致显示器"罢工"，重则可能击穿或烧毁其他元器件。温度过高还会引起变压器线圈发热起火。因此，一定要保证显示器周围有足够的通风空间，使其能散发热量。在炎热的夏季，如条件允许，最好把显示器放置在有空调的房间中，或用电风扇降温。

5．其他需要注意的问题

（1）在移动显示器时，不要忘记将电源线和信号线拔掉。拔电源线和信号线时，应先关机，以免损坏接口电路的元器件。

（2）如果显示器与主机信号连线接触不良，将会导致显示颜色减少或者不能同步；插头的某个引脚弯曲，可能会导致显示器不能显示颜色或者偏向一种颜色，或者可能导致屏幕上下翻滚，重则不能显示内容。所以插拔信号电缆时应小心操作，注意接口的方向。若接上信号电缆后有偏色等现象发生，应该检查线缆接头并小心矫正已经弯曲的针脚，避免折断。

（3）显示器的线缆拉得过长，会造成信号衰减，使显示器的亮度变低。

（4）虽然显示器的工作电压适应范围较大，但也可能由于受到瞬时高压冲击而造成元器件损坏，所以尽可能使用带熔断器（保险丝）的插座。

1.2.6 计算机软件系统的日常维护

计算机除了硬件要正确使用之外，软件系统的日常维护保养也是十分重要的。大量的软件故障都是由于日常使用或者维护方法不当造成的，因此，掌握计算机软件系统的日常维护方法是十分必要的。

1．计算机软件系统的工作环境

要使计算机稳定可靠地运行程序，除了要满足程序对硬件的要求外，还要配置合适的软件环境。一个程序需要在哪种及哪个版本的操作系统下运行、如何配置各个系统参数、如何配置内存、需要哪些驱动程序或驱动库的支持等，都是该程序所需要的软件环境。需要指出的是软件工作环境不符合要求是引起软件故障的重要原因之一。因此，安装软件时一定要按顺序安装，否则，会造成软件安装冲突，导致软件不能安装，甚至会引起死机。正确的安装顺序是先装操作系统，再装硬件驱动程序，然后再装支撑软件（如数据库、工具软件等），最后装应用软件。此外，关机时必须先关闭所有的程序，再按正确的顺序退出关机，否则有可能破坏应用程序。

2．计算机软件系统的日常维护内容

（1）病毒防治。计算机病毒是计算机系统的杀手，它能感染应用软件、破坏系统，甚至有的病毒还能毁坏硬件。因此，必须安装防病毒软件，并实时开启、及时升级病毒库、及时查杀新出现的病毒。

（2）系统备份。把装有操作系统的分区（系统所在的盘），如 C 盘，用 GHOST 等软件，做成一个映像文件，备份到其他分区。如有某些不可预知的原因一旦造成系统崩溃或损坏，就能用备份的映像文件很快地恢复系统。对硬盘参数、分区表、引导记录等系统文件也要做好备份，以便在发生系统故障时能恢复计算机的正常工作。

（3）计算机操作系统的维护。为了保证操作系统稳定安全的运行，有必要对操作系统进行维护，包括及时升级操作系统补丁程序、及时删除临时文件及一些垃圾文件、及时进行磁盘碎片整理，这样才能使操作系统稳定、安全、可靠地工作。

（4）开启防火墙软件。要实时开启防火墙软件，以防御木马程序和黑客的攻击。

1.3 计算机维护、维修的概念

计算机的维护、维修，就是对计算机系统各硬件组成和各软件组成进行日常维护保养，当系统出现故障时，能迅速判断故障部位，准确、果断地排除故障，尽快恢复计算机系统的正常运行。

1.3.1 计算机的维护概念

计算机的维护就是对计算机系统的各组成部分的软、硬件进行日常保养，定期调试各参数，及时对计算机系统软件进行日常整理与升级，使其处于良好的工作状态。计算机维护包括硬件的清洁、性能参数的调整、驱动程序和操作系统的升级与补丁的更新、病毒的及时查杀和防病毒软件的及时更新等工作。

1.3.2 计算机的维修

1．维修的定义

计算机的维修是指对计算机系统的各组成部分的硬件、软件损伤或失效等原因造成的故障，进行分析、判断、孤立、排除，恢复系统正常运行的操作。

2．计算机硬件的一级维修与二级维修

一级维修是指在计算机出现故障后，通过软件诊断及测量观察确定故障原因或故障部件，对硬件故障通过更换板卡的方法予以排除，也称板卡级维修。二级维修是由有一定维修经验的硬件技术人员，负责修复一级维修过程中替换下来的坏卡或坏设备，通过更换芯片、元器件及修复故障部件的方法所进行的工作，又称为芯片级维修。本书主要讲述一级维修，而二级维修只对各部件最常见的故障点进行原理分析，孤立到了元器件。这样既使读者对常见故障达到了芯片级的维修水平，又不必花费很多的时间学习各部件的原理及电子线路。

3．维修的三个过程

（1）故障分析判断。依据故障现象，对故障的原因和大致部位做出初步估计。

（2）故障查找定位。指通过运用多种有效的技术手段和方法找到故障的具体位置和主要原因的操作过程。

（3）修理恢复，排除故障。

4．维修的一般步骤

计算机维修的一般步骤是由系统到设备、设备到部件、部件到器件、器件到故障点。

（1）系统到设备。指当计算机系统出现故障时，首先要进行综合分析，然后检查判断是系统中哪个设备的问题。对于一个配置完整的大系统而言，出现故障后，首先需要判断是主机、显示器、网络还是其他外部设备的问题，通过初步检查将查找故障的重点落实到某一设备上。该步检查主要是确定以设备为中心的故障大范围。如是网络不通的故障，要判断出到底是网络设备、网线的问题还是计算机本身的问题。

（2）设备到部件。指初步确定有故障的设备，对产生故障的具体部件进行检查判断，将故障孤立定位到故障设备的某个具体部件的过程。这一步检查，对复杂的设备来说，常常需要花费很多时间。为使分析判断比较准确，要求维修人员对设备的内部结构、原理及主要部件的功能应有较深入的了解。假如故障设备初步判断为主机，则需要对与故障相关的主机箱内的有关部件做重点检查；若电源电压不正常，则要检查机箱电源输出是否正常；若计算机不能正常引导，则检查的内容更多、范围更宽，故障可能来自电源电压不正常，可能来自CPU、内存条、主板、显卡等硬件问题，也可能来自CMOS参数设置不当等方面。

（3）部件到器件。当查出故障部件后，作为板卡级维修，据此可进行更换部件的操作。但有时为了避免浪费，或一时难以找到备件等原因，不能对部件做整体更换时，需要进一步查找到部件中有故障的器件，以便修理更换。这些器件可能是电源中的整流管、开关管、滤波电容或稳压器件，也可能是主板上的CPU供电电路、时钟电路的器件等。这一步是指从故障部件（如板、卡、条等）中查找出故障器件的过程。进行该步检查常常需要采用多种诊断和检测方法，使用一些必需的检测仪器，同时需要具备一定的电子方面的专业知识和技能。

（4）器件到故障点。指对重点怀疑的器件，从其引脚功能或形态的特征（如机械、机电类元器件）上找到故障位置的操作过程。但该步检查常因器件价廉易得或查找费时费事得不偿失而放弃，若能对故障做进一步的检查和分析，对提高维修技能必将很有帮助。

以上对故障检查孤立分析的步骤，在实际运用时完全取决于维修者对故障分析、判断的经验和工作习惯。从何处开始检查，采用何种手段和方法检查，完全因人而异，因故障而异，并无严格规定。

1.3.3 维护、维修的注意事项

计算机维修时，一定要做到沉着、冷静，胆大心细。要注意安全，切莫慌乱，粗枝大叶，造成不必要的损失，甚至事故。具体来说要做到如下几点。

（1）注意维修场所的安全。维修时一定要把维修台的工具、仪器、待修计算机及部件等摆放整齐有序，放好放牢，以防脱落、伤人、伤设备。要注意不要触及电烙铁、热风枪等发热工具，以防灼伤。

（2）严禁带电插拔。动手维修时，首先要做的就是断电，注意一定要拔掉电源线，如果只关机，主机电源仍有5V电压输出。若没有断电就去插拔内存条等部件，会造成短路起火、烧毁部件的严重后果。

（3）对于严重故障，应查清原因再通电。如果贸然通电，会使故障进一步扩大，烧毁更多的元器件。

（4）在故障排除后，一切都要复原。要养成良好的习惯和严谨的工作作风，每次故障排除后，一定要把各种仪器、工具都整理好，主机装好，清理好工作台才能离开。

（5）使用仪器仪表，应正确选择量程和接入极性。在使用仪器仪表测试硬件参数时，一定要遵守操作规程，正确选择量程和接入极性，否则可能会造成严重的后果。如误用万用表的电阻挡测量主板CPU电压时，相当于CPU的供电电压经过万用表中一个很小的内阻短路到地，不但会烧毁万用表中的电路，而且会烧毁主板上CPU的供电电路，甚至烧毁CPU。

（6）开机箱前注意是否过了保修期。品牌计算机的保修期为1～3年，在保修期内厂商一般免费保修和更换部件。在机箱盖与箱体的连接处都有厂商贴的防开启的不干胶封签，一旦损坏，厂商就不会保修了。

（7）开机箱前要先释放静电。由于静电很容易击穿集成电路，因此，进行维修前必须先放掉手上的静电。具体做法是用手触摸机箱的金属外表或房间里的水管，或者洗手，最安全的还是佩戴防静电手环。

（8）各部件要轻拿轻放。板卡尽量拿边缘，不要用手触摸金手指和芯片，以防止金手指氧化和静电击穿芯片。

（9）拆卸时要记住各接线的方向与部位。特别是主板与机箱面板的连接线较多，最好在拆机时用笔记录好各连接线的位置，否则安装时会造成连线接错，导致人为故障的产生。

（10）用螺钉固定部件时，一定要对准位置，各部件放置正确后再拧，不要用蛮力，否则，轻则会使螺钉剐丝，重则会损坏部件。

1.4 计算机维护、维修的工具与设备

维护、维修计算机时，必须要有维护、维修的工具与设备，否则是"巧媳妇难为无米之炊"，即使维修水平很高，但打不开机箱、没有工具软件，也只能"望机兴叹"。因此，掌握维修工具、工具软件及设备的使用方法，对提高计算机的维护水平和维修技能来说是十分重要的。

1.4.1 常用的维修工具

计算机常用的维修工具如图1-4、图1-5和图1-6所示。

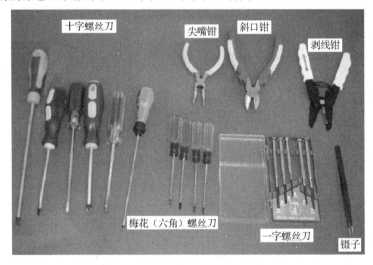

图1-4 各种拆卸工具

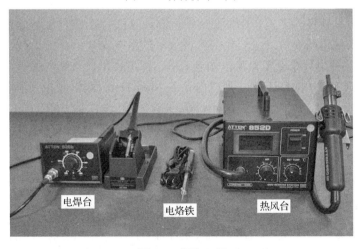

图1-5 焊接工具

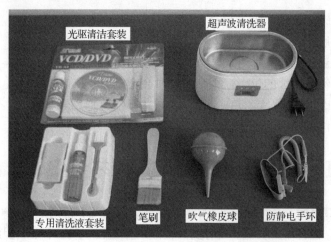

图 1-6 清洁工具及防静电手环

（1）旋具。旋具是指各种规格的十字螺丝刀、梅花（六角）螺丝刀和一字螺丝刀，主要是拆、装机时用来拧机箱、主板、电源、CPU 风扇及固定架等部件上的螺钉。螺丝刀最好选择磁性的，这样当螺钉掉到机箱里时就能很快地吸出来，使用起来比较方便。

（2）钳子。常用的有用于协助安装较小螺钉和接插件的尖嘴钳和用于剪线、剪扎带的斜口钳，还有用于剥除导线塑料外壳的剥线钳。

（3）镊子。用于在维修工作中捡拾和夹持微小部件，在清洗和焊接时用作辅助工具。

（4）电烙铁和电焊台。用于电缆线接头、线路板、接插件等接触不良、虚焊等方面的焊接工作，还可用于拆卸和焊接电路板上的电子元器件。电烙铁可根据需要接上不同大小的烙铁头。电焊台能快速升温，并可根据需要控制烙铁头温度的大小。

（5）热风台。热风台又叫热风枪、吹风机，是现代电子设备维修的必备工具，能吹出温度可控的热风，主要用于拆卸引脚多的元器件和贴片元件，还可以通过给焊点加热，排除虚焊等故障。

（6）清洁、清洗工具。清洁、清洗工具通常包括软盘驱动器和光盘驱动器的清洗液，以及清扫灰尘的笔刷、吹气橡皮球（吸耳球）、无水酒精或专用清洗液、脱脂棉等。此外对于小元器件也可用超声波清洗器清除严重的油污、锈斑等。

（7）防静电工具。防静电工具用于消除人体产生的静电对计算机芯片的高压冲击，如防静电手环等。

（8）常用的工具软件。工具软件主要用于检测计算机的软/硬件性能及参数、磁盘分区与维护、系统安装及病毒防御等。主要包括各种版本的系统安装盘，如 DOS、红旗 LINUX、Windows10 等；各种引导修复工具盘，如老毛桃、深度技术、系统之家等；各种性能及参数测试软件，如测试 CPU 的 CPU-Z、测试内存的 MemTest、测试主板及整体的 Everest 等；硬盘工具软件，如 DM、PQMagic、Ghost 等；防病毒软件，如 360、金山毒霸等。为了提高维修效率，最好把这些工具制作到一个带启动菜单的 U 盘上，这样维修时就会得心应手、事半功倍。

1.4.2 常用的维修设备

计算机常用的维修设备是指检测计算机硬件电气参数的工具和仪器，主要有万用表、逻辑笔、故障诊断卡等，如图 1-7 所示。如果条件许可，还可配置价格昂贵用于测量电路波形的示波器、拆焊 BGA 封装形式集成电路的 BGA 返修台、开启硬盘更换盘片的无尘开盘空气净化工作台及硬盘开盘机等。

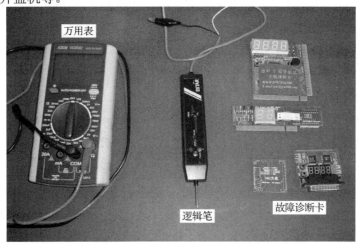

图 1-7 常用维修设备

（1）万用表。万用表是计算机维修工作中必备的测量工具，它可以测量电压、电流和电阻等参数，分为数字式和模拟（指针）式两大类，现在一般用数字万用表。万用表通过加电测量电路板各器件的焊脚电压，并与正常电压进行比较。维修者凭自己的知识和经验，可初步判断故障的器件，然后通过取下怀疑的坏器件，测量其各脚的电阻，就可以完全确定器件是否损坏。对于维修高手，只要有万用表在手就能排除所有电子设备的"疑难杂症"。

（2）逻辑笔。逻辑笔可以测试 TTL（Transister-Transister Logic）和 CMOS 集成电路各引脚的高低电平，从而分析和判断故障部位。它可以部分取代示波器的作用。

（3）故障诊断卡。故障诊断卡又叫 POST 卡（Power On Self Test），其工作原理是利用主板中 BIOS 内部自检程序的检测结果，通过故障诊断卡上的 LED 数码管以十六进制形式显示出来，结合说明书的代码含义速查表就能很快地知道计算机的故障所在。尤其在 PC 不能引导操作系统、黑屏、喇叭不叫时，使用故障诊断卡更加便利快捷。不过现在的高档主板都自带故障诊断程序，并有专门的故障显示 LED 灯，厂商一般叫 Debug 灯。

1.4.3 万用表的使用方法

万用表又叫三用表，是一种多功能、多量程的测量仪表。一般万用表可测量直流电流、直流电压、交流电流、交流电压、电阻和音频电平等，有的还可以测电容量、电感量及半导体的一些参数。目前的万用表分为模拟式和数字式两大类，它们各有方便之处，很难说谁好谁坏，最好是两类万用表都配备。

1. 模拟式万用表的使用

（1）熟悉表盘上各个符号的意义及各个旋钮和选择开关的主要作用。

（2）进行机械调零。

（3）根据被测量的种类及大小，选择转换开关的挡位及量程，找出对应的刻度线。

（4）选择表笔插孔的位置。

（5）测量电压。测量电压时要选择好量程，如果用小量程去测量大电压，则会有烧表的危险；如果用大量程去测量小电压，那么指针偏转太小，无法读数。量程的选择应尽量使指针偏转到满刻度的 2/3 左右。如果事先不清楚被测电压的大小时，应先选择最高量程挡，然后逐渐减小到合适的量程。

①交流电压的测量。将万用表的一个转换开关置于交、直流电压挡,另一个转换开关置于交流电压的合适量程上,万用表的两支表笔和被测电路或负载并联即可。

②直流电压的测量。将万用表的一个转换开关置于交、直流电压挡,另一个转换开关置于直流电压的合适量程上,且"+"表笔(红表笔)接到高电位处,"−"表笔(黑表笔)接到低电位处,即让电流从"+"表笔流入,从"−"表笔流出。若表笔接反,表头指针会反方向偏转,容易撞弯指针。

(6)测电流。测量直流电流时,将万用表的一个转换开关置于直流电流挡,另一个转换开关置于 50μA～500mA 的合适量程上,电流的量程选择和读数方法与电压一样。测量时必须先断开电路,然后按照电流从"+"到"−"的方向,将万用表串联到被测电路中,即电流从红表笔流入,从黑表笔流出。如果误将万用表与负载并联,则因表头的内阻很小,会造成短路烧毁仪表。其读数方法如下:

实际值=指示值×量程/满偏

(7)测电阻。用万用表测量电阻时,应按下列方法操作。

①选择合适的倍率挡。万用表欧姆挡的刻度线是不均匀的,所以倍率挡的选择应使指针停留在刻度线较稀的部分为宜,且指针越接近刻度尺的中间,读数越准确。一般情况下,应使指针指在刻度尺的 1/3～2/3 处。

②欧姆调零。测量电阻之前,应将 2 支表笔短接,同时调节欧姆(电气)调零旋钮,使指针刚好指在欧姆刻度线右边的零位。如果指针不能调到零位,说明电池电压不足或仪表内部有问题。并且每换一次倍率挡,都要再次进行欧姆调零,以保证测量准确。

③读数:表头的读数乘以倍率,就是所测电阻的电阻值。

(8)注意事项。

①在测电流、电压时,不能带电换量程。

②选择量程时,要先选大的,后选小的,尽量使被测值接近于量程。

③测电阻时,不能带电测量。因为测量电阻时,万用表由内部电池供电,如果带电测量则相当于接入一个额外的电源,可能会损坏表头。

④使用完毕后,应使转换开关放在交流电压最大挡位或空挡上。

2. 数字式万用表的使用

目前,数字式测量仪表已成为主流,有取代模拟式仪表的趋势。与模拟式仪表相比,数字式仪表灵敏度高、准确度高、显示清晰、过载能力强、便于携带、使用更简单。下面以 VC9802 型数字万用表为例,简单介绍其使用方法和注意事项。

(1)使用方法。

①使用前,应认真阅读有关的使用说明书,熟悉电源开关、量程开关、插孔、特殊插口的作用。

②将电源开关置于 ON 位置。

③交直流电压的测量:根据需要将量程开关拨至 DCV(直流)或 ACV(交流)的合适量程,红表笔插入 V/Ω 孔,黑表笔插入 COM 孔,并将表笔与被测线路并联,读取显示的数值即可。

④交直流电流的测量:将量程开关拨至 DCA(直流)或 ACA(交流)的合适量程,红表笔插入 mA 孔(<200mA 时)或 10A 孔(>200mA 时),黑表笔插入 COM 孔,并将万用表串联在被测电路中即可。测量直流量时,数字万用表能自动显示极性及数值。

⑤电阻的测量:将量程开关拨至 Ω 的合适量程,红表笔插入 V/Ω 孔,黑表笔插入 COM 孔。如果被测电阻值超出所选量程的最大值,万用表将显示为"1",这时应选择更高的量

程。测量电阻时，红表笔为正极，黑表笔为负极，这与指针式万用表正好相反。因此，测量晶体管、电解电容器等有极性的元器件时，必须注意表笔的极性。

（2）使用注意事项。

①如果无法预先估计被测电压或电流的大小，则应先拨至最高量程挡测量一次，再视情况逐渐把量程减小到合适位置。测量完毕，应将量程开关拨到最高电压挡，并关闭电源。

②测量程时，仪表仅在最高位显示数字"1"，其他位均消失，这时应选择更高的量程。

③测电压时，应将数字万用表与被测电路并联。测电流时应与被测电路串联，测直流量时不必考虑正、负极性。

④当误用交流电压挡去测量直流电压，或者误用直流电压挡去测量交流电压时，显示屏将显示"000"，或低位上的数字出现跳动。

⑤禁止在测量高电压（220V 以上）或大电流（0.5A 以上）时换量程，以防止产生电弧，烧毁开关触点。

⑥当显示"BATT"或"LOW BAT"时（各类万用表提示的符号或字母会有所不同），表示电池电压低于工作电压。

3. 数字式万用表的使用技巧

（1）电容的测量。数字式万用表一般都有测电容的功能，但只能测量程以内的电容，对于大于量程的电容，只能使用测电阻的方法来判断电容的好坏。

①用电容挡直接检测。数字式万用表一般具有测量电容的功能，其量程分为 2000p、20n、200n、2μ 和 20μ 五挡。测量时可将已放电的电容两个引脚直接插入表板上的 Cx 插孔，选取适当的量程后就可读取显示数据。2000p 挡，宜于测量小于 2000pF 的电容；20n 挡，宜于测量 2000pF～20nF 之间的电容；200n 挡，宜于测量 20nF～200nF 之间的电容；2μ 挡，宜于测量 200nF～2μF 之间的电容；20μ 挡，宜于测量 2μF～20μF 之间的电容。

如果事先对被测电容范围没有概念，应将量程开关转到最高挡位，然后根据显示值转到相应的挡位上。当用大电容挡测严重漏电或击穿电容时，将显示数值不稳定。

②用电阻挡测量。对于超过量程的大电容，能用电阻挡测量其好坏。具体方法是先将电容两极短路（用一支表笔同时接触两极，使电容放电），然后将万用表的两支表笔分别接触电容的两个极，观察显示的电阻读数。若一开始时显示的电阻读数很小（相当于短路），然后电容开始充电，显示的电阻读数逐渐增大，最后显示的电阻读数变为"1"（相当于开路），则说明该电容是好的。若按上述步骤操作，显示的电阻读数始终不变，则说明该电容已损坏（开路或短路）。特别注意的是，测量时要根据电容的大小选择合适的电阻量程，如 47μF 用 200k 挡，而 4.7μF 则要用 2M 挡等。

（2）二极管的测量。数字万用表有专门的二极管测试挡，当把量程开关放置该挡时，红表笔接万用表内部正电源，黑表笔接万用表内部负电源。当红表笔接被测二极管正极，黑表笔接被测二极管负极，则被测二极管正向导通，万用表显示二极管的正向导通电压，通常好的硅二极管正向导通电压应为 500～800mV，好的锗二极管正向导通电压应为 200～300mV。假若显示"000"，则说明二极管击穿短路，假若显示"1"，则说明二极管正向不通开路。将两表笔交换接法，显示"1"，说明该二极管反向截止，说明二极管正常，若显示"000"或其他值，则说明二极管已反向击穿。同样也可以用电阻挡根据二极管的正向电阻较小，反向电阻很大的原理，测量二极管的好坏。

（3）三极管的测量。三极管内部相当于两个二极管，如图 1-8 所示，因此可用二极管测试挡来判断三极管的好坏以及引脚的识别。测量时，先将一支表笔接在某一认定的引脚上，另外一支表笔先后接到其余的两个引脚上，如果这样测得两次均导通或均不导通，然后对换表笔再测，两次均不导通或均导通，则可以确定该三极管是好的，而且可以确定该认定的引脚就是三极管的基极。若是用红表笔接在基极，用黑表笔分别接在另外两极均导通，则说明该三极管是 NPN 型，反之，则为 PNP 型。最后比较两个 PN 结正向导通电压的大小，读数较大的是 be 结，读数较小的是 bc 结，由此集电极和发射极都被识别出来了。

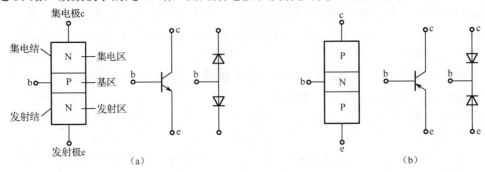

图 1-8　三极管结构示意图

数字式万用表还可用测量三极管的放大系数，其方法是，首先用上面的方法确定待测三极管是 NPN 型还是 PNP 型，然后将其引脚正确地插入对应类型的测试插座中，功能量程开关转到 β 挡，即可以直接从显示屏上读取 β 值，若显示"000"，则说明三极管已坏。当然三极管同样也能用电阻挡来判断三极管的好坏以及引脚的识别。

（4）场效应晶体管的测量。场效应晶体管（Field Effect Transistor，FET）简称场效应管。它属于电压控制型半导体器件，具有输入电阻高、噪声小、功耗低、动态范围大、易于集成、没有二次击穿现象、安全工作区域宽等优点，在计算机中主要用于主板和显卡的供电电路，发挥功率开关管的作用，其内部结构如图 1-9 所示。

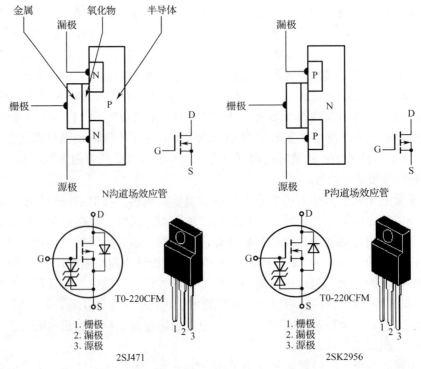

图 1-9　场效应管结构示意图

场效应管内部，D、S 极之间相当于一个二极管，G 与 D、S 极之间相当于电阻无穷大，一般测试场效应管应测试 D、S 之间是否开路或击穿，G 与 D、S 极之间是否击穿。其中间极为 D 极，它与散热金属面相通，测试方法为：用红表笔接 D 极，另一支表笔分别接另外两极，如果有阻值或电压（二极管挡测量）则表示此极为 S 极，且为 N 沟道场效应管，如果都不通，再用黑表笔接 D 极，另一支表笔分别接另外两极，如果有阻值或电压（二极管挡测量）则表示此极为 S 极，且为 P 沟道场效应管。

1.4.4 逻辑笔的使用

逻辑笔有很多种型号，其外形和显示灯的个数各有不同。最简单的逻辑笔只有两只发光二极管指示灯。绿色灯亮时表示测试点的电位小于 0.8V，测量信号为低电平；红色灯亮时表示测试点的电位高于 3V，测量信号为高电平。如果红、绿显示灯交替闪烁则测量的信号是脉冲，频率越高，闪烁的频率越高，当频率很低时，脉冲频率和闪烁频率相等。有的逻辑笔有专门的脉冲测试开关与指示灯，用来测试脉冲信号更方便。

由于计算机系统的时钟频率很高，被测信号的持续时间在毫秒级到纳秒级，用万用表无法测出瞬时数值，甚至用示波器也不易观测，因此，逻辑笔不仅价格低廉，而且用其观测瞬间的脉冲跳变和数字信号都有其独特之处，甚至在某些方面能取代示波器的作用。下面介绍一款逻辑笔的具体使用方法。

这款逻辑笔可以测试 TTL 和 CMOS 集成电路各引脚的高低电平及其脉冲信号，从而可以分析和判断故障部位。其使用方法如下。

（1）将红色鳄鱼夹夹在被测电路的正极，黑色鳄鱼夹夹在被测电路的负极，两端电压应小于 18VDC。

（2）在测 TTL 和 DTL（二极管和三极晶体管集成电路）时，选择开关放在 TTL 位置（测 CMOS 电路时放 CMOS 位置），然后将逻辑笔的探针与测试点接触，发光二极管显示的状态如下。

①全部发光二极管不亮——高阻抗。
②红色发光二极管亮——高电平（1）。
③绿色发光二极管亮——低电平（0）。
④橙色发光二极管亮——脉冲。

【注意】TTL：输出高电平大于 2.4V，输出低电平小于 0.4V；CMOS：1 逻辑电平电压接近于电源电压，0 逻辑电平接近于 0V。

（3）测试脉冲并存储脉冲或电压瞬变，先把选择开关放在 Pulse 位置，用探针测试要测点，则发光二极管会显示该点的原有状态。然后把选择开关放在 MEM 位置，如测到有脉冲出现或电压瞬变，则橙色灯长亮。

若用信号发生器给 TTL 电路芯片的输入端加入信号，用逻辑笔测试输出端，如果有信号，则表示芯片是好的；如果没有信号，则表示芯片或外接元器件有故障。

实验 1

1. 实验项目

（1）认识主机箱内的各部件。
（2）用万用表判断二极管、三极管的好坏并测试主机电源的各输出电压。

2．实验目的

（1）对主机箱内的各部件有一个初步的认识，并能准确说出各部件的名称。

（2）掌握使用万用表测交、直流电压的方法，认清主机电源的输出压有哪些，实测数据是多少。

（3）掌握使用数字式万用表的电阻挡、二极管挡、三极管挡，测试二极管和三极管的方法，并能判断其好坏。

3．实验准备及要求

（1）以两人为一组进行实验，每组配备一个工作台、一台主机、一个万用表和拆机的工具。

（2）每组准备好的二极管、三极管及坏的二极管、三极管各一只。

（3）实验时一个同学独立操作，另一个同学要注意观察和记录实验数据。

（4）实验前教师要做示范操作，讲解动作要领与注意事项，学生要在教师的指导下独立完成。

4．实验步骤

（1）拆开主机箱，观察和认识机箱内电源、主板、硬盘、光驱、CPU、内存的形状及安装位置。

（2）拔下电源与主板的连接插座，用万用表的直流电压挡测量电源的输出电压并与电源标签上的标准值进行比较。

（3）用万用表的电阻挡分别测量好/坏（二极管、三极管）并进行比较。

（4）用万用表的二极管挡分别测量好/坏（二极管、三极管）并进行比较。

（5）用万用表的三极管挡测量好三极管的放大系数。

5．实验报告

要求学生写出主机内各部件的名称，实测的电源各输出电压的数值，各晶体二极管、三极管的正/反向电阻值和正/反向电压值。

说明：根据实验内容，每个实验可编制实验项目单，让学生按照实验项目单规定的内容完成实验并填写实验数据。下面提供一个实验项目单的范例，仅供参考。

深圳职业技术学院
Shenzhen Polytechnic
实 训（验）项 目 单
Training Item

编制部门：计算机工程学院　　编制人：王小磊　　审核人：文光斌　　编制日期：2018-2-27　　修改日期：2018-2-28

项目编号 Item No.	NO.1	项目名称 Item	主机中各部件的认识、电源及二极管、三极管测试	训练对象 Class		学时 Time	2
课程名称 Course	计算机组装、维护与维修			教材 Textbook	计算机组装、维护与维修（第3版）		
目的 Objective	1．对主机箱内的各部件有一个初步的认识，能准确说出各部件的名称。 2．掌握万用表测交、直流电压的方法，认清主机电源的输出压有哪些，实测数据是多少。 3．掌握用万用表的电阻挡、二极管挡、三极管挡，测试二极管和三极管的方法，并能判断其好坏						
内容（方法、步骤、要求或考核标准及所需工具、设备等） 1．实训设备与工具 十字螺丝刀、万用表、主机、好/坏（二极管、三极管）各一只、工作台等。 2．实训步骤、方法与要求 步骤与方法： （1）拆开主机箱，观察和认识机箱内电源、主板、硬盘、光驱、CPU、内存的形状及安装位置。 （2）拔下电源与主板的连接插座，用万用表的直流电压挡测量电源的输出电压并与电源标签上的标准值进行比较。							

（3）用万用表的电阻挡分别测量好/坏（二极管、三极管）并进行比较。
（4）用万用表的二极管挡分别测量好/坏（二极管、三极管）并进行比较。
（5）用万用表的三极管挡测量好三极管的放大系数。
要求：
（1）实验时一个同学独立操作，另一个同学要注意观察和记录实验数据。
（2）实验前教师要做示范操作，讲解动作要领与注意事项，学生要在教师的指导下独立完成。
3．评分方法
（1）填空题每空 1 分。
（2）问答题每题 10 分。
（3）会使用万用表测电压 10 分。
（4）会使用万用表测晶体二极管、三极管 15 分。
（5）打开机箱观察 5 分

评语 Comment				成绩 Score	
	教师签字	日期		学时 Time	2
姓名 Name		学号 Student No.		班级 Class		组别 Group	
项目编号 Item No.	No.1	项目名称 Item	主机中各部件的认识、电源及二极管、三极管测试		
课程名称 Course	计算机组装、维护与维修			教材 Textbook	计算机组装、维护与维修（第3版）

实训（实验）报告（注：由指导教师结合项目单设计）
（1）计算机主机箱的编号_____。
（2）该主机所采用电源的生产厂商是_____，标签上的输出电压有_____、_____、_____、_____、_____，实测数值为_____、_____、_____、_____、_____。
（3）好的二极管正向电阻为_____、反向电阻为_____；坏的二极管正向电阻为_____、反向电阻为_____；好的三极管 be 间正向电阻为_____、be 间反向电阻为_____、bc 间正向电阻为_____、bc 间反向电阻为_____；坏的三极管 be 间正向电阻为_____、be 间反向电阻为_____、bc 间正向电阻为_____、bc 间反向电阻为_____。
（4）好的二极管正向电压为_____、反向电压为_____；坏的二极管正向电压为_____、反向电压为_____；好的三极管 be 间正向电压为_____、be 间反向电压为_____、bc 间正向电压为_____、bc 间反向电压为_____、ce 间电压为_____；坏的三极管 be 间正向电压为_____、be 间反向电压为_____、bc 间正向电压为_____、bc 间反向电压为_____、ce 间电压为_____。
（5）好的三极管放大系数为_____，坏的三极管放大系数为_____。
（6）如何判断二极管的好坏？
（7）如何判断三极管的好坏？
（8）如何确定三极管的 b、c、e 极？

习题 1

1．填空题

（1）计算机都是由_____和_____两大部分组成的。

（2）计算机的硬件主要由_____、_____等物理设备组成，软件是由_____和_____组成。

（3）Windows 是_____、_____、图形命令型的操作系统。

（4）计算机所在房间的相对湿度一般应保持在_____之间。如果相对湿度超过_____，则机器表面容易结露，可能引起元器件漏电、短路、打火、触点生锈、导线霉断等；若相对湿度低于_____，则容易产生静电，可能损坏元器件、破坏磁盘上的信息等。

（5）计算机正确的开机顺序是：先打开_____电源，再打开_____电源，最后才打开_____电源。

（6）内存接触不良，解决的方法是用_____或_____蘸无水酒精来擦拭金手指表面的灰尘、油污或氧化层，切不可用_____类的东西来擦拭金手指，这样会损伤其极薄的镀层。

（7）硬盘是计算机中最重要的_____存储介质，其高速读取和大容量有效数据的_____性能是任何载体无法比拟的。由于硬盘技术的先进性和精密性，一旦硬盘发生故障，就会很难修复，导致_____的丢失。

（8）计算机维修的一般步骤是由系统到_____、由设备到_____、由部件到_____、由器件到_____。

（9）万用表是计算机维修工作中必备的测量工具，它可以测量_____、_____和电阻等参数，分为_____和模拟（指针）式两大类。

（10）逻辑笔可以测试_____和 CMOS 集成电路各引脚的_____电平，从而可以分析和判断_____的故障部位。

2．选择题

（1）计算机的硬件主要由（　　）组成。

A．主机和应用软件　　　　　　　　B．控制器、运算器、硬盘、光驱

C．键盘、显示器、音箱和鼠标器　　D．主机、显示器等物理设备

（2）安装在机箱内的直流电源，是一个可以提供五种直流电压的开关稳压电源，其数值分别为（　　）。

A．+3.3V、+5V、-5V、+12V、-12V　　B．-3.3V、+5V、-5V、+12V、-12V

C．+3.3V、+5V、-5V、+10V、-10V　　D．-3.3V、+5V、-5V、+10V、-10V

（3）常见的操作系统有（　　）。

A．Windows、Linux、DOS　　　　　　B．Windows、Linux、Office

C．Windows、WPS、DOS　　　　　　　D．AutoCAD、Linux、DOS

（4）在我国计算机的供电电源均使用 220V、50Hz 的交流电源。一般要求交流电源电压的波动范围不超过额定值的（　　）。

A．±5%　　　B．±10%　　　C．±15%　　　C．±20%

（5）计算机的正确使用方法有（　　）。

A．长时间离开时，要关机、断电　　B．按正确的顺序开、关计算机

C．按正确的操作规程进行操作　　　D．USB 存储器要先安全删除才能拔出

（6）在平时对硬盘的维护和使用时，一定要做到（　　）。

A．硬盘的工作环境应远离磁场　　　B．不要轻易进行硬盘的低级格式化操作

C．必要时可打开硬盘的盖板　　　　C．及时备份重要数据

（7）对主机进行清洁包括（　　）。

A．机箱内的除尘　　　　　　　　　B．插槽、插头、插座的清洁

C．CPU 风扇的清洁　　　　　　　　D．清洁内存条和显示适配卡

（8）计算机软件系统日常维护内容有（　　）。

A．病毒防治　　B．系统备份　　C．计算机操作系统的维护　　D．安装应用软件

（9）计算机维修时需要注意的问题有（　　）。

A．注意维修场所的安全　　　　　　B．严禁带电插拔

C．各部件要轻拿轻放　　　　　　　D．使用仪器仪表，应正确选择量程和接入极性

（10）计算机常用的维修设备有（　　）。

A．万用表　　　　　　　　　　　　B．逻辑笔

C．故障诊断卡　　　　　　　　　　D．系统安装盘

3．判断题

（1）计算机的种类繁多，包括微型计算机又称个人计算机、台式计算机、服务器及工控机等，无论何种计算机都是由硬件和软件两大部分组成的。（　　）

（2）系统软件是负责管理计算机系统中各种独立的硬件，使它们可以不协调工作。（　　）

（3）如显示器与主机信号连线接触不良将会导致显示颜色减少或者不能同步。（　　）

（4）工具软件不能用于检测计算机的软/硬件性能及参数、磁盘分区与维护、系统安装及病毒防御等。（　　）

（5）用万用表的电阻挡测量电压时，万用表会被烧毁。（　　）

4．简答题

（1）什么是计算机的硬件和软件？系统软件和应用软件的作用是什么？

（2）计算机的维护与维修有何区别？何谓一级维修？何谓二级维修？

（3）维修计算机时应注意什么问题？

（4）常用的计算机维修工具有哪些？各有何作用？

（5）用万用表如何判断三极管的基极、集电极、发射极和类型（NPN还是PNP）？

第 2 章 计算机的拆卸与组装

计算机的拆装主要是指主机的拆装，因为显示器和外设是一个封闭的整体，一般只要连接电源和信号线即可。本章主要讲述主机的拆装方法及需要注意的问题，以提高读者拆装计算机的技能，以及熟悉主机内各部件的连接方法。

2.1 主机的拆卸

2.1.1 主机拆卸应注意的问题

1．场地和工具的准备

拆卸主机前应整理好拆卸的工作场所、清理好工作台、关闭电源、准备好工具。工具一般有十字螺丝刀（中号、小号各一把）、一字螺丝刀（中号、小号各一把）、尖嘴钳、镊子、软性但不易脱毛的刷子（如油漆刷、油画笔）、导热硅胶、无水乙醇（酒精）、脱脂棉球、橡皮擦等。

2．做好静电释放工作

由于计算机中的电子产品对静电高压相当敏感，当人接触到与人体带电量不同的载电体（如计算机中的板卡）时，就会产生静电释放。所以在拆装计算机之前，须断开所有电源，然后双手通过触摸地线、墙壁、自来水管等金属的方法来释放身上的静电，有条件的可佩戴防静电手环。

3．注意事项

一定要先拔掉电源，再拆卸。拆装部件时要轻拿轻放，注意应搞清各种卡扣的作用后再拆卸，不要蛮干。一定要注意人身安全，防止触电、被东西砸伤和把手弄伤。主板拆下后，一定要先在桌上放一张纸，然后将主板放在纸上，再拆主板上的内存与CPU，以防主板上的印制电路损坏。拆CPU的散热器时，对于针脚式CPU，由于导热硅胶使CPU和散热器紧紧地黏在一起，因此拔散热器时一定要小心垂直往上拔。如果CPU与散热器黏在一起可用一字螺丝刀小心地将CPU撬下；若CPU针脚已弯，可用镊子小心地拨正。

2.1.2 主机拆卸的步骤

1．拆卸主机所有的外部连线

首先要切断所有与计算机及其外设相连接的电源，然后拔下机箱后侧的所有外部连线。但是拔除这些连线的时候要注意正确的方法。

电源线、PS/2键盘数据线、PS/2鼠标数据线、USB数据线、音箱等连线可以直接往外拉，如图2-1所示。

串口数据线、显示器数据线、打印机数据线连接到主机一头，这些数据线在插头两端可能会有固定螺钉，需要用手或螺丝刀松开插头两边的螺钉，如图2-2所示。

图 2-1　电源线、PS/2 键盘数据线、PS/2 鼠标数据线、USB 数据线等的拔除方法

图 2-2　串口数据线、显示器数据线、打印机数据线的拔除方法

网卡上连接的双绞线、Modem 上连接的电话线，这些数据线的接头处均有防呆设计，先按住防呆片，然后将连线直接往外拉，如图 2-3 所示。

2．打开机箱外盖

无论是品牌机还是兼容机，卧式机箱还是立式机箱，固定机箱外盖的螺钉大多在机箱后侧或左右两侧的边缘上。用适合的螺丝刀拧开这些螺钉，取下立式机箱的左右两片外盖（有些立式机箱还可以拆卸上盖）或卧式机箱的一片"∩"形外盖。如果机箱外盖与机箱连接比较紧密，要取下机箱外盖就不大容易了，这时候需要用平口螺丝刀从接缝边缘小心地撬开。

有些品牌机不允许用户自己打开机箱，如擅自打开机箱可能就会无法享受保修的服务，这点要特别注意；有些品牌机不用工具即可打开机箱外盖，具体的拆卸方法请参照安装说明书；有些机箱不用螺钉而是用卡扣，一定要搞清楚卡扣的原理，打开卡扣，方可拆开，切不可使用蛮力。

3．拆卸驱动器

驱动器（如硬盘、软驱、光驱）上都连接有数据线、电源线及其他连线。先用手握紧驱动器一头的数据线，然后平稳地沿水平方向向外拔出。千万不要拉着数据线向下拔，以免损坏数据线。硬盘、光驱的电源插头是大四针梯形插头，软驱电源插头为小四针插头，用手捏紧电源插头，并沿着水平方向向外拔出即可，如图 2-4 所示。如果驱动器上还有其他连线（如光驱的音频线），也要一并拔除。对于 SATA 驱动器的电源线，其拆法与数据线的拆法一样。

图 2-3　接头处有防呆设计连接线的拔除方法

图 2-4　驱动器的拆卸

一般来说，硬盘、软驱、光驱都是直接固定在机箱面板内的驱动器支架上，有些驱动器还会加上附加支架。拆卸的过程很简单，先拧开驱动器支架两侧固定驱动器的螺钉（有些螺钉固定在机箱前面板），即可抽出驱动器。也有些机箱中的驱动器是不用螺钉固定的，而是将驱动器固定在弹簧片中，然后插入机箱的某个部位，这种情况下只要按下弹簧片就可以抽出驱动器了。取下各个驱动器时要小心轻放，尤其是硬盘，而且最好不要用手接触硬盘电路板的部位。

4．拆卸板卡

拔下板卡上连接的各种插头，主要的插头有 IDE 和 SATA 数据线、USB 数据线、软驱数据线、CPU 风扇电源插头、音频线插头、主板与机箱面板插头、ATX 电源插头（或 AT 电源插头）等，如图 2-5 所示。

所有插头都拔除后，接着用螺丝刀拧开主板总线插槽上接插的适配卡（如显示卡、声卡、Modem 卡等）面板顶端的螺钉，然后用双手捏紧适配卡的边缘，平直地向上拔出，最后再用螺丝刀拧开主板与机箱固定的螺钉，就可以取出主板了。拆卸主板和其他接插卡时，应尽量拿住板卡的边缘，不要用手直接接触板卡的电路板部位。

如果主板上的显示卡插槽带有防呆设计（一般是 PCI-E16X），要想取下显示卡的话，先要按下显示卡插槽末端的防呆片，如图 2-6 所示，然后才能拔出显示卡。切不可鲁莽地拔出显示卡，否则会损坏显示卡与插槽。

图 2-5　拆除板卡上连接的各种插头　　　　图 2-6　显示卡的拆卸

此外，拔主板与机箱面板的连接线时，一定要做好标记，以防安装时接错线。

5．拆卸内存条

用双手同时向外按压内存插槽两端的塑胶夹脚，直至内存条从内存插槽中弹出，如图 2-7 所示，然后从内存插槽中取出内存条。

6．拆卸 CPU 散热器与 CPU

一般来说，CPU 风扇和 CPU 散热器是固定在一起的，而散热器和 CPU 外壳紧密接触才能保证散热效果，使散热器与 CPU 外壳紧密接触的方式主要有卡扣式与螺钉固定式，有的既有卡扣又有螺钉。因此在拆 CPU 散热器时一定要搞清其固定方式和原理，才能顺利拆出。切莫蛮干，以防损坏散热器固定架和 CPU。如图 2-8 所示为既有卡扣又有螺钉的塔式散热器拆卸。

图 2-7　内存条的拆卸

拆卸 CPU 散热器后再取出 CPU。在 Socket CPU 插座中都有一根拉杆，只需将这根拉杆稍微向外扳动，然后拉起拉杆并呈 90°，就可以取出 CPU；LGA 系列 CPU 插座中还有一个金属盖，要把拉杆拉到大于 90°，再掀起金属盖板，才能取出 CPU，如图 2-9 所示。

图 2-8　塔式 CPU 散热器的拆卸　　　　图 2-9　CPU 的拆卸

拆卸好主机当中的配件后,最好将它们清洁一下。特别是如果风扇附近囤积大量的灰尘就会影响到风扇的转动,最终影响散热。一般用较小的毛刷轻拭 CPU 散热风扇(或散热片)、电源风扇及其他散热风扇,用吹气球将灰尘吹干净。各类板卡先用毛刷刷掉表面的灰尘,再用吹气球将灰尘吹干净。适配卡和内存条的金手指可用橡皮擦进行擦拭。

2.2 主机的安装

在动手组装计算机前,应先了解计算机的基本知识,包括硬件结构、日常使用维护知识、常见故障处理、操作系统和常用软件安装等。

2.2.1 主机安装应注意的问题

在进行主机安装时要注意如下问题。

1. **准备好工具和部件**

工具主要有一字/十字螺丝刀、大/小镊子、尖嘴钳、平口钳及导热硅胶等。部件主要有机箱、电源、主板、CPU、内存条、显示卡、声卡(有的显示卡及声卡已集成在主板上)、硬盘、光驱、软驱、网卡等。

2. **注意释放静电**

在安装主机前,不要急于接触计算机配件,应先用手接触房间的金属管道或机箱的金属表面或佩戴防静电手环,放掉身上所带静电后方可接触主机部件,因为部件上的 CMOS 元器件很容易被静电击穿。

3. **安装时操作要合理,不要损坏部件**

在安装过程中,对所有的板卡及其他部件都要轻拿轻放,尽量拿部件的两边,不要触到金手指和线路板。用螺丝刀紧固螺钉时,螺钉和螺孔一定要对正,用力应做到适可而止,不要用力过猛或用蛮力,防止损坏板上的元器件。

4. **插接各连接线时应对准卡扣的位置**

在插接各连接线时一定要看清插头和插座的卡扣位置,然后对准插入。特别是电源线,如果插错将会导致烧毁器件的严重后果。如专为 CPU 供电的四芯插头,稍不注意就容易接错,一旦接错将导致+12V 电压接地,轻则烧毁主板 CPU 的供电电路,重则 CPU 与供电电路一起烧毁。

2.2.2 主机安装的步骤

组装计算机时,可参照下述步骤进行。

(1)仔细阅读主板及其他板卡的说明书,熟悉主板的特性及各种跳线的设置。

(2)安装 CPU、风扇及散热器,在主板 CPU 插座上安装所需的 CPU,并且装好散热风扇。

(3)安装内存条,将内存条插入主板内存插槽中。

(4)安装 M.2 固态硬盘。M.2 接口一般与主板平行,注意对正插入,如果有散热盖板一定要装好。

(5)设置主板相关的跳线。

(6)安装主板,将主板固定在机箱里。

（7）安装扩展板，将显示卡、网卡、声卡、内置 Modem 等插入扩展槽中。

（8）把电源安装在机箱里。

（9）安装驱动器，主要是安装硬盘、光驱和软驱。

（10）连接机箱与主板之间的连线，即各种指示灯、电源开关线、PC 喇叭的连接线。

（11）连接外设,将键盘、鼠标、显示器等连接到主机上。

（12）再重新检查各项连接线，准备进行加电测试。

（13）开机，若屏幕显示正常，进入 BIOS 设置程序对 CMOS 参数进行必要的设置。

（14）安装操作系统及系统升级补丁。

（15）系统运行正常后，安装主板、显示卡及其他设备的驱动程序。

（16）如果是新装主机，最好连续开机 72 小时，进行烤机。如果新的部件有问题，一般在 72 小时烤机时会被发现。

BIOS 设置、系统及驱动程序的安装本章不涉及。这部分内容将在第 10 章中详细介绍。计算机组装的流程如图 2-10 所示。

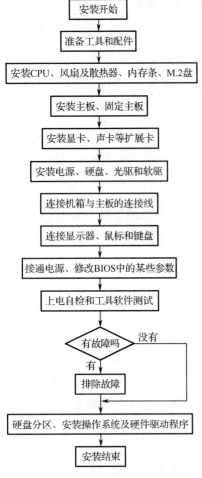

图 2-10　计算机组装流程图

2.2.3　主机安装的过程和方法

1. 熟悉主板

先打开主板的包装盒，将主板从防静电塑料袋中取出，放在绝缘的泡沫塑料板或类似的绝缘板上。对照主板仔细阅读说明书，熟悉主板各主要部件的安装位置，各种跳线的设置方法。不同的主板，可能有一些特殊的设置要求，不能凭经验办事，一定要参照说明书，养成良好的习惯。花一点时间阅读主板说明书，做到心中有数，很有必要。

2. 安装 CPU 及散热风扇

（1）CPU 的安装。目前市场上的 CPU 主要有 Intel 和 AMD 两种类型，Intel 公司的 CPU 均为 LGA 型接口，主要有 LGA1150、LGA1151 和 LGA2066 等；而 ADM 公司的 CPU 仍是 Socket 接口，主要有 Socket AM4、Socket TR4 等。因 Intel 公司的 CPU 市场占有率达 85%以上，所以以 LGA 型接口为例说明 CPU 的安装过程。

如图 2-11 所示，为 LGA 接口 CPU 的正/反面。从图中可以看到，Intel 公司 LGA 接口的 CPU 全部采用了触点式设计，与 Socket 接口的针管式设计相比，最大的优势是不用再担心针脚折断和弯曲的问题，但对处理器的插座要求则更高。

在安装 CPU 之前，要先打开插座，用适当的力向下微压固定 CPU 的压杆，同时用力往外推压杆，使其脱离固定卡扣，如图 2-12 所示。

压杆脱离卡扣后，可以顺利地拉起压杆，如图 2-13 所示。

接下来，将固定 CPU 的盖子与压杆反方向提起，如图 2-14 所示。

提起固定 CPU 的盖子后，LGA 插座就会展现出全貌，如图 2-15 所示。

需要特别注意。通过仔细观察可以发现，在 CPU 的一角上有一个三角形的标识，同样在主板的 CPU 插座，也有一个三角形的标识。在安装时，CPU 上印有三角形标识的那个角要与主板上印有三角形标识的那个角对齐，再对齐两边的凹凸口，然后慢慢地将 CPU 轻压到位，如图 2-16 所示。

图 2-11　LGA 接口 CPU 的正/反面

图 2-12　打开 CPU 压杆卡扣

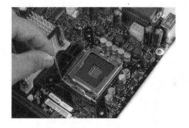

图 2-13　拉起压杆

图 2-14　提起固定 CPU 的盖子

图 2-15　LGA 插座全貌

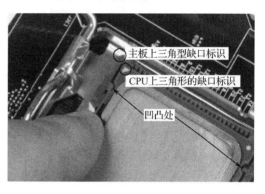

图 2-16　CPU 与插座的位置对准

将 CPU 安放到位以后，盖好扣盖，并反方向微用力扣下处理器的压杆，直到压杆与卡扣完全扣好，如图 2-17 所示。

至此 CPU 便被稳稳地安装到主板上，安装过程结束。如图 2-18 所示。

图 2-17　CPU 压杆的下扣

图 2-18　安装到位的 CPU

（2）风扇和散热器（购买时风扇及散热器是作为一个部件）的安装。由于 CPU 运行时散发热量相当惊人。因此，选择一款散热性能出色的散热器特别关键。如果散热器安装不当，对散热的效果也会大打折扣。安装散热器前，先要在 CPU 表面均匀地涂上一层导热硅脂（很多散热器在购买时已经在与 CPU 接触的部分涂上了导致硅脂，就没有必要再涂了），如图 2-19 所示。

图 2-19　CPU 表面均匀地涂上一层导热硅脂

CPU 的风扇和散热器一般买来时候就已经是一个整体，它与主板的固定方式有螺钉式和卡扣式。对于螺钉式散热器，只需将四颗螺钉对正拧紧，使螺钉受力均衡即可。对于卡扣式散热器，安装时，将散热器的四角对准主板相应的位置，然后用力压下四角扣具即可。将散热器上的四个扣钉压入主板之后，为求保险及安全考虑，可以轻晃几下散热器确认是否已经安装牢固，对于既有螺钉又有卡扣的塔式散热器先要装好底环，然后再扣好卡扣、上紧螺钉，如图 2-20 所示。

A. 把扣具中的卡扣装进对应的位置，将膨胀钉插入其中，固定扣具

B. 看好风扇方向将散热器压上去，将两个卡扣紧固在底座对应位置，上好螺钉

图 2-20　风扇和散热器的安装

最后，将风扇和散热器的电源接在主板的相应位置，如标有 CPU FAN 的电源接口，如图 2-21 所示。

3. 安装内存条

在内存成为影响系统整体系统的最大瓶颈时，双通道的内存设计大大解决了这一问题。提供 Intel 64 位处理器支持的主板，目前均提供双通道功能，因此建议在选购内存时尽量选择两根同规格的内存条来搭建双通道。主板上的内存插槽一般都采用两种不同的颜色来区分双通道与单通道，如图 2-22 所示。

图 2-21　风扇和散热器的电源连接

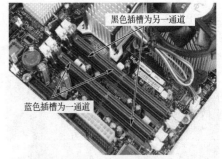

图 2-22　用不同的颜色区分双通道与单通道

将两条规格相同的内存条插入到相同颜色的插槽中，即打开了双通道功能。

安装内存条时，先用手将内存插槽两端的扣具打开，然后将内存条平行放入内存插槽中（内存插槽也使用了防呆式设计，反方向无法插入，在安装时可以对应一下内存条与插槽上的缺口），用两手拇指按住内存条两端轻微向下压，听到"啪"的一声响后，即说明内存条安装到位，如图 2-23

所示。

在 BIOS 设置中，打开双通道功能，可以提高系统性能。另外，目前 DDR4 内存已经成为当前的主流，需要特别注意的是 DDR3 与 DDR4 代内存接口是不兼容的，不能通用。

4. 安装 M.2 接口固态硬盘

Intel 主板芯片 100 系列以后的主板都支持 M.2 接口，可以直接安装 M.2 接口的固态硬盘。M.2 接口的固态硬盘常见有三个规格：2280、2260 和 2242，意思是硬盘的宽度都是 22mm，而长度分别为 80mm、60mm 和 42mm，目前主板一般都支持这三种规格。由于主板都有相应的固定螺钉底座，在硬盘金手指那一端有防呆设计，所以不会插错。走 SATA 通道的有两个防呆口，速度较低，走 PCI-E×4 通道的只有一个防呆口。有的主板 M.2 接口只支持一种硬盘规格，有的两种都支持，应有尽有注意阅读主板说明书。安装时将金手指插入 M.2 插座，这时固态硬盘会翘起，用手压下，然后用螺钉固定即可。如图 2-24 所示。

图 2-23　内存条的安装

图 2-24　M.2 固态硬盘的安装

5. 设置主板相关的跳线

目前使用的主板，几乎都能自动识别 CPU 的类型，并自动配置电压、外频和倍频等参数，所以不需要再进行相关的跳线设置。有的主板要求进行 CPU 主频、外频、CPU 电压、内存电压等跳线设置，设置跳线时可根据主板说明书进行。

有些主板可以通过设定跳线的不同状态来设置是否允许用键盘开机；对于集成了显示卡、声卡等的主板，可能还有相应的允许与禁用的跳线选择（通过 CMOS 设置来实现）；也有的主板设有 BIOS 更新跳线，一般情况下，可设为只读方式。

6. 安装主板

打开机箱，会看见很多附件（如螺钉、挡片等）及用来安装电源、光驱、硬盘和 SSD 盘的驱动器托架。

机箱的整个机架由金属构成，包括可安装光驱、软驱、硬盘的固定架，以及电源固定架（用来固定电源）、底板（用来安装主板）、槽口（用来安装各种扩展卡）、PC 扬声器（可用来发出简单的报警声音）、接线（用来连接各信号指示灯及开关电源）和塑料垫脚等。机箱分为传统机箱和元五金结构机箱，元五金机箱主要是为游戏发烧友设计的，只有 3.5 寸和 2.5 寸硬盘安装位，去掉了光驱和软驱安装位，将空间留给了散热风扇和水冷排。如图 2-25 所示。

熟悉了机箱的内部结构和附件后，开始安装主板。

（1）安装固定主板的铜柱和塑料柱。目前，大部分主板的板型为 ATX 或 MATX 结构（注意，小机箱只能装 MATX 板，大机箱两种板都能装），因此机箱的设计一般都符合这种标准。在安装主板之前，先装机箱提供的主板垫脚螺母（铜柱或塑料柱）安放到机箱主板托架的对应位置（有些机箱购买时就已经安装），其结构和安装如图 2-26 所示。

图 2-25 传统机箱和元五金机箱的实物图

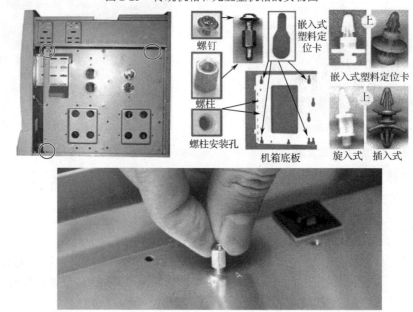

图 2-26 主板垫脚螺母的安装

图 2-27 将主板装入机箱

固定主板时需要用到铜柱、塑料柱和螺钉,但全部用铜柱或全用塑料柱均不太好。因全用铜柱时,主板固定太紧,维护或安装新的扩展卡时容易损坏主板;若全部采用塑料柱时,主板又容易松动,造成接触不良。所以最好是用 2~3 个铜柱,再用螺钉固定,其余的全用塑料柱,这样主板比较稳固,同时又具有柔韧性。

(2)将主板装入机箱。按正确的方向双手平行托住主板,将主板放入插有塑料柱和铜柱的机箱底座上,注意对正输入、输出接口片的位置。如图 2-27 所示。

(3)固定主板。在有铜柱的地方用螺钉固定,在装螺钉时,注意每颗螺钉不要一次性拧紧,等全部螺钉安装到位后,再将每颗螺钉拧紧,这样做的好处是随时可以对主板的位置进行调整。通过机箱背部的主板挡板来确定主板是否安装到位。如图 2-28 所示。

7. 安装电源

ATX 电源的主板供电插座如图 2-29 所示，这种设计可避免插错，如插接方向不正确时是无法插进去的。

图 2-28　固定主板

图 2-29　ATX 电源的主板供电插座

另外，ATX 电源主板供电插座的一侧有一个挂钩，ATX 电源插头有一个带弹性扳手的挂套，将电源插头插到主板插座上后，挂套正好套在挂钩上，从而使连接紧固。当需要拔下电源插头时，应先按住弹性扳手，使挂套解套，然后不用太费力就可拔出插头。一定不能硬拔，否则有可能会伤及主板。

传统机箱中放置电源的位置通常位于机箱尾部的上端，元五金机箱有专用的电源仓。电源末端的 4 个角上各有一个螺钉孔，通常呈梯形排列，所以安装时要注意方向，如果装反了就不能固定螺钉。可先将电源放置在电源托架上，并将 4 个螺钉孔对齐，然后再拧上螺钉即可（为便于调整位置，螺钉不要拧得太紧），如图 2-30 所示。

A. 传统机箱电源的安装

B. 元五金机箱电源的安装

图 2-30　电源的安装

把电源装上机箱时，要注意电源一般都是反过来安装的，即上下颠倒，最后，要把有标签的那面朝外。

8. 安装驱动器

安装驱动器主要包括硬盘、光驱和软驱的安装，它们的安装方法几乎相同。

（1）规划好硬盘、软驱、光驱的安装位置。根据机箱的结构及驱动器电源和数据线的长度，选择一个合适的位置来安装硬盘、软驱、光驱等设备。

（2）SATA 驱动器的安装。SATA 驱动器主要有硬盘、固态硬盘和光驱，固态硬盘要安装到速度最快的 SATA 上，然后是硬盘，最后才是光驱。

（3）安装硬盘。对于普通的机箱，只需要将硬盘放入机箱的硬盘托架上，拧紧螺钉使其固定即可。有些机箱，使用了可拆卸的 3.5 寸机箱托架，这样安装起硬盘来就更加简单了。现在的机箱一般有固态硬盘的卡位，放进安装即可。如果没有，可视情况安装到 3.5 寸或 5

寸机箱托架上。具体安装方法如下。

①在机箱内找到硬盘驱动器槽，再将硬盘插入驱动器槽内，并使硬盘侧面的螺钉孔与驱动器舱上的螺钉孔对齐。

②用螺钉将硬盘固定在驱动器舱中。在安装的时候，要尽量把螺钉上紧，以便固定得更稳，因为硬盘经常处于高速运转的状态，这样可以减少噪音及防止震动。如图 2-31 所示。

通常机箱内都会预留装两个以上硬盘的空间，假如只需要装一个硬盘，应该把它装在离软驱和光驱较远的位置，这样会更加有利于散热。

（4）安装光驱。光盘驱动器包括 CD-ROM、DVD-ROM 和刻录机，其外观与安装方法都基本一样。

①先把机箱面板的挡板去掉，然后将光驱反向从机箱前面板装进机箱的 5.25 英寸槽位，并确认光驱的前面板与机箱对齐平整。应该尽量把光驱安装在最上面的位置，如图 2-32 所示。

图 2-31 硬盘的安装

图 2-32 安装光驱

②在光驱的两侧各用两颗螺钉初步固定，先不要拧紧，这样可以对光驱的位置进行细致的调整，然后再把螺钉拧紧。

③将光驱安装到机箱支架上，并用螺钉固定好。

图 2-33 抽拉式光驱托架的安装

④如果是抽拉式光驱托架，在安装前，先要将类似于抽屉设计的托架安装到光驱上，然后像推拉抽屉一样，将光驱推入机箱托架中即可，如图 2-33 所示。

9．安装扩展板卡

将显示卡、网卡、声卡、内置 Modem 等插入扩展槽中。这些插卡的安装方法都一样，下面以 PCI-E 显示卡为例具体说明安装过程。

（1）先将机箱后面的 PCI-E 插槽挡板取下。

（2）将显示卡插入主板 PCI-E 插槽中，如图 2-34 所示。

【注意】要把显示卡以垂直于主板的方向插入 PCI-E 插槽中，用力适中并要插到底部，保证显示卡和插槽的接触良好，若有卡扣一定要保证卡扣已经卡到位。

（3）显示卡插入插槽中后，用螺钉固定显示卡。固定显示卡时，要注意显示卡挡板下端不要顶在主板上，否则无法插到位。拧紧挡板螺钉时要松紧适度，注意不要影响显示卡插脚与 PCI-E 槽的接触，以避免引起主板变形。

（4）如果显示卡有专用的供电接口，要插好显示卡供电口的电源线。有些显示卡，由于功率大，设计有专用的 12V 供电插口，要接上专用的供电电源线才能正常工作，如图 2-35 所示。

安装声卡、网卡、内置 Modem 等，同安装显示卡的方法一样，只不过现在的插卡多为 PCI 总线，插入 PCI 插槽并拧紧螺钉即可。

图 2-34　显示卡的安装　　　　　　　图 2-35　显示卡的专用电源线

10．连接主板上的各种连接线

主板的连接线主要有主板与前面板的连接线、主板与驱动器的数据传输线和电源线。

（1）连接主板与前面板的连接线。主板与前面板的连接线主要有控制指示信号线、USB 接口连接线和音频信号线。

①控制指示信号线的连接。控制指示信号线的连接方式，在主板的说明书上有详细的说明，大多数主板在线路板上也都有标记，如图 2-36 所示。

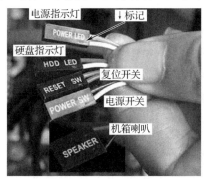 

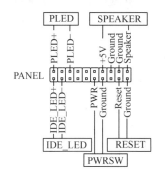 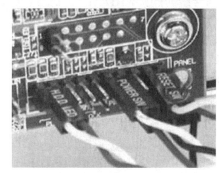

图 2-36　控制指示信号线的连接

连接电源指示灯。从机箱面板上的电源指示灯引出两根导线，导线前端为分离的两接头或封装成两孔的母插头。其中标有"↓"标记的线接 PLED+，与此对应，在主板上找到标有 PLED+标记的插针并予以连接即可。电源指示灯连接线有线序限制，接反后，指示灯不亮。

连接复位开关。RESET 连接线是一个两芯的接头，连接机箱的 RESET 按钮，它接到主板的 RESET 插针上，此接头无方向性，只需插上即可。

连接机箱喇叭线。SPEAKER 为机箱的前置报警扬声器接口，从主机箱内侧的扬声器引出两根导线，导线前端为分离的两接头或封装成 4 孔的母插头，可以看到是四针的结构，其中红线为+5V 供电线，与主板上的+5V 接口相对应，其他的三针也就很容易插入了。

连接硬盘指示灯。从主机箱面板上 HDD LED 引出的两根线被封装成两孔的母插头，其中一条标有"↓"标记的线为 HDD LED+ 线，与此对应，在主板上找到标有 HDD LED+（IDE

硬盘有的为 IDE-、LED+)、HDD LED-标记的两针插针并对号插入。此连接线有线序限制，接反后，硬盘指示灯不亮。如果计算机运行正常，而硬盘指示灯从未亮过，则肯定是插反了，重接即可。

连接 PWR SW。ATX 结构的机箱上有一个电源开关接线，是一个两芯的接头，它和 RESET 一样，按下时就短路，松开时就开路，该连接线无线序限制。按一下计算机的电源就会接通了，再按一下就关闭。从面板引入机箱中的连接线中找到标有 PWR SW 字样的接头，在主板信号插针中，找到标有 PWR SW 字样的插针，然后对应插好即可。

②USB 接口线的连接。前面板 USB 接口的连接线及插座如图 2-37 所示。USB 是一种常用的 PC 接口，只有 4 根线，一般从左到右的排列为红线、白线、绿线、黑线，其中红线 VCC（有的标为 Power、5V、5VSB 等字样）为+5V 电压，用来为 USB 设备供电；白线 USB-（有的标为 DATA-、USBD-、PD-、USBDT-等字样）和绿线与 USB+（有的标为 DATA+、USBD+、PD+、USBDT+等字样）分别是 USB 的数据-与数据+接口，+表示发送数据线，-表示接收数据线；黑线 GND 为接地线，NC 为空脚不用，每一横排四个脚为

图 2-37　USB 接口的线连接

一个 USB 接线。由于主板上有很多 USB 接口，数据接线用数字标识是哪个接口，USB2+表示 2 号 USB 接口的 USB+线。在连接 USB 接口时一定要参见主板的说明书，仔细地对照，如果连接不当，很容易造成主板的烧毁。

③音频信号线的连接。HD Audio 音频信号为双排，10 线接口，一般前面板 9 根音频线都放在一个 10 芯防呆插头里，按主板说明，把这个接头插到主板的音频信号插座上即可，如图 2-38 所示。

图 2-38　音频信号线的连接

如果要启动前面板 HD Audio 音频信号的功能，还需在 HD Audio 驱动程序中选择前面板。

（2）连接主板与驱动器的数据传输线和电源线。连接硬盘、光盘等驱动器电源线和数据线都有 SATA（串口）和 IDE（并口）两种类型，因其接口都有防呆设计，只要插头对准插座的防呆点插入即可，如图 2-39 所示。

（3）连接主板电源线。主板上有 20 针或 24 针主电源插座，还有 4 针、6 针或 8 针 CPU 电源插座等，它们都是防呆设计，只要对准防呆卡扣插入就行了。注意一定要看准卡扣位置，

如果插错了,将会烧主板或电源,如图 2-40 所示。

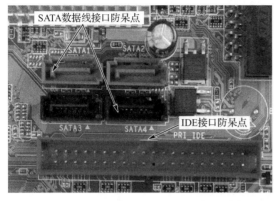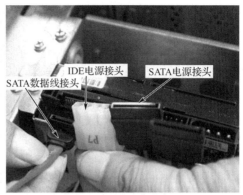

图 2-39　连接主板与驱动器的数据传输线和电源

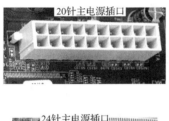

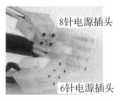

图 2-40　主板电源插座与插头

11．整理主机内部的连线

整理机箱内部连线的具体操作步骤如下。

（1）面板信号线的整理。面板信号线都比较细,而且数量较多,平时都是乱作一团。不过,整理它们也很方便,只要将这些线理顺,然后折几个弯,再找一根狼牙线或细的捆绑绳,将它们捆起来即可。

（2）先将电源线理顺,把不用的电源线放在一起,这样可以避免不用的电源线散落在机箱内,妨碍以后的操作。

（3）固定音频线。因为音频线是传送音频信号的,所以最好不要将它与电源线捆在一起,避免产生干扰。

（4）在购机时,硬盘数据线、光驱数据线是由主板附送的,一般都比较长,注意捆好。

经过一番整理后,机箱内部整洁了很多,这样做不仅有利于散热,而且方便日后各项添加或拆卸硬件的工作；同时,整理机箱的连线还可以提高系统的稳定性。

装机箱盖时,要仔细检查各部分的连接情况,确保无误后,再把主机的机箱盖盖上。

12．连接外设

主机安装完成后,还要把键盘、鼠标、显示器、音箱等外设同主机连接起来,具体操作步骤如下。

（1）将键盘插头接到主机的 PS/2 或 USB 插孔中。

（2）将鼠标插头接到主机的 PS/2 或 USB 插孔中,鼠标的 PS/2 插孔紧靠在键盘插孔旁边。

如果是 USB 接口的键盘或鼠标，则更容易连接了，只需把该连接口对着机箱中相对应的 USB 接口插进去即可，如果插反则无法插进去，键盘、鼠标对速度要求不高，可插入低速 USB 口。

（3）连接显示器的数据线，因其有方向性，连接时要和插孔的方向保持一致。

（4）连接显示器的电源线。根据显示器的不同，有的电源连接到主板电源上，有的则直接连接到电源插座上。

（5）连接主机的电源线。

另外，还有音箱的连接，该连接有两种情况。应将有源音箱接在主机箱背部标有 Line Out 的插口上；无源音箱则接在标有 Speaker 的插口上。

13．通电试机

通电前应重新检查各配件的连接，特别是以下各项是否均已连接正确。

（1）确认市电供电正常。

（2）确认主板已经固定，上面无其他金属杂物。

（3）确认 CPU 及散热风扇安装正确，相关跳线设置正确。

（4）确认内存条安装正确，并且确认内存是好的。

（5）确认显示卡与主板连接良好，显示器与显示卡连接正确。

（6）确认主板内的各种信号连线正确。

所有的计算机部件都安装好后，可以通电启动计算机。启动计算机后，可以听到 CPU 风扇和主机电源风扇转动的声音，还有硬盘启动时发出的声音，显示器出现开机画面，并且进行自检。若没有出现开机画面，则说明在组装过程中可能有部件接触不良。应切断电源，认真检查以上各步骤，将可能接触不良的部件重新插拔后，再通电调试。

实验 2

1．实验项目

主机的拆卸与安装。

2．实验目的

（1）认识主机箱内各部件。

（2）认识主机内各部件的连接插座和插头，并掌握其连接线的接法。

（3）熟悉主机的安装流程和步骤，掌握主机箱内各部件的安装方法。

3．实验准备及要求

（1）以 2 人为一组进行实验，每组配备一个工作台、一台主机、拆装机的各种旋具、钳子及清洁工具。

（2）教师先示范拆卸步骤，并讲明注意事项和动作要领，然后学生按照教师的示范独立完成拆卸。所有部件拆卸完后，放到工作台上摆好。教师检查无误后，再示范主机的安装过程，学生按照示范完成安装后，经教师检查后才能通电。

（3）实验时一个同学独立操作，另一个同学要注意观察和配合。当操作完成后，互换位置再做一次。

4．实验步骤

（1）主机的拆卸。

①拔掉主机电源，拆除主机和外设的连接线。

②拆开主机箱，观察各部件及连接线。

③拆除主机电源、数据及控制线。

④拆卸电源及硬盘、光驱等驱动器。

⑤拆卸显示卡等扩展卡。

⑥拆卸主板。
⑦拆卸内存。
⑧拆卸 CPU 风扇散热器及 CPU。
⑨把所有拆下的部件在工作台上摆好备查。

(2) 主机的安装。
①安装 CPU 及 CPU 风扇散热器。
②安装内存条。
③安装主板。
④安装电源及硬盘、光驱等驱动器。
⑤安装显示卡等扩展卡。
⑥连接主机内电源、数据及控制线。
⑦检查安装、接线是否正确,并请老师复查。
⑧盖好机箱盖板,接好主机电源线及与显示器等外设的连接线。
⑨通电测试。

5．实验报告

(1) 写出主机箱内拆卸部件的名称和接口类型。
(2) 主板的连接口有哪些?安装时应注意什么?
(3) 在拆卸和安装主机的过程遇到了什么问题?是如何解决的?

习题 2

1．填空题

(1) 在拆装计算机之前,须断开所有_____,然后双手通过触摸地线、墙壁、自来水管等金属的方法来释放身上的_____。

(2) 一定要搞清_____的原理,方可拆开,切莫用蛮力。

(3) 拆卸主板和其他接插卡时,应尽量拿住板卡的_____,不要用手直接接触_____的电路板部分。

(4) 拔主板与机箱面板的连接线时,一定要做好_____,以防安装时接错线。

(5) 用螺丝刀紧固螺钉时,螺丝和螺孔一定要_____,用力应做到适可而止,不要用力过猛或用蛮力,防止_____板上的元器件。

(6) 专为 CPU 供电的四芯插头,不注意就容易_____,一旦接错将导致+12V 电压接地,轻则_____主板 CPU 的供电电路,重则 CPU 与供电电路一起烧毁。

(7) 在装螺钉时,注意每颗螺钉不要_____性的就拧紧,等全部螺钉安装到位后,再将每颗螺钉拧紧,这样做的好处是随时可以对主板的_____进行调整。

(8) 主板上的内存插槽一般都采用两种不同的_____来区分双通道与单通道。将两条规格相同的内存条插入到相同_____的插槽中,即打开了双通道功能。

(9) 主板的连接线主要有主板与机箱_____的连接线、主板与驱动器的_____传输线和_____相连的电源线。

(10) 整理机箱的连线可以提高系统的_____性,不仅有利于_____,而且方便日后各项添加或_____硬件的工作。

2．选择题

(1) 拆卸主机前应整理好拆卸的工作场所,清理好工作台,关闭电源,准备好（　　）。
A．工具　　　　　B．一字螺丝刀　　　　　C．钳子　　　　　D．刷子

（2）M.2 高速硬盘防呆口有（　　）个。

A．1　　　　　　　B．2　　　　　　　C．3　　　　　　　D．4

（3）LGA 系列 CPU 插座中还有一个（　　）盖。

A．塑料　　　　　B．纸质　　　　　C．散热　　　　　D．金属

（4）USB 是一种常用的 PC 接口，只有（　　）根线。

A．2　　　　　　　B．3　　　　　　　C．4　　　　　　　D．5

（5）HD Audio 音频信号为双排，（　　）线接口。

A．10　　　　　　B．20　　　　　　C．14　　　　　　D．8

（6）使散热器和与 CPU 外壳紧密接触的方式主要有（　　）固定式。

A．卡扣　　　　　B．螺钉　　　　　C．粘贴　　　　　D．拴绳

（7）主板上有（　　）针的主电源插座。

A．25　　　　　　B．18　　　　　　C．20　　　　　　D．24

（8）主板上硬盘都有（　　）接口类型。

A．SATA　　　　　B．M.2　　　　　C．USB　　　　　D．1394

（9）Intel 公司的 CPU 现在均为 LGA 型接口，主要有（　　）等接口。

A．LGA1150　　　B．LGA1151　　　C．LGA1366　　　D．LGA1155

（10）在进行主机安装时要注意（　　）问题。

A．准备好工具和部件　　　　　　　B．注意释放静电
C．安装时操作要合理，不要损坏部件　D．插接各连接线时应对准卡扣的位置

3．判断题

（1）如果主板上的显示卡插槽带有防呆设计，可以直接取下显示卡。（　　）

（2）装 M.2 接口的固态硬盘，插好按下去就行了。（　　）

（3）装 CPU 散热器时，即使没有装平也不影响散热效果。（　　）

（4）接 CPU 电源线时，一定要注意对准防呆卡扣，否则接错会产生严重后果。（　　）

（5）主机安装完成后，可以立即通电试机。（　　）

4．简答题

（1）主机的拆卸要注意什么问题？

（2）试述主机的拆卸过程。如果 CPU 与散热器黏在一块如何处理？

（3）主机安装要做何准备？

（4）试述主机的安装步骤，并画出安装流程图。

（5）如何整理主机内部连线？这样做有什么好处？

第 3 章 主板

本章讲述主板的定义与分类、主板的组成、主板的总线与接口、主板的测试、主板的选购及主板的故障分析与排除等内容，并对主板最容易出现故障的供电电路与时钟电路进行介绍。通过本章的学习，使读者既能掌握主板的性能参数、测试与选购，又能排除主板出现的绝大多数故障。

3.1 主板的定义与分类

3.1.1 主板的定义

主板（Mainboard）又称系统板或母板，是装在主机箱中一块最大的多层印制电路板，上面分布着构成计算机主机系统电路的各种元器件和接插件，是计算机的连接枢纽。计算机的整体运行速度和稳定性在相当程度上取决于主板的性能。主板一般为矩形或方形电路板，上面安装了组成计算机的主要电路系统，一般有 BIOS 芯片、I/O 控制芯片、键和面板控制开关接口、指示灯接插件、扩充插槽、主板及插卡的直流电源供电接插件等元件。由于主板上芯片、元器件密布，接口繁多，因此也是计算机中发生故障概率最大的部件，又由于主板一般占一台计算机 1/3 左右的成本，因此主板具有可维修的价值。

主板采用了开放式结构。主板上大都有 6~15 个扩展插槽，供 PC 外围设备的控制卡（适配器）插接。通过更换这些插卡，可以对计算机的相应子系统进行局部升级，使厂商和用户在配置机型方面有更大的灵活性。总之，主板在整个计算机系统中扮演着举足轻重的角色。可以说，主板的类型和档次决定着整个计算机系统的类型和档次。主板的性能影响着整个计算机系统的性能。

3.1.2 主板的分类

主板按物理结构可分为 XT（eXtended Type，286AT 主板以前，1981—1984 年）、AT（Advanced Technology，286AT 主板~586AT 主板，1984—1995 年）、ATX（Advanced Technology eXternal，Pentium~第 8 代 Core，1995 年至今）。这里只介绍目前在用的 ATX 主板。

如图 3-1、图 3-2 和图 3-3 所示是 PC 发展历史中已淘汰的主板，把这些老主板的图片展示出来是为了扩大读者的知识面。

1. ATX 结构标准

（1）定义。ATX 结构规范是 Intel 公司于 1995 年 7 月提出的一种主板标准，是对主板上 CPU、RAM、长短卡的位置进行优化设计而成的。

（2）特点。使用 ATX 电源和 ATX 机箱，把 2 个串口、1 个并口、1 个 PS/2 鼠标口、1 个 PS/2 键盘口（小口）、USB 口（通用串行接口）和 AVC 口（音频接口）全部集成在主板上。部分厂商对这些接口还进行了扩充，增加了 RJ45 接口（LAN 网络接口）、IEEE1394（火线接口）、e-SATA 接口（串行硬盘外接口）、HDMI（高清晰度多媒体）、DisplayPort 接口和光纤接口等。由于 I/O 接口信号直接从主板引出，取消了连接线缆，使得主板上可能集成更多的功能，同时也减少了电磁干扰，节约了主板空间，进一步提高了系统的稳定性和可维护性。

图 3-1　IBM PC8086 主机与 XT 主板

386AT 主板（1986年）　　　　　　　　486AT 主板（1990年）

图 3-2　386AT 主板与 486AT 主板

支持 Pentium MMX 的华硕 TX97-XE AT 主板（1997年）

图 3-3　586 AT 主板

（3）优点。

①当板卡过长时，不会触及其他元件。ATX 标准明确规定了主板上各个部件的高度限制，避免了部件在空间上的重叠现象。

②外设线和硬盘线变短，更靠近硬盘。这是由于 ATA 标准将各种接口都集成到了主板上。这样硬盘、光驱与其主板上的接口距离很近，可以使用短的数据连接线，简化了机箱内部的连线，降低了电磁干扰的影响，有利于提高接口的传输速度。

③散热系统更加合理。ATX 标准规定了电源的散热风向是将空气向外排出，这样可以减少过去将空气向内抽入所发生的积尘问题。

④为 USB 接口提供了支持。ATX 标准首次提出对 USB 接口的支持。

（4）适用范围。适用于 Pentium 至今的所有类型 CPU。

2．ATX 的规格

①ATX 标准板：尺寸为 305mm×244mm。特点是插槽多，扩展性强，价格高。

②MinATX 主板：尺寸为 284mm×208mm。它是 ATX 结构的简化版，就是常说的"小板"，特点是扩展插槽较少，多用于品牌机。

③MICRO ATX 主板：尺寸为 244mm×244mm。特点是可以用于紧凑机。

④E-ATX 主板：尺寸大概为 305mm×330mm。特点是大多支持两个以上 CPU，多用于高性能工作站或服务器。

⑤FLEX ATX 主板：尺寸为 229mm×191mm。特点是用于低档机。

⑥Mini-ITX 主板：Mini-ITX 超微型主板是近年兴起的高集成的原生 x86ATX 主板，尺寸只有 170mm×170mm，它比 Flex ATX 主板小 33%，功率小于 100W，一般只有一个 PCI-E 插槽和 1～2 个内存插槽。特点是 Mini-ITX 主板向下兼容先前的主板 Micro ATX 和 Flex ATX，致力于轻薄客户机、无线网络设备、数字多媒体系统、机顶盒等更多设备的发展。

⑦WTX 主板：尺寸为 425mm×356mm，特点是用于服务器。

【注意】小板可以装进大机箱，而大板肯定是装不进小机箱的。

常见的中塔机箱都可以装下 ATX 主板，应在机箱产品的参数页确认一下，选择适合自己的主板和机箱。目前来看，MICRO ATX 板型的主板是价格最便宜的，ITX 和 ATX 的主板会略贵一些。如图 3-4 所示为 ATX 标准板、MICRO ATX 主板和 Mini-ITX 主板三种板型尺寸的比较。如图 3-5 所示是四种主板的实物图。

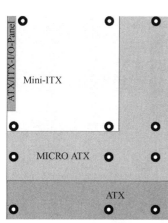

图 3-4　三种板型主板尺寸示意

华硕X399-EATX主板

微星B250M MORTAR MICRO ATX主板

技嘉Z370 HD3 ATX主板

华擎科技Z370M-ITX主板

图 3-5　四种主板的实物图

3.2　主板的组成

主板由印制电路板（PCB）、控制芯片组、BIOS 芯片、供电电路、时钟电路、CPU 插座、内存插槽、M.2 插槽、扩充插槽及各种输入、输出接口等组成。内存和 PCI-E 与 CPU 直接交换数据，而 M.2 和 U2 接口一般兼容高速 SSD 和低速 SSD 硬盘，高速走 PCI-E 通道，低速走 SATA 通道。主板芯片组现在不分南北桥芯片，只有一颗芯片，集成的功能越来越多，主要是 USB、SATA、M.2 等输入、输出接口的控制功能，将来可能会把网络、音频等电路都集成进去。网络电路主板一般都有千兆的有线网络，有的主板还支持 802.11 a/b/g/n/acWi-Fi 标准、支持 2.4/5GHz

无线双频的无线网络。音频电路一般都是集成 8 声道音效的高保真芯片。时钟电路负责向电路各系统提供基准时钟脉冲，以便主板各系统同步协调工作。电源电路主要向主板各电路提供直接电源，同时还要隔离外界电源波动的影响。CPU 供电电路主要是把电源电路送来的较高直流电压转换成满足 CPU 要求的较低直流电压，并能根据 CPU 的工作情况进行调节，现在都是多相数字供电。BIOS 电路主要由存储 UEFI BIOS 程序的 Flash 芯片和 CMOS 设置电路组成，它决定计算机的初始界面和启动哪个硬盘中的操作系统。如图 3-6 所示为主板的功能，如图 3-7 所示为主板的功能与实物对比图。

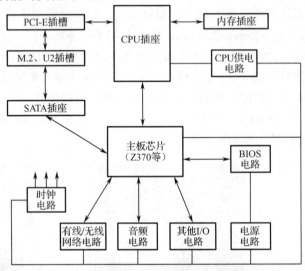

图 3-6　主板的功能

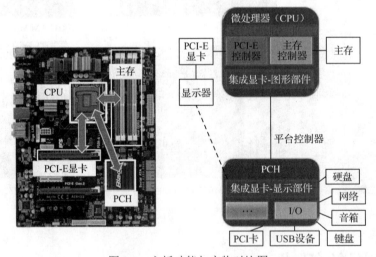

图 3-7　主板功能与实物对比图

如图 3-8 所示为 2017 年上市的技嘉 Z370 AORUS Gaming 7 主板，主要接口及部件都有标注。

3.2.1　主板的芯片组

1．定义

主板芯片组（Chipset）是主板的核心组成部分，是 CPU 与周边设备沟通的桥梁。芯片组几乎决定了这块主板的功能，进而影响到整个计算机系统性能的发挥，芯片组是主板的灵魂。芯片组性能的优劣，决定了主板性能的好坏与级别的高低。芯片组是与 CPU 相配合的系统控制集成电路。传统的芯片组分为南桥与北桥两个芯片，北桥（靠近 CPU）连接主机的 CPU、内存、显卡等。南桥连接总线、接口等。随着 AMD 公司的 Fusion 整合型处理器的出现，PC 核心将由传统的中央处理器/北桥/南桥三颗芯片，转变为中央处理器/南桥二颗芯片，北桥芯片或图形芯片的功能都内建至处理器中。从图 3-7 和图 3-8 中可以看出，目前的主板已经没有北桥芯片了。

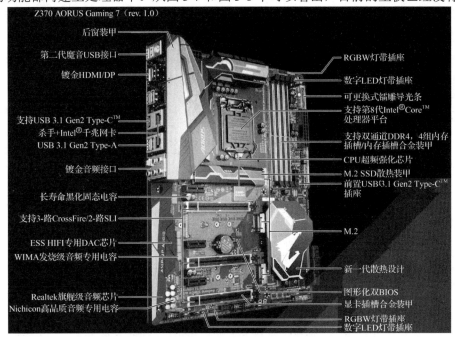

图 3-8　技嘉 Z370 AORUS Gaming 7 主板的组成

2．功用

主板芯片组几乎决定着主板的全部功能，其中 CPU 的类型，主板的系统总线频率，内存类型、容量和性能，显卡插槽规格，扩展槽的种类与数量，扩展接口的类型和数量（如 USB2.0/3.0/3.1、HDMI、串口、并口、DP、DVI、VGA 输出接口）等，都是由芯片组决定的。还有些芯片组由于纳入了 3D 加速显示（集成显示芯片）、声音解码等功能，还决定着计算机系统的显示性能和音频播放性能等。芯片组，是由过去 286 时代的所谓笔记本电脑超大规模集成电路——门阵列控制芯片演变而来的。芯片组的分类，按用途可分为服务器/工作站、台式计算机、笔记本电脑等类型，按芯片数量可分为单芯片芯片组（主要用于台式计算机和笔记本电脑），标准的南、北桥芯片组和多芯片芯片组（主要用于高档服务器/工作站），按整合程度的高低，还可分为整合型芯片组和非整合型芯片组等。

3．流行芯片组的简介

目前台式计算机的 CPU 基本上只有 Intel 和 AMD 两家生产，因此支持 CPU 的主板芯片组也分为 Intel 和 AMD 两大系列。虽然，近年来基于 X86 指令的国产 CPU 有上海兆芯的 KX 系列，但还落后国外几代，市场上很少见，不进行讨论。2017 年，Intel CPU 正处于新旧交替时，流行的主板芯片组种类繁多，Intel 的芯片组分为两大类：消费级芯片组和服务器芯片组，本章只讨论消费级芯片组。Intel 消费级芯片组大体可分为两类，一类为支持 Intel 第 7 代/第 6 代 Core i7/i5/i3/Pentium/Celeron CPU 的 200 系列主板芯片组，如 B250、Q250、H270、Q270、Z270、X299；另一类为 2017 年年底新推出的支持第 8 代 Core i7/i5/i3/Pentium/Celeron CPU 主板的 300 系列芯片组，目前只有 Z370 芯片组。虽然 CPU 插座都是 LGA1151 的，但是 300 系列芯片组只支持 Intel 第 8 代 CPU，而不支持 Intel 第 7 代/第 6 代 CPU，切记不要选错。支持 AMD 公司的 CPU 主板芯片组目前主要有两类，一类为 AMD AM4 平台芯片组，支持 Ryzen 处理器、第 7 代 A 系列处理器和速龙处理器，主板芯片组有 A300、A320、B350、X300、X370；另一类为 SocketTR4 平台芯片组，支持 AMD 锐龙 Threadripper 处理器，目前只有 AMD X399 芯片组。

（1）Intel 200 系列主板芯片组。

Intel 200 系列主板芯片组主要包括 B250、Q250、H270、Q270、Z270、X299 六种型号，其中 H 开头的芯片主要针对家庭和个人市场，B 开头的芯片主要针对低端商务市场，Q 开头的芯片主要针对高端商务市场，Z 开头的芯片主要针对高端市场，X 开头的芯片主要针对超高端市场。下面先对这六种主板芯片组的规格参数进行对比，然后讲述这些芯片组的 Intel 新技术，最后重点介绍 Z270 芯片组。

① Intel 200 系列主板芯片组规格对比如表 3-1 所示。

表 3-1 Intel 200 系列主板芯片组规格对比

参数\型号	B250	H270	Q250	Q270	Z270	X299
支持的 CPU 类型	Intel 第 6 代、第 7 代 Core i7/Core i5/Core i3/Pentium/Celeron	Intel 第 6 代、第 7 代 Core i7/Core i5/Core i3/Pentium/Celeron	Intel 第 6 代、第 7 代 Core i7/Core i5/Core i3/Pentium/Celeron	Intel 第 6 代、第 7 代 Core i7/Core i5/Core i3/Pentium/Celeron	Intel 第 6 代、第 7 代 Core i7/Core i5/Core i3/Pentium/Celeron	Intel 第 7 代 Core i9/Core i7/Core i5 的 X 系列
CPU 插槽	LGA 1151	LGA 1151	LGA 1151	LGA 1151	LGA 1151	LGA 2066
内存通道（每通道插槽数）	4（2）	4（2）	4（2）	4（2）	4（2）	4（2）
总线速度	8GT/s DMI3	8GT/s DMI3	8GT/s DMI3	8GT/s DMI3	8GT/s DMI3	8GT/s DMI3
支持超频	否	否	否	否	是	是
USB 3.0（2.0）最大数	6（12）	8（14）	8（14）	10（14）	10（14）	10（14）
SATAIII 端口数	6	6	6	6	6	8
PCI-E3.0 通道数	12	20	14	24	24	24
PCI-E 配置	×1，×2，×4	×1，×2，×4	×1，×2，×4	×1，×2，×4	×1，×2，×4	×1，×2，×4
RAID 配置	不支持	PCI-E 0，1，5/SATA 0，1，5，10	不支持	PCI-E 0，1，5/SATA 0，1，5，10	PCI-E 0，1，5/SATA 0，1，5，10	0，1，5，10
显示支持数量	3	3	3	3	3	不支持
支持的先进技术	①傲腾内存支持。②定向 I/O 虚拟化技术。③高清晰度音频技术。④快速存储技术。⑤适用于 PCI 存储的 Intel 快速存储技术。	①傲腾内存支持。②定向 I/O 虚拟化技术。③高清晰度音频技术。④快速存储技术。⑤适用于 PCI 存储的 Intel 快速存储技术。⑥智音技术。⑦平台可信技术。⑧Boot Guard	①傲腾内存支持。②定向 I/O 虚拟化技术。③高清晰度音频技术。④快速存储技术。⑤适用于 PCI 存储的 Intel 快速存储技术。⑥标准可管理性。⑦稳定映像平台计划。⑧平台可信技术。⑨可信执行技术。⑩Boot Guard	①傲腾内存支持。②定向 I/O 虚拟化技术。③高清晰度音频技术。④快速存储技术。⑤适用于 PCI 存储的 Intel 快速存储技术。⑥博锐技术。⑦标准可管理性。⑧智能响应技术。⑨稳定映像平台计划。⑩智音技术。⑪平台可信技术。⑫可信执行技术。⑬Boot Guard	①傲腾内存支持。②定向 I/O 虚拟化技术。③高清晰度音频技术。④快速存储技术。⑤适用于 PCI 存储的 Intel 快速存储技术。⑥智能响应技术。⑦智音技术。⑧平台可信技术。⑨Boot Guard	①傲腾内存支持。②定向 I/O 虚拟化技术。③高清晰度音频技术。④快速存储技术。⑤适用于 PCI 存储的 Intel 快速存储技术。⑥Intel®智能响应技术

从表 3-1 可以看出，支持超频的只有 Z270、X299。USB 3.0 口 B250 只有 6 个，H270、Q250 有 8 个，其他为 10 个。SATAⅢ端口数只有 X299 为 8 个，其余均为 6 个。PCI-E 3.0 通道数 B250 为 12 个，Q250 为 14 个，H270 为 20 个，其他都是 24 个。RAID 配置只有 B250 与 Q250 不支持，支持 Intel 先进技术的数量由少到多为：B250、X299、H270、Z270、Q250、Q270。

综合来看，B250、Q250 为低端芯片，H270 为中端芯片，Q270、Z270 为高端芯片，X299 为只支持独立显卡的高端芯片，Q270 支持的安全技术最多。

②Intel 芯片组的先进技术。

傲腾内存：Intel 傲腾内存是非易失内存具有革命性的一个新类，它位于系统内存和存储之间，以加快系统性能和响应性。它在与 Intel 快速存储技术驱动程序一同使用时，能无缝管理存储的多个层次，并同时向操作系统呈现一个虚拟驱动器，以确保最常用的数据位于存储中速度最快的层次。Intel 傲腾内存要求特定的硬件和软件配置。

定向 I/O 虚拟化技术：Intel 定向 I/O 虚拟化技术（VT-d）在现有对 IA-32（VT-x）和安腾处理器（VT-i）虚拟化支持的基础上，还新增了对 I/O 设备虚拟化的支持。Intel 定向 I/O 虚拟化技术能帮助最终用户提高系统的安全性和可靠性，并改善 I/O 设备在虚拟化环境中的性能。

高清晰度音频技术：与以前的集成音频格式相比，Intel 高清晰度音频能以更高的质量播放更多声道。此外，Intel 高清晰度音频技术足以支持最新、最好的音频内容。

快速存储技术：Intel 快速存储技术为台式计算机机和移动平台提供保护性和可扩展性。无论是使用一个还是多个硬盘，用户都能享受到更强的性能表现和更低的能耗。如果使用多个硬盘，在某个硬盘发生故障时用户可获得额外的保护，从而避免数据丢失。它是 Intel 矩阵存储技术的继承者。

适用于 PCI 存储的 Intel 快速存储技术：启用 Intel 快速存储技术特性在 PCI 存储设备上操作，为平台提供保护，提高平台性能和可扩展性。

智音技术：Intel 智音技术是一个集成的数字信号处理器（DSP），用以实现音频分载和音频/声音功能。

平台可信技术：Intel 平台可信技术（IntelPTT）是 Windows 8 和 Windows 10 用于身份凭证存储和密钥管理的一个平台功能。IntelPTT 支持 BitLocker 用于硬盘加密，并支持 Microsoft 对固件可信平台模块（fTPM）2.0 的所有要求。

Boot Guard：具备引导保护功能的 Intel 设备保护技术，可帮助保护系统的预操作系统环境不受病毒和恶意软件的攻击。

标准可管理性：Intel 标准可管理性是一组基本的可管理性功能，包括启动控制、电源状态管理、硬件库存、局域网串联和远程配置等。

稳定映像平台计划：Intel 稳定映像平台计划可帮助用户在至少 15 个月内识别并部署标准化、稳定的图像 PC 平台。

智能响应技术：Intel 智能响应技术将小型固态盘的快速性能与机械硬盘的大容量相结合。

可信执行技术：Intel Trusted Execution Technology（可信执行技术）是一组针对 Intel 处理器和芯片组的通用硬件扩展，可增强数字办公平台的安全性（如测量启动与保护执行）。此项技术实现这样一种环境，即应用可以在其各自的空间中运行，而不受系统中所有其他软件的影响。

博锐技术：Intel 博锐技术是将一组安全可管理功能集成到处理器中，旨在解决 IT 安全的四个关键区域，即 A.威胁管理，包括免受工具集、病毒以及恶意软件的保护。B.识别和网站访问点保护。C.个人和业务数据机密保护。D.PC 和工作站的远程和本地保护、整治和修复。

③Z270 芯片组。

Z270 芯片组是 Intel 200 系列主板芯片组中的高端芯片，性能强大，其功能结构如图 3-9 所示。Z270 与 CPU 之间走 DM3 总线，速度达到 8GT/s，带宽为 32Gb/s，内存和显卡直接与 CPU 交换数据。Z270 支持最多 24 个 PCI-E，每个最大带宽为 8Gb/s；6 个 SATA 或 eSATA，每个最大带宽为 6Gb/s，10 个 USB 3.0，14 个 USB 2.0，还有 10/100/1000MB 网络 MAC 地址集成电路及以太网连接电路，它们之间数据可走 PCI-E×1 或 SM Bus 通道。需要注意的是所有这些通道的带宽，受芯片与 CPU 之间的 DM3 带宽的限制，就是总带宽不能超过 32Gb/s。此外，Z270 还支持 Intel 高清晰度音频、智音技术及 PCI-E 接口的存储器镜像等。

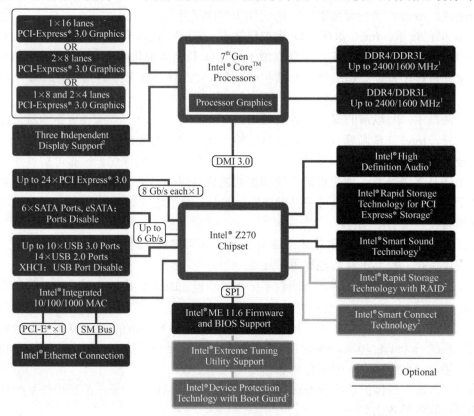

图 3-9　Z270 芯片组的功能结构图

支持 Intel ME 11.6 的 BIOS 版本，芯片与 BIOS 电路之间是走 SPI 通道。还有 Boot Guard、智能响应技术、存储器镜像、至尊调试实用程序等可选择。

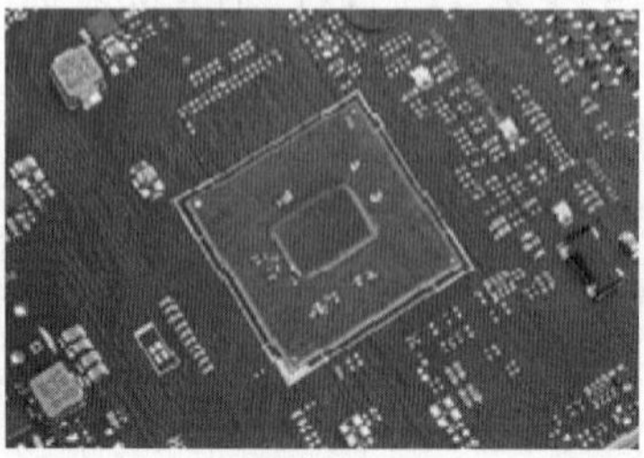

（2）Intel 300 系列主板芯片组。

目前 Intel 300 系列主板芯片组只发布了 Z370 芯片组，如图 3-10 所示。Z370 和 Z270 芯片在 PCI-E 3.0 总线数、USB 接口、M.2 接口、磁盘阵列、Intel Optane 磁盘技术规格方面完全相同。不同之处在于，虽然 Z370 和 Z270 主板都是 LGA1151 接口，但 Z370 主板仅支持 Intel 第 8 代处理器，不支持 7 代/6 代以往版本的处理器。而 Z270 主板则不仅支

图 3-10　Z370 芯片组

持第 7 代处理器，往下还兼容第 6 代处理器。除了支持的处理器不同，Z370 和 Z270 主板最大的区别，则在于支持的内存频率略有不同，上一代 Z270 主板最高仅支持 DDR4 2400 内存，而 Z370 主板则升级为更高频率的 DDR4 2666，频率略有提升。

（3）AMD 系列芯片组。

AMD 在锐龙 CPU 推出以后，迅速收复了失地，在台式计算机市场上挽回了颓势。因此，本节主要介绍支持 AMD 锐龙处理器、第 7 代 A 系列处理器和速龙处理器的 AMD AM4 平台的芯片组和支持 Threadripper 处理器的 SocketTR4 平台的芯片组。

① AMD AM4 平台芯片组。

AMD AM4 平台的芯片组支持 AMD 锐龙处理器、第 7 代 A 系列处理器和速龙处理器，是 AMD 面向未来的全新平台。它支持超快的 DDR4 内存、PCI-E 3.0 和 NVMe 技术，并且芯片组本身率先支持原生 USB 3.1 Gen2 接口。处理器可直连支持 SATA 和 USB，并且根据实际需求灵活配置，使全新的 AM4 平台能够充分利用当今和未来的尖端功能。

AMD AM4 平台的芯片组主要包括 X300、A300、A320、B350 和 X370。

AMD X300 和 A300 芯片组是超小板型的理想之选，具有处理器直接存取性能，可轻松满足喜欢超小板型的客户需求。发烧友级的 X300 芯片组是发烧友和超频用户的理想之选，而 A300 芯片组则专门面向需要简便、小型解决方案的实用型用户。

AMD A320 芯片组能轻松胜任基本计算和媒体播放，是一个简便、稳定的平台，专门面向即插即用的用户。它拥有丰富的连接和带宽选项，能够满足家庭用户和媒体爱好者的超高需求。

AMD B350 芯片组具有高性能和灵活性，兼具高级用户青睐的灵活性和超频控制，而且大多 GPU 配置不需要使用最大 PCI-E 带宽。

AMD X370 芯片组具有发烧友级特性和控制，拥有两个 PCI-E 3.0 显卡插槽，可提供全面、深入硬件底层的控制，并且支持双显卡配置，是面向超频和系统优化爱好者的强大平台。

AMD AM4 平台芯片组的特性是原生支持 USB 3.1 Gen2，并且每块 AMD 锐龙 AM4 处理器都不锁倍频。AMD AM4 平台芯片组规格对比如表 3-2 所示。

表 3-2　AMD AM4 平台芯片组规格对比

参数＼型号	A300	X300	A320	B350	X370
支持的 CPU 类型	AMD 锐龙处理器、第 7 代 A 系列处理器和速龙处理器	AMD 锐龙处理器、第 7 代 A 系列处理器和速龙处理器	AMD 锐龙处理器、第 7 代 A 系列处理器和速龙处理器	AMD 锐龙处理器、第 7 代 A 系列处理器和速龙处理器	AMD 锐龙处理器、第 7 代 A 系列处理器和速龙处理器
CPU 插槽	AM4	AM4	AM4	AM4	AM4
PCI-E Gen3 显卡	1×16（AMD 锐龙）1×8（A 系列/AMD 速龙）	1×16/2×8（AMD 锐龙）1×8（A 系列/AMD 速龙）	1×16（AMD 锐龙）1×8（A 系列/AMD 速龙）	1×16（AMD 锐龙）1×8（A 系列/AMD 速龙）	1×16/2×8（AMD 锐龙）1×8（A 系列/AMD 速龙）
支持超频	否	是	否	是	是
USB 3.1 G2 + 3.1 G1 + 2.0	0+4+0	0+4+0	1+6+6	2+6+6	2+10+6
SATA + NVME	2 + ×2 NVMe（或 AMD 锐龙处理器上的 1 个 ×4 NVMe 接口）	2 + ×2 NVMe（或 AMD 锐龙处理器上的 1 个 ×4 NVMe 接口）	4 + ×2 NVMe（或 2 个 SATA 接口 + AMD 锐龙处理器上的 1 个 ×4 NVMe 接口）	4 + ×2 NVMe（或 2 个 SATA 接口 + AMD 锐龙处理器上的 1 个 ×4 NVMe 接口）	6 + ×2 NVMe（或 4 个 SATA 接口 + AMD 锐龙处理器上的 1 个 ×4 NVMe 接口）

续表

型号 参数	A300	X300	A320	B350	X370
SATA EXPRESS（SATA 和 GPP PCI-E G3）	0	0	1	1	2
PCI-E GP	×4 Gen2（非 ×4 NVMe 接口时，增加 ×2 PCI-E Gen3 接口）	×4 Gen2（非 ×4 NVMe 接口时，增加 ×2 PCI-E Gen3 接口）	×4 Gen2（非 ×4 NVMe 接口时，增加 ×2 PCI-E Gen3 接口）	×6 Gen2（非 ×4 NVMe 时，增加 ×2 PCI-E Gen3 接口）	×8 Gen2（非 ×4 NVMe 时，增加 ×2 PCI-E Gen3 接口）
SATA RAID	0, 1	0, 1	0, 1, 10	0, 1, 10	0, 1, 10
双 PCI-E 插槽	否	是	否	否	是

注：每个 SATA Express 端口的作用相当于两个 SATA 3.0 端口或 2 条 PCI-E Gen3 通道。这 2 条 PCI-E 通道可以与 2 个通用 PCI-E 组合，形成一个 4 通道 PCI-E 端口。SATA RAID 通过驱动程序优化实现。不包括 NVM Express 的 RAID。

从表 3-2 中可以看出，只有 X370、X300 支持双显卡交火（是两块或者多块显卡协同工作），只有 X370、X300 和 B350 支持超频。所有型号都支持 USB 3.1 第 1 代，其中 X370、A320 和 B350 还支持 USB 3.1 第 2 代，而 Intel 芯片组则只支持 USB 3.0。但是在 PCI-E 通道数上，所有型号都比 INTE 芯片少，X370、B350、A320、X300、A300 只有 8、6、4、4、4 个，且还是 PCI-E 2.0 的。此外，SATA 接口数量也比较少，但 X370、B350、A320 能支持 SATA EXPRESS。下面简单介绍一款 X370 的平台主板结构，如图 3-11 所示。

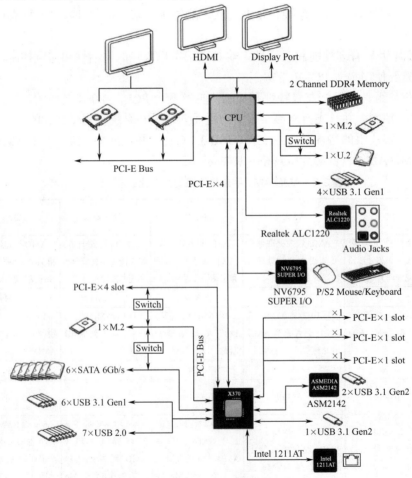

图 3-11　X370 平台主板结构图

在图 3-11 中，可以看到 CPU 直接连接显卡和 HDMI、Display Port 数字显示输出口及内存通道。与 Intel 不同的是 CPU 还直接连接一个 M.2 或一个 U.2 口，直接连接 4 个 USB 3.1 Gen1 口、声卡芯片和键盘、鼠标芯片。主板 X370 芯片组只连接一个 M.2 或一个 PCI-E×4 插槽，6 个 SATA3 口，4 个 USB 3.1 Gen1，7 个 USB 2.0，3 个 PCI-E×1 插槽，1 个 USB 3.1 Gen2，通过 ASM2142 芯片连接 2 个 USB 3.1 Gen2，通过 Intel I211AT 与 RJ45 网口相连。X370 与 CPU 之间是走 PCI-E×4 通道的，与 Intel 的 DM3 速度一样。

②AMD SocketTR4 平台。

AMD SocketTR4 平台是 AMD 公司推出的面向高端产品的平台，支持 Threadripper 处理器的 SocketTR4 平台，充分释放台式计算机所拥有的无限潜能。超快的四通道 DDR4 内存和多达 64 条 PCI-E Gen3 通道，可供用户随时使用。可以自由增加内存、显卡和 NVMe 固态硬盘，还可根据需要调高时钟频率。目前，AMD SocketTR4 平台只有一款芯片组就是 X399。

AMD X399 芯片组为有游戏需求的创作者和有创作需求的游戏玩家而量身打造，可轻松支持大型多 GPU 和 NVMe 阵列。同时，X399 具有四通道 DDR4、支持 ECC 且不锁倍频，为依赖大型数据计算的用户带来可靠解决方案。具体参数为 66 条 PCI-E Gen 3.0 通道 1，8 条 PCI-E Gen 2.0 通道，多显卡支持（AMD 交叉火力技术和 SLI），支持 2 个本地 USB 3.1 Gen2 接口，支持 14 个本地 USB 3.1 Gen1 接口，支持 6 个本地 USB 2.0 接口，支持 12 个 SATA3 接口，SATA RAID 支持 0，1，10，支持 NVMe RAID，支持超频。如图 3-12 所示为 AMD X399 平台结构图。

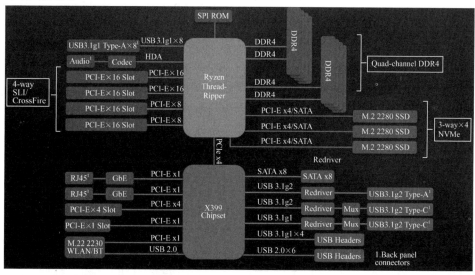

图 3-12　AMD X399 平台结构图

从图 3-12 中可以看到，AMD SocketTR4 平台最多可以有四通道 8 条 DDR4 的内存连接到 CPU，CPU 还可以连接 3 路 M.2 接口的 SSD，8 个 USB 3.1 第 1 代接口，可接 4 个 PCI-E×16 插槽，但交火时只支持 2 块 PCI-E×16 显卡、2 块 PCI-E×8 显卡。此外，CPU 还直连 HAD 音频电路和 SPI ROM BIOS 电路。X399 连接 1 个 PCI-E×4、1 个 PCI-E×1 插槽，2 个 PCI-E×1 通道分配给两个千兆 RJ45 网络口，1 个 PCI-E×1 通道分配给 M.2 2230 口，1 个 USB 2.0 给 WLAN 电路，还支持 8 个 SATA，2 个 USB 3.1 第 2 代口，一个为 TYPE-A 型，另一个为 TYPE-C 型。此外，还连接 1 个 USB 3.1 第 1 代 TYPE-C 口，4 个 USB 3.1 第 1 代口，6 个 USB 2.0 口。总之 X399 接口丰富，扩展余地大，但受到与 CPU 之间的 PCI-E×4 也就是 32Gb/s 通道的带宽限制。

4. Intel 芯片组与 AMD 芯片组的比较

总体来看，Intel 芯片组的扩展功能多，AMD 的 CPU 扩展功能多，将两家的高端芯片 Intel X299 和 AMD X399 进行比较。如图 3-13 是 Intel X299 和 AMD X399 的主板功能图，从中可看出 Intel X299 主板 CPU 只接内存和显卡，别的设备都由 X299 芯片连接，而 AMD X399 主板，CPU 除了连接内存和显卡外，还要连接 M.2、USB 3.1 和声卡电路，从而减轻了 X399 芯片组的负担。

3.2.2 主板 BIOS 和 UEFI 电路

主板 BIOS 电路主要由 FLASH ROM 芯片和 CMOS RAM 芯片及电池供电电路组成。

主板 BIOS 芯片里面写有 BIOS 程序，它是硬件又含软件，这种含有软件的硬件芯片称为固件，它是系统中硬件与软件之间交换信息的链接器。CMOS RAM 芯片有通过 BIOS 程序设置的各种参数，为了保持此参数，计算机断电时是由电池供电电路供电，计算机工作时是由主机电源供电，并向电池充电。UEFI 电路实际上就是 BIOS 电路，只是写入固件的程序不同，启动系统的方式不同，BIOS 是 BIOS 程序加 MBR 的方式启动系统，而 UEFI 是 UEFI 程序加 GPT 的方式启动系统。UEFI 更强大，支持大于 2TB 的硬盘，并且可以兼容 BIOS。

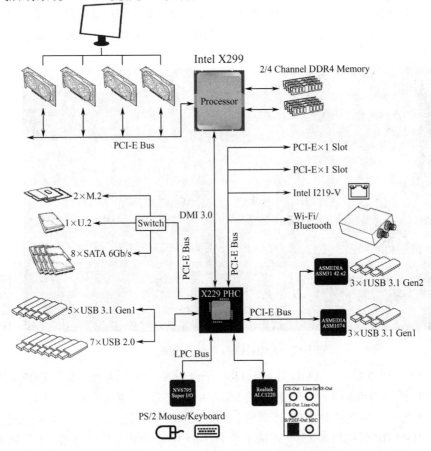

图 3-13　Intel X299 和 AMD X399 主板功能图

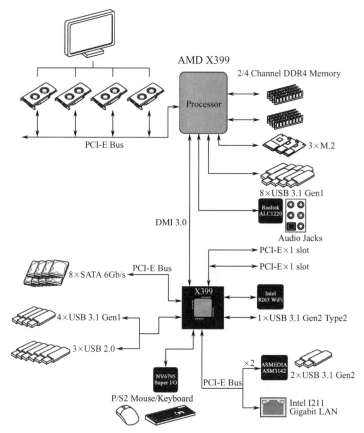

图 3-13　Intel X299 和 AMD X399 主板功能图（续）

3.2.3 主板的时钟电路

大多数时钟电路由一个晶体振荡器、一个时钟芯片（分频器）、分频电阻、电容等构成，部分主板由一个晶振、多个时钟芯片构成。它是系统频率发生器，产生主板的外频和各类接口的基准频率。其工作原理为晶体振荡器工作之后会输出一个基本频率，由时钟芯片分割成不同频率（周期）的信号，再对这些信号进行升频或降频处理，最后通过时钟芯片旁边的分频电阻、电容（外围元件）输出。超外频时是通过调整时钟芯片的输出频率达到的。它在主板上的电路如图 3-14 所示。

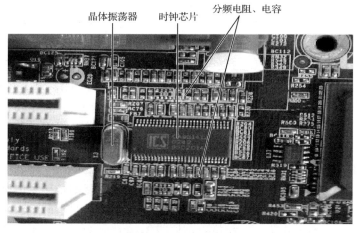

图 3-14　时钟电路

3.2.4 主板的供电电路

最早主板直接由电源供电，后来由于 CPU 对直流电源的稳定性、功率要求较高，CPU 核心电压又比较低，而且有着越来越低的趋势，电源输出的电压必须经过 CPU 供电电路的进一步稳压、滤波，电流增大才能向 CPU 供电。现在高档的主板，甚至内存、主板芯片组都设计有专门的供电电路，其原理与 CPU 的供电电路一样，因此本节只讨论 CPU 的供电电路。由于 CPU 是主板上功率最大的器件，因此，主板大多数故障都是 CPU 供电电路损坏所致。

1. CPU 供电电路的组成

CPU 供电电路是唯一采用电感（线圈）的主板电路，一般在电感附近就能找到供电电路。它由电感（线圈）、场效应功率管、场效应管驱动和电解电容（用于滤波）组成。通常供电电路环绕在 CPU 四周，整个 CPU 供电电路还有一个 PWM（Pulse Width Modulation，脉冲宽度调制）控制器，如图 3-15 所示。

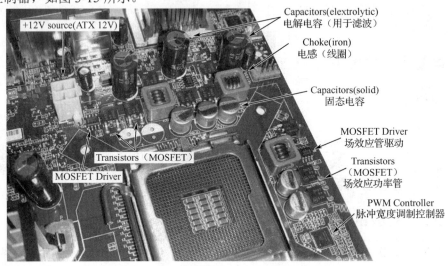

图 3-15　CPU 供电电路组成图

电感分为铁芯和铁氧体两种，铁芯电感通常是开放的，可以看到里面有一个厚实的铜制线圈；而铁氧体电感是闭合的，通常上面有一个字母 R 打头的标志。

2. CPU 供电电路的相位

CPU 供电电路的工作中有几个电路平行提供相同的输出电压——CPU 电压，然而，它们在不同的时间工作，因此命名为相位。每个相位有一个较小的集成电路称为场效应管驱动，驱动两个 MOSFET，便宜的主板会以附加的 MOSFET 替代 Driver，所以这种设计的主板，每个相位有三个 MOSFET。如果 CPU 供电电路具有两个相位，每个相位将工作 50% 的时间以产生 CPU 电压；如果这种相同的电路具有三个相位，每个相位将工作 33.3% 的时间；如果具有四个相位，每个相位将会占 25% 的工作时间；如果具有六个相位，每个相位将工作 16.6% 的时间，以此类推。供电模块电路有更多相位的优点，一个是 MOSFET 负载更低，延长了使用寿命，同时降低了这些部件的工作温度；另一个是多相位通常输出的电压更稳定、纹波较少。CPU 供电电路相位数的一般判断标准为：一相电路是一个线圈、两个场效应管和一个电容；二相供电回路则是两个电感加上四个场效应管；三相供电回路则是三个电感加上六个场效应管；以此类推，N 相也就是 N 个电感加上 $2N$ 个场效应管。但是有时也有例外，精确的方法是通过查 PWM 芯片参数中能驱动的相位数。如图 3-16 所示为三相供电电路。

3. CPU 供电电路的工作原理

如图 3-17 所示是主板上 CPU 单相供电电路的示意图，+12V 是来自 ATX 电源的输入，通过一个由电感线圈 L1 和电容 C1 组成的滤波电路，然后进入两个晶体管（开/关管）Q1/Q2 组成的电路，此电路受到 PMW Control（控制开关管导通的顺序和频率，从而可在输出端达到电压要求）部分的控制，输出所要求的电压和电流，从图中箭头处的波形图可以看出输出随着时间变化的情况。再经过 L2 和 C2 组成的滤波电路后，基本上可以得到平滑稳定的电压曲线（V_{core}，酷睿第 8 代处理器 V_{core}=0.654V）。

图 3-16 CPU 三相供电电路

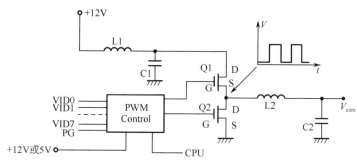

图 3-17 CPU 单相供电电路示意图

CPU 供电电路的基本原理：当计算机开机后，电源管理芯片在获得 ATX 电源输出的+5V 或+12V 供电后，为 CPU 中的电压自动识别电路（VID）供电，接着 CPU 电压自动识别引脚发出电压识别信号 VID（VID0～VID7，8 位）给电源管理芯片，电源管理芯片再根据 CPU 的 VID 电压，发出驱动控制信号，控制两个场效应管导通的顺序和频率，使其输出的电压与电流达到 CPU 核心供电需求，为 CPU 提供工作需要的核心电压。

单相供电一般能提供最大 25A 的电流，而常用的处理器早已超过了这个数字，单相供电无法提供足够可靠的动力，所以现在主板的供电电路设计都采用了二相甚至多相的设计。如图 3-18 所示就是一个二相供电电路示意图，其实质就是两个单相电路的并联，因此它可以提供双倍的电流。

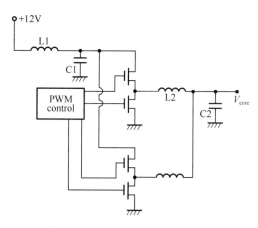

图 3-18 CPU 二相供电电路示意图

为了降低开关电源的工作温度，最简单的方法就是把通过每个元器件的电流量降低，把电流尽可能地平均分流到每一相供电回路上，所以又产生了三相、四相电源及多相电源设计。如图 3-19 所示是一个典型的三相供电电路示意图，其原理与两相供电是一致的，就是由三个单相电路并联而成。三相电路可以非常精确地平衡各相供电电路输出的电流，以维持各功率组件的热平衡，在控制器件发热方面三相供电具有优势。

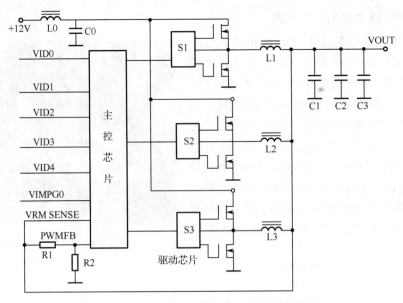

图 3-19 CPU 三相供电电路示意图

电源回路采用多相供电可以提供更平稳的电流，从控制芯片 PWM 发出来的是脉冲方波信号，经过振荡回路整形为类似直流的电流。方波信号的高电位时间越短，相越多，整形出来的准直流电纹波越小。如图 3-20 所示为 CPU 单相、二相、三相供电电路滤波前后的电压波形示意图。

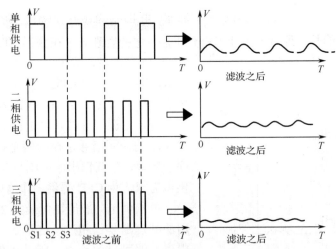

图 3-20 CPU 单相、二相、三相供电电路滤波前后的电压波形示意图

现在的低档主板有 3 相以上的供电，中档主板有 6 相以上的供电，高档主板有 10 相以上的供电，如七彩虹 iGame Z370 Vulcan X 主板供电模式为 14 相数字供电。

4．主板的数字供电

数字供电的准确称谓是"集成化数控供电模块"。传统的 PWM 供电模块学名叫"Buck 降压斩波电路"，主板 CPU 的供电部分一直由传统的铝制电解电容、MOSFET 开关式场效应管、扼流电感线圈以及 PWM 控制芯片构成，主要作用是将输入的 12V 直流电压降至适用于 CPU 的 0.6～2.3V 低电压。如果将上述的元件更换为数控电气性能更高的贴片/BGA 封装元件，则能有效避免传统铝制电解电容大功耗下不稳定、爆浆等问题。另外这种技术相对传统的供电方式，电压不稳和信号干扰的情况将大幅度减小，令处理器超频之后更容易、更稳定地运行。因此，所谓的数字供电只是把普通电容电感和 MOS 管改为了大容量贴片电容、BGA 封装 MOSFET 芯片以及一体成型电感。如图 3-21 所示为七彩虹 iGame Z370 Vulcan X 主板的 14 相数字供电。

图 3-21　七彩虹 iGame Z370 Vulcan X 主板的 14 相数字供电

3.2.5　主板 CPU 插座的种类

主板 CPU 插座从 Socket 4、Socket 5 到 Socket 7 都是 Intel 和 AMD 公司通用的（CPU 从 486~Pentium、K6，1997 年以前）。但从 Pentium 2 开始 Intel 和 AMD 公司的 CPU 插座不能共用，分为 Intel 和 AMD 两大系列。

1．Intel CPU 插座种类

（1）Slot 1（1998—1999 年）是一个 242 线的插槽，Intel 的 Pentium 2 专用。Slot 是插槽的意思。

（2）Socket 370（1997—2002 年）支持 Pentium3、Celeron。Socket 是插座的意思，后面的数字则代表着所支持的 CPU 的针脚数量，也就是说能安装在 Socket 370 插座上的 CPU，有 370 根针脚。

（3）Socket 423（2000—2001 年）支持 Intel I850 芯片组，支持早期的 Pentium 4 处理器和 Intel I850 芯片组。

（4）Socket 478（2001—2005 年）支持 Intel 的 Pentium 4 系列和 P4 赛扬系列。

（5）LGA 775（2004—2010 年）全称 Land Grid Array（栅格阵列封装），又称 Socket T。它用金属触点式封装取代了以往的针状插脚，这样 CPU 装卸时就不会弄坏引脚，也不会和散热器黏在一起，减少了人为损坏，它有 775 个触点。它支持 Pentium 4、Pentium 4 EE、Celeron D 以及双核心的 Pentium D 和 Pentium EE、Intel 酷睿双核（Core 2 Duo）、酷睿四核系列（Core 2 Quad）、酷睿 2E 系列和酷睿 2Q 系列等 CPU。

（6）LGA 1366（2009 年启用）又称 Socket B，比 LGA 775A 多出 600 个针脚，这些针脚用于 QPI 总线、三条 64 位 DDR3 内存通道的连接。它只支持 Intel 第 1 代 Core i7 9XX CPU。

（7）LGA 1156（2010 年启用）又称 Socket H，是 Intel 继 LGA 1366 后的 CPU 插座，支持第 1 代 Core i7、Core i5 和 Core i3 CPU，读取速度比 LGA 775 高。

（8）LGA 1155（2011 年启用）又称 Socket H2，支持第 2、第 3 代 Core i3、Core i5 及 Core i7 处理器，取代 LGA 1156，两者并不相容。

（9）LGA 1150（2013 年启用）又称 Socket H3，是 Intel 桌面型 CPU 插座，供基于 Haswell 微架构的处理器使用，取代 LGA 1155（Socket H2），支持第 4 代 Core i3、Core i5 及 Core i7 处理器。

（10）LGA 1168（2015 年启用）支持第 5 代 Core i3、Core i5 及 Core i7 处理器。

（11）LGA 1151（2016 年启用）支持第 6、7、8 代 Core i3、Core i5 及 Core i7 处理器。

（12）LGA 2066（2016 年启用）支持第 6、7 代 Core i9 处理器及 Core i7、i5 X 系列处理器。

2．AMD CPU 插座种类

（1）Socket 754（2003 年推出）支持 Athlon 64 的低端型号和 Sempron（闪龙）的高端型号。

（2）Socket 939（2004 年推出）支持 Athlon 64 以及 Athlon 64 FX 和 Athlon 64 X2，但不支持 DDR2 内存。

（3）Socket AM2（2006 年推出）支持 DDR2 内存、AMD 64 位桌面 CPU 的接口标准，具有 940 根 CPU 针脚，支持双通道 DDR2 内存、低端的 Sempron、中端的 Athlon 64、高端的 Athlon 64 X2 以及顶级的 Athlon 64 FX 等全系列 AMD 桌面 CPU 。

（4）Socket AM2+（2007 年推出）具有 940 根 CPU 针脚，在 AM2 的基础上支持 HyperTransport 3，数据带宽达到 4.0～4.4GT/s，支持 AM2 处理器并兼容 AM3 处理器。

（5）Socket AM3（2009 年推出）具有 938 根 CPU 针脚，在 AM2+的基础上支持 DDR3 内存，支持 AM3 处理器。

（6）Socket AM3+（2011 年推出）又称 Socket AM3b，是取代上一代 Socket AM3 并支持 32nm 处理器 AMD FX（代号 Zambezi）。AM3+ 支持 HyperTransport 3.1，CPU 有 938 支针脚。AM3+/AM3 CPU 内置的内存控制器能支援 DDR3，不同的是 AM3 最高只支持至 DDR3-1600，AM3+ 则推进至 DDR3-2133。

（7）Socket FM1（2011 年推出）针脚有 905 个，支持 HyperTransport 3.2 第 1 代 APU 系列的 CPU。

（8）Socket FM2（2012 年推出）是 FM1 的升级，针脚有 904 个，适用于代号为 Trinity 及 Richland 的第 2 代 APU 处理器。

（9）Socket AM4（2016 年推出）针脚数量为 1331 个，支持 AMD 锐龙处理器、第 7 代 A 系列处理器和速龙处理器。

（10）Socket TR4（2017 年推出），TR 是 Threadripper（AMD 顶级处理器）的缩写，4 为 4 代，Socket 为插槽，有 4094 个触点，支持 AMD 锐龙 Threadripper 处理器。Intel 和 AMD 公司典型的 CPU 插座如图 3-22 所示。

3.2.6　主板的内存插槽

内存插槽是指主板上所采用内存插槽的类型和数量。主板所支持的内存种类和容量都是由内存插槽来决定的。主板的内存最早是直接焊在板上（286AT 主板以前），后来有 336 线（286～386 时代）插槽，72 线（486～586 时代）插槽，168 线（Pentium～Pentium 3 时代）插槽，184 线（Pentium 4 时代）DDR 插槽，240 线 DDR2、DDR3 插槽，直到现在的 284 线 DDR4 插槽。所谓的线又叫针，就是内存金手指的个数，也就是内存与插槽接触的触点数。目前主要应用于主板上的内存插槽如下。

LGA 1151

LGA 2066

Socket AM4

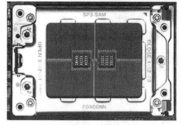
Socket TR4

图 3-22　Intel 和 AMD 公司典型的 CPU 插座

1. DDR2 SDRAM DIMM 插槽

每面金手指有 120 线，两面有 240 线，与 DDR DIMM 的金手指一样，也只有一个卡口，但是卡口的位置与 DDR DIMM 稍微有一些不同，因此 DDR 内存是插不进 DDR2 DIMM 的，同理 DDR2 内存也是插不进 DDR DIMM 的。主要用于 LGA 775 和 Socket AM2/AM2+/AM3 主板。其外形如图 3-23 所示。

2. DDR3 SDRAM DIMM 插槽

采用 240 线 DIMM 接口标准，但其电气性能和卡口位置与 DDR2 插槽都不一样，不能互换。有的主板为了兼容，设计有 DDR2 与 DDR3 两种内存插槽，一般有两种颜色，黄色是 DDR3 的，红色是 DDR2 的，可根据卡口位置确定，但只能插一种内存，否则不工作。DDR3 插槽主要用于 LGA 1156、Socket 1155、Socket 1150、Socket 1366 和 Socket AM3、Socket AM3+、Socket FM1、Socket FM2 主板。其外形如图 3-24 所示。

图 3-23　240 线 DDR2 SDRAM DIMM 内存插槽　　图 3-24　240 线 DDR3 SDRAM DIMM 内存插槽

3. DDR4 SDRAM DIMM 插槽

DDR4 接口位置发生了改变，金手指中间的"缺口"位置相比 DDR3 更为靠近中央。在金手指触点数量方面，普通 DDR4 内存有 284 线，而 DDR3 则是 240 线，每一个触点的间距从 1mm 缩减到 0.85mm。DDR4 插槽主要用于 LGA 1151、LGA 2066 和 Socket AM4、Socket TR4 接口的主板。其外形如图 3-25 所示。

【注意】当主板上有四个 DDR2、DDR3 或　　图 3-25　284 线 DDR4 SDRAM DIMM 内存插槽
DDR4 插槽时，一般有两种颜色，每种颜色两个插槽，如果有两根内存则必须插入同一颜色

插槽，以便形成双通道。高档主板还有 6 个 DDR3、DDR4 插槽，通常也是分成两种颜色，如果有三根内存条也必须插入同一颜色插槽，以便形成三通道。

3.2.7 高端主板 Debug 灯的功用

高端主板不但性能越来越好、功能越来越多，人性化方面也是不断有新亮点，普遍搭载了 Debug 灯，可通过两位数字/字母组合判断故障根源。Debug 灯的含义可通过主板说明书或厂商网站上查到，对照 Debug 灯显示的数字，就能迅速知道主板的工作状态。下面以七彩虹 iGame Z270 主板举例说明。七彩虹 iGame Z270 主板首次配备了三位数的 Debug 显示屏，其中两位数字和以前一样显示故障状态，共有 16 种组合，通过切换按钮转到三位数状态，则可以监控主板上硬件的工作状态、电压、温度等，不用监控软件也可以一目了然，如图 3-26 所示。

图 3-26　七彩虹 iGame Z270 主板的 Debug 灯

七彩虹 iGame Z270 主板 Debug 灯的常见错误代码及解决办法如下。

（1）错误代码：00（FF）。代码含义：主板没有正常自检。

解决办法：可能是主板或者 CPU 没有正常工作，先将计算机上所有部件取下，检查主板上的电压是否正确，然后对 CMOS 进行放电处理，仔细清理插槽上的灰尘即可。另外，主板 BIOS 损坏也可造成这种现象，必要时可刷新主板 BIOS 后再试。不过要注意，如果先显示其他一系列代码，最终稳定在 00 或者 FF，则代表一切正常。

（2）错误代码：01。代码含义：处理器测试。

解决办法：CPU 没有通过测试。如果对 CPU 进行过超频，将 CPU 的频率复原，并检查 CPU 电压，以及外频和倍频是否设置正确。

（3）错误代码：C1~C5。代码含义：内存自检。

解决办法：比较常见的故障现象，表示系统中的内存存在故障。首先取下内存条进行除尘、清洁等工作再进行测试。可尝试用柔软的橡皮擦清洁金手指部分直到金手指重新出现金属光泽为止，然后清理内存插槽的灰尘以及杂物，并检查内存插槽的金属弹片有没有变形、断裂或者氧化生锈现象。

（4）错误代码：0D。代码含义：视频通道测试。

解决办法：比较常见的故障现象，一般表示显卡检测未通过。应该检查显卡与主板的安装是否正常，如发现显卡松动，应重新插入插槽中。如安装没问题，可取下显卡清理灰尘，并且清洁显卡的金手指部分，再插回主板上测试。

以上只是 Debug 代码中最常见的一小部分，不同厂家对 Debug 代码的定义也不尽相同，可以参考配套说明书或者上网查询。

3.3　主板的总线与接口

主板的总线是主板芯片、CPU 与各接口的传输线，接口是主板与其他部件的连接口。它们性能的高低与数量的多少，决定着主板的档次和价格。

3.3.1 总线简介

1．定义

所谓总线，笼统来讲，就是一组进行互联和传输信息（指令、数据和地址）的信号线。计算机的总线都有特定的含义，如局部总线、系统总线等。

2．主要的性能参数

（1）总线时钟频率：即总线的工作频率，以 MHz 表示，它是影响总线传输速率的重要因素之一。

（2）总线宽度：即数据总线的位数，用位（bit）表示，如总线宽度为 8 位、16 位、32 位和 64 位。

（3）总线传输速率：在总线上每秒传输的最大字节数 MB/s，即每秒处理多少兆字节。可以通过总线宽度和总线时钟频率来计算总线传输速率，其公式为

$$传输速率=总线时钟频率×总线宽度/8$$

如 PCI 总线宽度为 32 位，当总线频率为 66MHz 时，总线数据传输速率是 66×32/8（MB/s）=264（MB/s）。

3.3.2 常见的主板总线

（1）PCI（Peripheral Component Interconnect）外围部件互联总线。CPU 到 PCI 插槽的数据传输线，数据传输速率为 266MB/s。

（2）DMI 是指 Direct Media Interface（直接媒体接口）总线。DMI 最早是 Intel 公司开发用于连接主板南、北桥的总线，现在是连接 CPU 和芯片组之间的总线。DMI 采用点对点的连接方式，时钟频率为 100MHz，由于它是基于 PCI-E 总线，因此具有 PCI-E 总线的优势。DMI 实现了上行与下行各为 1GB/s 的数据传输率，总带宽达到 2GB/s，这个高速接口集成了高级优先服务，允许并发通信和真正的同步传输能力。

DMI 总线带宽的计算：理论最大带宽（GB/s）=（传输速率*编码率*通道数）/8（bit/byte 转换），DMI 理论最大带宽=（2.5GT/s*8/10*4）/8=1GB/s，DMI 2.0 理论最大带宽=（5GT/s*8/10*4）/8=2GB/s，DMI 3.0 理论最大带宽=（8GT/s*128/130*4）/8=3.94GB/s。

（3）USB（Universal Serial Bus，通用串行总线）。USB 1.0 的传输速度为 12Mb/s、USB 2.0 的传输速度为 480Mb/s、USB 3.0 的传输速度为 5Gb/s，USB 3.1 Gen1 就是 USB 3.0 的加强版，速率与 USB 3.0 一样，USB 3.1 Gen2 的最大传输带宽为 10.0Gb/s。一般 USB 2.0 为白色接口，USB 3.0（USB 3.1 Gen1）为蓝色接口，USB 3.1 Gen2 为红色接口。USB 3.1 有三种接口，分别为 Type-A（Standard-A）、Type-B（Micro-B）以及 Type-C，如图 3-27 所示，且支持热拔插，现在 Type-C 接口在计算机和手机上都已开始流行。USB 已成为主机最主要的外接设备接口。

图 3-27　USB 的三种接口

（4）IEEE 1394 总线。IEEE 1394 是一种串行接口标准，这种接口标准允许把计算机、计算机外部设备、各种家电非常简单地连接在一起。IEEE 1394 在一个端口上最多可以连接 63 个设备，设备间采用树形或菊花链结构。设备间电缆的最大长度是 4.5m，采用树形结构时可达 16 层，从主机到最末端外设总长可达 72m，它的传输速率为 400Mb/s，2.0 版的传输速率为 800Mb/s。

（5）SPI 总线。SPI（Serial Peripheral Interface，串行外设接口）是一种高速的、全双工、同步的通信总线，并且在芯片的引脚上只占用四根线，节约了芯片的引脚。正是出于这种简单易用的特性，如今越来越多的芯片集成了这种通信协议，主板主要是芯片组与 BIOS 芯片之间用此协议。

（6）M.2 总线。M.2 接口是 Intel 推出的一种替代 MSATA 的新接口规范，最初叫 NGFF，全名是 Next Generation Form Factor。它比 mSATA 硬盘还要小巧，基本长宽只有 22×42（单位 mm），单面厚度为 2.75mm，双面闪存布局也不过 3.85mm 厚。M.2 有丰富的可扩展性，最长可以做到 110mm，可以提高 SSD 容量。M.2 接口有两种类型，即 Socket 2 和 Socket 3，可以同时支持 SATA 及 PCI-E 通道，走 SATA 通道现在最快也只有 6Gb/s，而 PCI-E 通道更容易提高速度。Socket 2 是早期 M.2 使用的接口，PCI-E 是 PCI-E 2.0×2 通道，理论带宽为 10Gb/s，不过在 9 系及 100 系芯片组之后，M.2 接口全面转向 Socket 3，PCI-E 3.0×4 通道，理论带宽达到 32Gb/s。M.2 接口有三个尺寸为 2242、2260 和 2280 的 SSD，也就是宽为 22mm，长分别为 42mm、60mm、80mm，注意主板接口位置是否和 SSD 硬盘尺寸相配，一般能装 2280 的都有 2242 和 2260 尺寸的螺钉孔，所以向下兼容。如图 3-28 所示，B Key 插槽和 M Key 插槽分别为 Socket 2 和 Socket 3 接口规范。采用 B&M 金手指的 SSD 两种接口都能接。

（7）U.2 接口。U.2 接口又称 SFF-8639，是由固态硬盘形态工作组织（SSD Form Factor Work Group）推出的接口规范。U.2 不但支持 SATA-Express 规范，还能兼容 SAS、SATA 等规范。因此，可以把它当作是四通道版本的 SATA-Express 接口，它的通道可兼容 SATA3、PCI-E 2.0×2 和 PCI-E 3.0×4，理论最大带宽已经达到了 32Gb/s，与 M.2 接口毫无差别，如图 3-29 所示。

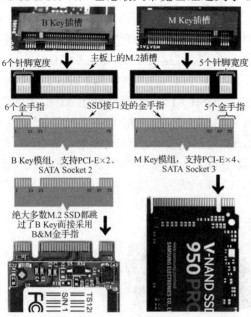

图 3-28 Socket 2 和 Socket 3 的接口规范

图 3-29 主板上的 U.2 接口

（8）PCI-Express（PCI-E）总线。PCI-E 总线是一种完全不同于过去 PCI 总线的全新总线规范，与 PCI 总线共享并行架构相比，PCI-E 总线是一种点对点串行连接的设备连接方式，点对点意味着每个 PCI-E 设备都拥有自己独立的数据连接，各个设备之间并发的数据传输互不影响，而对于过去 PCI 共享总线方式只能有一个设备进行通信，一旦 PCI 总线上挂接的设备增多，每个设备的实际传输速率就会下降，性能得不到保证。PCI-E 以点对点的方式处理通信，每个设备在要求传输数据的时候各自建立自己的传输通道，对于其他设备这个通道是封闭的，这样的操作保证了通道的专有性，避免其他设备的干扰。PCI-E 根据总线位宽的不同接口也有所不同，包括了×1、×4、×8以及×16 接口，而×2 模式接口用于内部接口而非插槽模式的接

图 3-30　PCI-E 的各种插槽

口。PCI-E ×1 能够提供 250MB/s 的传输速度，显卡用的 PCI-E×16 则达到了 4GB/s，由于 PCI-E 总线可以在上/下行同时传输数据，因此通常说 PCI-E×16 的带宽为 8GB/s。如图 3-30 所示为 PCI-E 的各种插槽。

PCI-E 2.0 是在 PCI-E 1.0 的基础上进行了性能的改进，主要性能改进如下：

①带宽增加。将单通道 PCI-E ×1 的带宽提高到了 500MB/s，也就是双向 1GB/s。

②通道翻倍。显卡接口标准升级到 PCI-E ×32，带宽可达 32GB/s。

③插槽翻倍。芯片组/主板默认应该拥有两条 PCI-E ×32 插槽，也就是主板上可安装 4 条 PCI-E ×16 插槽，实现多显卡的交火。

④速度提升。每条串行线路的数据传输率从 2.5Gb/s 翻番至 5Gb/s。

⑤更好支持。对于高端显卡，即使功耗达到 225W 或者 300W 也能很好地应付。

PCI-E 3.0 是在 PCI-E 2.0 的基础上各项性能再提升一倍。PCI-E 3.0 的信号频率从 2.0 的 5GT/s 提高到 8GT/s，编码方案也从原来的 8b/10b 变为更高效的 128b/130b，其他规格基本不变，每周期依然传输 2 位数据，支持多通道并行传输。除了带宽翻倍带来的数据吞吐量大幅提高之外，PCI-E 3.0 的信号速度更快，相应地数据传输的延迟也会更低。此外，针对软件模型、功耗管理等方面也有具体优化。

（9）SATA 总线（目前流行）。SATA 即串行 ATA，它是一种完全不同于并行 ATA（PATA）的新型硬盘接口技术，SATA 1.0 第一代的数据传输速率高达 150MB/s，SATA 2.0 可达 300MB/s，SATA 3.0 则达 6Gb/s，实际可达 600MB/s。SATA 支持热插拔，连接简单，不需要复杂的跳线和线缆接头，每个接口能连接一个硬盘。SATA 仅用 7 个针脚就能完成所有的工作，分别用于连接电源、连接地线、发送数据和接收数据。如图 3-31 为 ATA 和 SATA 连线接口的比较。

图 3-31　ATA 和 SATA 连线接口的比较

（10）SATA Express 接口。SATA Express 把 SATA 软件架构和 PCI-E 高速界面结合在一起，并且还能兼容现有的 SATA 设备，带宽最高可达 8Gb/s 和 16Gb/s。

（11）HDMI（High Definition Multimedia）接口。中文的意思是高清晰度多媒体接口，可以提供高达 5Gb/s 的数据传输带宽，并能传送无压缩的音频信号及高分辨率视频信号。HDMI1.3/1.4 数据传输带宽为 10.2Gb/s，支持高清视频；2.0 的数据传输带宽为 18Gb/s，支持 4K 视频；2.1 的数据传输带宽为 48Gb/s，支持 8K 视频。

（12）DisplayPort 接口。DisplayPort 也是一种高清数字显示接口标准，既可以连接计算机和显示器，也可以连接计算机和家庭影院。DisplayPort 1.1 最大支持 10.8Gb/s 的传输带宽。DisplayPort 可支持 WQXGA+（2560×1600）、QXGA（2048×1536）等分辨率及 30/36 位（每原色 10/12 位）的色深，1920×1200 分辨率的色彩支持到了 120/24 位，超高的带宽和分辨率足以适应显示设备的发展。DisplayPort 1.2/1.2a 最大支持 16.2Gb/s 的传输带宽，DisplayPort 1.3 总带宽提升到了 32.4Gb/s（4.05GB/s），四条通道各自分配 8.1Gb/s，排除各种冗余、损耗之后，可以提供的实际数据传输率也能高达 25.92Gb/s（3.24GB/s），只需一条数据线就能传送无损高清视频+音频，轻松支持 5120×2880 5K 级别的显示设备。借助 DP Multi-Stream 多流技术、VESA 协调视频时序技术，单连接多显示器的分辨率也支持得更高了，每一台都能达到 3840×2160 4K 级别。DisplayPort 1.4 将支持 8K 分辨率的信号传输，兼容 USB Type-C 接口，在适配器及显示器之间提供四条 HBR3 高速通道，单通道带宽达到了 8.1Gb/s，这些通道可独立运行，也可以成对使用，四通道理论带宽达到了 32.4Gb/s，足以支持 10 位色彩的 4K 120Hz 输出，也可以支持 8K 60Hz 输出。

（13）mSATA 接口。由于 SATA 6Gb/s 接口不利于 SSD 小型化，所以针对便携设备开发了 mSATA（mini SATA）接口，可以把它看作标准 SATA 接口的 mini 版，物理接口跟 mini PCI-E 接口一样，所以二者容易混淆，但 mSATA 走的是 SATA 通道而非 PCI-E 通道，所以需要 SATA 主控，依然是 SATA 通道，速度也还是 6Gb/s。

目前主板内部几种硬盘接口的比较如表 3-3 所示。

表 3-3　目前主板内部几种硬盘接口的比较

名称 参数	SATAIII	mSATA	SATA Express	M.2	U.2	PCI-E 插槽
速度	6Gb/s	6Gb/s	10/16Gb/s	10/32Gb/s	32Gb/s	20/32Gb/s
规格/长度	2.5/3.5 寸	51mm	2.5/3.5 寸	30～110mm	2.5 寸	167mm
通道	SATA	SATA	PCI-E ×2	PCI-E ×2、×4 SATA	PCI-E ×2、×4 SATA	PCI-E ×2、×4
工作电压	5V	3.3V	5V	3.3V	3.3/12V	12V
体积	大	小	大	小	大	大
目前状态	绝对主流但已落后	基本淘汰	尴尬之选	今日之星	不确定的明日之星	今日之星

M.2 接口的固态硬盘主要优点在于体积小巧、性能出色，比较广泛地用于台式计算机、笔记本电脑、超级本等便携设备中。而 U.2 接口则速度更快，2.5 英寸能更好地与目前 SATA 3.0 接口固态硬盘兼容，适用于主流笔记本电脑、台式计算机，未来潜力较大。不过配备 U.2 接口的固态硬盘比较少，尚等待成熟。

3.3.3　主板的常见外部接口

主板的外部接口，主要有接键盘、鼠标的 PS/2 接口，接外设的 USB、1394 接口，接显示器的 VGA、DVI 等接口，接音响的模拟音频输出口、输出数字音频的光纤及同轴线接口，有的主板还有高清晰度多媒体接口 HDMI，接移动硬盘的 e-SATA 接口等。目前显示接口一般只有 HDMI 和 DisplayPort 接口，VGA 与 DVI 已基本淘汰。现在的高档主板加了 USB Type-C 接口，主要是为了方便与手机互联，还加了接收 Wi-Fi 天线接口，有的还有恢复键，音频接口有的也改成了高保真的 6.5mm 接口了。主板接口的形状如图 3-32 所示。

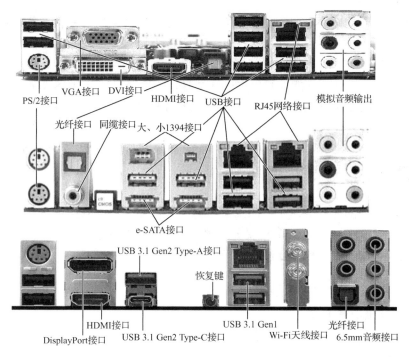

图 3-32 常见主板背板接口

3.4 主板的测试

主板测试包括对主板型号、整机性能及维修级的测试,一般用户只会遇到主板型号和性能的测试,维修级的检测需要结合很多软件和主板测试卡来综合定位主板的故障。

主板型号的测试软件有 Everest、超级兔子、鲁大师、Windows 优化大师等。主板性能测试的软件有 PCMark、SiSoft Sandra Standard,这两款软件是计算机综合性能评测、系统分析评比工具中的强者,是能进行多项硬件测试软件中的佼佼者,它们也可以用来测试主板的性能。维修级的检测是利用诊断卡对主板点故障进行检索,高端机中根据 Debug 灯显示的数字也能确定故障部位。这里只介绍 Everest 和鲁大师两款测试软件,PCMark 软件在讲完所有主机硬件后再进行介绍。

3.4.1 主板测试软件 Everest

Everest 是 LAVALYS 公司的一个测试软、硬件系统信息的工具,它可以详细地显示出 PC 每个方面的信息。支持上千种(3400+)主板、上百种(360+)显卡,支持对并口、串口、USB 这些 PNP 设备的检测,支持对各式各样处理器的侦测。Everest 最新版有最新的硬件信息数据库,拥有准确和强大的系统诊断和解决方案,支持最新的图形处理器和主板芯片组。Everest 能测出主板型号、总线位宽、速率、芯片组型号、BIOS 版本等信息。还能对内存、CPU 进行性能测试。它的操作简单,一目了然,具体操作就不再赘述了。

3.4.2 主板测试软件鲁大师

鲁大师是成都奇英公司出品的一款免费软件,拥有专业而易用的硬件检测系统,不仅准确,而且还提供中文厂商信息,让计算机配置一目了然,可有效避免奸商蒙蔽。它适用于各种品牌台式计算机、笔记本电脑、DIY 兼容机，可以实时对关键性部件进行监控预警，有效地预防硬件故障。

鲁大师有快速升级补丁、安全修复漏洞、系统一键优化、一键清理、驱动更新等功能，还具有硬件温度监测功能。它能检测出主板的型号、芯片组型号、BIOS 版本等信息，但没有 Everest 软件测试结果详细具体。它能对计算机的整体性能、CPU、游戏、显示器性能等进行测试，并给出性能提升建议。因此它既能测试型号，又能测试性能，并且操作简易。

3.5 主板的选购

在计算机的各个部件当中，主板的选购显得极为重要。但产品的更新换代、推陈出新的速度之快令人"目瞪口呆"，况且品种又如此繁多，怎样才能挑选到一块性价比高的主板呢？下面来讨论主板选购的原则和需要注意的问题。

3.5.1 主板选购的原则

1. 按应用与需求选主板

根据应用与需求决定选购主板的档次。如果购机的目的是为了运行大型软件、制作游戏和动画、进行建筑设计等，就须选购支持显卡、内存多的高档主板；如果只做文字处理、事务应用等工作，选购一般主板即可。同时也要根据 CPU 的档次来决定主板芯片组的档次。还要根据应用需求，决定是否选购带 M.2、HDMI、U.2、USB Type-C 接口和无线网络的主板。

2. 按品牌选主板

名牌主板的质量一般可以得到保障，即使出现问题，也可通过投诉得到解决。但选名牌时一定要注意不要选到假冒产品。

3. 按服务质量选主板

尽量选服务及时、态度好的主板厂商，同时还要看售后质量保修期。一般来说，保修期越长，说明厂商对其产品越有信心，通常质量就会越有保证。

3.5.2 主板选购时需要注意的问题

1. 主板的做工与用料

选用焊接光滑、做工精细的主板。特别要注意内存和显卡插槽一定要选质量好的，否则会造成因接触不良而不能开机。同等价位应尽量选 CPU 供电相位数多且用固态电容滤波的主板，也就是说优选数字供电的主板。要选芯片的生产日期相差不多的主板，如果芯片的生产日期相差过大，很可能这块主板是用边/旧料做的，质量会得不到保证。也可以用掂分量、查看厚度的方法判断，一般重的、厚的主板用料足，质量好。

2. 选购主板要考虑机箱的空间

选购主板一定要考虑机箱的空间，各种接口与插槽要便于安装。如果是小机箱选择大板，肯定是装不上的；如果将来要装扩充卡，一定要选大机箱和大板；如果只是单一的应用，不需要扩展，出于成本与美观的考虑，可以选小机箱和小板。

3. 要选兼容性和扩展性好的主板

有的主板兼容性不好，特别是显示卡，如果不兼容，当显示卡坏时，换上规格不同的显卡就会无法运行。因此，一定要选兼容性好的主板。一般兼容性好的主板，在出厂时都会通过多种显卡的测试,并在说明书中注明。

3.5.3 原厂主板和山寨主板的识别方法

一般来说,真/假主板可以从用料、做工和包装等方面来识别。真正原厂主板一般元器件质量好,做工也好;而假主板,一般焊接有毛刺,选用的元器件质量差,如用铝电解电容滤波、电感线圈没封闭等,同时包装盒印刷也不精美。但有些山寨主板和原厂主板的用料、做工和包装几乎是一样的,很难识别出来,这时可以使用下面的办法。

(1)真主板开机会显示生产厂商的Logo,Logo会标明厂商;假主板开机显示的是BIOS的Logo。

(2)真主板上有一个条码号,可以与厂商确认;山寨主板也会有条码号,但与厂商确认后,这个条码号是错的。

(3)真主板一般有长达3~5年的质保期,山寨主板的质保期一般只有半年到一年。

如果经过以上判断仍不放心,可以把主板拿到所在省的厂商总代理处对主板进行真假鉴定。

3.6 主板故障的分析与判断

随着主板电路集成度的不断提高及主板技术的发展,主板的故障呈现越来越集中的现象。主板绝大多数故障集中表现在内存、显卡接触不良和CPU供电电路损坏等方面。接下来介绍主板故障的分类、主板故障产生的原因、主板常见故障的分析与排除。

3.6.1 主板故障的分类

1. 根据对计算机系统的影响可分为非致命性故障和致命性故障

非致命性故障发生在系统上电自检期间,一般给出错误信息;致命性故障也发生在系统上电自检期间,一般会导致系统死机,屏幕无显示。

2. 根据影响范围不同可分为局部性故障和全局性故障

局部性故障指系统某一个或几个功能运行不正常,如主板上打印控制芯片损坏仅造成联机打印不正常,并不影响其他功能;全局性故障往往影响整个系统的正常运行,使其丧失全部功能,如时钟发生器损坏将使整个系统瘫痪。

3. 根据故障现象是否固定可分为稳定性故障和不稳定性故障

稳定性故障是由于元器件功能失效、电路断路、短路引起的,其故障现象稳定重复出现;而不稳定性故障往往是由于接触不良、元器件性能变差,使芯片逻辑功能处于时而正常、时而不正常的临界状态引起的。如由于I/O插槽变形,造成显卡与该插槽接触不良,使显示呈变化不定的错误状态。

4. 根据影响程度不同可分为独立性故障和相关性故障

独立性故障指完全是由于单一功能的芯片损坏引起的故障;相关性故障指一个故障与另外一些故障相关联,故障现象为多方面功能不正常,而其故障实质为控制诸功能的共同部分出现故障引起软、硬子系统工作均不正常。

5. 根据故障产生源可分为电源故障、总线故障、元器件故障等

电源故障包括主板上+12V、+5V及+3.3V电源、CPU供电电路、显卡与内存供电电路和

Power Good 信号故障；总线故障包括总线本身故障和总线控制权产生的故障；元器件故障则包括电阻、电容、集成电路芯片及其他元器件的故障。

3.6.2 主板故障产生的原因

（1）人为故障。带电插拔 I/O 卡，以及在装板卡及插头时用力不当造成对接口、芯片等的损害，CMOS 参数设置不正确等。

（2）环境不良。静电常造成主板上的芯片（特别是 CMOS 芯片）被击穿；另外，主板遇到电源损坏或电网电压瞬间产生的尖峰脉冲时，往往会损坏系统板供电插头附近的芯片；如果主板上布满了灰尘，也会造成信号短路等。

（3）器件质量问题。由于芯片和其他元器件质量不良导致的损坏，特别是显示卡和内存插槽质量不好，常常会造成接触不良。

3.6.3 主板常见故障的分析与排除

1. 主板出现故障后的一般处理方法

（1）观察主板。当主板出现故障时，首先是断电，然后仔细观察主板有无烧糊、烧断、起泡、插口锈蚀的地方，如果有应先清除修理好这些地方，再做下一步的检测。

（2）测量主板电源是否对地短路。用万用表测量主板电源接口的 5V、12V、3.3V 等的对地电阻，检测是否短路，如果对地短路，检查引起短路的原因并排除。

（3）检测开机电路是否正常。如果电源没有对地短路，接上电源，并插上主板测试卡，在无 CPU 的情况下，接通电源加电，检查 ATX 电源是否工作（看主板测试卡的电源灯是否亮，ATX 电源风扇是否转等）；如果 ATX 电源不工作，在 ATX 电源本身正常的情况下，说明主板的开机电路有故障，应维修主板的开机电路。

（4）检查 CPU 供电电路是否正常。开机电路正常，则测试 CPU 供电电路的输出电压是否正常，正常值一般为 0.6～2V，根据 CPU 的型号而定；如果不正常，检查 CPU 的供电电路。

（5）检查时钟电路是否正常。若 CPU 供电正常，则测试时钟电路输出是否正常，其正常值为 1.1～1.9V；如果不正常，检查时钟电路的故障原因。

（6）检测复位电路是否正常。如果时钟输出正常，观察主板测试卡上的 RESET 灯是否正常。正常时为开机瞬间 RESET 灯闪一下，然后熄灭，表示主板复位正常。若 RESET 灯常亮或不亮均为无复位，如果复位信号不正常，则检测主板复位电路的故障。

（7）检测 BIOS 芯片是否正常。如果复位信号正常，接着测量 BIOS 芯片的 CS 片选信号引脚的电压是否为低电平，以及 BIOS 的 CE 信号引脚的电压是否为低电平（此信号表示 BIOS 把数据放在系统总线上），如果不是低电平，检测 BIOS 芯片的好坏。

若经过以上检测后主板还不工作，接着目测是否有断线、CPU 插座接触不良等故障。如果没有，可重刷 BIOS 程序，如果还不正常，接着检查 I/O、南桥、北桥等芯片，直至找到原因，排除故障。

2. 主板供电电路故障的分析与排除

随着 CPU 与主板技术的发展，从 2010 年开始，主板芯片的一些功能，如内存控制、显卡控制甚至显卡都有向 CPU 集成的趋势，如果这种趋势发展下去，也许在将来的某一天，整个主板将不再有芯片，只有一些分离元件和插槽、接口。因此，随着 CPU 的功率越来越大，主板上 CPU 供电电路的相数将会越来越多，元器件的数量也将越来越多，发生故障的概率也就越大。主板供电电路的故障在主板故障中所占的比例将会进一步加大。而主板供电电路的原理与故障排除方法都很简单，本书重点介绍，希望读者能掌握。

（1）故障现象。主板开机后，CPU风扇转一下又停，或CPU不工作。

（2）故障原因。CPU供电电路坏了。

（3）分析排除方法。按图3-17所示的电路，首先检测12V插座的对地阻值，正常为300～700Ω。如果12V插座对地阻值正常，则检查12V供电电路中的上管（Q1）是否正常，如果不正常先检查12V到Q1的D极线路，特别是电容C1是否击穿，如果没问题，则有可能是Q1或者C2击穿。由于主板一般都是三相以上的供电电路，对于上管只能一个个断开测量，对于滤波电容C2一般可根据外表是否起泡、漏油等来判断。如果找到了被击穿的上管，却没有同类管可换，可直接把坏管取下，一般就能正常供电了，因为十几相电路，少一相影响不大。

12V插座对地阻值正常，接着测量CPU供电电压，即C2的对地电压，正常值为0.6～1.8V（据CPU型号而定）。如果CPU供电电压不正常，接着测量CPU供电场效应管，即下管（Q2）的对地阻值，正常值为100～300Ω，如果不正常，将下管全部拆下，然后测量，找到损坏的场效应管将其更换即可。如果场效应管正常，则可能是下管的D极连接的低通滤波系统有问题，检测低通滤波系统中损坏的电感和电容等元器件并更换。

如果CPU供电场效应管对地阻值正常，接着测量CPU供电电路电源管理芯片输出端（Q1、Q2的G极）是否为高电平，一般为3.3V。如果有电压，说明电源管理芯片向场效应管的G极输出了控制信号，故障应该是由于场效应管本身损坏造成的（一般由场效应管的性能下降引起），更换损坏的场效应管即可。

如果场效应管的G极无电压，接着检测电源管理芯片的输出端是否有电压。如果有电压则是电源管理芯片的输出端到上管的G极之间的线路故障或场效应管品质下降，不能使用，应检测G极到电源管理芯片输出端的线路故障（主要检查驱动电路），如果正常，则更换场效应管即可。

如果电源管理芯片的输出端无电压，接着检查电源管理芯片的供电引脚电压是否正常（5V或12V），如果不正常，检查电源管理芯片到电源插座线路中的元器件故障。

如果电源管理芯片的供电正常，接着检查PG引脚的电压是否正常（5V），如果不正常，检查电源插座的第8脚到电源管理芯片的PG引脚之间线路中的元器件，并更换损坏的元器件。

如果PG引脚的电压正常，再接着检查CPU插座到电源管理芯片的VID0～VID7引脚间的线路是否正常。如果不正常，检测并更换线路中损坏的元器件；如果正常，则是电源管理芯片损坏，更换芯片即可。

3．主板的一些接口不能用

产生原因。主板驱动程序没有装好，导致某个接口、控制芯片或元件损坏。

解决方法。重装主板驱动，更换坏的接口，更换坏的芯片或元件。

4．主板内存、显卡及各扩展槽接触不良

这是P4以后国产品牌机及部分国外品牌机的通病。

（1）判断方法。根据喇叭叫声，内存插槽接触不良，发出短促的"嘀嘀"声；显示卡插槽接触不良，发出长长的"嘀"声。

（2）处理方法。清洁接触不良的部分，用橡皮擦或绸布醮无水酒精擦拭金手指，也可以用小木棒绕绸布沾无水酒精擦拭插槽。

5．CMOS 设置不当造成的故障

对 CMOS 放电，重启即可。有的病毒会修改 CMOS 设置，导致不启机，因此，遇到不启机故障，可以先对 CMOS 放电。

6．BIOS 版本低或损坏造成的故障

升级或重写 BIOS。有些新的驱动和接口，要升级 BIOS 才能支持。

实验 3

1．实验项目

（1）熟悉主板的结构、跳线、主要电路及优劣的识别。

（2）用 Everest 和鲁大师对主板进行测试。

2．实验目的

（1）认识主板上的芯片组和 BIOS 等主要芯片、内存、显卡及扩展槽。

（2）认识 CPU 供电电路及其组成的场管、电感及电容的位置与引脚的作用。

（3）熟悉主板跳线、面板连线、USB 线及所有插座的接法。

（4）熟悉 Everest 软件和鲁大师的安装使用，掌握其测试主板参数与性能的方法。

3．实验准备及要求

（1）以两人为一组进行实验，每组配备一个工作台、一台主机、拆装机的工具。主机要求能启动系统、能上网。

（2）实验时一个同学独立操作，另一个同学要注意观察，交替进行。

（3）观察时，先拆下主板，看清各芯片型号、插座插槽位置及主要电路元器件后，再装到主机上。然后，开机、下载软件，对主板进行测试。

（4）实验前实训教师要做示范操作，讲解操作要领与注意事项，学生要在教师的指导下独立完成。

4．实验步骤

（1）打开主机箱，拔掉所有与主板的连线（注意拔线时一定要做好标记，以免安装时接错线），取出主板。

（2）观察主板上芯片组、BIOS 等主要芯片的型号，以及内存、显卡及扩展槽的规格与数量并做好记录。

（3）观察主板上 CPU 供电电路及其组成的场管、电感、电容的位置、型号及数量，并做好记录。

（4）观察主板的做工、用料情况。

（5）把主板安装回主机箱，接好各种连线，仔细检查准确无误后，通电开机进入操作系统。

（6）接好网线，上网下载 Everest 和鲁大师并安装。

（7）分别运行 Everest 和鲁大师测试主板参数，并与观察的数据进行比较，记录好相关参数。

（8）分别运行 Everest 和鲁大师测试主板的性能。

（9）比较 Everest 和鲁大师测试主板参数和性能的优/缺点。

5．实验报告

（1）写出主板、芯片组、BIOS 芯片的型号及生产厂商。写出主板所有插槽及接口的名称及规格。

（2）写出 CPU 供电电路的相数、PWM 芯片、场管、电容的型号及数量。

（3）比较 Everest 和鲁大师测试主板参数和性能的优/缺点。

（4）分析主板的做工、用料及结构的特点，比较主板在同类主板中的质量等级、性能是否优良。

习题 3

1．填空题

（1）主板是装在主机箱中的一块_____的多层印制电路板，上面分布着构成计算机主机系统电路的各种元器件和接插件，是计算机的连接_____。

（2）按物理结构主板可分为_____、_____、_____和_____。

（3）芯片组是与 CPU 相配合的系统控制集成电路，芯片组性能的优劣，决定了主板性能的_____与_____的高低。

（4）主板 BIOS 电路主要由_____芯片和_____芯片及电池供电电路组成。

（5）M.2 接口有_____和_____两种类型。

（6）CPU 供电电路是唯一采用_____的主板电路，_____附近一般就能找到供电电路。

（7）两相供电回路是_____电感加上_____场效应管。

（8）主板所支持的内存_____和_____都是由内存插槽来决定的。

（9）主板测试包括主板_____的测试和维修级的测试及_____性能的测试。

（10）根据对计算机系统的影响可分为_____性故障和_____性故障。

2．选择题

（1）ATX 主板使用（　　）电源和 ATX 机箱。

A．直流　　　　B．交流　　　　C．AT　　　　D．ATX

（2）ATX 标准首次提出对（　　）接口的支持。

A．USB　　　　B．PS/2　　　　C．IEEE1394　　　　D．E-SATA

（3）DDR4 SDRAM 插槽有（　　）线。

A．168　　　　B．72　　　　C．240　　　　D．284

（4）S-ATA 3.0 可达（　　）MB/s 传输速率。

A．150　　　　B．300　　　　C．400　　　　D．600

（5）CPU 供电电路的输出电压正常值一般为（　　）间。

A．3～5V　　　　B．5～12V　　　　C．0.6～2V　　　　D．7～9V

（6）M.2 接口的特点有（　　）。

A．速度快，高达 32Gb/s　　　　B．两种类型：Socket 2 和 Socket 3

C．大量采用新型总线及接口　　　　D．同时支持 SATA 及 PCI-E 通道

（7）主板由印制电路板（PCB）、（　　）、扩充插槽及各种输入/输出接口等组成。

A．控制芯片组　　B．BIOS 芯片　　C．供电电路、时钟电路　　D．CPU 插座、内存插槽

（8）LGA 1151 接口支持的 CPU 类型有（　　）。

A．Core i9 七代　　B．Core i7 六代　　C．Core i5 八代　　D．Core i3 七代

（9）DDR4 内存插槽主要用于（　　）主板。

A．LGA 1151　　B．LGA 1366　　C．Socket AM4　　D．LGA 2066

（10）主板出现故障后的一般处理方法有（　　）。

A．测量主板电源是否对地短路　　　　B．检查 CPU 供电电路是否正常

C．观察主板　　　　D．检测 BIOS 芯片是否正常

3．判断题

（1）选购主板一定要考虑机箱的空间，各种接口与插槽要便于安装。（　　）

（2）LGA 1150 接口 Intel 7 系列芯片组成员都是单芯片设计，不分南、北桥。（　　）

(3) 所谓总线，笼统来讲，就是一组导线。（　　）

(4) DDR4 SDRAM 插槽和 DDR3 SDRAM 插槽，都是采用 240 Pin DIMM 接口标准，所以 DRR3 与 DDR4 内存可以互换。（　　）

(5) DisplayPort 接口只需一条数据线就能传送无损高清视频+音频，轻松支持 5120×2880 5K 级别的显示设备。（　　）

4．简答题

(1) M.2 和 U.2 接口各有何特点？

(2) Intel 200 系列芯片组的特点是什么？同 AMD 300 系列芯片组相比有何不同？

(3) CPU 供电电路为什么相位数越多，输出的电流越大？越稳定？

(4) 怎样识别原厂主板和山寨主板？

(5) 如何分析和排除 CPU 供电电路的故障？

第 4 章 CPU

本章讲述 CPU 的基本构成和工作原理，并对 CPU 的分类及命名规则、CPU 的技术指标和 CPU 的封装形式进行详细的介绍。回顾 PC CPU 的发展史，并介绍目前主流的 CPU，使读者能全方位地了解 CPU，从而更好地进行 CPU 的鉴别和维护工作。

4.1 CPU 的基本构成和工作原理

中央处理器（Central Processing Unit，CPU）是计算机的主要设备之一，CPU 的外观如图 4-1 所示。其功能主要是解释计算机指令以及处理计算机软件中的数据。所谓的计算机的可编程性主要是指对 CPU 的编程。CPU、内部存储器和输入/输出设备是计算机的三大核心部件。

图 4-1　Intel 和 AMD 中央处理器外观

4.1.1　CPU 的基本构成

CPU 包括运算逻辑部件、寄存器部件和控制部件。下面介绍 CPU 的各个组件。

1. 运算逻辑部件

该部件可以执行定点或浮点的算术运算操作、移位操作以及逻辑操作，也可执行地址的运算和转换。

2. 寄存器部件

寄存器部件包括通用寄存器、专用寄存器和控制寄存器。

通用寄存器又可分为定点数和浮点数两类，用来保存指令中的寄存器操作数和操作结果。它是中央处理器的重要组成部分，大多数指令都要访问到通用寄存器。其宽度决定计算机内部的数据通路宽度，其端口数目往往可影响内部操作的并行性。

专用寄存器是为了执行一些特殊操作所需用的寄存器。

控制寄存器通常用来指示机器执行的状态，或者保持某些指令。它有处理状态寄存器、地址转换目录的基地址寄存器、特权状态寄存器、条件码寄存器、处理异常事故寄存器以及检错寄存器等。

3. 控制部件

控制部件主要负责对指令译码，并且发出为完成每条指令所要执行各个操作的控制信号，其结构有两种：一种是以微存储为核心的微程序控制方式；另一种是以逻辑硬布线结构为主的控制方式。

在微存储中保存的是微码，每个微码对应于一个最基本的微操作，又称微指令；各条指令由不同序列的微码组成，这种微码序列构成微程序。中央处理器在对指令译码以后，即发出一定时序的控制信号，按给定序列的顺序以微周期为节拍执行由这些微码确定的若干个微操作，即可完成某条指令的执行。简单指令是由3~5个微操作组成的，复杂指令则要由几十个微操作甚至几百个微操作组成。

逻辑硬布线控制器则完全是由随机逻辑组成的。指令译码后，控制器通过不同逻辑门的组合，发出不同序列的控制时序信号，直接去执行一条指令中的各个操作。

现在台式计算机的CPU已把显卡接口电路、内存接口电路，甚至有些硬盘等接口电路都集成到了CPU内部，使CPU的功能越来越多，性能也越来越强大了。

4.1.2 CPU的工作原理

CPU的工作原理就像是一个工厂对产品的加工过程：进入工厂的原料（程序指令），经过物资分配部门（控制单元）的调度分配，被送往生产线（逻辑运算单元），生产出成品（处理后的数据）后，再存储在仓库（存储单元）中，最后等着拿到市场上去卖（交由应用程序使用）。在这个过程中从控制单元开始，CPU就开始了正式的工作，中间的过程是通过逻辑运算单元来进行运算处理的，交到存储单元代表工作的结束。

数据从输入设备流经内存，等待CPU的处理，这些将要处理的信息是按字节存储的，也就是以8位二进制数或8位为1个单元存储，这些信息可以是数据或指令。数据可以是二进制表示的字符、数字或颜色等，而指令告诉CPU对数据执行哪些操作，比如完成加法、减法或移位运算。首先，指令指针（Instruction Pointer）会通知CPU，将要执行的指令放置在内存中的存储位置。因为内存中的每个存储单元都有编号（地址），可以根据这些地址把数据取出，通过地址总线送到控制单元中，指令译码器从指令寄存器IR中得到指令，翻译成CPU可以执行的形式，然后决定完成该指令需要哪些必要的操作。它将告诉运算单元什么时候计算，告诉指令读取器什么时候获取数值，告诉指令译码器什么时候翻译指令等。假如数据被送往运算单元，数据将会执行指令中规定的算术运算和其他各种运算。当数据处理完毕后，将回到寄存器中，通过不同的指令将数据继续运行或者通过数据总线送到数据缓存器中，其工作原理如图4-2所示。

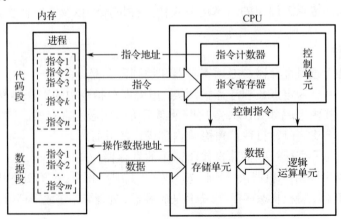

图4-2　CPU工作原理图

CPU的基本工作就是这样去执行读出数据、处理数据和往内存写数据的。在通常情况下，一条指令可以包含按明确顺序执行的许多操作，CPU 的工作就是执行这些指令，完成一条指令后，CPU 的控制单元又将告诉指令读取器从内存中读取下一条指令来执行。

4.2 CPU 的分类及命名规则

4.2.1 CPU 的分类

CPU 的分类方法有许多种，按照其处理信息的字长可以分为：4 位微处理器、8 位微处理器、16 位微处理器、32 位微处理器及 64 位微处理器等。

CPU 也可根据生产厂商的不同而进行分类，其中主要用于 PC 的 CPU 由 Intel 公司和 AMD 公司生产，国内的龙芯公司和兆芯公司也生产 CPU，此外在嵌入式领域也有多个公司进行 CPU 的研发，如华为公司、三星公司等。

各个公司的每一代产品都会根据自身的技术特点进行产品的系列命名，因此也可以根据 CPU 的系列名称进行分类，如 Intel 主要有酷睿系列、奔腾系列、赛扬系列等；AMD 主要有羿龙系列、速龙系列、闪龙系列和锐龙系列等。

此外还可根据 CPU 制作工艺的不同进行分类，如 90nm、65nm、45nm、32nm、22nm、18nm 及最新的 14nm 等；也可根据插槽类型的不同进行分类，如 LGA 2066、LGA 1151、LGA 2011、LGA 1366、LGA 1156、LGA 1155、LGA 1150、TR4、AM4、AM3+、AM3、AM2+、AM2 等接口。

4.2.2 CPU 的命名规则

Intel 公司从酷睿开始 CPU 的命名就有规律，并且在其网站上能查到每一代的命名规则；而 AMD 从锐龙开始全面对标 Intel，CPU 的命名规则也向其看齐。

1. Intel 公司 CPU 的命名规则

如图 4-3 所示为酷睿 8 代和奔腾 CPU 的命名规则。Intel 公司 CPU 的品牌有酷睿、奔腾、赛扬、至强等，酷睿的子品牌有 i9、i7、i5、i3 等，代标识是指第几代酷睿，8 表示 8 代、7 表示 7 代，产品编码为同类产品的代码，一般数字越大，性能越强。产品后缀表示产品的一些特殊性能，酷睿 8 代产品后缀字母的含义是：K 表示不锁频，G 表示内含独立的显卡（比核显强），U 表示超低功耗。

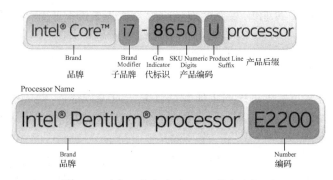

图 4-3 酷睿 8 代和奔腾 CPU 的命名规则

酷睿 7 代产品的后缀字母要多些，具体含义是：T 表示功率优化，H 表示有高性能显核，HK 表示有高性能显核且不锁频，HQ 表示高性能显核且有 4 核心，Y 表示超低功耗，X 表示性能至强。

奔腾和赛扬 CPU 的命名规则一样，只有品牌和编码，编码有一位字母加 4 位数字和只有 4 位数字两种形式，字母表示所适应的平台，数字表示产品代号，数字越大表示性能越强。

2. AMD 公司锐龙 CPU 的命名规则

AMD 公司锐龙 CPU 的命名规则如图 4-4 所示。AMD 的 CPU 品牌有锐龙、锐龙 PRO、锐龙 Threadripper 等。在其系列中：7 表示狂热的消费者即发烧友级，5 表示高性能级，3 表示主流级。代数为 1 表示是锐龙 1 代。分级为 7、8 表示狂热的消费者即发烧友级，4、5、6 表示性能级；TBA 表示主流级。型号为同类型 CPU 的产品编号，以供不同的速度选择，一般型号数字越大，速度越快，性能越好。后缀为 X 代表高性能且有 XFR（额外频率范围），G 代表带显示单元的桌面版，T 代表低功耗桌面版，S 代表带显示单元的低功耗桌面版，H 代表高性能移动版，U 代表标准移动版，M 代表低功耗移动版。

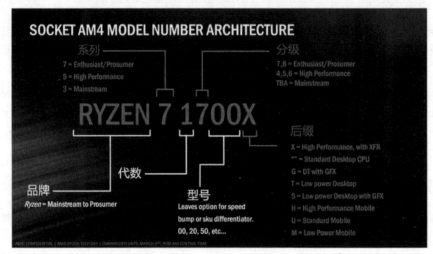

图 4-4　AMD 公司锐龙 CPU 的命名规则

4.3　CPU 的技术指标

1. 主频

主频也叫时钟频率，单位是 MHz，用来表示 CPU 的运算速度。CPU 的主频=外频×倍频系数。CPU 的主频与 CPU 实际的运算能力是没有直接关系的，主频表示在 CPU 内数字脉冲信号振荡的速度。CPU 的主频和 CPU 实际的运算速度还是有关的，但只能说主频仅仅是 CPU 性能表现的一个方面，而不代表 CPU 的整体性能。

2. 外频

CPU 的外频，通常为系统总线的工作频率（系统时钟频率），是 CPU 与周边设备传输数据的频率，具体指 CPU 到芯片组之间的总线速度，也就是 CPU 与主板之间同步运行的速度。

3. 倍频系数

倍频系数是指 CPU 主频与外频之间的相对比例关系。在相同的外频下，倍频越高 CPU 的频率也越高。但实际上，在相同外频的前提下，高倍频的 CPU 本身意义并不大。这是因为 CPU 与系统之间的数据传输速度是有限的，一味追求高主频而得到高倍频的 CPU 就会出现明显的"瓶颈"效应（CPU 从系统中得到数据的极限速度不能满足 CPU 运算的速度）。

4．超频

超频就是把 CPU 的工作时钟调整为略高于 CPU 的规定值，企图使之超高速工作。

CPU 的工作频率=倍频×外频。提升 CPU 的主频可以通过改变 CPU 的倍频或者外频来实现。

（1）超频的方式。

①跳线设置超频：早期的主板多数采用了跳线或 DIP 开关设定的方式来进行超频。

②BIOS 设置超频：通过 BIOS 设置来改变 CPU 的倍频或外频。

③用软件实现超频：通过控制时钟发生器的频率来达到超频的目的。最常见的超频软件包括 SoftFSB 和各主板厂商自己开发的软件。

④按键方式：有的高档主板为了方便超频设置了一个按键，按下该键就能实现超频。

（2）超频秘诀。

①CPU 超频和 CPU 本身的"体质"有关，即与型号、生产批次等有关。

②倍频低的 CPU 好超频。

③制作工艺越先进越好超频。

④温度对超频有决定性影响。散热性能决定 CPU 的稳定性。

⑤主板（主板的外频、做工、支持等）是超频的利器。

（3）锁频。

锁频就是 CPU 生产商不允许用户对 CPU 的外频和倍频进行调节，其分为锁外频及锁倍频两种方式。对于只锁倍频的 CPU，可以通过提高其外频来实现超频；对于只锁外频的 CPU，可以通过提高倍频来实现超频。而对于倍频和外频全都锁定的 CPU，通常就不能进行超频了。现在几乎所有主流主板都能自动识别 CPU 及设置电压。

5．前端总线

前端总线（FSB）指 CPU 与北桥芯片之间的数据传输总线，前端总线频率（总线频率）直接影响 CPU 与内存数据的交换速度。数据带宽=（总线频率×数据位宽）/8，数据传输最大带宽取决于所有同时传输数据的宽度和传输频率。外频与前端总线频率的区别是前端总线的速度指的是数据传输的速度，外频是 CPU 与主板之间同步运行的速度。由于主板现在没有北桥芯片，因此，前端总线已被淘汰。现在 CPU 与主板芯片组之间是用 DMI（详见第 3 章）总线，而 CPU 内部整合了内存控制器，内存通过 DIMM 槽内存地址线，直接访问 CPU 内存控制器。它不通过系统总线传给芯片组，而是直接和内存交换数据，这样，CPU 与内存之间的数据交换速度就取决于内存控制器和内存条本身的速度。一般 CPU 会注明支持多大速率的内存。如酷睿 i5 8 代系列最大支持 DDR4 2666MHz 的内存。

6．字长

CPU 的字长通常是指内部数据的宽度，单位是二进制的位。它是 CPU 数据处理能力的重要指标，反映了 CPU 能够处理的数据宽度、精度和速度等，因此常常以字长位数来称呼 CPU。如能处理字长为 8 位数据的 CPU 通常就叫 8 位的 CPU；同理，64 位的 CPU 就能在单位时间内处理字长为 64 位的二进制数据。字节和字长的区别：由于常用的英文字符用 8 位二进制就可以表示，所以通常就将 8 位称为 1 字节；字长的长度是不固定的，对于不同的 CPU，字长的长度也不一样。8 位的 CPU 一次只能处理 1 字节，而 32 位的 CPU 一次就能处理 4 个字节，同理，字长为 64 位的 CPU 一次可以处理 8 字节，目前 PC 的 CPU 都是 64 位的。

7．缓存

缓存大小也是 CPU 的重要指标之一，而且缓存的结构和大小对 CPU 速度的影响非常大。

CPU 缓存的运行频率极高，一般是和处理器同频运作，工作效率远远大于系统内存和硬盘。实际工作时，CPU 往往需要重复读取同样的数据块，而缓存容量的增大，可以大幅度提升 CPU 内部读取数据的命中率，而不用再到内存或者硬盘上寻找，以此提高系统性能。缓存可以分为一级缓存、二级缓存和三级缓存。

L1 Cache（一级缓存）是 CPU 的第一层高速缓存，分为数据缓存和指令缓存。内置的 L1 高速缓存的容量和结构对 CPU 的性能影响较大，不过高速缓冲存储器均由静态 RAM 组成，结构较复杂，所以在 CPU 芯面积不能太大的情况下，L1 高速缓存的容量不可能做得太大。一般 CPU 的 L1 高速缓存的容量在 128～768KB。

L2 Cache（二级缓存）是 CPU 的第二层高速缓存，早期分内部和外部两种芯片。内部的芯片二级缓存运行速度与主频相同，而外部的二级缓存则只有主频的一半。现在的二级缓存都已集成到 CPU 的内部。L2 高速缓存容量也会影响 CPU 的性能，原则是越大越好，以前家庭用 CPU 容量最大是 512KB，现在酷睿 i 系列已经可以达到 8MB；而服务器和工作站上用 CPU 的 L2 高速缓存更高，可以达到 10MB 以上。

L3 Cache（三级缓存）分为两种，早期是外置，现在都是内置的。它的实际作用是可以进一步降低内存延迟，同时提升大数据量计算时处理器的性能，这一点对玩游戏很有帮助。而在服务器领域增加 L3 缓存在性能方面也有显著的提升，如具有较大 L3 缓存的配置利用物理内存会更有效，所以它比较慢的磁盘 I/O 子系统可以处理更多的数据请求；具有较大 L3 缓存的处理器提供更有效的文件系统缓存行为及较短消息和处理器队列长度。现在 L3 缓存也越来越大，酷睿 i5 8 代为 9MB，酷睿 i7 8 代为 12MB。AMD 的锐龙系列为 16MB。

8. 指令集

CPU 依靠指令来计算和控制系统，每款 CPU 在设计时就规定了一系列与其硬件电路相配合的指令系统。指令的强弱也是 CPU 的重要指标，指令集是提高微处理器效率的最有效工具之一。从现阶段的主流体系结构讲，指令集可分为复杂指令集和精简指令集两部分，而从具体运用看，如 Intel 的 MMX、SSE、SSE2 和 AMD 的 3DNow!等都是 CPU 的扩展指令集，分别增强了 CPU 的多媒体、图形图像和 Internet 等的处理能力。通常会把 CPU 的扩展指令集称为 CPU 的指令集。

（1）CISC 指令集。CISC（Complex Instruction Set Computer）指令集，即复杂指令集。在 CISC 微处理器中，程序的各条指令和每条指令中的各个操作都是按顺序串行执行的。顺序执行的优点是控制简单，但计算机各部分的利用率不高，执行速度慢。Intel 的 x86 系列（IA-32 架构）CPU 及其兼容 CPU，如 AMD、VIA 的 CPU 都是用该指令集。即使是新兴的 x86-64 也都是属于 CISC 的范畴。

（2）RISC 指令集。RISC（Reduced Instruction Set Computer）指令集，即精简指令集。它是在 CISC 指令系统基础上发展起来的。有人对 CISC 进行测试表明，各种指令的使用频度相当悬殊，最常使用的是一些比较简单的指令，它们仅占指令总数的 20%，但在程序中出现的频度却占 80%；复杂的指令系统必然增加微处理器的复杂性，使处理器的研制时间长，成本高，并且需要复杂的操作，必然会降低计算机的速度。基于上述原因，20 世纪 80 年代 RISC 型 CPU 诞生了，相对于 CISC 型 CPU，RISC 型 CPU 不仅精简了指令系统，还采用了超标量和超流水线结构，大大增加了并行处理能力。RISC 指令集是高性能 CPU 的发展方向。与传统的 CISC 相比而言，RISC 的指令格式统一、种类较少，寻址方式也比复杂指令集少，当然处理速度就提高很多了。目前在中、高档服务器中普遍采用这一指令系统的 CPU，特别是高档服务器全都采用 RISC 指令系统的 CPU，如 IBM 的 PowerPC、DEC 的 Alpha 等。

（3）MMX 指令集。MMX（Multi Media eXtension）指令集，即多媒体扩展指令集，它是 Intel 公司于 1996 年推出的一项多媒体指令增强技术。MMX 指令集包括 57 条多媒体指令，通过这些指令可以一次处理多个数据，在处理结果超过实际处理能力的时候也能进行正常处理，这样在软件的配合下，就可以得到更高的性能。它的优点是操作系统不必做出任何修改便可以轻松地执行 MMX 程序。但是，问题也比较明显，那就是 MMX 指令集与 x87 浮点运算指令不能同时执行，必须做密集式的交错切换才可以正常执行，这种情况就势必造成整个系统运行质量的下降。

（4）SSE 指令集。SSE（Streaming SIMD Extensions）指令集，即单指令多数据流扩展指令集，它是 Intel 在 Pentium 3 处理器中率先推出的。SSE 指令集包括了 70 条指令，其中包含提高 3D 图形运算效率的 50 条 SIMD（单指令多数据技术）浮点运算指令、12 条 MMX 整数运算增强指令、8 条优化内存中连续数据块传输指令。理论上这些指令对目前流行的图像处理、浮点运算、3D 运算、视频处理、音频处理等诸多多媒体应用起到了全面强化的作用。SSE 指令与 3DNow!指令彼此互不兼容，但 SSE 包含了 3DNow!技术的绝大部分功能，只是实现的方法不同。SSE 兼容 MMX 指令，它可以通过 SIMD 和单时钟周期并行处理多个浮点数据来有效地提高浮点运算速度。

（5）SSE2 指令集。SSE2 指令集是 Intel 公司在 SSE 指令集的基础上发展起来的。相比于 SSE 指令集，SSE2 使用了 144 个新增指令，扩展了 MMX 技术和 SSE 技术，这些指令提高了广大应用程序的运行性能。随 MMX 技术引进的 SIMD 整数指令从 64 位扩展到了 128 位，使 SIMD 整数类型操作的有效执行率成倍提高。双倍精度浮点 SIMD 指令允许以 SIMD 格式同时执行两个浮点操作，提供双倍精度操作支持，有助于加速内容创建、财务、工程和科学应用。除 SSE2 指令之外，最初的 SSE 指令也得到增强，通过支持多种数据类型（双字和四字）的算术运算，支持灵活并且动态范围更广的计算功能。SSE2 指令可让软件开发人员极其灵活地实施算法，并在运行如 MPEG-2、MP3、3D 图形等的软件时增强性能。Intel 是从 Willamette 核心的 Pentium 4 开始支持 SSE2 指令集的，而 AMD 则是从 K8 架构的 SledgeHammer 核心的 Opteron 开始才支持 SSE2 指令集的。

（6）SSE3 指令集。SSE3 指令集是 Intel 公司在 SSE2 指令集的基础上发展起来的。相比于 SSE2 指令集，SSE3 指令集增加了 13 个额外的 SIMD 指令。SSE3 中 13 个新指令的主要目的是改进线程同步和特定应用程序领域，如媒体和游戏。这些新增指令强化了处理器在浮点转换至整数、复杂算法、视频编码、SIMD 浮点寄存器操作以及线程同步等 5 个方面的表现，最终达到提升多媒体和游戏性能的目的。Intel 是从 Prescott 核心的 Pentium 4 开始支持 SSE3 指令集的，而 AMD 则是从 2005 年下半年 Troy 核心的 Opteron 开始才支持 SSE3 的。但是需要注意的是，AMD 所支持的 SSE3 与 Intel 的 SSE3 并不完全相同，主要是删除了针对 Intel 超线程技术优化的部分指令。

（7）3DNow! 指令集。3DNow! 指令集是 AMD 公司开发的 SIMD 指令集，可以提高浮点和多媒体运算的速度，并被 AMD 广泛应用于 K6-2、K6-3 以及 Athlon（K7）处理器上。3DNow! 指令集技术其实就是 21 条机器码的扩展指令集。与 Intel 公司的 MMX 技术侧重于整数运算有所不同，3DNow! 指令集主要针对三维建模、坐标变换和效果渲染等三维应用场合，在软件的配合下，可以大幅度提高 3D 的处理性能。后来在 Athlon 上开发了 Enhanced 3DNow!。这些 AMD 标准的 SIMD 指令和 Intel 的 SSE 具有相同效能。因为受到 Intel 在商业上及 Pentium 3 的影响，软件在支持 SSE 上比起 3DNow! 更为普遍。Enhanced 3DNow! 指令集继续增加至 52 个指令，包含了一些 SSE 码，因而在针对 SSE 做最佳化的软件能获得更好的效果。

（8）SSE4 指令集。Intel 将 SSE4 分为了 4.1 和 4.2 两个版本，SSE4.1 中增加了 47 条新指令，主要针对向量绘图运算、3D 游戏加速、视频编码加速及协同处理的加速；SSE4.2 在 SSE4.1 的基础上加入了 7 条新指令，用于字符串与文本及 ATA 加速。

（9）EM64T 技术。EM64T（Extended Memory 64 Technology），即扩展 64 位内存技术。通过 64 位扩展指令来实现兼容 32 位和 64 位的运算，使 CPU 支持 64 位的操作系统和应用程序。

（10）AVX 指令集。AVX 指令集是 Sandy Bridge 和 Larrabee 架构下的新指令集。AVX 是在之前的 128 位扩展到和 256 位的 SIMD，而 Sandy Bridge 的 SIMD 演算单元扩展到 256 位的同时数据传输也获得了提升，所以从理论上看 CPU 内核浮点运算性能提升到了 2 倍。

（11）AVX2 指令集。AVX2 指令集支持的整点 SIMD 数据宽度从 128 位扩展到 256 位。Sandy Bridge 虽然已经将支持的 SIMD 数据宽度增加到了 256 位，但仅仅增加了对 256 位的浮点 SIMD 支持，整点 SIMD 数据的宽度还停留在 128 位上。AVX2 还提供了一系列增强的功能，包括数据元素的广播、逆变操作。

（12）AES 指令。AES-NI（高级加密标准新指令）是一组可以快速而安全地进行数据加密和解密的指令。AES-NI 对各种不同应用程序的加密很有价值，如执行批量加密/解密、身份验证、随机号生成及认证加密。目前最新的酷睿 i7-8700K 处理器支持的指令集有 SSE4.1、SSE4.2、AVX2、AES 新指令。

9. 制造工艺

CPU 的制造工艺通常以 CPU 核心制造的关键技术参数蚀刻尺寸来衡量，蚀刻尺寸是制造设备在一个硅晶圆上所能蚀刻的最小尺寸，现在主要的制作工艺为 28nm、22nm、18nm、14nm、12nm、10nm 和 7nm。

10．工作电压

从 586 的 CPU 开始，CPU 的工作电压分为内核电压和 I/O 电压两种，通常 CPU 的核心电压小于或等于 I/O 电压。其中内核电压的大小是根据 CPU 的生产工艺而定的，一般制作工艺越小，内核工作电压越低；I/O 电压一般都在 1.6～5V，低电压能解决 CPU 耗电过大和发热过高的问题。

11.核心

核心（Die，内核）是 CPU 最重要的组成部分。CPU 中心那块隆起的芯片就是核心，是由单晶硅按一定的生产工艺制造出来的，CPU 所有的计算、接收/存储命令、处理数据都由核心执行。各种 CPU 核心都具有固定的逻辑结构，如一级缓存、二级缓存、执行单元、指令级单元和总线接口等逻辑单元都具有科学的布局。Intel 酷睿 i5-8600K 处理器内有 6 个核心，最多的 Intel 酷睿 i9-7980XE 至尊版处理器有 18 个核心。AMD 锐龙 7 处理器有 8 个核心，AMD 锐龙 Threadripper 1950X 处理器有 16 个核心。

12．核心类型

CPU 制造商对各种 CPU 核心给出相应的代号，就是所谓的 CPU 核心类型。不同的 CPU（不同系列或同一系列）都会有不同的核心类型，甚至同一种核心都会有不同版本的类型，核心版本的变更是为了修正上一版本存在的错误，并提升一定的性能，而这些变化普通消费者是很少去注意的。每一种核心类型都有其相应的制造工艺（如 18nm、14nm、7nm 等）、核心面积（决定 CPU 成本的关键因素，成本与核心面积基本上成正比）、核心电压、电流大小、晶体管数量、各级缓存的大小、主频范围、流水线架构和支持的指令集（这两点是决定 CPU 实际性能和工作效率的关键因素）、功耗和发热量的大小、封装方式（如 S.E.P、PGA、FC-PGA、FC-PGA2 等）、接口类型（如 Socket 1151、Socket 2066、Socket AM4、Socket TR4 等）。因此，核心类型在某种程度上决定了 CPU 的工作性能。

13．CPU 核心微架构

CPU 架构指的是内部结构，也就是 CPU 内部各种元件的排列方式和元件的种类。一般一种架构包括几种核心类型或代号，如所有酷睿 7 代的 CPU 都是 Kaby Lake 微架构，所有酷睿 8 代的 CPU 都是 Coffee Lake 微架构，所有锐龙的 CPU 都是 Zen 核心架构。

14．核心数

核心数是指每个 CPU 中所包含的内核个数。

15．同步多线程

同步多线程（Simultaneous MultiThreading，SMT）可通过复制处理器上的结构状态，让同一个处理器上的多个线程同步执行并共享处理器的执行资源，可最大限度地实现宽发射、乱序的超标量处理、提高处理器运算部件的利用率、缓和由于数据相关或 Cache 未命中带来的访问内存延时。当没有多个线程可用时，SMT 处理器几乎和传统的宽发射超标量处理器一样。SMT 最具吸引力的是只需小规模改变处理器核心的设计，几乎不用增加额外的成本就可以显著地提升效能。多线程技术则可以为高速的运算核心准备更多的待处理数据，减少运算核心的闲置时间。这对于桌面低端系统来说无疑十分具有吸引力。Intel 从 3.06GHz Pentium 4 开始，所有处理器都支持 SMT 技术。

16．虚拟化技术

虚拟化技术与多任务及超线程技术是完全不同的。多任务是指在一个操作系统中多个程序同时并行运行，而在虚拟化技术中，则可以同时运行多个操作系统，而且每一个操作系统中都有多个程序运行，每一个操作系统都运行在一个虚拟的 CPU 或者是虚拟主机上；而超线程技术只是单 CPU 模拟双 CPU 来平衡程序运行性能，这两个模拟出来的 CPU 是不能分离的，只能协同工作。

纯软件虚拟化解决方案存在很多限制。用户操作系统很多情况下是通过 VMM（Virtual Machine Monitor，虚拟机监视器）来与硬件进行通信的，由 VMM 决定其对系统上所有虚拟机的访问（注意，大多数处理器和内存访问独立于 VMM，只在发生特定事件时才会涉及 VMM，如页面错误）。在纯软件虚拟化解决方案中，VMM 在软件套件中的位置是传统意义上操作系统所处的位置，而操作系统的位置是传统意义上应用程序所处的位置。这一额外的通信层需要进行二进制转换，通过提供的物理资源（如处理器、内存、存储、显卡和网卡等）接口，模拟硬件环境，这种转换必然会增加系统的复杂性。此外，客户操作系统的支持受到虚拟机环境的能力限制，会阻碍特定技术的部署，如 64 位客户操作系统。在纯软件解决方案中，软件堆栈增加的复杂性意味着环境变得难于管理，因而会加大确保系统可靠性和安全性的困难。

CPU 的虚拟化技术是一种硬件方案，支持虚拟技术的 CPU 使用特别优化过的指令集来控制虚拟过程，通过这些指令集，VMM 会很容易提高性能，相比软件的虚拟实现方式有很大的提高。虚拟化技术可提供基于芯片的功能，借助兼容 VMM 软件能够改进纯软件解决方案。由于虚拟化硬件可提供全新的架构，支持操作系统直接在上面运行，从而无须进行二进制转换，减少了相关的性能开销，极大简化了 VMM 设计，进而使 VMM 能够按通用标准进行编写，性能变得更加强大。另外，目前在纯软件 VMM 中，缺少对 64 位客户操作系统的支持，随着 64 位处理器的不断普及，这一严重缺点也日益突出；而 CPU 的虚拟化技术除支持广泛的传统操作系统之外，还支持 64 位客户操作系统。

虚拟化技术是一套解决方案，需要 CPU、主板芯片组、BIOS 和软件的支持，如 VMM 软件或者某些操作系统本身。即使只是 CPU 支持虚拟化技术，在配合使用 VMM 软件的情况下，也会比完全不支持虚拟化技术的系统有更好的性能。Intel 自 2005 年年末开始在其处理器产品线中推广应用 Intel VT（Intel Virtualization Technology，Intel 虚拟化技术）。而 AMD 在随后的几个月也发布了支持 AMD VT（AMD Virtualization Technology，AMD 虚拟化技术）的一系列处理器产品。

17．动态加速技术

动态加速技术 IDA（Intel Dynamic Acceleration），可以让处理器碰到串行代码时提升执行效率，同时降低功耗。当处理器遇到串行代码时，IDA 技术就会启动，此时处理器的其他核心将进入 C3 或更深度地休眠状态，而其中的一个核心在执行程序时将获得额外的 TDP 空间，从而获得更好的执行力。由于其他的核心处于深度休眠状态，处理器整体的功耗还是会比之前更低。

【注意】Intel 和 AMD 均有自己的动态加速技术。

18．Intel 睿频加速技术

Intel 睿频加速技术可利用热量和电源余量，根据需要动态地提高处理器频率，让 CPU 在需要时提速，不需要时降低能效。

19．AMD SenseMI 技术

AMD 推出集感知、自适应和学习技术于一体的 SenseMI 技术，让 AMD 锐龙处理器可根据应用自定义其性能，具有一定智能化的性能。主要包括以下功能。

（1）精确功耗控制：先进的智能传感器网络可监测 CPU 的温度、资源使用情况和功耗，通过智能功耗优化电路，再加上先进的低功耗 14nm FinFET 工艺，可让 AMD 锐龙处理器低温、安静地运行。

（2）精准频率提升：实时调优的处理器性能，可以轻松地满足游戏或应用程序的性能需求。通过 25MHz 递增/递减幅度调整时钟频率以优化性能，调整时钟频率时无须暂停操作。

（3）神经网络预测：每个 AMD 锐龙处理器都内置真正的人工智能。它通过人工神经网络来理解应用程序，并实时预测工作流的后续步骤。这些"预测能力"可以将应用程序和游戏引导至非常高效的处理路径，从而提升性能。

（4）自适应动态扩频（XFR）：为采用高级系统和处理器散热解决方案的发烧友进一步自动提升性能。允许 CPU 速度超出精准频率提升的限制，时钟频率可随不同散热解决方案（风冷、水冷和液氮）而升降，完全自动，无须用户手动操作，只在特定的 AMD 锐龙处理器上可用。

（5）智能数据预取：先进的学习算法可理解应用程序的内部工作原理并预测所需数据。智能数据预取技术可根据预测将所需数据提前读取至 AMD 锐龙处理器，进而实现疾速响应式计算。

4.4 CPU 的封装形式

CPU 的封装方式取决于 CPU 安装形式和器件集成设计。根据 CPU 的安装形式，可以分为 Socket 和 Slot 两种。Socket（孔，插座），Socket 架构主板普遍采用 ZIF 插座，即零阻力插座（Zero Insert Force）；Slot（缝，狭槽，狭通道），它的物理特性与 Socket 完全不同。它是一个多引脚子卡的插槽，形式上更接近于第 3 章介绍过的 PCI 插槽、PCI-E 插槽。具体的插槽如图 4-5 和图 4-6 所示。

图 4-5 Slot 插槽

图 4-6 Socket 插槽

CPU 的器件集成封装是采用特定的材料将 CPU 芯片或 CPU 模块固化在其中，以防损坏的保护措施，CPU 必须在封装后才能交付用户使用。芯片的封装技术已经历了好几代的变迁，从 DIP、QFP、PGA、BGA 到 LGA 封装，技术指标一代比一代先进，芯片面积与封装面积之比越来越接近于 1、适用频率越来越高、耐温性能越来越好、引脚数增多、引脚间距减小、重量减小、可靠性提高、使用更加方便等。

（1）DIP 封装（Dual In-line Package）也叫双列直插式封装技术，指采用双列直插形式封装的集成电路芯片，绝大多数中小规模集成电路均采用这种封装形式，其引脚数一般不超过 100。DIP 封装的 CPU 芯片有两排引脚，需要插入到具有 DIP 结构的芯片插座上。当然，也可以直接插在有相同焊孔数和几何排列的电路板上进行焊接。DIP 封装的芯片在从芯片插座上插拔时应特别小心，以免损坏引脚。DIP 封装结构形式有多层陶瓷双列直插式 DIP、单层陶瓷双列直插式 DIP、引线框架式 DIP（玻璃陶瓷封接式、塑料包封结构式、陶瓷低熔玻璃封装式）等。

（2）QFP 封装（Quad Flat Package）也叫方形扁平式封装技术，该技术实现的 CPU 芯片引脚之间距离很小，引脚很细，一般大规模或超大规模集成电路采用这种封装形式，其引脚数一般都在 100 以上。

（3）PFP 封装（Plastic Flat Package）也叫塑料扁平组件式封装。用这种技术封装的芯片同样也必须采用 SMD（Surface Mounted Devices，表面贴装器件）技术将芯片与主板焊接起来。采用 SMD 安装的芯片不必在主板上打孔，一般在主板表面上有设计好的相应引脚的焊盘，将芯片各脚对准相应的焊盘，即可实现与主板的焊接。

（4）PGA 封装（Pin Grid Array Package）也叫插针网格阵列封装技术。用这种技术封装的芯片内外有多个方阵形的插针，每个方阵形插针沿芯片的四周间隔一定距离排列，根据引脚数目的多少，可以围成 2～5 圈。安装时，将芯片插入专门的 PGA 插座。为了使得 CPU 能够更方便地安装和拆卸，从 486 芯片开始，出现了一种 ZIF CPU 插座，专门满足用 PGA 封装的 CPU 在安装和拆卸上的要求。

（5）BGA 封装（Ball Grid Array Package）也叫球栅阵列封装技术。该技术一出现便成为 CPU、主板南、北桥芯片等高密度、高性能、多引脚封装的最佳选择。但 BGA 封装占用基板的面积比较大。虽然该技术的 I/O 引脚数增多，但引脚之间的距离远大于 QFP，从而提高了组装成品率。而且该技术采用了可控塌陷芯片法焊接，从而可以改善它的电热性能。另外该技术的组装可用共面焊接，从而能大大提高封装的可靠性；并且由该技术实现的封装 CPU 信号传输延迟小，适应频率可以提高很多。

（6）LGA（Land Grid Array）封装也叫栅格阵列封装。这种技术以触点代替针脚，与 Intel 处理器之前的封装技术 Socket 478 相对应，如产品线 LGA 775 具有 775 个触点。

（7）对于主流 Intel 和 AMD 的 CPU 封装特点在此进行简单介绍。

①Intel FCLGA 1151 封装的 CPU。

Intel 酷睿 6、7、8 代处理器，奔腾处理器系列，赛扬处理器系列的封装形式都是 FCLGA 1151，即处理器的背后触点都有 1151 个，都是采用 14nm 工艺制造的，支持 DDR4 内存。但它们的微架构不同，分别为 Sky Lake、Kaby Lake 和 Coffee Lake，支持内存 DDR4 的最高频率也不同，分别为 1866、2400 和 2666MHz，支持的芯片组也不同，分别为 Intel 100、200 和 300 系列。要注意的是酷睿 7 代兼容 6 代，但酷睿 8 代不向下兼容，也就是说酷睿 6 代 CPU 可在 Intel 200 系列芯片组的主板上工作，而酷睿 7 代不能在 Intel 300 系列芯片组的主板上运行。

②Intel FCLGA 2066 封装的 CPU。

Intel 酷睿 i9、i7、i5 第 7 代 X 系列 CPU 的封装形式都是 FCLGA 2066，即处理器的背后触点都有 2066 个，都是采用 14nm 工艺制造的，支持 DDR4-2666 内存，支持的芯片组为 Intel X299，一般用于高档台式计算机。

③AMD Socket AM4 平台。

AM4 平台的 CPU 采用 uOPGA 封装的形式，是针脚在处理器底部、触点在主板上的传统设计，CPU 的具体针脚数量为 1331 个，采用 14nm 工艺制造，支持 DDR4 内存，起步频率为 2400MHz，可以超频到最高 2933MHz，支持的芯片组为 AMD 300 系列芯片组。支持 AMD 锐龙和锐龙 PRO 处理器、第 7 代 AMD A 和 A PRO 系列处理器和速龙 X4 处理器。

④AMD Socket TR4 平台。

TR 是 Threadripper（AMD 顶级处理器）的缩写，4 是 4 代的意思，Socket 是插槽，TR4 就是插槽类型，处理器上有 4094 个触点，这也是 AMD 消费级处理器第一次放弃针脚、改用触点封装。它采用 14nm 工艺制造，支持 DDR4-2666 内存，支持的芯片组为 AMD X399，支持 AMD 锐龙 Threadripper 处理器，一般用于高档台式计算机。

4.5　CPU 的类型

计算机的核心部件是中央处理器 CPU，计算机的发展是随着 CPU 的发展而发展的。而在 CPU 的发展过程中，Intel 与 AMD 两个公司的竞争史成了 CPU 发展的主旋律。

4.5.1　过去的 CPU

CPU 的溯源可以一直到 1971 年，当时还处在发展阶段的 Intel 公司推出了世界上第一台微处理器 4004。4004 含有 2300 个晶体管，功能相当有限，而且速度还很慢，当时的蓝色巨人 IBM 及大部分商业用户对其都不屑一顾，但是它毕竟是划时代的产品，从此以后，Intel 便与微处理器结下了不解之缘。

1978 年，Intel 公司再次领导潮流，首次生产出 16 位的微处理器，并命名为 i8086，同时还生产出与之相配合的数学协处理器 i8087，这两种芯片使用相互兼容的指令集，但在 i8087 指令集中增加了一些专门用于对数、指数和三角函数等的数学计算指令。由于这些指令集应用于 i8086 和 i8087，所以人们将这些指令集统称为 X86 指令集。

1979 年，Intel 公司推出了 8088 芯片，它仍旧属于 16 位微处理器，内含 29000 个晶体管，时钟频率为 4.77MHz，地址总线为 20 位，可使用 1MB 内存。8088 内部数据总线都是 16 位，外部数据总线是 8 位，而它的兄弟 8086 是 16 位。

1981 年 8088 芯片首次用于 IBM PC 中，开创了全新的微机时代。也正是从 8088 开始，PC（个人计算机）的概念开始在全世界范围内发展起来。

1982 年，Intel 推出了划时代的最新产品 80286 芯片，该芯片比 8086 和 8088 都有了飞跃的发展，虽然它仍旧是 16 位结构，但是在 CPU 的内部含有 13.4 万个晶体管，时钟频率由最初的 6MHz 逐步提高到 20MHz。其内部和外部数据总线皆为 16 位，地址总线为 24 位，可寻址 16MB 内存。从 80286 开始，CPU 的工作方式也演变出两种来：实模式和保护模式。

1985 年 Intel 推出了 80386 芯片，它是 80x86 系列中的第一种 32 位微处理器，而且制造工艺也有了很大的进步，与 80286 相比，80386 内含 27.5 万个晶体管，时钟频率为 12.5MHz，之后提高到 20MHz、25MHz、33MHz。80386 的内部和外部数据总线都是 32 位，地址总线也是 32 位，可寻址高达 4GB 内存。

1989 年，大家耳熟能详的 80486 芯片由 Intel 推出，这种芯片的伟大之处就在于突破了 100 万个晶体管的界限，集成了 120 万个晶体管。80486 的时钟频率从 25MHz 逐步提高到 33MHz、50MHz。80486 是将 80386 和数学协处理器 80387 以及一个 8KB 的高速缓存集成在一个芯片内，并且在 80x86 系列中首次采用了 RISC（精简指令集）技术，可以在一个时钟周期内执行一条指令。它还采用了突发总线方式，大大提高了与内存的数据交换速度。1993 年 Intel 公司发布了第 5 代处理器 Pentium（奔腾）。Pentium 实际上应该称为 80586，但 Intel 公司出于宣传竞争方面的考虑，为了与其他公司生产的处理器相区别，改变了"x86"的传统命名方法，并为 Pentium 注册了商标，以防其他公司假冒。其他公司推出的第 5 代 CPU 有 AMD 公司的 K5、CYRIX 公司的 6x86。1997 年 Intel 公司推出了具有多媒体指令的 Pentium MMX。

1998 年 Intel 公司推出了 Pentium 2 CPU，同时为了降低 CPU 的价格，提高竞争力，Intel 公司通过减少 CPU 的缓存，推出了廉价的 Celeron（赛扬）处理器，以后 Intel 公司每推出一款新处理器，都相应地推出廉价的 Celeron 处理器。其他公司也推出了同档次的 CPU，如 AMD 的 K6。

1999 年 7 月 Pentium 3 发布，早期是 Kartami 核心，之后有 Coppermine 核心 256KB 二级缓存的版本和使用 512KB 二级缓存的 Tualatin 核心版本，前两种主要用于个人计算机，后一种可用于多 CPU 主板的服务器。AMD 也生产出具备超标量、超管线、多流水线 RISC 核心的 Athlon（K7）处理器。

2000 年 7 月 Intel 发布了 Pentium 4 处理器，开始是使用 0.18μm 工艺的 Willamette 核心，后来推出使用 0.13μm 工艺 Northwood 核心的 Pentium 4 处理器。AMD 公司也发布了第二个 Athlon 核心的 Tunderbird 处理器。

2004 年 2 月 Intel 发布了 Prescott 核心 Pentium 4 处理器，使用 0.09μm 制造工艺，采用 Socket 478 接口和 LGA 775 接口，其中，Socket 478 接口的处理器前端总线频率为 533MHz（不支持超线程技术），主频分别为 2.4GHz 和 2.8GHz；LGA 775 接口的处理器前端总线频率为 800MHz（支持超线程技术），主频分别为 2.8GHz、3.0GHz、3.2GHz 和 3.4GHz，缓存 L1 为 16KB，而缓存 L2 达 1MB。

2006 年 2 月 Intel 发布了 Cedar Mill 核心的 Pentium 4，制造工艺改为 65nm，解决了功耗问题。其他指标几乎没有变化。

2005 年 5 月 Intel 发布了 Pentium D 处理器，首批采用 Smithfield 核心，实质是 2 颗 Prescott 的整合。第 2 代产品采用了 Presler 核心，实质为 2 颗 Cedar Mill。除了个别低端产品外，此系列均支持 EM64T、EIST、XDbit 等技术。

2006 年 7 月 27 日 Intel 发布了 Core 2 Duo 处理器，它在单个芯片上封装了 2.91 亿个晶体管，采用了 45nm 工艺，功耗降低了 40%。

2008 年 Intel 开始推出了第 1 代 Core i 系列处理器，性能由低到高分别为 Core i3、i5 和 i7 系列，采用 45nm 和 32nm 工艺，核心有 2 核、4 核和 6 核，其典型型号如下。

Core i7 9XX：4 核心 8 线程，LGA 1366 接口，搭配 X58 芯片组（特点是 PCI-E 通道多），支持三通道 DDR3 内存，支持睿频加速技术。

Core i7 8XX：4 核心 8 线程，LGA 1156 接口，搭配 P55 或 H55 芯片组，支持双通道 DDR3 内存，支持睿频加速技术。

Core i5 7XX：4 核心 4 线程，LGA 1156 接口，搭配 P55 或 H55 芯片组，支持双通道 DDR3 内存，支持睿频加速技术。

Core i5 6XX：2 核心 4 线程，LGA 1156 接口，搭配 H55 芯片组（如果为 P55 就不能使用集显），支持双通道 DDR3 内存，内置集成显卡，支持睿频加速技术。

Core i3 5XX：2 核心 4 线程，LGA 1156 接口，搭配 H55 芯片组（如果为 P55 就不能使用集显），支持双通道 DDR3 内存，内置集成显卡，不支持睿频加速技术。

2011 年 1 月 6 日 Intel 第 2 代 Core i 系列处理器（成员包括第 2 代 Core i3/i5/i7）正式发布，第 2 代 i 系列处理器完美地集成了显示核心。第 2 代的睿频技术更加精湛，对功耗处理得更好，性价比高于第 1 代，命名规则为 i3/i5/i7 2XXX。同年 AMD FX 系列 CPU 发布。

2012 年 Intel 推出了第 3 代 Core i 系列处理器（Ivy Bridge，IVB），采用全新的 22nm 工艺、3-D 晶体管，更低功耗、更强效能，集成新一代核芯显卡，CPU 支持 DX11、性能大幅度提升，支持第 2 代高速视频同步技术及 PCI-E 3.0，命名规则为 i3/i5/i7 3XXX。

2013 年 Intel 推出了第 4 代 Core i 系列处理器，采用 Haswell 架构和 22nm 工艺制造，新增了 AVX2 指令集，浮点性能翻倍，对视频编码/解码有比较大的加速作用，集成 GT2 级别核芯显卡 HD Graphics 4600，性能相比上一代 HD Graphics 4000 提升约 30%，命名规则为 i3/i5/i7 4XXX。

2015 年 1 月 Intel 推出了第 5 代 Core i 系列处理器，采用 Broadwell 架构和 14nm 工艺制造，显著提升了系统和显卡的性能，提供更自然、更逼真的用户体验，以及更持久的电池续航能力。

2015 年 8 月 Intel 推出了第 6 代 Core i 系列处理器，采用 Skylake 架构和 14nm 工艺制造，同时支持 DDR3L 和 DDR4-SDRAM 两种内存规格；集成显示核心为 Intel Larrabee 架构；接口变更为 LGA 1151，必须搭配 Intel 的 100 系列芯片组才能使用。核显为 HD 520，比上一代有提升。

2017 年 1 月 Intel 推出了第 7 代 Core i 系列处理器，采用 Kaby Lake 架构和 14nm FinFET 工艺制造，加入对 USB 3.1、HDCP 2.2 的原生支持，以及完整固定功能的 HEVC main10 和 VP9 10-bit 硬件解码。核显为 HD 620，7 代核显性能较 6 代核显性能提升了 30%～40%。接口为 LGA 1151，必须搭配 Intel 的 200 系列芯片组。

2017 年 2 月 AMD 发布了首批 Ryzen 核心的三款型号为 1700、1700x 和 1800x 的处理器。这是 AMD 划时代的产品，基于"Zen"核心微处理器架构和智能 AMD SenseMI 技术，性能终于赶上了 Intel，采用 14nm FinFET 制程工艺、AM4 封装、有 1331 针脚、8 核 16 线程设计、L2/L3 总缓存 20MB。支持的芯片组为 AMD300 系列。

2017 年 9 月 25 日 Intel 正式发布了旗下第 8 代酷睿处理器，首批发布的第 8 代酷睿台式计算机处理器共六款产品，i3/i5/i7 每个系列均有两款。采用 Coffee Lake 架构和 14nm FinFET 工艺制造，比上一代多了 2 个物理核心，从原来的 4 核/2 核变成了 6 核/4 核，核显名字从 HD Graphics 630 变成了 UHD Graphics 630，支持 HDMI 2.0/HDCP 2.2 标准。虽然说第 8 代酷睿处理器还是用 LGA 1151 接口，但是它却无法在 200/100 系列主板上使用，只能搭配 300 系列主板使用，目前只有 Z370 一种芯片组。

4.5.2 目前主流的 CPU

通过回顾 CPU 的发展史，可以知道 CPU 的发展方向，即更高的频率、更小的制造工艺、更多的核心和线程、更大的高速缓存，除了这四点之外，PC 处理器也缓慢地从 32 位数据带宽发展到了 64 位，支持的内存也提高到了 DDR4-2666。

目前主流的 CPU 生产厂商基本上只有 Intel 和 AMD 两家。虽然国内的兆芯公司也产基于 x86 的台式计算机 CPU，但工艺至少落后两代，只在专门领域才有，市场上很难见，不做讨论。

1. Intel 公司的主流 CPU

现在 Intel 以酷睿第 7 代、第 8 代作为主打产品，性能从低到高为酷睿 i3、i5、i7，最高端有 i9 第 7 代 X 系列。低端有奔腾处理器，目前主要有奔腾银牌处理器系列、奔腾处理器 4000 系列，最低端有赛扬处理器，目前主要有赛扬处理器 G、J、N、3000 系列。

（1）赛扬处理器。

赛扬作为一款经济型处理器，是 Intel 的低端入门级产品。赛扬基本上可以看作是同一代奔腾的简化版。核心方面几乎都与同时代的奔腾处理器相同，只是在一些限制处理器总体性能的关键参数上如二级缓存、三级缓存相对于奔腾系列做了简化，从而降低成本，达到价格较低的目的。目前主流的赛扬处理器有 G、J、N、3000 系列。如表 4-1 所示为这四个系列的当家型号 G3950、J4105、N4100、3965U 的主要参数比较，其中将详细介绍 J4105。

表 4-1 四个系列当家型号 G3950、J4105、N4100、3965U 的主要参数比较

CPU 型号	发行日期	内核数	基本频率	缓存	TDP
赛扬 G3950	2017 年第一季度	2	3.00GHz	2MB	51W
赛扬 J4105	2017 年第四季度	4	1.50GHz	4MB	10W
赛扬 N4100	2017 年第四季度	4	1.10GHz	4MB	6W
赛扬 3965U	2017 年第一季度	2	2.20GHz	2MB Smart Cache	15W

最新的赛扬处理器是 2017 年 12 月发布的 J4105，它采用 Gemini Lake 架构和 14nm 工艺制造，内核数为 4，线程数为 4，基本频率为 1.50GHz，最高为 2.50GHz，缓存为 4MB，热设计功耗为（TDP）10W，支持的最大内存为（取决于内存类型）8GB，内存类型 DDR4/LPDDR4 最高为 2400MHz，最大内存通道数 2，核显为 UHD Graphics 600，基本频率为 250MHz，最大动态频率为 750MHz，最多 12 个 EU 单元，支持原生 HDMI 2.0，显示输出接口形式支持 eDP/DP/HDMI/ MIPI-DSI，显示支持数量 3 个。封装规格为 FCBGA 1090，支持 10 位的 VP9 视频解码，并且支持四路流水线视频解码。通信模块、Wi-Fi 基带模块、外设控制器等都集成在 CPU 内，不需要外加芯片组支持，但支持的力度有所减小，USB 2.0/3.0 端口数只支持 8 个，SATA 6.0Gb/s 端口数的最大值只有 2 个，PCI-E 只支持 2.0，通道数的最大值为 6，配置为 1×4+1×2 or 4×1 or 2×1+1×2 + 1×2。其架构如图 4-7 所示。其中最大的亮点就是 CNVi（Connectivity Integration Architecture）单元，Intel 第一次可以在如此小的空间内集成 Wi-Fi、蓝牙和调制解调器模块（3G/LTE），还有 eMMC5.1、HD Audio 高保真音频接口。Intel 宣称，相比于 4 年前的入门级平台，它可以带来 58% 的"生产性能提升"，编辑照片或者创建视频的时间减半。赛扬处理器 J4105 芯片体积小但功能全，确实是低价的笔记本电脑、一体机、迷你 PC、台式计算机的首选。

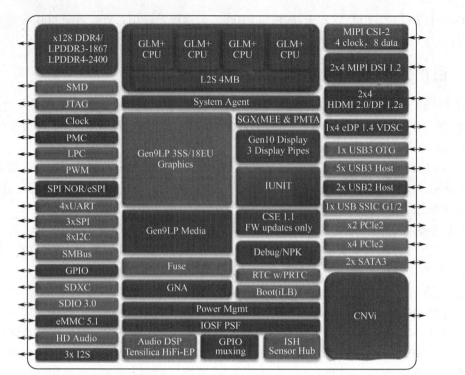

图 4-7　赛扬处理器 J4105 架构图

（2）奔腾处理器。

奔腾处理器性能高于赛扬处理器，低于酷睿系列处理器，价格也介于两者之间。

奔腾处理器目前市场上主要有奔腾银牌处理器系列、奔腾处理器 G 系列、奔腾处理器 N 系列和奔腾处理器 4000 系列。如表 4-2 所示为这几个系列的代表型号主要参数比较。

表 4-2　奔腾系列代表型号的主要参数比较

CPU 型号	发行日期	内核数	基本频率	缓存	TDP
奔腾 G4620	2017 年第一季度	2	3.70GHz	3MB	51W
奔腾银牌 J5005	2017 年第四季度	4	1.50GHz	4MB	10W
奔腾 N4200	2016 年第三季度	4	1.10GHz	4MB	6W
奔腾 4415U	2017 年第一季度	2	2.30GHz	2MB SmartCache	15W

Intel 2017 年 12 月发布最新奔腾银牌处理器 J5005，它和赛扬 J4105 采用相同的架构 Gemini Lake，可以说奔腾 J5005 是赛扬 J4105 的增强版，主要是核心频率最高可达 2.80GHz，显示核心加强为 Intel UHD Graphics 605，最大动态频率提高到 800MHz，执行单元增加到最多 18 个 EU 单元，其他性能与 J4105 相同。

（3）酷睿处理器。

酷睿处理器是 Intel 公司的主打产品，主要有用于普通消费者低、中、高价位的酷睿 i3 系列、酷睿 i5 系列和酷睿 i7 系列，用于发烧友的酷睿 X 系列处理器和用于笔记本电脑的酷睿 M 系列处理器。

① 酷睿 i3 处理器。

酷睿 i3 处理器是酷睿 i5 处理器的精简版，是面向主流用户性能和价格较低的酷睿 CPU。目前市面上主要有 2017 年 12 月发布的第 8 代酷睿 i3 处理器和 2017 年第一季度发布的第 7

代酷睿 i3 处理器。第 8 代酷睿 i3 处理器采用 Coffee Lake 微架构、4 核心、4 线程、内存类型为支持 DDR4-2400MHz，而第 7 代酷睿 i3 处理器采用 Kaby Lake 微架构、2 核心、4 线程、内存类型为 DDR4-2133/2400MHz 和 DDR3L-1333/1600MHz。如表 4-3 所示为第 8 代酷睿 i3 处理器代表型号酷睿 i3-8350K、酷睿 i3-8100、第 7 代酷睿 i3 处理器代表型号酷睿 i3-7350K、酷睿 i3-7300 的比较。

表 4-3　第 8 代酷睿 i3 处理器与第 7 代酷睿 i3 处理器代表型号比较

型　号	酷睿 i3-8350K	酷睿 i3-8100	酷睿 i3-7350K	酷睿 i3-7300
发行日期	2017 年第四季度	2017 年第四季度	2017 年第一季度	2017 年第一季度
接口类型	LGA 1151	LGA 1151	LGA 1151	LGA 1151
核心类型	Coffee Lake	Coffee Lake	Kaby Lake	Kaby Lake
生产工艺	14nm	14nm	14nm	14nm
核心数量	4 核	4 核	2 核	2 核
线程数	4 线程	4 线程	4 线程	4 线程
主　频	4GHz	3.6GHz	4.2GHz	4GHz
三级缓存	8MB	6MB	4MB	4MB
显示核心型号	Intel 超核芯显卡 630	Intel 超核芯显卡 630	Intel 超核芯显卡 630	Intel 超核芯显卡 630
支持内存频率	DDR4-2400MHz	DDR4-2400MHz	DDR4-2133/2400MHz DDR3L-1333/1600MHz	DDR4-2133/2400MHz DDR3L-1333/1600MHz
超线程技术	不支持	不支持	支持	支持
64 位处理器	是	是	是	是
Virtualization（虚拟化）	支持	支持	支持	支持
定向 I/O 虚拟化技术（VT-d）	支持	支持	支持	支持
可信执行技术（TET）	不支持	不支持	不支持	不支持
热设计功耗（TDP）	91W	65W	60W	51W

从表 4-3 中可以看出，第 8 代酷睿 i3 处理器比第 7 代酷睿 i3 处理器最明显的是多了 2 个核心，加大了缓存，从而功耗也增大了。

② 酷睿 i5 处理器。

酷睿 i5 处理器是酷睿 i7 处理器派生的中、低级版本，是面向性能级用户的。目前主要有 2017 年 12 月发布的第 8 代智能酷睿 i5 处理器和 2017 年第一季度发布的第 7 代智能酷睿 i5 处理器。第 8 代酷睿 i5 处理器采用 Coffee Lake 微架构、6 核心、6 线程、内存类型为 DDR4-2666MHz，而第 7 代酷睿 i5 处理器采用 Kaby Lake 微架构、4 核心、4 线程、内存类型为 DDR4-2133/2400 MHz 和 DDR3L-1333/1600 MHz。如表 4-4 所示为第 8 代酷睿 i5 处理器代表型号酷睿 i5-8600K、酷睿 i5-8400 和第 7 代酷睿 i5 处理器代表型号酷睿 i5-7600K、酷睿 i5-7400 的比较。

表 4-4　第 8 代酷睿 i5 处理器与第 7 代酷睿 i5 处理器代表型号比较

型　号	酷睿 i5-8600K	酷睿 i5-8400	酷睿 i5-7600K	酷睿 i5-7400
发行日期	2017 年第四季度	2017 年第四季度	2017 年第一季度	2017 年第一季度
接口类型	LGA 1151	LGA 1151	LGA 1151	LGA 1151
核心类型	Coffee Lake	Coffee Lake	Kaby Lake	Kaby Lake
生产工艺	14nm	14nm	14nm	14nm

续表

型　　号	酷睿 i5-8600K	酷睿 i5-8400	酷睿 i5-7600K	酷睿 i5-7400
核心数量	6 核	6 核	4 核	4 核
线 程 数	6 线程	6 线程	4 线程	4 线程
主　　频	3.6GHz	2.8GHz	3.8GHz	3.0GHz
最大睿频频率	4.3GHz	4.0GHz	4.2GHz	3.5GHz
缓　　存	9MB	9MB	6MB	6MB
显示核心型号	Intel 超核芯显卡 630	Intel 超核芯显卡 630	Intel 超核芯显卡 630	Intel 超核芯显卡 630
支持内存频率	DDR4-2666MHz	DDR4-2666MHz	DDR4-2133/2400MHz DDR3L-1333/1600MHz	DDR4-2133/2400MHz DDR3L-1333/1600MHz
热设计功耗（TDP）	95W	65W	91W	65W

从表 4-4 中可以看出，第 8 代酷睿 i5 处理器比第 7 代酷睿 i5 处理器最明显的是多了 2 个核心，增加了 3MB 缓存，内存频率也提高到了 DDR4-2666MHz，主频第 8 代酷睿 i5 处理器比第 7 代酷睿 i5 处理器虽然低了 0.2GHz，但最大睿频频率反而高了，且功耗相差不多，说明第 8 代酷睿 i5 处理器的工艺技术提高较大。

③ 酷睿 i7 处理器。

酷睿 i7 处理器是 Intel 的旗舰产品，是面向高端用户的 CPU。第 8 代酷睿 i7 处理器采用 Coffee Lake 架构，目前在售的代表型号为 6 核 12 线程设计的酷睿 i7-8700K 和酷睿 i7-8700，第 7 代酷睿 i7 处理器采用 Kaby Lake 架构，目前卖得好的代表型号是酷睿 i7-7700K 和酷睿 i7-7700，如表 4-5 所示是这四种处理器的比较。

表 4-5　酷睿 i7 四种处理器比较

型　　号	酷睿 i7-8700K	酷睿 i7-8700	酷睿 i7-7700K	酷睿 i7-7700
发行日期	2017 年第四季度	2017 年第四季度	2017 年第一季度	2017 年第一季度
接口类型	LGA 1151	LGA 1151	LGA 1151	LGA 1151
核心类型	Coffee Lake	Coffee Lake	Kaby Lake	Kaby Lake
生产工艺	14nm	14nm	14nm	14nm
核心数量	6 核	6 核	4 核	4 核
线 程 数	12 线程	12 线程	8 线程	8 线程
主　　频	3.7GHz	3.2GHz	4.2GHz	3.6GHz
最大睿频频率	4.7GHz	4.6GHz	4.5GHz	4.2GHz
缓　　存	12MB	12MB	8MB	8MB
显示核心型号	Intel 超核芯显卡 630	Intel 超核芯显卡 630	Intel 超核芯显卡 630	Intel 超核芯显卡 630
支持内存频率	DDR4-2666MHz	DDR4-2666MHz	DDR4-2133/2400MHz DDR3L-1333/1600MHz	DDR4-2133/2400MHz DDR3L-1333/1600MHz
热设计功耗（TDP）	95W	65W	91W	65W

从表 4-5 中可以看出，第 8 代酷睿 i7 处理器比第 7 代酷睿 i7 处理器的核心数多了 2 个，线程加了 4 个，缓存加了 4MB，而主频降低了一点，但最大睿频频率还是有所增加。因此，整体性能要强大很多，Intel 公司声称提高了 40%，实测提高 30% 左右。如图 4-8 为太平洋电脑网对第 8 代酷睿与第 7 代酷睿综合测试后的评分。

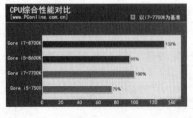

图 4-8　太平洋电脑网对第 8 代酷睿与第 7 代酷睿综合测试后的评分

④酷睿 X 系列处理器。

酷睿 X 系列不属于酷睿 7 代，它是一个独立的系列，是台式计算机的顶配。酷睿 X 系列中包含 4 核、6 核、8 核、10 核……一直到 18 核，只有 10 核和 10 核以上才能叫 i9。酷睿 X 系列支持沉浸式 4K 视觉效果和 4 通道 DDR4 2666 内存，Thunderbolt™ 3 提供 40Gb/s 双向端口，几乎可以连接所有的外围设备。使用 Intel 睿频加速 MAX3.0 技术，可为 RAID 存储阵列提供多达 8 个 SATA 端口，有酷睿 i9、i7、i5 三种类型，酷睿 X 系列的 i5/i7 起始频率比较高、扩充性比较强、超频后比较稳定。最强酷睿 i9 至尊版处理器拥有强大的 18 个内核和 36 个线程，具有 44 个 PCI-E 3.0 通道。所有酷睿 X 系列处理器内部都无集成显卡，都要接独显，且都不锁频，都是 FCLGA2066 的封装，配套的主板芯片组为 X299。总之，酷睿 X 系列处理器代表的 Intel 处理器的最高水平，价格不菲，是为超级发烧友和需要高性能计算机的使用者准备的。

酷睿 i9、i7、i5 三种类型 X 系列的典型型号参数如表 4-6 所示。

表 4-6 酷睿 i9、i7、i5 三种类型 X 系列的典型型号参数比较

型 号	酷睿 i9-7980XE	酷睿 i9-7900XX	酷睿 i7-7800XX	酷睿 i5-7640XX
发行日期	2017 年第三季度	2017 年第二季度	2017 年第二季度	2017 年第二季度
接口类型	LGA 2066	LGA 2066	LGA 2066	LGA 2066
核心类型	Skylake	Skylake	Skylake	Kaby Lake
生产工艺	14nm	14nm	14nm	14nm
核心数量	18 核	10 核	6 核	4 核
线程数	36 线程	20 线程	12 线程	4 线程
主 频	2.6GHz	3.3GHz	3.5GHz	4.0GHz
最大睿频频率	4.2GHz	4.3GHz	4.0 GHz	4.2GHz
缓 存	24.75M	13.75M	8.25M	6M
睿频加速 Max 技术 3.0 频率	4.4GHz	4.5GHz	不支持	不支持
支持内存频率/通道/最大值	DDR4-2666/4/128G	DDR4-2666/4/128G	DDR4-24000/4/128G	DDR4-2666/2/64G
支持 PCI-E 通道数	44	44	28	16
建议价格（美元）	1999	989	383	242
热设计功耗（TDP）	165W	140W	140W	112W

从表 4-6 中可以看出，只有酷睿 i9 X 系列处理器支持睿频加速 Max 技术 3.0 频率，性能和价格酷睿 i9、i7、i5 由高到低排列，用户购买时可根据需要和财力选择适当的 CPU。如图 4-9 为酷睿 X 系列处理器平台示意图，与别的 Intel 处理器平台的最大区别是 CPU 没有显示输出接口电路。

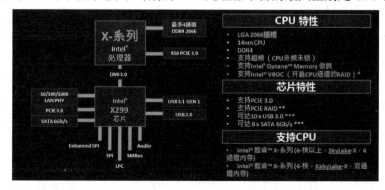

图 4-9 酷睿 X 系列处理器平台示意图

2. AMD 公司的主流 CPU

AMD 公司在 2017 年以前由于单核主频和工艺都落后于 Intel，导致其市场占有率很低，直到 2017 年 2 月 "Zen" 核心架构的锐龙处理器发布，它的 CPU 具备高核数、支持高吞吐量的同步多线程技术以及 DDR4 兼容性，采用 AM4 接口。AMD 终于在单核主频和工艺方面追上了 Intel，且由于同等性能的处理器 AMD 比 Intel 便宜，所以 2017 年 AMD 的 CPU 在市场上表现很好，终于实现从芯片"被碾压"到完美反制。目前 AMD 有基于 SocketAM4 平台的锐龙处理器、低端的 A 系列处理器和基于 SocketTR4 平台面向高端的锐龙处理器。

（1）基于 SocketAM4 平台的锐龙处理器。基于 SocketAM4 平台的锐龙处理器有锐龙 7、5、锐龙 3 三种类型，性能分别拥有 8 核、4~6 核和 4 核，性能由高到低，对标 Intel 的酷睿 i7、酷睿 i5、酷睿 i3，还有商用的锐龙 PRO 系列锐龙处理器。支持的芯片组均为 AMD 300 系列。

①AMD 锐龙 7 处理器。AMD 锐龙 7 处理器有 1800x、1700x 和 1700 三个型号。都是基于全新的 14nm 制造工艺和 "Zen" 架构制造，首次具有超线程能力，具体参数如表 4-7 所示。

表 4-7 AMD 锐龙 7 处理器三个型号具体参数比较

型 号	锐龙 7 1800x	锐龙 7 1700x	锐龙 7 1700
发行日期	2017 年第一季度	2017 年第一季度	2017 年第一季度
接口类型	AM4	AM4	AM4
核心类型	"Zen" 核心架构	"Zen" 核心架构	"Zen" 核心架构
生产工艺	14nm	14mm	14mm
核心数量	8 核	8 核	8 核
线程数	16 线程	16 线程	16 线程
主 频	3.6GHz	3.4GHz	3.0GHz
精准加速频率	4.0GHz	3.8GHz	3.7 GHz
缓存 L1/L2/L3	768KB/4MB/16MB	768KB/4MB/16MB	768KB/4MB/16MB
自适应动态扩频（XFR）	支持	支持	不支持
支持内存频率/通道	DDR4-2667/2	DDR4-2667/2	DDR4-2667/2
TDP	95W	95W	65W

从表 4-7 中可以看出，锐龙 7 处理器的三个型号除了主频有差别外，其他都一样，用户购买时可根据实际情况选择。锐龙 7 处理器对标酷睿 i7 处理器，但没有显核，且芯片组的外接设备数也要比 Intel 少一些，用户购买时这些因素都要综合考虑。

②AMD 锐龙 5 处理器。AMD 锐龙 5 处理器有 1600x、1600、1500x、1400 和 2400G 五个型号，其中 2400G 搭载 Radeon Vega Graphics 集成显卡，内含 11 个显示核心，显核频率为 1250MHz。1600x、1600 都有 6 核 12 线程，缓存为 19.5MB，其他都是 4 核 8 线程。1500x 缓存为 18.4MB、1400 缓存为 10.4MB、2400G 缓存为 6MB，主频频率分别为 3.6GHz、3.2GHz、3.5GHz、3.2GHz、3.6GHz，精准加速频率分别为 4.0GHz、3.6GHz、3.7GHz、3.4GHz、3.9GHz。AMD 锐龙 5 处理器对标酷睿 i5，性能基本上比酷睿 i5 第 7 代强，比酷睿第 8 代略差。

③AMD 锐龙 3 处理器。AMD 锐龙 3 处理器只有 1300x、1200 和 2200G 三个型号均为 4 核 4 线程，缓存分别为 10MB、10MB 和 6MB，主频频率分别为 3.5GHz、3.1GHz、3.5GHz，精准加速频率分别为 3.7GHz、3.4GHz、3.7GHz，锐龙 3 2200G 集成了 Radeon Vega Graphics 显卡，内含 8 个显示核心，显核频率为 1100MHz。AMD 锐龙 3 处理器对标 Intel 酷睿 i3 处

理器。

④AMD 锐龙 PRO 处理器。AMD 锐龙 PRO 处理器采用全新设计，具备卓越的性能、安全性和可靠性，主要为商用。该款 CPU 为商用计算机提供多达 8 核 16 线程，具有出色的多任务处理能力、机器智能、芯片级安全性。AMD 锐龙 PRO 处理器性能强劲，可以轻松满足 IT 专业人士对可靠性和可管理性的需求，为未来的企业级运算做好准备。它提供独立于操作系统和应用程序的 DRAM 加密，无须修改软件，为 BIOS 提供安全保护，保护受信任应用程序的存储与处理并进行实时入侵检测。它支持 fTPM，符合 TPM 2.0 规范，使用精选晶圆，确保商用级品质，采用业界领先的 DASH 可管理性开放标准，使 IT 专业人士能够轻松管理不同 CPU 构成的机群，确保其不会陷入专用解决方案的桎梏。目前锐龙 PRO 处理器有锐龙 7 PRO 1700x、锐龙 7 PRO 1700、锐龙 5 PRO 1600、锐龙 5 PRO 1500、锐龙 3 PRO 1300、锐龙 3 PRO 1200 六个型号，为了保证运行的可靠性，主频和加速频率都比同型号的锐龙降低了 0.2～0.4GHz，且都锁频，增加了提高安全性的底层程序，其他参数与同型号的锐龙一致。

（2）基于 SocketTR4 平台的锐龙处理器。基于 SocketTR4 平台的锐龙处理器，被命名为 AMD 锐龙 Threadripper 处理器，对标 Intel 酷睿 X 系列处理器，面向高端用户和发烧友。它最高达 16 核 32 线程，64 条 PCI-E Gen3 通道，支持 ECC 四通道 DDR4 内存，支持的芯片组为 AMD x399 芯片组，提供多达 40MB 高速缓存和超大 I/O。目前 AMD 锐龙 Threadripper 处理器有 1950x、1920x、1900x 三个型号，具体参数如表 4-8 所示。

表 4-8　AMD 锐龙 Threadripper 处理器三个型号具体参数比较

型号	锐龙 Threadripper 1950x	锐龙 Threadripper 1920x	锐龙 Threadripper 1900x
发行日期	2017 第三季度	2017 第三季度	2017 第三季度
接口类型	sTR4	sTR4	sTR4
核心类型	"Zen"核心架构	"Zen"核心架构	"Zen"核心架构
生产工艺	14nm	14nm	14nm
核心数量	16 核	12 核	8 核
线程数	32 线程	24 线程	16 线程
主频	3.4GHz	3.5GHz	3.8GHz
精准加速频率	4.0GHz	4.0GHz	4.0GHz
缓存 L1/L2/L3	1.5MB/8MB/32MB	1.125MB/6MB/32MB	768KB/4MB/16MB
支持内存频率/通道	DDR4-2667/4	DDR4-2667/4	DDR4-2667/4
TDP	180W	180W	180W
价格（人民币）	8099	5249	3999

如图 4-10 所示为锐龙 Threadripper 1950x 实物和开盖后的图，它是由四个 CCX 单元构成，每个单元包含 4 个核心，每个核心搭配 64KB L1 指令缓存、32KB L1 数据缓存、512KB L2 缓存，共享 8MB L3 缓存。其插槽接口也不是桌面级的 AM4，而是 AMD 称为的 TR4 插槽，总计有 4094 个触脚。为了保证多核的并行效果，AMD 还设计了 Infinity Fabric 总线，每 Link 提供带宽超过 40GB/s，它不仅可以用于连接处理器的多个内核，还可以连接多个处理器核心。

配套主板芯片组为 x399，大部分 x399 主板都提供 8 条 DDR4 插槽，根据不同通道、Ranks 配置，最多可以支持 2TB DDR4 内存容量，四通道频率可达 2667MHz，而且支持 ECC 内存。

Threadripper 处理器自带 64 条 PCI-E 3.0 通道，分配给显卡的是 48 条，最多可支持 6×PCI-E 3.0 x8，其他的 PCI-E 通道则是预留用于连接南桥或者 NVMe 磁盘。

锐龙 Threadripper 1950x 相比 Ryzen 7 1800x 的改进有 XFR 频率由 100MHz 提升到了 200MHz、PCI-E 通道由 1800x 的 20+4 提升到了 60+4（其中+4 是指与芯片组之间的通道为 PCI-E×4）、平均电压从 1800x 的 1.3～1.35V 左右下降到 1950x 的 1.2～1.25V。

锐龙 Threadripper 1920x 是每个 CCX 各屏蔽一个核心的产物，基础频率略有提升到 3.5GHz，其余配置基本不变，1900x 是每个 CCX 各屏蔽两个核心，基础频率略有提升到 3.8GHz，其余配置基本不变。

锐龙Threadripper 1950x 开盖后　　　　　锐龙Threadripper 1950x 实物

图 4-10　锐龙 Threadripper 1950x 实物和开盖图

3．Intel 与 AMD 主流处理器的比较

（1）Intel 酷睿系列处理器与 AMD 锐龙处理器的比较。

Intel 酷睿 i7、酷睿 i5、酷睿 i3 处理器分别对应 AMD 锐龙 7、锐龙 5 和锐龙 3 处理器，外形锐龙处理器比酷睿处理器要大，如图 4-11 所示。不同型号的 Intel 酷睿与 AMD 锐龙主要参数的比较如表 4-9 所示。

图 4-11　锐龙处理器与酷睿处理器外形比较图

表 4-9　Intel 酷睿与 AMD 锐龙主要参数的比较

CPU 型号	内 核 数	线 程 数	基本频率	缓　存	TDP
酷睿 i3-8350K	4	4	4.00GHz	8MB	91W
酷睿 i3-7350K	2	4	4.20GHz	4MB	60W
锐龙 3 1300X	4	4	3.50GHz	10MB	65W
酷睿 i5-8600K	6	6	3.60GHz	9MB	95W
酷睿 i5-7600K	4	4	3.80GHz	6M	91W
锐龙 5 1600X	6	12	3.60GHz	19MB	95W
酷睿 i7-8700K	6	12	3.70GHz	12MB	95W
酷睿 i7-7700K	4	8	4.20GHz	8MB	91W
锐龙 7 1800x	8	16	3.60GHz	20MB	95W

从表 4-9 中可以看出，同型号的 AMD 锐龙内核数和线程要远超第 7 代酷睿，甚至也稍微超过第 8 代酷睿，但主频要比酷睿低，工艺也要比酷睿差，因此，AMD 锐龙性能同酷睿相当。实测性能 AMD 锐龙对标型号要高于酷睿第 7 代 10%左右，低于酷睿第 8 代 5%左右。如图 4-12 所示为锐龙处理器与酷睿处理器性能对比测试图。

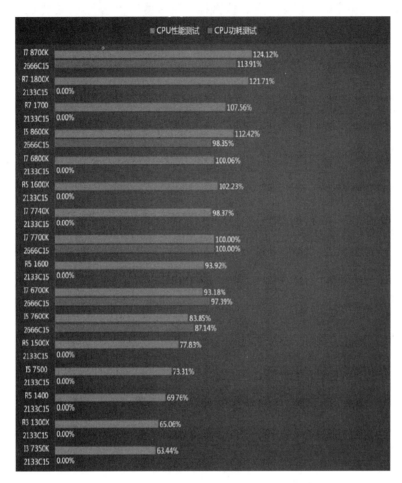

图 4-12　锐龙处理器与酷睿处理器性能对比测试图

（2）Intel 酷睿 X 系列处理器和 AMD 锐龙 Threadripper 处理器的比较。

Intel 酷睿 X 系列处理器和 AMD 锐龙 Threadripper 处理器属于两家公司的超高端产品，性能相近，但各有优劣。如表 4-10 所示为这两类处理器目前顶级三个型号主要参数对比表。

表 4-10　Intel 与 AMD 顶级型号主要参数比较

CPU 型号	内核数	线程数	基本频率	缓存	TDP	价格
酷睿 i9-7980XE	18	36	2.6GHz	24.75MB	165W	1999（美元）
锐龙 Threadripper 1950X	16	32	3.4GHz	41.5MB	180W	8099（人民币）
酷睿 i9-7960XX	16	32	2.8GHz	22MB	165W	1684（美元）
锐龙 Threadripper 1920X	12	24	3.5GHz	39.11MB	180W	5249（人民币）
酷睿 i9-7940XX	14	28	3.1GHz	19.25MB	165W	1387（美元）
锐龙 Threadripper 1900X	8	16	3.8GHz	20.7MB	180W	3999（人民币）

从表 4-10 中可以看出，Intel 酷睿 X 系列处理器顶级型号比 AMD 锐龙 Threadripper 处

理器的顶级型号内核多 2 到 6 个，基本频率、缓存及功耗都要小些，价格要高 70%到 150%，性能经测试只高 25%到 75%，用户可根据需求和财力酌情选购。

4．目前市场上流行 CPU 的档次及型号

CPU 有各种类型，根据其性能和价格情况可分成超高端、高端、中高端、中端和低端五档，各档 CPU 型号的天梯图如图 4-13 所示（左边价格标尺单位为美元）。一般低端 CPU 价格低于 700 元，中端为 700～1500 元，中高端为 1500～2000 元，高端为 2000～3300 元。超高端为 3300 元以上。

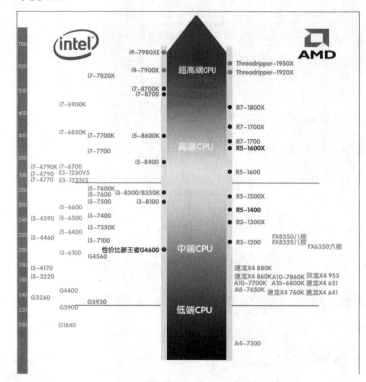

图 4-13　目前流行 CPU 的档次及型号

5．主流处理器的新技术

（1）超线程技术（Hyper-Threading）。最早由 Intel 公司提出，AMD 在锐龙处理器也开始应用叫 SMT（Simulate MultiThreading，同步多线程技术），SMT 是超线程技术的学术名称。通常提高处理器性能的方法是提高主频，加大缓存容量。但是这两个方法因为受工艺的影响而受到限制，于是处理器厂商希望通过其他方法来提升性能，如设计良好的扩展指令集、更精确的分支预测算法。超线程技术也是一种提高处理器工作效率的方法。简单地说，超线程功能把一个物理处理器由内部分成了两个"虚拟"的处理器，而且操作系统认为自己运行在多处理器状态下。这是一种类似于多处理器并行工作的技术，其实只是在一个处理器里面多加了一个架构指挥中心（AS），AS 就是一些通用寄存器和指针等，两个 AS 共用一套执行单元、缓存等其他结构，使得在只增加大约 5%左右的核心大小的情况下，通过两个 AS 并行工作提高效率。

超线程技术是利用特殊的硬件指令，把两个逻辑内核模拟成两个物理芯片，让单个处理器都能使用线程级并行计算，进而兼容多线程操作系统和软件，减少了 CPU 的闲置时间，提高 CPU 的运行效率。下面以基于 Nehalem 架构的 Core i7 为例，在引入超线程技术后，使四

核的 Core i7 可同时处理八个线程操作，大幅增强其多线程性能。四核的 Core i7 超线程技术的工作原理如图 4-14 所示。

酷睿 i3/i7 处理器均支持超线程，需要说明的是超线程不是双核变四核，当两个线程都同时需要某一个资源时，其中一个要暂时停止并让出资源，直到这些资源闲置后才能继续被使用，因此，应用超线程技术的双核处理器不等于四核处理器。虽然支持该技术的双核处理器在相同主频和微架构下性能不及"真四核"处理器，但相比于主频和运算效率较低的双核处理器其性能优势十分明显。

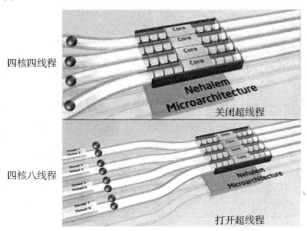

图 4-14　四核的 Core i7 超线程技术的工作原理

（2）Intel 的睿频加速技术（Turbo Boost Mode）和 ADM 的 Turbo CORE 技术。Intel 睿频加速技术是 Intel 酷睿 i7/i5 处理器的独有特性，这项技术可以理解为自动超频。当启动一个运行程序后，处理器会自动加速到合适的频率，而原来的运行速度会提升 10%～20%以保证程序流畅运行；当应对复杂应用时，处理器可自动提高运行主频以提速，轻松进行对性能要求更高的多任务处理；当进行工作任务切换时，如果只有内存和硬盘在进行主要的工作，处理器会立刻处于节电状态。这样既保证了能源的有效利用，又使程序速度大幅提升。通过智能化地加快处理器速度，从而根据应用需求最大限度地提升性能，为高负载任务提升运行主频高达 20%，以获得最佳性能即最大限度地有效提升性能。符合高工作负载的应用需求：通过给人工智能、物理模拟和渲染需求分配多条线程处理，可以给用户带来更流畅、更逼真的游戏体验。同时，Intel 智能高速缓存技术可提供性能更高效的高速缓存子系统，从而进一步优化了多线程应用上的性能。

举个简单的例子，如图 4-15 所示，酷睿 i7 980X 有六个核心，如果某个游戏或软件只用到一个核心，Turbo Boost 技术就会自动关闭其他五个核心，把运行游戏或软件的那个核心的频率提高，最高可使工作频率提高 266MHz，也就是自动超频，在不浪费能源的情况下获得更好的性能。

当运行大型软件需要酷睿 i7 980X 六个核心全速运行时，通过睿频加速技术可使每个核心的主频都提高 133MHz。

AMD 的 CPU 的 Turbo CORE 技术。Turbo CORE 类似于 Intel Turbo Boost（睿频）技术，其可以智能地调整不同核心的频率，适合对多线程不敏感、但要求高频率的应用环境。下面以 Phenom II X6 处理器为例，如果三个或者更多核心处于空闲状态，Turbo CORE 就会启动，将其中三个空闲核心的频率降低到 800MHz，同时提高整体电压，将另外三个核心的频率提高 400MHz 或者 500MHz，具体视不同型号而定。其他情况下，6 个核心都会按正常频率运行。AMD 的加速技术与 Intel 的睿频加速技术有着异曲同工之妙，但细节上还是有所区别。首先，AMD 的 Turbo CORE 技术无法完全关闭空闲核心，只能切换到低速状态，仍然会有能耗；其次，为了提高其他核心的频率，必须给整个处理器加压，这就会影响功耗而限制了加速幅度；最后，频率的加速或者降速只能针对多个核心，而无法单独调节每一个核心，因此在功耗的控制上，AMD 的这项技术明显不如 Intel。

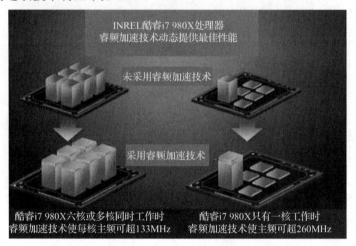

图 4-15　酷睿 i7 980X 睿频加速技术示意图

4.5.3　未来即将出现的 CPU

CPU 在将来的几年还是向多核心多线程方向发展，但核心越多功耗就越大。只有核心的工艺好才能降低功耗，目前 14nm 的工艺已做到了 18 核的 CPU，随着 10mn 甚至 7nm 的工艺出现，应该会出现 36 核甚至 72 核的 CPU，但工艺的改进是有极限的，当晶片尺度接近物理极限，功耗、散热、延迟、设计复杂度等问题遇到瓶颈时，CPU 未来可能向更新的三维集成电路方向。如果说之前的芯片是平房的话，三维芯片就是高楼，将几个平房叠在一起，这本身也是一种 Soc 的集成方式，相较于之前的多核体系，减小了导线长度和延时及功耗。对于 CPU 而言，暂时还没有达到 3D IC 的范畴，3D IC 只在成熟的 FPGA 和 DRAM 产品中出现。但是 3D IC 的发展，大大增加了 SoC 的可行性。CPU 远期将向量子计算或神经计算方向发展。在 2018 年的 CES 大会上 Intel 宣称已研制成功 48 量子的计算芯片，但离商用还有一段距离。可以确定的是 AMD 将发布锐龙二代 CPU，采用 12nm 工艺，而 Intel 酷睿第 9 代将采用 10nm 工艺于 2018 年第三季度发布，到时 CPU 的性能会有进一步的提升。

4.6　CPU 的鉴别与维护

CPU 的鉴别主要是分清 CPU 是否为原装，是否为以旧替新、以次充好。CPU 的维护主要应注意 CPU 的散热和保持稳定的工作频率。

4.6.1　CPU 的鉴别与测试

1. CPU 的鉴别

CPU 从包装形式上可分为两大类，即散装 CPU 与盒装 CPU。从技术角度而言，散装 CPU

和盒装 CPU 并没有本质的区别，至少在质量上不存在优劣的问题；从 CPU 厂商而言，其产品按照供应方式可以分为两类，一类供应给品牌机厂商，另一类供应给零售市场。面向零售市场的产品大部分为盒装产品，而散装产品则部分来源于品牌机厂商外泄及代理商的销售策略。从理论上说，盒装和散装产品在性能、稳定性及可超频潜力方面都不存在任何差距，但是质保存在一定差异。一般而言，盒装 CPU 的保修期要长一些（通常为三年），而且附带有一只质量较好的散热风扇，因此往往受到广大消费者的喜爱。散装 CPU 的包装较为简易，作假相对容易，分辨起来也更加困难；而盒装 CPU 包装较为正式，识别的方法也有很多，所以最好购买盒装 CPU。以下为一些常用的盒装 CPU 的识别方法。

（1）刮磨法。真品的 Intel 水印采用了特殊工艺，无论如何刮擦，即便把封装的纸扣破也不会把字擦掉；而假货只要用指甲轻刮，即可刮掉一层粉末，字也就随之而掉。

（2）相面法。塑料封装纸上的 Intel 字迹应清晰可辨，而且最重要的是所有的水印字都应是工工整整的，而非横着、斜着、倒着（无论正反两方面都是如此，而假货有可能正面的字很工整，而反面的字就斜了）。另外，包装盒正面左侧的蓝色是采用四重色技术在国外印制的，色彩端正，与假货相比就相当容易分辨。

（3）搓揉法。用拇指并以适当的力量搓揉塑料封装纸，真品不易出褶，而假货纸软，一搓就出褶。

（4）看封线。真品的塑料封装纸封装线不可能封在盒右侧条形码处，如果封在此的一般可判定为假货。

（5）寻价格。通过网站查询所报的 Intel CPU 价格均为正品货的市场价，如果比此价低很多的一般可断为假货。

2．CPU 的性能测试

测试 CPU 性能及真假的软件有许多，主要分为两类，一类测试 CPU 的参数，如 CPU-Z 测试软件；另一类测试 CPU 的性能，如 Super π。这些测试软件从互联网上都可下载。

CPU-Z 测试软件从网上下载，然后解压安装，十分简单。该软件只能测试 CPU 的参数，运行后显示出报告频率、被测试的处理器当前操作速度和预期频率、被测试的处理器设计的最高操作速度。若报告频率大于预期频率则表示 CPU 被超频。它还能测试型号、封装类型、一、二级缓存容量及 CPU 采取的一些特殊技术等，如图 4-16 所示。

Super π 是一款计算圆周率的软件，但它更适合用来测试 CPU 的稳定性。使用方法是选择要计算的位数，（一般采用 104 万位）单击"开始"按钮就可以了。视系统性能不同，运算时间也不相同，所用时间越短越好。

图 4-16　用 CPU-Z 测试酷睿 i5-8600K 参数图

4.6.2　CPU 的维护

由于 CPU 在主机上处于比较隐蔽的地方，被 CPU 风扇遮盖，所以一般是不会随意插拔 CPU 的，因此对于 CPU 的维护，主要是解决散热的问题。这里建议不要超频，或者不要超频太高。即使在超频的时，也须一次超一个挡位地进行，而不要一次性大幅度提高 CPU 的频率。因超频具有一定的危险性，如果一次超得太高，会出现烧坏 CPU

的问题。

如果 CPU 超频太高也容易产生 CPU 电压在加压的时不能控制的现象，如果电压的范围超过 10%，就会对 CPU 造成很大的损坏。因为增加了 CPU 的内核电压，就直接增加了内核的电流，这种电流的增加会产生电子迁移现象，从而缩短了 CPU 的寿命，甚至导致 CPU 烧毁。

要解决 CPU 的散热问题就需要采用良好的散热措施。可以为 CPU 改装一个强劲的风扇，最好能够安装机箱风扇，让机箱风扇与电源的抽风扇形成对流，使主机能够得到更良好的通风环境。

另外，由于 CPU 风扇及风扇下面的散热片是负责通风散热的工作，要不断旋转使平静的空气形成风。因此对于空气中的灰尘也接触得较多，这样就容易在风扇及散热片上囤积灰尘影响风扇的转速并使得散热不佳。所以在使用一段时间后，要及时清除 CPU 风扇与散热片上的灰尘。

除以上所述之外，对于 CPU 的维护还需要将 BIOS 的参数设置正确，不要在操作系统上同时运行太多的应用程序，这样会导致系统繁忙。如果 BIOS 参数设置不正确，或者同时运行太多应用程序，会导致 CPU 工作不正常或工作量过大，从而使 CPU 在运转过程中产生很多热量，会加快 CPU 的磨损，也容易引起死机现象。

4.7 CPU 的常见故障及排除

以下几种故障是 CPU 在运行过程中的常见故障，主要是使用不当和日常维护不够所引起的，只要加强日常维护，这些故障就可以避免。

1. 因设置错误或设备不匹配产生的故障

CPU 设置不当或设备之间不匹配产生的错误主要是指以下几种情况。

（1）CPU 的电压设置不对。如果工作电压过高、会使 CPU 工作时过度发热而死机，如果工作电压太低 CPU 也不能正常工作。

（2）CPU 的频率设置不对。如果 CPU 的频率设置过高会出现死机的现象；如果 CPU 设置的频率过低，会使系统的运行速度太慢。这时，应当按照说明书仔细检查，将 CPU 的电压、外频和内频调整为正确的设置状态。

（3）与其他设备不匹配。这种情况是指 CPU 与主机板芯片组、内存条的型号或速度、与外部设备接口的速度不匹配等。

2. CPU 发热造成的故障

主机板扩展卡的速度还要与 CPU 的速度相协调，否则也会发生死机现象，排除故障的方法是使扩展卡的速度适应 CPU 的速度，即更换速度较快的扩展卡。如果 CPU 工作时超过了其本身所能承受的温度，就会引起工作不稳定，时常出现死机的现象，严重时将 CPU 及其周围的元件烧坏。CPU 发热的原因有如下三点。

（1）超频。很多计算机爱好者都喜欢超频，就是通过设置比 CPU 正常工作频率更高的频率来提高 CPU 的运行速度。如果散热不好，超频会造成 CPU 的损坏，这也是当前 CPU 的主要故障之一。

（2）散热装置不良。CPU 的工作电压越高、运行速率越高，所产生的热量也越大，因此必须使用品质良好的散热装置来降低 CPU 芯片的表面温度，只有这样，才能保持计算机的正常运行。在选择 CPU 芯片时，最好选择盒装的 CPU，因为盒装的 CPU 一般都会有配套使用的散热片及风扇,如果购买散装的 CPU,一定要选购合适的散热装置。

(3) 主机内部空间不合理。一般情况下,散热片和散热扇的体积越大散热效果越好,但选择时还应当注意主机内的空间和位置,在加装散热装置后,还应留有充分的散热空间及排热风道。

实验 4

1. 实验项目
仔细观察 CPU 的产品标识,熟记其含义,用测试软件 CPU-Z 和 Super π 对 CPU 各参数和性能进行检测。

2. 实验目的
(1) 掌握 CPU 产品标识的含义。
(2) 掌握 CPU 真假的识别方法。
(3) 掌握 CPU-Z 测试软件的下载、安装和测试 CPU 参数的方法。
(4) 掌握用 Super π 测试软件对 CPU 性能进行测试的方法。

3. 实验准备及要求
准备一些不同型号、不同年代的 CPU,让学生认识其标识及不同的命名方法,还可以到市场上买一些打磨的 CPU,让学生识别和测试。

4. 实验步骤
(1) 挑选不同型号的 CPU,进行型号的辨别。
(2) 对打磨的 CPU 进行观察,并掌握正品 CPU 的标识特征。
(3) 要求学生从 Internet 上找到 CPU-Z 软件,下载、安装并测试 CPU 的各种参数。
(4) 适当地对 CPU 进行超频,并用 Super π 测试软件进行性能测试。

5. 实验报告
(1) 写出当前主流 CPU 的品牌及该品牌下 4 种 CPU 的型号规格。
(2) 写出对 CPU 真假识别情况的心得。
(3) 根据软件的测试,写出该 CPU 的各种参数,并指明参数的性能意义。

习题 4

1. 填空题
(1) CPU 的主频 =_____×_____。
(2) CPU 采用的主要的指令扩展集有_____、_____和_____等。
(3) 按照 CPU 的字长可以将 CPU 分为_____、_____、_____、_____和_____。
(4) 主流的 CPU 接口有 Intel 的_____、_____和 AMD 的_____、_____等几种。
(5) CPU 主要是由_____、_____和_____所组成的。
(6) 市场上主流的 CPU 产品是由_____和_____公司所生产的。
(7) CPU 的主要性能指标有_____、_____、_____、_____和_____等。
(8) _____大小是 CPU 的重要指标之一,其结构和大小对 CPU 速度的影响非常大,根据其读取速度可以分为_____、_____和_____。
(9) CPU 的内核工作电压越低,说明 CPU 的制造工艺越_____,CPU 的电功率就_____。
(10) LGA 全称是_____,直译过来就是_____封装,这种技术以_____代替针脚,与 Intel 处理器之前的封装技术 Socket 478 相对应,它也被称为_____。

2. 选择题

（1）以下哪种 Cache 的性能最好（　　）。

A．1 级 256K　　B．2 级 256K　　C．1 级 768K　　D．2 级 128K

（2）当前的 CPU 市场上，知名的生产厂商是 Intel 公司和（　　）。

A．HP 公司　　B．IBM 公司　　C．AMD 公司　　D．DELL 公司

（3）CPU 的主频由外频与倍频决定，在外频一定的情况下，可以通过提高（　　）来提高 CPU 的运行速度，这也称为超频。

A．外频　　B．倍频　　C．主频　　D．缓存

（4）在以下存储设备中，存取速度最快的是（　　）。

A．硬盘　　B．虚拟内存　　C．内存　　D．缓存

（5）（　　）是 Intel 公司推出的一种最新封装方式，又称 Socket-T。

A．DIP　　B．QFP　　C．PGA　　D．LGA

（6）Intel 结束使用长达 12 年之久的"奔腾"处理器转而推出（　　）品牌。

A．闪龙　　B．速龙　　C．酷睿　　D．赛扬

（7）Core i7 8700 是 Intel 生产的一种（　　）处理器。

A．六核　　B．双核　　C．三核　　D．四核

（8）Core i3 8350 的 CPU 生产工艺采用的是（　　）。

A．22nm　　B．32nm　　C．14nm　　D．45nm

（9）（　　）指令集侧重于浮点运算，因而主要针对三维建模、坐标变换、效果渲染等三维应用场合。

A．MMX　　B．3DNow!　　C．SEE3　　D．SSE

（10）Ryzen 5 1600X 的中文品牌名称是（　　）。

A．毒龙　　B．闪龙　　C．速龙　　D．锐龙

3. 判断题

（1）Intel 公司从 486 开始的 CPU 被称为奔腾。（　　）

（2）主频、外频和倍频的关系是：主频=外频+倍频。（　　）

（3）在 AMD 的 CPU 中，SMT 就相当于 Intel 的超线程。（　　）

（4）CPU 的核心越多，其性能就越强。（　　）

（5）字长又叫数据总线宽度，位数越少，处理数据的速度就越快。（　　）

4. 简答题

（1）目前 Intel 公司和 AMD 公司所生产的 CPU 品牌有哪些？

（2）一个安装了 Intel CPU 的主板可否用来安装 AMD 的 CPU？为什么？

（3）如何选购一个具有高性价比的 CPU？

（4）如何做好 CPU 的日常维护工作？

（5）计算机的 CPU 风扇在转动时忽快忽慢，使用一会儿就会死机，应该怎么处理？

第 5 章 内存储器

存储器是计算机的重要组成部分，它分为外存储器和内存储器。外存储器通常是指磁性介质（软盘、机械硬盘、磁带）、光盘、SSD 或其他存储数据的介质，能长期并且不依赖于供电来保存信息。内存储器通常是指用于计算机系统中存放数据和指令的半导体存储单元。内存储器是计算机的一个必要组成部分，它的容量和性能是衡量一台计算机整体性能的重要因素。

5.1 内存的分类与性能指标

5.1.1 内存的分类

内存储器包括随机存取存储器 RAM、只读存储器 ROM、高速缓冲存储器 Cache 等。因为 RAM 是计算机最主要的存储器，整个计算机系统的内存容量主要由它决定，所以人们习惯将它称为内存。

从工作原理上讲，内存储器分为 ROM 存储器和 RAM 存储器两大类。由于 ROM 存储器在断电后，其内容不会丢失，因此 ROM 存储器主要用于存储计算机的 BIOS 程序和数据；而 RAM 存储器掉电后，其存储的内容会丢失，因此 RAM 存储器主要用于临时存放 CPU 处理的程序和数据。

从外观上讲，内存储器分为内存芯片和内存条。在 286 以前的计算机，内存为双列直插封装的芯片，直接安装在主板上；386 以后的计算机，ROM 和 Cache 仍以内存芯片方式安装在主板上，为了节省主板的空间和增强配置的灵活性，内存采用内存条的结构形式，即将存储器芯片、电容、电阻等元件焊装在一小条印制电路板上，称为一个内存模组，简称内存条。

5.1.2 内存的主要性能指标

1. 内存的单位

内存是一种存储设备，是存储或记忆数据的部件，它存储的内容是 1 或 0，"位"是二进制的基本单位，也是存储器存储数据的最小单位。内存中存储一位二进制数据的单元称为一个存储单元，大量的存储单元组成的存储阵列构成一个存储芯片体。为了识别每一个存储单元，将它们进行编号称为地址，地址与存储单元一一对应。存储地址与存储单元内容是两个不同的概念。

（1）位/比特（bit）。内存的基本单位是位（常用 b 表示），它对应着存储器的存储单元。

（2）字节（Byte）。8 位二进制数称为一个字节（常用 B 表示）。内存容量常用字节来表示，一个字节等于 8 个比特。

（3）内存容量是指内存芯片或内存条能存储多少二进制数，通常采用字节为单位。但在数量级上与通常的计算方法不同，1KB=1024B，1MB=1024KB，1G=1024MB，1TB=1024GB。

2．内存的性能指标

（1）内存主频。内存主频用来表示内存的速度，它代表着该内存所能达到的最高工作频率。内存主频是以 MHz（兆赫）为单位来计量的。内存主频越高在一定程度上代表着内存所能达到的速度越快。内存主频决定着该内存最高能在什么样的频率下正常工作。目前市场上较为主流的是 2400MHz 的 DDR4 内存。

（2）存取速度。存取速度一般用存取一次数据的时间（单位一般用 ns）作为性能指标，时间越短，速度就越快。

（3）内存条容量。内存条容量大小有多种规格，早期的 30 线内存条有 256K、1M、4M、8M 等多种容量，72 线的 EDO 内存条则多为 4M、8M、16M、32M 等容量，而 168 线的 SDRAM 内存大多为 16M、32M、64M、128M、256M 等，而目前常用的 DDR3 和 DDR4 内存条的容量已经以 G 为单位了，这也是与技术发展和市场需求相适应的。

（4）数据宽度和带宽。内存的数据宽度是指内存同时传输数据的位数，以位为单位，如 72 线内存条为 32 位，168 线和 184 线内存条为 64 位，240 线和 288 线内存条为 128 位。内存带宽是指内存数据传输的速率，即每秒传输的字节数。

如 DDR4 2400 内存的带宽为 2400M/s×128÷8÷1024=37.5GB/s。

（5）内存的校验位。为检验内存在存取过程中是否准确无误，有的内存条带有校验位。大多数计算机用的内存条都不带校验位，而在某些品牌机和服务器上采用带校验位的内存条。常见的校验方法有奇偶校验（Parity）与 ECC 校验（Error Checking and Correcting）。

奇偶校验内存是在每一字节（8 位）外又额外增加了一位作为错误检测。如一个字节中存储了某一数值（1、0、0、1、1、1、1、0），把每一位相加起来（1+0+0+1+1+1+1+0=5）其结果是奇数，校验位就定义为 1，反之则为 0。当 CPU 返回读取储存的数据时，它会再次相加前 8 位中存储的数据，以检测计算结果是否与校验位相一致。当 CPU 发现二者不同时就会发生死机。虽然有些主板可以使用带奇偶校验位或不带奇偶校验位两种内存条，但不能混用。每 8 位数据需要增加 1 位作为奇偶校验位，配合主板的奇偶校验电路对存取的数据进行正确校验，这需要在内存条上额外加装一块芯片。而在实际使用中，有无奇偶校验位对计算机系统性能并没有多大的影响，所以目前大多数内存条上已不再加装校验芯片。

ECC 校验是在原来的数据位上外加几位来实现的。如 8 位数据，只需 1 位用于 Parity 检验，而需要增加 5 位用于 ECC，这额外的 5 位是用来重建错误的数据。当数据的位数增加一倍，Parity 也增加一倍，而 ECC 只需增加一位；当数据为 64 位时所用的 ECC 和 Parity 位数相同（都为 8）。相对于 Parity 校验，ECC 实际上是可以纠正绝大多数错误的。因为只有经过内存的纠错后，计算机的操作指令才可以继续执行，所以在使用 ECC 内存时系统的性能会有明显降低。对于担任重要工作任务的服务器来说，稳定性是最重要的，内存的 ECC 校验是必不可少的。但是对一般计算机来说，购买带 ECC 校验的内存没有太大的意义，而且高昂的价格也让人望而却步。不过因为面向的使用对象不同，ECC 校验的内存做工和用料都要好一些。同样，带和不带 ECC 校验的内存不能混合使用。

（6）内存的电压。FPM 内存和 EDO 内存均使用 5V 电压，SDRAM 内存使用 3.3V 电压，DDR 内存使用 2.5V 电压，DDR2 内存使用 1.8V 电压，DDR3 内存使用 1.5V 电压，DDR4 内存使用的是 1.2V 电压。

（7）SPD。SPD（Serial Presence Detect）是一颗 8 针的 EEPROM，容量为 256 字节，主要用于保存该内存条的相关资料，如容量、芯片厂商、内存模组厂商、工作速度、是否具备 ECC 检验等，SPD 的内容一般由内存模组制造商写入。支持 SPD 的主板在启动时会自动检测

SPD 中的资料，并以此设定内存的工作参数。

（8）CL。CL（CAS Latency）是指 CAS 的等待时间，即 CAS 信号需要经过多少个时钟周期之后，才能读/写数据。这是在一定频率下衡量支持不同规范内存的重要标志之一。目前所使用的 DDR4 内存的 CL 值为 11 至 19，也就是说对内存读/写数据的等待时间为 11～19 个时钟周期，一般内存频率越高 CL 值越大。

（9）系统时钟循环周期 TCK。系统时钟循环周期代表内存能运行的最大频率，数据越小频率越快。这个时间为在最大 CL 时的最小时钟周期，又可理解为是内存工作的速度。它是由 CPU 的外频决定的。

（10）存/取时间 TAC。存/取时间是指从内存中读取数据或向内存写入数据所需要的时间。数值越大，数据输出的时间就越长，性能就越差。这个时间为最大 CL 时的最大数据输出时钟周期。

（11）内存时序。内存时序是描述内存条性能的一种参数，一般存储在内存条的 SPD 中。数字"A-B-C-D"分别对应的参数是"CL(CAS 的等待时间)、-tRCD（行寻址和列寻址时钟周期的差值）、-tRP（在下一个存储周期到来前，预充电需要的时钟周期）、-tRAS（对某行的数据进行存储时，从操作开始到寻址结束需要的总时间周期）。

5.1.3　ROM 存储器

只读存储器 ROM 是计算机厂商用特殊的装置把程序和数据写在芯片中，只能读取，不能随意改变内容的一种存储器，如 BIOS（基本输入/输出系统）。ROM 中的内容不会因为断电而丢失。早期 ROM 中的数据必须在集成电路工厂里直接制作，制作完成后 ROM 集成电路内的数据是不可改变的。为了改变 ROM 中程序无法修改的缺点，对 ROM 存储器进行了不断的改进，先后出现了多种 ROM 存储器集成电路。ROM 又分为 PROM（Programmable ROM）、EPROM（Erasable Programmable ROM）、EEPROM（Electrically Erasable Programmable ROM）。

1．PROM

PROM 即可编程 ROM。它允许用户根据自己的需要，利用特殊设备将程序或数据写到芯片内，也可以由集成电路工厂将内容固化到 PROM 中，进行批量生产，这样成本非常低。PROM 主要用于早期的计算机产品中。

2．EPROM

EPROM 即可擦除可编程 ROM。用户可以根据自己的需要，使用专门的编程器和相应的软件改写 EPROM 中的内容，可以多次改写。EPROM 芯片上有一个透明的窗口，用紫外线照射 EPROM 的窗口一段时间，其中的信息就可以擦除。将程序或数据写入 EPROM 时，使用与编程器相配合的软件读取编写好的程序或数据，然后通过连接在计算机接口上的编程器，将程序或数据写入插在编程器上的 EPROM 芯片中，更新程序比较方便。不同型号、不同厂商的 EPROM 芯片写入的电压也不一样，写好后用不透明的标签贴到窗口上。如果要擦除芯片中的信息，就将标签揭掉即可，它在 586 之前的计算机中也有使用，但成本比 PROM 高。EPROM 大多用于监控程序和汇编程序的调试，当大批量生产时就改用 PROM。

3．EEPROM

EEPROM 即带电可擦除可编程 ROM。由 EEPROM 构成的各种封装形式的主板 BIOS 芯片如图 5-1 所示。

图 5-1　由 EEPROM 构成的各种封装形式的主板 BIOS 芯片

EEPROM 也叫闪速存储器（Flash ROM），简称闪存。它既有 ROM 的特点，断电后存储的内容不会丢失，又有 RAM 的特点，可以通过程序进行擦除和重写。对于早期的计算机，如果 BIOS 要升级，必须买新的 PROM 芯片，或通过 EPROM 编程器写到 EPROM 芯片中，再换上去，这样做很不方便。采用 Flash ROM 来存储 BIOS，在需要升级时，可利用软件来自动升级和修改程序，使主板能更好地支持新的硬件和软件，充分发挥其最佳效能。但用 EEPROM 作为存储 BIOS 的芯片有着致命的弱点，就是它很容易被 CIH 之类的病毒改写破坏，使计算机瘫痪。为此主板上采取了硬件跳线禁止写闪存 BIOS、在 CMOS 设置禁止写闪存 BIOS 和采用双 BIOS 闪存芯片等保护性措施。在 586 以后的主板上基本上都采用闪速存储器来存储 BIOS 程序。

闪速存储器在不加电的情况下能长期保存存储的信息，同时又有相对高的存取速度，通电后很容易通过程序进行擦除和重写，功耗也很小。随着技术的发展，闪存的体积越来越小，容量越来越大，价格越来越低。现在用 Flash Memory 制作的闪存盘，由于比软盘体积小、容量大、速度快，携带又方便，作为一种移动存储产品，已经被广泛应用。

5.1.4　RAM 存储器

在计算机系统中，系统运行时将所需的指令和数据从外部存储器读取到内存中，CPU 再从内存中读取指令或数据进行运算，并将运算结果存入内存中。因此作为内存的 RAM，它的存储单元中的数据可读出、写入和改写，但是一旦断电或关闭电源，存储在其内的数据就会丢失。根据制造原理的不同，现在的 RAM 多为 MOS 型半导体电路，它分为静态和动态两种。

1．静态 RAM

静态 RAM 即 SRAM（Static RAM），它的一个存储单元的基本结构就是一个双稳态电路，它的读/写操作由写电路控制，只要有电，写电路不工作，它的内容就不会变，不需要刷新，因此叫静态 RAM。对它进行读/写操作用的时间很短，比 DRAM 快 2 倍以上。CPU 和主板上的高速缓存即 Cache 就是 SRAM。但由于一个存储单元用的元件较多，降低了集成度，增加了成本。

2．动态 RAM

动态 RAM 即 DRAM（Dynamic RAM）就是通常所说的内存，它存储的数据需要不断地进行刷新，因为一个 DRAM 单元由一个晶体管和一个小电容组成，晶体管通过小电容的电压来保持断开、接通的状态，但充电后小电容的电压很快就丢失，因此需要不断地对它刷新来保持相应的电压。由于电容的充、放电需要时间，所以 DRAM 的读/写时间要比 SRAM 慢。但它的结构简单，生产时集成度高，成本很低，因此用于主内存。另外，内存还应用于显示卡、声卡、硬盘、光驱等上面，用于数据传输中的缓冲，加快了读取或写入的速度。RAM 中的存储单元只有两种状态即 0 和 1，因此只能存储二进制数据，一个存储单元只存储一位二进制数据，许多存储单元以阵列方式排列，通过送去行地址和列地址，再送去读取或写入信号，就可以通过数据总路读出或写入相应数据。由于内存数据总线工作的频率比 CPU 工作的时钟频率慢，因此内存中的数据先送到高速缓存，CPU 从高速缓存中读取或写入数据。随着集成电路生产技术的发展，CPU 运行速度的越来越快，内存的存/取速度也越来越快。从而提高了计算机的整体性能。

3．内存条

在 PC 中，内存的使用都是以内存条的形式出现的。按内存条的接口形式可分为单列直插内存条和双列直插内存条，而双列直插内存条中又有一种专用笔记本电脑的内存条叫小尺寸双列直插内存条。按内存条的用途可分为台式计算机内存条、笔记本电脑内存条和服务器内存条，其外形如图 5-2 所示。台式计算机内存和笔记本电脑内存外表和接口不一样，因此，不能换用。服务器内存外形及接口与台式计算机一样，但多了错误检测芯片，一般台式计算机内存不能在服务器上使用，而服务器内存可以在台式计算机上使用。

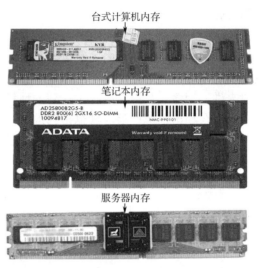

图 5-2 台式计算机、笔记本电脑和服务器内存的外形

（1）SIMM（Single Inline Memory Module，单列直插内存模块）内存条通过金手指与主板连接，内存条正、反两面都带有金手指。金手指可以在两面提供不同的信号，也可以提供相同的信号。SIMM 就是一种两侧金手指都提供相同信号的内存结构，它多用于早期的 FPM 和 EDD DRAM，最初一次只能传输 8 位数据，后来逐渐发展出 16 位、32 位的 SIMM 模组，其中 8 位和 16 位使用 30Pin 接口，32 位的则使用 72Pin 接口。在内存发展进入 SDRAM 时代后，SIMM 逐渐被 DIMM 技术取代。

（2）DIMM（Dual Inline Memory，双列直插内存模块）与 SIMM 相当类似，不同的只是 DIMM 的金手指两端不像 SIMM 那样是互通的，它们各自独立传输信号，因此可以满足更多数据信号的传送需要。同样采用 DIMM，SDRAM 的接口与 DDR 内存的接口也略有不同，SDRAM DIMM 为 168Pin DIMM 结构，金手指每面为 84Pin，并有两个卡口，用来避免插入插槽时，错误将内存反向插入而导致烧毁；DDR DIMM 则采用 184Pin DIMM 结构，金手指每面有 92Pin，却只有一个卡口。卡口数量的不同，是二者最为明显的区别。

（3）SO-DIMM（Small Outline DIMM Module，小尺寸双列直插内存条）是为了满足笔记本电脑对内存尺寸的要求所开发出来的。它的尺寸比标准的 DIMM 要小很多，而且引脚数也不相同。同样 SO-DIMM 也根据 SDRAM 和 DDR 内存规格不同而不同，SDRAM 的 SO-DIMM 只有 144Pin 引脚，而 DDR 的 SO-DIMM 拥有 200Pin 引脚。

5.2 内存的发展

自 1982 年 PC 进入民用市场一直到现在，内存条的发展日新月异。搭配 80286 处理器的 30Pin SIMM 内存是内存领域的开山鼻祖。随后，在 386 和 486 时代，72Pin SIMM 内存出现，支持 32 位快速页模式内存，内存带宽得以大幅度提升。1998 年开始 Pentium 时代的 168 pin EDO DRAM 内存，PII 时代开始的 168 Pin SDRAM 内存，P4 时代的 184 Pin DDR 内存，240 pin DDR2、240 Pin DDR3，到现在主流的 288 Pin DDR4 内存。不同时代内存条的外形如图 5-3 所示。

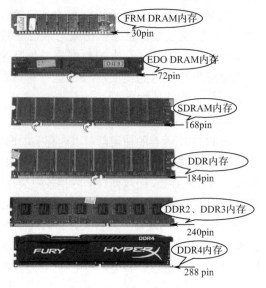

1. FPM DRAM（Fast Page Mode DRAM）快速页面模式动态存储器

这是 386 和 486 时代使用的内存。CPU 存取数据所需的地址在同一行内，在送出行地址后，就可以连续送出列地址，而不必再输出行地址。一般来讲，程序或数据在内存中排列的地址是连续的，那么输出行地址后连续输出列地址，就可以得到所需数据。这和以前 DRAM 的存取方式（必须送出行地址、列地址才可读/写数据）相比要先进一些。

图 5-3 不同时代内存条的外形

2. EDO DRAM（Extended Data Output DRAM）扩展数据输出动态存储器

EDO 内存取消了主板与内存两个存储周期之间的时间间隔，它每隔两个时钟脉冲周期传输一次数据，缩短了存取时间，存取速度比 FPM 内存提高了 30%。它不必等数据读/写操作完成，只要有效时间一到就输出下一个地址，从而提高了工作效率。EDO 内存多为 72Pin 内存条，用于早期的 Pentium 计算机上。

3. SDRAM

第一代 SDRAM 内存为 PC66 规范，但很快由于 Intel 和 AMD 的频率之争将 CPU 外频提升到了 100MHz，所以 PC66 内存很快就被 PC100 内存取代。接着 133MHz 外频的 P3 以及 K7 时代的来临，PC133 规范也以相同的方式进一步提升 SDRAM 的整体性能，带宽提高到 1GB/sec 以上。由于 SDRAM 的带宽为 64 位，正好对应 CPU 的 64 位数据总线宽度，因此它只需要一条内存便可工作，便捷性进一步提高。在性能方面，由于其输入输出信号保持与系统外频同步，因此速度明显超越 EDO 内存。

4. DDR

DDR 的核心建立在 SDRAM 的基础上，但在速度和容量上有了提高。首先，它使用了更多、更先进的同步电路。其次，DDR 使用了 Delay-Locked Loop（DLL，延时锁定回路）来提供一个数据滤波信号。当数据有效时，存储器控制器可使用这个数据滤波信号来精确定位数据，每 16 位输出一次，并且同步来自不同的双存储器模块的数据。DDR 本质上不需要提高时钟频率就能加倍提高 SDRAM 的速度，它允许在时钟脉冲的上升沿和下降沿读出数据，因而其速度是标准 SDRAM 的两倍。至于地址与控制信号则与传统 SDRAM 相同，仍在时钟上升沿进行传输。为了保持较高的数据传输率，电气信号必须要求能较快改变，因此，DDR 工作电压为 2.5V。尽管 DDR 的内存条依然保留原有的尺寸，但是插脚的数目已经从 168Pin 增加到 184Pin 了，DDR 在单个时钟周期内的上升/下降沿内都传送数据，所以具有比 SDRAM 多一倍的传输速率和内存带宽。综上所述，DDR 内存条采用 64 位的内存接口，2.5V 的工作电压，184 线接口的线路板。

第1代DDR200规范并没有得到普及，第2代PC266 DDR SRAM（133MHz时钟×2倍数据传输＝266MHz带宽）是由PC133 SDRAM内存所衍生出的，其后来的DDR333内存也属于一种过渡，而DDR400内存成为DDR系统平台的主流选配，双通道DDR400内存已经成为800FSB处理器搭配的基本标准，随后的DDR533规范则成为超频用户的选择对象。

双通道DDR技术是一种内存的控制技术，是在现有的DDR内存技术上，通过扩展内存子系统位宽使得内存子系统的带宽在频率不变的情况提高了一倍，即通过两个64位内存控制器来获得128位内存总线所达到的带宽。不过虽然双64位内存体系所提供的带宽等同于一个128位内存体系所提供的带宽，但是二者所达到效果却是不同的。双通道体系包含了两个独立的、具备互补性的智能内存控制器，两个内存控制器都能够在彼此零等待的情况下同时运作。当控制器B准备进行下一次存/取内存的时候，控制器A就在读/写主内存，反之亦然，这样的内存控制模式可以让有效等待时间缩减50%。同时由于双通道DDR的两个内存控制器在功能上是完全一样的，并且两个控制器的时序参数都是可以单独编程设定的，这样的灵活性可以让用户使用三条不同构造、容量、速度的DIMM内存条，此时双通道DDR通过调整最低的密度来实现128位带宽，允许不同密度/等待时间特性的DIMM内存条可以可靠地共同运作。

5．DDR2

随着CPU性能不断地提高，人们对内存性能的要求也逐步升级，DDR2替代DDR也就成了理所当然的事情。DDR2是在DDR的基础之上改进而来的，外观、尺寸与DDR内存几乎一样，但为了保持较高的数据传输率，适合电气信号的要求，DDR2对针脚进行重新定义，采用了双向数据控制针脚，针脚数也由DDR的184Pin增加为240Pin，与DDR相比，它具有以下优点。

（1）更低的工作电压。由于DDR2内存使用更为先进的制造工艺（起始的DDR2内存采用0.09μm的制作工艺，其内存容量可以达到1GB到2GB，后来的DDR2内存在制造上进一步提升为更加先进的0.065μm制作工艺，这样DDR2内存的容量可以达到4GB）和对芯片核心的内部改进，DDR2内存将把工作电压降到1.8V，这就预示着它的功耗和发热量都会在一定程度上得以降低，在533MHz频率下的功耗只有304mW（而DDR在工作电压为2.5V，在266MHz下功耗为418mW）。

（2）更小的封装。DDR内存主要采用TSOP-Ⅱ封装，而在DDR2时代，TSOP-Ⅱ封装将彻底退出内存封装市场，改用更先进的CSP（FBGA）无铅封装技术。它是比TSOP-Ⅱ更为贴近芯片尺寸的封装方法，由于在晶圆上就做好了封装布线，因此在可靠性方面达到了更高的水平。DDR2有两种封装形式，数据位宽是4位/8位，采用64-ball的FBGA封装；数据位宽是16位，采用84-ball的FBGA封装。

（3）更低的延迟时间。在DDR2中，整个内存子系统都重新进行了设计，大大降低了延迟时间，延迟时间介于1.8ns～2.2ns（由厂商根据工作频率不同而设定），远低于DDR的2.9ns。由于延迟时间的降低，从而使DDR2可以达到更高的频率，最高可以达到1GHz以上。而DDR由于已经接近了物理极限，其延迟时间无法进一步降低，这也是为什么DDR的最大运行频率不能再有效提高的原因之一。

（4）采用了4位Prefect架构。DDR2在DDR的基础上新增了4位数据预取的特性，这也是DDR2的关键技术之一。现在的DRAM内部都采用了4bank的结构，内存芯片内部单元称为Cell，它是由一组Memory Cell Array构成，也就是内存单元队列。内存芯片的频率分成DRAM核心频率、时钟频率、数据传输率三种。

在 SDRAM 中，它的数据传输率和时钟周期同步，SDRAM 的 DRAM 核心频率和时钟频率及数据传输率都一样。

在 DDR SDRAM 中，核心频率和时钟频率是一样的，而数据传输率是时钟频率的两倍，DDR 在每个时钟周期的上升沿和下降沿传输数据，是一个时钟周期传输 2 次数据，因此 DDR 的数据传输率是时钟频率的两倍。

在 DDR2 SDRAM 中，核心频率和时钟频率已经不一样了，由于 DDR2 采用了 4 位 Prefetch 技术。Prefetch（数据预取技术）可以认为是端口数据传输率和内存 Cell 之间数据读/写之间的倍率，DDR2 采用了 4 位 Prefetch 架构，也就是它的数据传输率是核心工作频率的 4 倍。实际上，数据先输入到 I/O 缓冲寄存器，再从 I/O 寄存器输出。DDR2 400 SDRAM 的核心频率、时钟频率、数据传输率分别是 100MHz、200MHz、400Mb/s。

（5）ODT（内终结器设计）功能在进入 DDR 时代，DDR 内存对工作环境提出更高的要求，如果先前发出的信号不能被电路终端完全吸收而在电路上形成反射现象，就会对后面信号产生影响从而造成运算出错。因此，支持 DDR 主板都是通过采用终结电阻来解决这个问题。由于每根数据线至少需要一个终结电阻，这意味着每块 DDR 主板需要大量的终结电阻，无形中也增加了主板的生产成本，而且由于不同的内存模组对终结电阻的要求不可能完全一样，也造成了所谓的内存兼容性问题。而在 DDR2 中加入了 ODT 功能，即将终结电阻设于内存芯片内，当在 DRAM 模组工作时把终结电阻关掉，而对于不工作的 DRAM 模组则进行终结操作，起到减少信号反射的作用，这样可以产生更干净的信号品质，从而达到更高的内存时钟频率。将终结电阻设计在内存芯片上还可简化主板的设计，降低成本，由于终结电阻和内存芯片的特性相符，从而也减少了内存与主板兼容问题的出现。

6. DDR3

如图 5-4 所示 SDRAM→DDR→DDR2→DDR3 最大的改进就是预取位数在不断地增加，而内核频率却没有什么变化，所以随着制程的改进，电压和功耗可以逐步降低。DDR3 提供了相对于 DDR2 更高的运行效能与更低的电压，是 DDR2（4 倍速率同步动态随机存取内存）的后继者（增加至 8 倍）。DDR3 在 DDR2 基础上采用的新型设计。

（1）采用 8 位预取设计。DDR2 为 4 位预取，这样 DRAM 内核的频率只有接口频率的 1/8，DDR3-800 的核心工作频率只有 100MHz。

（2）采用点对点的拓扑架构，以减轻地址、命令与控制总线的负担。

（3）采用 100nm 以下的生产工艺，将工作电压从 1.8V 降至 1.5V，增加异步重置（RESET）与 ZQ 校准功能。

在功能上，DDR3 也有了较大的改进，为目前的主流 CPU 提供更好的数据支持。和 DDR2 主要的不同之处如下。

（1）突发长度（Burst Length，BL）。由于 DDR3 的预取为 8 位，所以突发传输周期也固定为 8，而对于 DDR2 和早期的 DDR 架构系统，BL=4 也是常用的，DDR3 为此增加了一个 4 位 Burst Chop（突发突变）模式，即由一个 BL=4 的读取操作加上一个 BL=4 的写入操作来合成一个 BL=8 的数据突发传输，由此可通过 A12 地址线来控制这一突发模式。而且需要指出的是，任何突发中断操作都将在 DDR3 内存中予以禁止，且不予支持，取而代之的是更灵活的突发传输控制（如 4 位顺序突发）。

（2）寻址时序（Timing）。和 DDR2 从 DDR 转变而来后延迟周期数增加一样，DDR3 的 CL 周期也将比 DDR2 有所提高。DDR2 的 CL 范围一般在 2～5 之间，而 DDR3 则在 5～11 之间，且附加延迟（AL）的设计也有所变化。DDR2 时 AL 的范围是 0～4，而 DDR3 时 AL

有三种选项，分别是 0、CL-1 和 CL-2。另外，DDR3 还新增加了一个时序参数——写入延迟（CWD），这一参数将根据具体的工作频率而定。

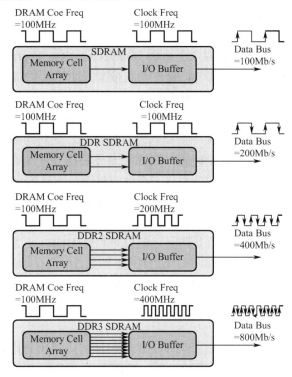

图 5-4　SDRAM、DDR、DDR2 和 DDR3 的数据传输方式

（3）重置功能。重置是 DDR3 新增的一项重要功能，并为此专门准备了一个引脚。这一引脚将使 DDR3 的初始化处理变得简单。当 RESET 命令有效时，DDR3 内存将停止所有操作，并切换至最少量活动状态，以节约电力。在 RESET 期间，DDR3 内存将关闭内在的大部分功能，所有数据接收与发送器都将关闭，所有内部的程序装置将复位，DLL（延迟锁相环路）与时钟电路将停止工作，而且不理睬数据总线上的任何动静。这样一来，将使 DDR3 达到最节省电力的目的。

（4）ZQ 校准功能。在内存芯片新增一个 ZQ 引脚，在这个引脚上接有一个 240Ω 的低公差参考电阻。这个引脚通过一个命令集和片上校准引擎（On-Die Calibration Engine，ODCE）来自动校验数据输出驱动器导通电阻与 ODT 的终结电阻值。当系统发出这一指令后，将用相应的时钟周期（在加电与初始化之后用 512 个时钟周期，在退出自刷新操作后用 256 个时钟周期、在其他情况下用 64 个时钟周期）对导通电阻和 ODT 电阻进行重新校准。

（5）参考电压。在 DDR3 系统中，对于内存系统工作非常重要的参考电压信号 VREF 将分为两个信号，即为命令与地址信号服务的 VREFCA 和为数据总线服务的 VREFDQ，这将有效地提高系统数据总线的信噪等级。

（6）点对点连接。这是为了提高系统性能而进行的重要改动，也是 DDR3 与 DDR2 的一个关键区别。在 DDR3 系统中，一个内存控制器只与一个内存通道打交道，而且这个内存通道只能有一个插槽，因此，内存控制器与 DDR3 内存模组之间是点对点（P2P）的关系（单物理 Bank 的模组），或者是点对双点（Point-to-two-Point，P22P）的关系（双物理 Bank 的模组），从而大大地减轻了地址、命令、控制与数据总线的负载。而在内存模组方面，与 DDR2 的类别相类似，也有标准 DIMM（台式计算机）、SO-DIMM/Micro-DIMM（笔记本电脑）、FB-DIMM2

（服务器）之分，其中第 2 代 FB-DIMM 将采用规格更高的 AMB2（高级内存缓冲器）。

与 DDR2 相比，面向 64 位构架的 DDR3 显然在频率和速度上拥有更多的优势。此外，由于 DDR3 所采用的根据温度自刷新、局部自刷新等功能，在功耗方面 DDR3 也要出色得多。

7．DDR4

第 4 代双倍数据率同步动态随机存取存储器（Double-Data-Rate Fourth Generation Synchronous Dynamic Random Access Memory，DDR4）是一种高带宽的计算机存储器规格。DDR4 与 DDR3 内存相比，性能有了大幅度提升，但价格却和 DDR3 相差无几，具体表现为如下几个方面。

（1）外观。内存的金手指都是直线型的，而 DDR4 内存的金手指发生了明显的改变，那就是变得弯曲了。由于平直的内存金手指插入内存插槽后，受到的摩擦力较大，存在难以拔出和难以插入的情况，为了解决这个问题，DDR4 首先将内存下部设计为中间稍突出、边缘收矮的形状。在中央的高点和两端的低点以平滑曲线过渡。这样的设计既可以保证 DDR4 内存的金手指和内存插槽触点有足够的接触面，信号传输在确保信号稳定的同时，让中间凸起的部分和内存插槽产生足够的摩擦力稳定内存。其次，DDR4 内存的金手指本身设计有较明显变化。金手指中间的"缺口"也就是防呆口的位置相比 DDR3 更为靠近中央。在金手指触点数量方面，普通 DDR4 内存有 288 个，而 DDR3 则是 240 个，每一个触点的间距从 1mm 缩减到 0.85mm。再次，标准尺寸的 DDR4 内存在 PCB 的长度和高度上，也做出了一定调整。由于 DDR4 芯片封装方式的改变以及高密度、大容量的需要，因此 DDR4 的 PCB 层数相比 DDR3 更多。

（2）带宽和频率。DDR4 内存显著提高了频率和带宽，DDR4 内存的每个针脚都可以提供 2Gb/s（256MB/s）的带宽，DDR4-3200 就是 51.2GB/s，DDR4 内存频率提升明显，最高可达 4266MHz，DDR 在发展过程中，一直都以增加数据预取值为主要的性能提升手段。但到了 DDR4 时代，数据预取的增加变得更为困难，所以推出了 Bank Group 的设计。每个 Bank Group 可以独立读写数据，这样一来内部的数据吞吐量大幅度提升，可以同时读取大量的数据，内存的等效频率在这种设置下也得到了巨大的提升。DDR4 架构采用了 8b 预取的 Bank Group 分组，包括使用两个或者四个可选择的 Bank Group 分组，这使 DDR4 内存的每个 Bank Group 分组都有独立的激活、读取、写入和刷新操作，从而改进内存的整体效率和带宽。如此一来如果内存内部设计了两个独立的 Bank Group，相当于每次操作 16 位的数据，变相地将内存预取值提高到了 16b，如果是四个独立的 Bank Group，则将变相的预取值提高到了 32b。

如果说 Bank Group 是 DDR 4 内存带宽提升的关键技术的话，那么点对点总线则是 DDR4 整个存储系统的关键性设计，对于 DDR3 内存来说，目前数据读取访问的机制是双向传输。而在 DDR4 内存中，访问机制已经改为了点对点技术，这是 DDR4 整个存储系统的关键性设计。在 DDR3 内存上，内存和内存控制器之间的连接采用是通过多点分支总线来实现，这种总线允许在一个接口上挂接许多同样规格的芯片。目前主板上往往为双通道设计四根内存插槽，但每个通道在物理结构上只允许扩展容量。这种设计的特点就是当数据传输量一旦超过通道的承载能力，无论怎么增加内存容量，性能都不会提升多少。就好比在一条主管道可以有多个注水管，但受制于主管道的大小，即便可以增加注水管来提升容量，但总的送水率并没有提升。因此在这种情况下，当 2GB 增加到 4GB 时会感觉性能提升明显，但是再继续盲目增加容量就没有什么意义了，所以多点分支总线的特点是扩展内存很容易，但却浪费了内存的位宽。因此，DDR4 抛弃了这样的设计，转而采用点对点总线，即内存控制器每个通道只能支持唯一的一根内存。相比多点分支总线，点对点相当于一条主管道只对应一个注水管，这样设计的好处可以大大简化内存模块的设计、容易达到更高的频率。不过，点对点设计的问题也同样明显，一个重要因素是点对点总线每通道只能支持一根内存，如果 DDR4 内存单条容量不足的话，将很难有效提升系统的内存总量。当然，这难不倒开发者，3DS 封装技术就是扩增 DDR4 容量的关键技术。

（3）容量。DDR4 内存使用了 3DS（3-Dimensional Stack，三维堆叠）技术，用来增大单颗芯片的容量，单条内存容量被提升至 128GB。即使是消费桌面版也有 16GB，四条就可以组建 64GB 容量。3DS 技术最初由美光公司提出的，它类似于传统的堆叠封装技术，如手机芯片中的处理器和存储器很多都采用堆叠焊接在主板上以减少体积。堆叠焊接和堆叠封装的差别在于，一个在芯片封装完成后、在 PCB 上堆叠；另一个是在芯片封装之前，在芯片内部堆叠。一般来说，在散热和工艺允许的情况下，堆叠封装能够大大降低芯片面积，对产品的小型化是非常有帮助的。在 DDR4 上，堆叠封装主要用 TSV 硅穿孔的形式来实现。所谓硅穿孔，就是用激光或蚀刻方式在硅片上钻出小孔，然后填入金属联通孔洞，这样经过硅穿孔的不同硅片之间的信号可以互相传输。在使用了 3DS 堆叠封装技术后，单条内存的容量最大可以达到目前产品的 8 倍之多。举例来说，目前常见的大容量内存单条容量为 8GB（单颗芯片 512MB，共 16 颗），而 DDR4 则完全可以达到 64GB，甚至 128GB。

（4）更低功耗、更低电压。DDR4 内存采用了 TCSE（Temperature Compensated Self-Refresh，温度补偿自刷新）主要用于降低存储芯片在自刷新时消耗的功率、TCAR（temperature Compensated Auto Refresh，温度补偿自动刷新）和 TCSE 类似、DBI（Data Bus Inversion，数据总线倒置）用于降低 VDDQ 电流，降低切换操作等新技术。这些技术能够降低 DDR4 内存在使用中的功耗。当然，作为新一代内存，降低功耗最直接的方法是采用更新的制程以及更低的电压。目前 DDR4 使用 20nm 以下的工艺来制造，电压从 DDR3 的 1.5V 降低至 DDR4 的 1.2V，移动版 SO-DIMMD DR4 的电压还会降得更低。随着工艺进步、电压降低以及联合使用多种功耗控制技术，DDR4 的功耗表现将会更加出色。

8．下一代内存技术

下一代内存技术将会有 DDR5、HBM、HMC 等，它们还会根据不同应用范围衍生出多个版本。这三者及其衍生品是 2020 年之前内存/显存技术角逐天下的主角。

（1）DDR5。

目前高频 DDR4 内存频率已经达到了 4.26Gb/s，差不多又到了一个极限了，下一步该准备 DDR4 的继任者了，不出意外的话，其命名就是 DDR5。技术路线也类似 DDR3 到 DDR4 那样，核心频率同样不会有大幅提高，能做文章的地方还是数据预取位宽、内存库数量等。DDR5 内存目前还在研发阶段，尚未有具体规范，所以厂商公布的很多规格都不是最终数据，其目标是相比 DDR4 内存至少带宽翻倍，容量更大，同时更加节能，具体来说就是数据频率从目前 1.6~3.2Gb/s 的水平提升到 3.2~6.4Gb/s，预取位宽从 8 位翻倍到 16 位，内存库提升到 32~64 个。至于电压，DDR4 电压已经降至 1.2V，DDR5 有望降至 1.1V 或者更低。单颗粒容量从 4Gb、8Gb 最高增加到 32Gb。在工艺制程上，将达到 10nm。

（2）HBM。

HBM（High Bandwidth Memory）是一款新型的 CPU/GPU 内存芯片（RAM），就像摩天大厦中的楼层一样可以垂直堆叠。基于这种设计，信息交换的时间将会缩短。这些堆叠的芯片通过称为"中介层（Interposer）"的超快速互联方式连接至 CPU 或 GPU。将 HBM 的堆栈插入到中介层中，放置于 CPU 或 GPU 旁边，然后将组装后的模块连接至电路板。尽管这些 HBM 堆栈没有以物理方式与 CPU 或 GPU 集成，但通过中介层紧凑而快速地连接后，HBM 具备的特性几乎和芯片集成的 RAM 一样，目前 HBM 主要用作显存。

2015 年 AMD 推出第 1 代 HBM，电压 1.2V 的，总线位宽 1024 位，带宽提升到 512GB/s，比 GDDR5 性能更强，功耗更低，占用面积更小。

2016 年，HBM 又进化到了第 2 代，并正式成为 JEDEC 标准。与前代产品相比，HBM 2 显存核心容量从 2GB 提升到 8GB，数据频率从 1Gb/s 提升到 2Gb/s。它带来的优势就是在同样 4-hi 堆栈下，HBM 2 单颗显存容量可达 4GB，带宽为 1024GB/s。

HBM3 预计在 2019——2020 年问世，目前并没有确切的规格。HBM 3 会进一步提高堆栈层数、核心容量及带宽，但在核心频率、内存库、DQ 位宽方面保持 HBM 2 的水平，不过就算只提升容量和堆栈层数，也足够 HBM 3 容量翻倍、带宽翻倍了，64GB HBM 3 容量不是梦。随着 HBM 内存的突起，能否在成本上降到与 DDR 相当？能否取代 DDR？将拭目以待。

（3）HMC。

HMC（Hybrid Memory Cube）是通过 TSV 硅穿孔工艺堆栈多层 DRAM 核心以实现 3D 堆栈的。实现 3D 堆栈之后，HMC 也可以像搭积木一样堆叠内存核心了。它带来的优势就是性能更强，带宽是 DDR3 内存的 15 倍；功耗更低，功耗比 DDR4 减少 70%；占用面积更小，比 DDR4 减少 90%；设计更简单，通道的复杂性比 DDR4 减少 88%。HMC 与 HBM 都是 TSV 工艺的堆栈内存，但 HMC 与处理器的连接方式不同，HBM 有个工艺复杂的中介层，打通了处理器与 HBM 芯片；而 HMC 与处理器连接是靠 4 条高速 Link，每条 Link 有 16 个通道，速度最高可达 30Gb/s，典型速度有 10Gb/s、15Gb/s、25Gb/s。如果是 4-link、10Gb/s 速度，那么带宽可达 160GB/s，15Gb/s 速度则是 240GB/s，还在开发 8-link HMC，带宽可上 320GB/s。目前量产的 HMC 单颗容量 2GB，核心容量为 4Gb，4 层堆栈，带宽为 160GB/s，算起来性能比 HBM 2 内存的 256GB/s 要差一些，但成本要比 HBM2 低很多，HMC 由 Intel 公司和美光公司主推。目前 DDR 占绝对主流，HBM 在高档显卡占有一定的份额，HMC 推广不够，市场上很少见，将来 DDR、HBM 和 HMC 到底谁能变成主流，只能由市场来决定。

5.3 内存的优化与测试

5.3.1 内存的优化

1．监视内存

系统的内存不管有多大，总是会用完的。虽然有虚拟内存，但由于硬盘的读/写速度无法与内存的速度相比，所以在使用内存时，就要时刻监视内存的使用情况。Windows 操作系统中提供了一个系统监视器，可以监视内存的使用情况。当用户发现只有 60%的内存资源可用时，就要注意调整内存了，不然就会严重影响计算机的运行速度和系统性能。

2．及时释放内存空间

如果用户发现系统的内存不多了，就要注意释放内存。所谓释放内存，就是将驻留在内存中的数据从内存中释放出来。释放内存最简单、有效的方法，就是重新启动计算机，或者关闭暂时不用的程序。

3．优化系统的虚拟内存设置

虚拟内存（Virtual Memory）是计算机系统内存管理的一种技术。它可以使应用程序认为拥有连续的可用内存（一个连续完整的地址空间），而实际上，它通常是被分隔成多个物理内存碎片，还有部分暂时存储在外部磁盘存储器上，在需要时进行数据交换。如果计算机缺少运行程序或操作所需的随机存取内存（RAM），则 Windows 使用虚拟内存进行补偿。一般情况下，可以由系统或系统优化软件分配，或者设置为物理内存的 1.5~2 倍。

4．优化内存中的数据

在 Windows 中，驻留内存中的数据越多，占用的内存资源越大，所以桌面和任务栏的快捷图标不要设置得太多。如果内存资源较为紧张，可以考虑尽量少用各种后台驻留的程序。平时在操作计算机时，不要打开太多的文件或窗口。长时间地使用计算机后，如果没有重新启动，内存中的数据排列就有可能因为比较混乱，而导致系统性能的下降。这时就要考虑重新启动计算机。

5．提高系统其他部件的性能

计算机其他部件的性能对内存的使用也有较大的影响，如总线类型、CPU、硬盘和显存等。如果显存太小，而显示的数据量很大，再多的内存也不可能提高其运行速度和系统效率；如果硬盘的速度太慢，则会严重影响整个系统的工作。

5.3.2 内存的测试

人们通常会觉得内存出错损坏的概率不大，并且认为如果内存损坏，是不可能通过主板的开机自检程序的。事实上这个自检程序的功能很少，而且只是检测容量和速度而已，许多内存出错的问题并不能检测出来。如果在运行程序时，不时有某个程序莫名其妙地失去响应或突然退出应用程序；打开文件时，偶尔提示文件损坏，但稍后又能打开，这种情况下就应该考虑检测内存了。对于内存的测试，可以借助于以下几个软件。

1．MemTest86

MemTest86 是一款免费的内存测试软件，测试准确度比较高，内存的隐性问题也能检查出来，可以到 http://www.memtest86.com/下载最新版本。它是一款基于 Linux 核心的测试程序，所以在安装和使用时与其他内存测试软件有些不同。将 MemtTest86 程序下载解压缩后，可以看到 4 个文件，其中 Install.exe 用来安装 MemTest86 程序到软盘。用鼠标双击运行这个程序，在弹出窗口中的"Enter Target diskette drive:"后输入软盘驱动器的盘符，如 a，然后按【Enter】键。插入一张格式化过的软盘，按【Enter】键开始安装，这样 MemTest86 就安装到软盘了。由于 MemTest86 是基于 Linux 核心的，所以在 Windows 的资源管理器里看不到软盘上的内容（不要误认为软盘里没有内容）。如果没有软驱，Memtest86 的主页有该软件的 ISO 文件，可以直接刻录到光盘，用光驱启动后进行测试或者把它制作到 U 盘。

在制作好软盘、U 盘或光盘后，就可以用这张盘来启动计算机，Memtest86 会自动开始测试内存，其测试界面如图 5-5 所示。在"Memtest-86 v3.0"程序版本号下，可以看到当前系统所采用的处理器型号和频率，以及 CPU 的一级缓存和二级缓存的大小及速度、系统物理内存的容量和速度，最后显示的是主板所采用的芯片组类型。通过这些信息就可以对系统的主要配置有个大致的了解。

在系统信息的右侧显示的是测试的进度，"Pass"显示的是主测试进程完成进度；"Test"显示的是当前测试项目的完成进度；"Test #1"显示的是目前的测试项目。下方的"WallTime"显示测试已经耗费的时间，"ECC"显示的是当前内存是否支持打开 ECC 校验功能；"Test"显示的是测试模式，有"标准""完全"两种模式可供选择；"Pass"显示的是内存测试所完成的次数。Memtest86 的测试是无限制循环的，除非要结束测试程序，否则它将一直测试下去。另外 MemTest86 的测试比较耗费时间，标准的测试模式跑一遍大概需要一个小时，如果是完全测试的话则需要几个小时（和内存容量有关）。

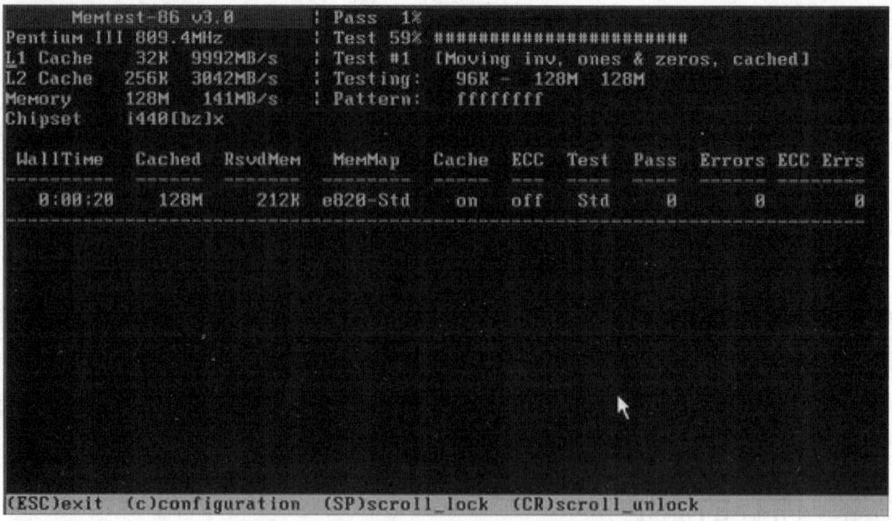

图 5-5　MemTest86 的启动界面

要进行完全测试，可以按【C】键打开 MemTest86 的设置菜单，菜单的界面如图 5-6 所示，接着按【2】数字键选择 "Test Selection" 选项（注意从主键盘输入数字），再按【3】数字键选择 "All Test" 选项打开完全测试模式。利用这个设置菜单，还可以进行更多的设置，如设置测试的 Cache 大小、重新开始测试等。

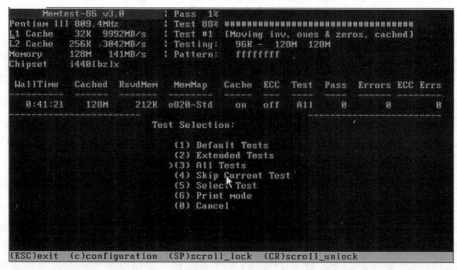

图 5-6　MemTest86 的选择菜单界面

开始测试后，主要的内存突发问题（比如"死亡"位）将在几秒内检测出来，如果是由特定位模式触发的故障，则需要较长时间才能检测出来，对此需要有耐心。MemTest86 一旦检测到缺陷位，就会在屏幕底部显示一条出错消息，但是测试还将继续下去。如果完成几遍测试后，没有任何错误信息，那么就可以确定内存是稳定可靠的；如果检测出现问题，则试着降低 BIOS 中内存参数的选项值，如将内存 CAS 延迟时间设置为大等，再进行测试，这样可能会避免错误的出现，让内存运行时保持稳定。最后值得注意的是如果系统有多根内存条，那么就需要单独测试，这样才能分清到底是哪根内存条出错。

2. Windows Memory Diagnostic

该软件是微软发布的一款用来检查计算机内存的软件，其界面如图 5-7 所示。这款软件能用启发式分析方法来诊断内存错误，也是基于光盘的方式启动，如果没光驱可以用 U 盘启动。工具启动时默认为"Standard"（标准）模式，此模式包括 6 项不同的连续内存测试，每项测试都使用一种独特的算法来扫描不同类型的错误。在程序运行时，屏幕会显示每个单独测试的结果，并列出它的进度及正在扫描的内存地址范围。这 6 项测试完成后，此工具将使用同样的测试运行下一轮测试，并将一直持续下去，直至按【X】键退出软件为止。但通常情况下，一轮测试即足以确定内存是否存在故障。

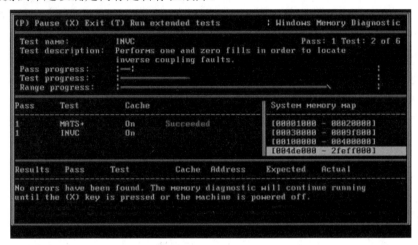

图 5-7　Windows Memory Diagnostic

3．RightMark Memory Analyzer

该软件可以检测出所有与内存相关的硬件芯片的详细信息，还能够根据硬件配置测量内存的稳定性，如图 5-8 所示是 RightMark Memory Analyzer 在 Windows 中运行的状况。

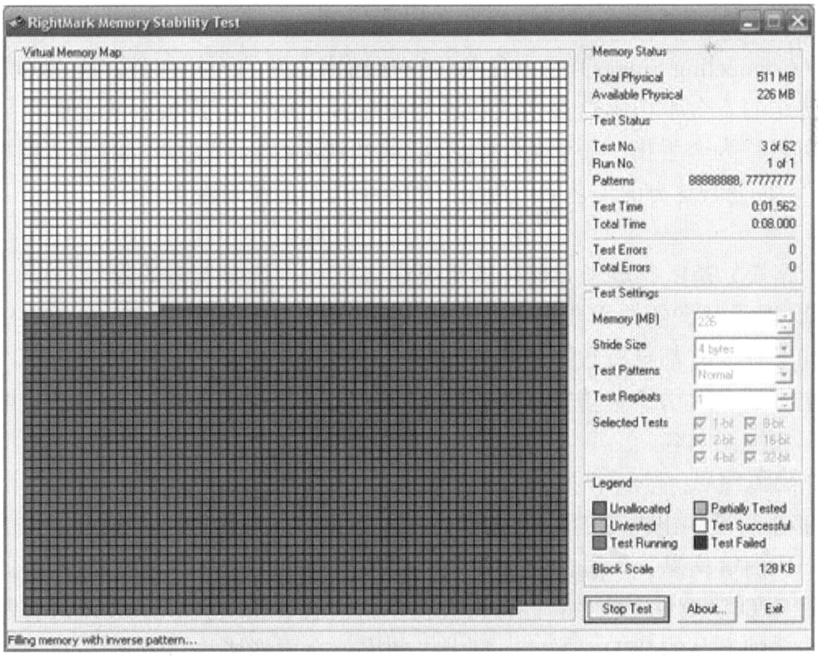

图 5-8　RightMark Memory Analyzer

5.4 内存的选购

从功能上，可以将内存看作是内存控制器与 CPU 之间的桥梁，内存就相当于"仓库"。显然，内存的容量决定"仓库"的大小，而内存的速度决定"桥梁"的宽窄，两者缺一不可，这也就是通常说的内存容量与内存速度。当 CPU 需要内存中的数据时，它会发出一个由内存控制器所执行的要求，内存控制器将要求发送至内存，并在接收数据时向 CPU 报告整个周期（从 CPU 到内存控制器，内存再回到 CPU）所需的时间。毫无疑问，缩短整个周期是提高内存速度的关键，而这一周期就是由内存的频率、存取时间、位宽来决定。更快速地内存技术对整体性能表现有重大的贡献，但是提高内存速度只是解决方案的一部分，如果内存的数据供给高于 CPU 的处理能力，这样也不能充分地发挥该内存的能力，因此在选择内存的时候，要根据 CPU 对数据速率的要求，然后选择相应的内存，从而使得内存能良好地将数据传给 CPU。目前一般发布 CPU 的参数都有对内存支持的最大频率，如 Intel 酷睿 i7 第 8 代 CPU 的内存规格为 DDR4-2666，就是说最大只支持 2666MHz 频率的 DDR4 内存，因此，选购内存时一定要考虑 CPU 支持内存的参数，只要选与 CPU 要求的一致即可。

5.4.1 内存组件的选择

在确定好所需要内存的容量以及型号以后，选购做工质量好的内存就显得尤为重要。

1. 内存颗粒

内存颗粒是内存条重要的组成部分，内存颗粒将直接关系到内存容量的大小和内存条的好坏。因此，一个好的内存必须有良好的内存颗粒作保证。同时不同厂商生产的内存颗粒参数、性能都存在一定的差异，一般常见的内存颗粒厂商有镁光、英飞凌、三星、现代、南亚、茂矽等。

2. 金手指

金手指（Connecting Finger）是内存条与内存插槽之间的连接部件，所有的信号都是通过金手指进行传送的。金手指由众多金黄色的导电触片组成，因其表面镀金而且导电触片排列如手指状，所以称为金手指。质量好的金手指从外观看会富有光泽，由于镀层的关系是一个"漂亮的接口"，而忽视这方面工艺的厂商生产的金手指则显得暗淡无光。

3. PCB

PCB（电路板）是所有电子元器件的重要组成部分，就像人体的骨架一样。PCB 的生产过程非常复杂，对设计者的技术要求非常之高，良好的 PCB 设计可以节省一定的成本。在 PCB 金手指上方和芯片上方都会有很小的陶瓷电容，这些细小的环节往往被人们所忽视。一般来说，电阻和电容越多对于信号传输的稳定性越好，尤其是位于芯片旁边的效验电容和第一根金手指引脚上的滤波电容。

4. SPD 隐藏信息

SPD 能够直观反映出内存的性能及体制。它里面存放着内存可以稳定工作的指标信息以及产品的生产厂商等信息。不过，由于每个厂商都能对 SPD 进行随意修改，因此很多杂牌内存厂商都会将 SPD 参数进行修改，更有甚者根本就没有 SPD 这个元件，或者有些兼容内存生产商直接仿造名牌产品的 SPD，不过一旦上机使用就会原形毕露。因此，对于品牌内存来说，SPD 参数是非常重要的；但是对于杂牌内存来说，SPD 的信息并不值得完全相信。

5.4.2 内存芯片的标识

在国内市场常见的内存由韩国、中国台湾等厂商生产。内存条的生产厂商和品牌相当多，无品牌的内存条市场份额相当大，因此内存市场出现鱼龙混杂的现象，用户在购买内存条时应当小心。常见品牌的内存条有金士顿、胜创、三星、现代、宇瞻、金邦等，采用盒装和在内存条上贴有品牌标志来出售，正品品牌内存条有良好的品质，厂商也能提供良好的售后服务。

内存条容量和性能主要由内存芯片决定，通过了解内存芯片的标识，可以推算出内存容量。在我国常见的内存芯片有三星 SAMSUNG、现代 hynix（以前为 Hyundai）、镁光 Micron、胜创 Kingmax 等，在内存芯片上都有相应的厂商品牌标识及芯片的型号，通过内存芯片上的型号可以知道其容量构成和规格。各内存厂商生产的内存芯片命名规则不同，具体命名规则可查阅各厂商的网站或相关资料。

5.4.3 内存选购要点

1. 按需购买，量力而行

在购买内存时，首先要考虑到所配计算机的作用，根据作用的不同而考虑内存的容量以及型号。如果只是需要日常的应用，则根据当前的主流配置，选择容量一般、频率中等的内存就可以了；如果需要图像处理或者高档的娱乐功能，则应根据自身的经济状况，尽量选取性能优越的内存。

2. 认准内存类型

要根据所购买的主板来选取相应的内存，不同时代的主板芯片组对内存的支持也是不一样的，因此必须仔细查看主板的参数，然后选择对应的内存。目前 DDR4 内存已经成为市场的主流产品。

3. 注意 Remark

有些"作坊"把低档内存芯片上的标识打磨掉，再重新写一个新标识，从而把低档产品当高档产品卖给用户，这种情况就叫 Remark。由于要打磨或腐蚀芯片的表面，一般都会在芯片的外观上表现出来。正品的芯片表面都很有质感，要么有光泽或荧光感要么就是亚光的。如果觉得芯片的表面色泽不纯甚至比较粗糙、发毛，那么这颗芯片的表面一定是磨损过的。

4. 仔细察看电路板

电路板的做工要求板面要光洁，色泽均匀；元件焊接要求整齐划一，绝对不允许错位；焊点要均匀、有光泽；金手指要光亮，不能有发白或发黑的现象；板上应该印制有厂商的标识。常见的劣质内存经常是芯片标识模糊或混乱、电路板毛糙、金手指色泽晦暗、电容歪歪扭扭如手焊一般、焊点不干净利落。

5. 售后服务

目前最常看到的情形是用橡皮筋将内存扎成一捆进行销售，用户得不到完善的咨询和售后服务，也不利于内存品牌形象的维护。部分有远见的厂商已经开始完善售后服务渠道，如 Winward 拥有完善的销售渠道，切实保障了消费者的权益。用户应该选择良好的经销商，一旦购买的产品在质保期内出现质量问题，只需及时去更换即可。

5.5 内存的常见故障及排除

内存作为计算机中重要的设备之一，故障的频发率相当的高，大部分的死机、蓝屏、无法启动等故障基本上都是由内存所引起的。因此,在检查硬件故障时,往往将内存故障放在首要位置优先判断。常见的内存故障有以下几种情况。

1. 内存接触不良故障

接触不良是最常见的故障,一般是由于用户内存没有插到位、内存槽有灰尘或者内存槽自身有问题引起的。此类故障的通常表现是开机后系统发出报警、报警信息随着 BIOS 的不同而不同。由于 DDR 内存对内存插槽的要求较高,而国产品牌机为了节省成本选用的内存插槽质量不高,使用二三年后最容易出现此类故障。内存接触不良的原因有以下几种。

(1) 内存插槽变形。这种故障不是很常见,一般是由于主板变形导致内存插槽损坏造成的。出现此类故障,把内存条插入内存插槽时,主机加电开机自检,不能通过,就会出现连续的短"嘀"声,即常说的内存报警。

(2) 引脚烧熔。现在的内存条和内存插槽都有防插反设计,但还是有许多初学者把内存插反,造成内存条和内存插槽个别引脚烧熔,这时只能放弃使用损坏的内存插槽。

(3) 内存插槽有异物。如果有其他异物在内存插槽里,当插入内存条时就不能插到底,使其无法安装到位,也会出现开机报警现象。

(4) 内存金手指氧化。这种情况最容易出现,一般见于使用半年或一年以上的机器。当天气潮湿或天气温度变化较大时,无法正常开机。

处理上述故障,只要清理内存插槽中的灰尘,或者用力将内存条插到位就可以了,对于内存插槽有问题的,将主板返回经销商退换即可。注意在安装和检修时,一定不能用手直接接触内存插槽的金手指,因为手上的汗液会黏附在内存条的金手指上。如果内存条的金手指做工不良或根本没有进行镀金工艺处理,那么在使用过程中很容易出现金手指氧化的情况,时间长了就会导致内存条与内存插槽接触不良,产生开机内存报警的情况。对于内存条氧化造成的故障,必须小心地使用橡皮把内存条的金手指认真擦一遍,擦得发亮后再插回去。此外,即使不经常使用计算机,也要每隔一个星期开机一次,让机器运行一两个小时,利用机器自身产生的热量把机器内部的潮气驱走,从而保持机器良好的运行状态。

2. 兼容性故障

内存兼容故障主要包括内存和其他部件不兼容,或多条内存条之间不相互兼容。故障的主要表现是,系统无法正常启动、内存容量丢失等。处理此类故障时,首先通过修改系统设置参数看能不能解决问题,如果不能,只有通过更换相互冲突的部件之一,以使它们正常工作。

3. 系统内存参数设置不当故障

系统内存参数设置不当故障一般表现在系统速度很慢,并且系统经常提示内存不足或者经常死机等。处理此类故障,只要根据故障的具体情况重新设置相关参数就可以了。系统设置主要有以下两个方面:

(1) BIOS 中有关内存的参数设置;

(2) 操作系统中有关内存方面的设置。

4. 内存质量故障

内存质量问题主要包括用户购买的内存质量不合格,或由于用户使用不当造成内存损坏。故障主要表现是开机后无法检测到内存、在安装操作系统时特别的慢或者中途出错、系统经常提示注册表信息出错等。如果是内存质量问题,一般用户很难进行维修,可以要到经销商处退换,或送专业的维修站进行维修。否则,只能购买新的内存以排除故障。

实验 5

1．实验项目
内存的型号识别和性能测试。

2．实验目的
（1）了解内存的分类。
（2）熟悉内存的指标含义。
（3）掌握内存的测试工具。

3．实验准备及要求
（1）DDR2、DDR3 和 DDR4 内存各一种。
（2）Memtest、Windows Memory Diagnostic、RightMark Memory Analyzer 等工具软件。

4．实验步骤
（1）查看三种内存的外观区别。
（2）下载 Memtest、Windows Memory Diagnostic、RightMark Memory Analyzer 等工具软件。
（3）利用工具软件对 DDR4 内存进行性能的测试。

5．实验报告
（1）写出对三种内存的外观描述。
（2）写出三种内存的性能差距。
（3）写出用内存测试软件 Memtest、Windows Memory Diagnostic、RightMark Memory Analyzer 等工具对内存进行测试的结果。

习题 5

1．填空题
（1）内存储器包括_____、_____、_____等。
（2）DDR 在时钟信号_____沿与_____沿各传输一次数据，这使得 DDR 的数据传输速度为传统 SDRAM 的_____。
（3）DDR4 能够提供每插脚最少_____ MB/s 的带宽，而且其接口将运行于_____电压上。
（4）内存带宽是指内存数据传输的速率，即每秒传输的字节数，其计算方法为_____。
（5）常见内存的校验方法有_____与_____。
（6）SDRAM 内存使用_____电压，DDR 内存使用_____电压，DDR2 内存使用_____电压，DDR3 内存使用_____电压，DDR4 内存使用_____电压。
（7）系统时钟循环周期代表内存能运行的_____，数据越_____越快。
（8）_____是内存条与内存插槽之间的连接部件，所有的信号都是通过_____进行传送的。
（9）_____能够直观反映出内存的性能及参数，它里面存放着内存可以稳定工作的指标信息以及产品的生产、厂商等信息。
（10）内存的存取时间是指_____所需要的时间，数值_____数据输出的时间就越长，性能就越差。

2．选择题
（1）现在的主流内存是（　　）。
A．DDR4　　　　　　B．SDRAM　　　　　　C．DDR2　　　　　　D．DDR3
（2）下面哪一个不是 ROM 的特点？（　　）
A．价格高　　　　　　B．容量小　　　　　　C．掉电后数据消失　　　　　　D．掉电后数据不消失

（3）DDR4 SDRAM 内存的金手指位置有（　　　）个引脚。

A．184　　　　　　　B．220　　　　　　　C．288　　　　　　　D．240

（4）DDR4 的工作电压为（　　　）V。

A．1.2　　　　　　　B．1.5　　　　　　　C．2.5　　　　　　　D．1.8

（5）一条标有 PC2700 的 DDR 内存，其属于下列的（　　　）规范。

A．DDR200MHz　　　B．DDR266MHz　　　C．DDR333MHz　　　D．DDR400MHz

（6）通常衡量内存速度的单位是（　　　）。

A．纳秒　　　　　　B．秒　　　　　　　C．十分之一秒　　　D．百分之一秒

（7）在计算机内存储器中，不能修改其存储内容的是（　　　）。

A．RAM　　　　　　B．PROM　　　　　　C．DRAM　　　　　　D．SRAM

（8）下列存储单位中最大的是（　　　）。

A．Byte　　　　　　B．KB　　　　　　　C．MB　　　　　　　D．GB

（9）1GB 的容量等价于（　　　）。

A．100MB　　　　　B．1000B　　　　　　C．1024MB　　　　　D．1024KB

（10）将存储器分为主存储器、高速缓冲存储器和 BIOS 存储器，这是按（　　　）标准来划分。

A．工作原理　　　　B．封装形式　　　　C．功能　　　　　　D．结构

3．判断题

（1）DRAM（Dynamic RAM）即动态 RAM，其特点为集成度高、价格低、只可读不可写。（　　　）

（2）不同规格的 DDR 内存使用的传输标准也不尽相同。（　　　）

（3）内存报警，就一定是内存条坏了。（　　　）

（4）内存储器也就是主存储器。（　　　）

（5）内存条通过金手指与主板相连，正反两面都有金手指，这两面的金手指可以传输不同的信号，也可传输相同的信号。（　　　）

4．简答题

（1）SDRAM 与 DDR 的工作方式有什么不同？

（2）DDR4 的工作电压是多少？与 DDR3 相比，它有哪些优点？

（3）如何选购一个好内存？

（4）如何进行内存的日常维护？

（5）内存接触不良的原因主要有哪些？

第 6 章 外存储器

外储存器是指除计算机内存及 CPU 缓存以外的储存器，此类储存器在断电后仍然能保存数据，是计算机最主要的数据存储服务的提供者。常见的外储存器有硬盘、软盘、光盘、移动硬盘、U 盘等。软盘和软盘驱动器，在计算机中已被彻底淘汰，本章将介绍硬盘、固态硬盘、移动硬盘、闪存与闪存盘。

6.1 硬盘驱动器

硬盘驱动器（Hard Disk Drive）简称硬盘，是计算机中广泛使用的外部存储设备，它具有较大的存储容量和较快的存取速度。

6.1.1 硬盘的物理结构

硬盘的存储介质是若干个钢性磁盘片。它的技术特点为：磁头、盘片及运动机构密封在一个盘腔中，固定并高速旋转的磁盘片表面平整光滑，磁头沿盘片径向移动，磁头与盘片之间为接触式启停，工作时呈飞行状态不与盘片直接接触。

1. 硬盘的外部结构

硬盘的外表如图 6-1 所示，从外部看硬盘由以下几部分组成。

（1）接口。硬盘接口包括电源插口和数据接口两部分。其中电源插口与主机电源相连，为硬盘工作提供电力保证；数据接口则是硬盘和主板上硬盘控制器之间进行数据传输交换的纽带。硬

图 6-1　硬盘的外观

盘数据接口主要有四种：EIDE（IDE、ATA）接口、SAS 接口、光纤接口和 Serial ATA 接口。EIDE 接口造价低廉、然而其速率过低，目前已停止使用；SAS 接口即 Serial Attached SCSI，是结合了 SATA 与 SCSI 两者的优点而诞生的，主要应用于商业级关键数据的大容量存储；光纤接口的硬盘传输速度快，但需要专用的适配器，主要应用于任务级关键数据的大容量实时存储上；Serial ATA 接口现在已经彻底替换了 IDE 接口的主导地位，采用 4 针的接口，传输速率较 IDE 大幅提高。

（2）控制电路板。硬盘控制电路板采用贴片式元件焊接技术，包括主轴电机调速电路、磁头驱动与伺服定位电路、读写电路、控制与接口电路等。在电路板上还有一块高效的单片机，在其内部 ROM 中固化的软件可以进行硬盘的初始化、执行加电和启动主轴电机、加电初始寻道、定位及故障检测等。基于稳定运行和加强散热的原因，控制电路板都是裸露在硬盘表面的，在电路板上还安装有高速缓存芯片，通常为 64MB，也有 128MB 和 256MB 缓存的硬盘。

(3)固定盖板。固定盖板实际是硬盘的面板。面板上标注有产品的型号、厂商、产地、跳线设置说明等。它和底板结合成一个密封的整体,保证硬盘盘片和机构的稳定运行。

(4)安装螺孔。安装螺孔的位置在硬盘底座的两边和底部,用于将硬盘安装在机箱架上或硬盘盒中。

2. 硬盘的内部结构

硬盘是一个高精密度的机电一体化产品,它由头盘组件 HDA(Head Disk Assembly)和印制电路板组件 PCBA(Printed Circuit Board Assembly)两大部分构成。由于将硬盘的所有机械运动及传动装置被密封在一个净室的腔体内,因此,大大提高了硬盘的防尘、防潮和防有害气体污染的能力,如图 6-2 所示。

(1)头盘组件。头盘组件包括盘体、主轴电机、读写磁头、磁头驱动电机等部件,它们被密封在一个超净腔体内。硬盘的选头电路及前置放大电路也密封在里面。硬盘的盘体由多个重叠在一起并由垫圈隔开的盘片组成,盘片是表面极为平整光滑且涂有磁性介质的金属或玻璃基质的圆片。主轴电机是用来驱动盘体做高速旋转的装置。硬盘内的主轴电机是无刷电机,采用新技术的高速轴承,机械磨损很小,可以长时间连续工作。

图 6-2 硬盘的内部结构

读/写磁头与寻道电机由磁头臂连接构成一个整体部件。为了长时间高速存储和读取信息,盘片的每一面都设有一个磁头,并且磁头质量很小,以便减小惯性。驱动磁头寻道的电机为音圈电机,具有优越的电磁性能,可以用极短的时间定位磁头。磁头在断电停止工作时会移动到盘片内圈的着陆区(Landing Zone),盘片上这区域没有记录信息。磁头工作时由高速旋转的盘片产生的气流吹起,呈飞行状态,它与盘面相距只有 0.2μm 以下,不会对盘面造成机械磨损。新式磁头与盘面保持在 0.05μm,以便大大提高记录密度。

磁头驱动电机分为步进电机和音圈电机两种。磁头依靠一条在步进电机上的柔软金属带散开和缠绕来进行寻道,这种寻道方式已经被淘汰,现在采用音圈电机来驱动磁头。音圈电机是由一个固定有磁头臂的磁棒和线圈制作的电机,当有电流通过线圈时,线圈中的磁棒就会带着磁头一起移动,其优点是快速、精确、安全。

(2)印制电路板组件。印制电路板组件集成读/写电路、磁头驱动电路、主轴电机驱动电路、接口电路、数据信号放大调制电路和高速缓存等电子元件。其中读/写电路通过电缆或插头与前置放大电路和磁头相连接,其作用是控制磁头进行读/写操作;磁头驱动电路直接控制寻道电机,使磁头定位;主轴驱动电路是控制主轴电机带动盘体以恒定速度旋转的电路。

6.1.2 硬盘的工作原理

硬盘是利用特定磁粒子的极性来记录数据。磁头在读取数据时,将磁粒子的不同极性转换成不同的电脉冲信号,再利用数据转换器将这些原始信号变成计算机可以使用的数据,写的操作正好与此相反。另外,硬盘中还有一个存储缓冲区,这是为了协调硬盘与主机在数据处理速度上的差异而设的。由于硬盘的结构复杂,所以它的格式化工作也很复杂,分为低级格式化、硬盘分区、高级格式化,以及建立文件管理系统。

硬盘驱动器加电正常工作后,利用控制电路中的单片机初始化模块进行初始化工作,此时磁头置于盘片中心位置，初始化完成后主轴电机将启动并高速旋转，装载磁头的磁头驱动电机移动，将浮动磁头置于盘片表面的 00 道，处于等待指令的启动状态。当接口电路接收到计算机系统传来的指令信号，通过前置放大控制电路驱动音圈电机发出磁信号，根据感应阻值的变化，磁头对盘片数据信息进行正确定位，并将接收后的数据信息解码，通过放大控制电路传输到接口电路，反馈给主机系统完成指令操作。关闭计算机以后，硬盘进入断电状态，在弹簧装置的作用下浮动磁头驻留在盘面中心。

6.1.3 硬盘的存储原理及逻辑结构

1. 硬盘的存储原理

硬盘的盘片制作方法是将磁粉附着在铝合金（新材料也有改用玻璃）圆形盘片的表面上，这些磁粉被划分成若干个磁道。在每个同心圆的磁道上就好像有无数的任意排列的小磁铁，它们分别代表着 0 和 1 的状态。当这些小磁铁受到来自磁头的磁力影响时，其排列的方向会随之改变。利用磁头的磁力来控制指定的一些小磁铁的方向，使每个小磁铁都可以用来储存信息。圆盘片上的小磁铁越多，存储的信息就越多。

硬盘的盘体由一个或多个盘片组成，这些盘片重叠在一起放在一个密封的盒中，它们在主轴电机的驱动下高速旋转，转速达到 5400 RPM、7200 RPM、10000 RPM、15000 RPM。不同的硬盘内部的盘片数目不同，少则一两片，多则 4 片以上。每个盘片有上、下两个面，每个面都有一个磁头用于读/写数据，每个面被划分成若干磁道，每个磁道再被划分成若干个扇区，所有盘片上相同大小的同心圆磁道构成一个柱面。所以硬盘的盘体从物理磁盘的角度分为磁头、磁道、扇区和柱面。最上面的一个盘片为第 1 个盘片，其朝上的面称为 0 面，所对应的磁头为 0 号读/写头，朝下的面称为 1 面，对应的磁头为 1 号读/写头；第 2 片盘片的朝上的面称为 2 面，对应的磁头为 2 号读/写头，朝下的面为 3 面，对应 3 号读/写头，其余依次类推。如图 6-3 所示。

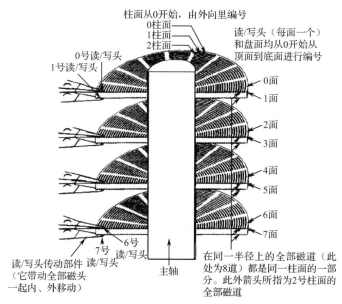

图 6-3 硬盘的存储原理示意图

（1）磁头（Head）。在硬盘中每张盘片有两个面，每个面对应着一个读/写磁头，所以在对硬盘进行读/写操作时，采用磁头 0、磁头 1……作为参数。

（2）磁道（Track）。磁盘在格式化时被划分成许多同心圆，其同心圆轨迹称为磁道。第 0 面的最外层磁道编号为 0 面 0 道，另一面的最外层磁道编号为 1 面 0 道，磁道编号向着盘片中心的方向增加。硬盘的盘片每一面就有成千上万个磁道。

（3）柱面（Cylinder）。整个盘体中所有盘片上的半径相同的同心磁道称为柱面。一般情况下，在进行硬盘的逻辑盘容量划分时，往往使用柱面数，而不用磁道数。

（4）扇区（Sector）。每一个磁道是一个圆环，把它划分成若干段扇形的小区，每一段就是一个扇区，是磁盘存取数据的基本单位。扇区的编号从 1 开始计起。每个磁道包含同样数目的扇区，一个扇区用于记录数据的容量为 512 字节。扇区的首部包含了扇区的唯一地址标识 ID，扇区之间以空隙隔开，便于系统进行识别。

2．硬盘的逻辑结构

物理硬盘在实际使用过程中，以扇区为最基础的逻辑单位，一个物理硬盘被顺序划分成若干个扇区，并被分配逻辑地址——LBA，然后通过 LBA 寻址机制，找到需要的扇区，并对数据进行读取。

用户在获得一个新的物理硬盘后，必须要进行逻辑划分即分区，并在分区上创建文件系统，然后才能供操作系统正常使用。常用的分区方式分为 MBR 和 GPT。

（1）MBR（Master Boot Record，主分区引导记录），如图 6-4 所示，为一种 MBR 分区方案。其中，MBR 保存在一个硬盘的最初始位置，即 0 柱面、0 磁头、1 扇区中，是计算机最先访问到的扇区。

图 6-4 MBR 分区方案

MBR 包括三个部分，具体如图 6-5 所示。

引 导 程 序	硬盘分区表				有 效 标 志
Code	1	2	3	4	55AAH
MBR					

图 6-5 MBR 结构

①引导程序。最多可占 MBR 前 446 字节的空间，这里的引导程序就是引导软件的第一阶段代码，如 LILO、GRUB。

②硬盘分区表（Disk Partition Table，DPT）。占据主引导扇区的 64 个字节（偏移 01BEH～偏移 01FDH），可以对四个分区的信息进行描述，其中每个分区的信息占据 16 个字节，这也是为什么采用此种分区的硬盘最多只能有 4 个主分区的原因。如果某硬盘一分区表的信息如下：

80 01 01 00 0B FE BF FC 3F 00 00 00 7E 86 BB 00

最前面的"80"是一个分区的激活标志，表示系统可引导；"01 01 00"表示分区开始的磁头号为 01，开始的扇区号为 01，开始的柱面号为 00；"0B"表示分区的系统类型是 FAT32，其他比较常用的有 04（FAT16）、07（NTFS）、82（Linux）、83（Linux Swap）、05（扩展分区）；"FE BF FC"表示分区结束的磁头号为254，分区结束的扇区号为63、分区结束的柱面号为764；"3F 00 00 00"表示首扇区的相对扇区号为63；"7E 86 BB 00"表示总扇区数为12289662。

③MBR有效标志。55、AA（偏移1FEH——1FFH）是MBR的最后两个字节，是检验MBR是否有效的标志。

（2）GPT（Globally Unique Identifier Partition Table，GUID分区表）。相比较于MBR，GPT是新一代的分区方案。

如图6-6所示是GPT的分区结构，LBA为逻辑区块地址，即前面所描述的扇区的逻辑编号。

第0扇区：Protective MBR是"主分区头"，和传统MBR分区一样，仍然为主引导记录，用于兼容MBR引导。

第1扇区：Primary GPT Header是"主分区头"，主要定义了分区表中项目数及每项大小，还包含硬盘的容量信息。

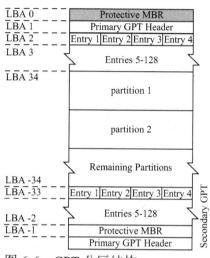

图6-6　GPT分区结构

第2~33扇区：这部分是"主分区节点"，使用简单而直接的方式表示分区，共32个扇区。如EFI系统分区的GUID类型，前16个字节是{C12A7328-F81F-11D2-BA4B- 00A0C93EC93B}。接下来的16字节是该分区唯一的GUID（这个GUID指的是该分区本身，而之前的GUID指的是该分区的类型）。再接下来是分区起始和末尾的64位LBA编号，以及分区的名字和属性。

最后一个扇区（-1扇区）：Protective MBR，它是"主分区头"的一个备份。

从-2~-33扇区：共计32个扇区，是"主分区节点"的一个备份。

第34~-34扇区：是正常的GPT分区内容，用于构建文件系统（如FAT、NTFS、EXT等）。

6.1.4　硬盘的技术指标

1．容量（Volume）

硬盘的容量由柱面数、磁头数和扇区数确定，计算公式为硬盘容量=柱面数×磁头数×扇区数×512字节。

平常所说硬盘的容量是多少MB或多少GB，其换算关系为1GB=1024MB=(1024×1024)KB=(1024×1024×1024)byte；而硬盘生产厂商是以十进制来计算，即 1GB=1000MB= 1000000KB=1000000000byte，因此，格式化硬盘后看到的容量比厂商标称的容量要小。

2．单片容量

影响硬盘容量的因素有单片容量和盘片数量，如今硬盘正朝着薄、小、轻的方向发展，一般采取增加单片容量而不是增加盘片数量。单片容量愈大，硬盘的读/写速度就越快。

3．转速（Rotational speed）

硬盘的转速是指硬盘盘片每分钟旋转的圈数，单位为RPM（Rotation Per Minute，转/分钟）。加快转速可以提高存取速度，转速的提高是硬盘发展的另一大趋势。随着硬盘转速的不断提高，为了克服磨损加剧、温度升高、噪声增大等一系列负面影响，应用在精密机械工业的液态轴承马达（Fluid dynamic bearing motors）便引入到硬盘技术中，以油膜代替滚珠，避免了金属磨损,将噪声及温度减至最低,同时油膜可有效吸收震动,使抗震能力得到提高,从而提高了硬盘的使用寿命。

4. 平均寻道时间（Average Seek Time）

硬盘的平均寻道时间是指硬盘的磁头从初始位置移动到盘面指定磁道所需的时间,是影响硬盘内部数据传输率的重要参数。

硬盘读取数据的实际过程大致是：硬盘接收到读取指令后,磁头从初始位置移动到目标磁道位置(经过一个寻道时间),然后从目标磁道上找到所需读取的数据(经过一个等待时间)。硬盘在读取数据时要经过一个平均寻道时间和一个平均等待时间,即平均访问时间＝平均寻道时间＋平均等待时间。

5. 最大内部数据传输率（Internal Data Transfer Rate）

通常称为持续数据传输率,单位为 Mb/s。它指磁头至硬盘缓存间的最大数据传输率,一般取决于硬盘的盘片转速和盘数据线密度(指同一磁道上的数据间隔度)。由于硬盘的内部数据传输率要小于外部数据传输率,因此内部数据传输率的高低才是衡量硬盘整体性能的决定性因素。

6. 外部数据传输率（External Transfer Rate）

通常称为突发数据传输率,指从硬盘缓冲区读取数据的速率。在硬盘特性中常以数据接口速率代替,单位为 MB/s。ATA100 中的 100 就代表着这块硬盘的外部数据传输率理论最大值是 100MB/s；ATA133 则代表外部数据传输率理论最大值是 133MB/s,SATA1.0 接口的硬盘外部理论数据最大传输率可达 150MB/s,而 SATA3 接口的硬盘外部理论数据最大传输率可达 750MB/s。这些只是硬盘理论上最大的外部数据传输率,在实际的日常工作中是无法达到这个数值的,而是更多地取决于内部数据传输率。

7. 缓冲容量（Buffer Size）

缓冲容量的单位为 MB。在一些厂商资料中也被写作 Cache Buffer。缓冲区的基本作用是平衡内部与外部的数据传输率。为了减少主机的等待时间,硬盘会将读取的资料先存入缓冲区,等全部读完或缓冲区填满后再以接口速率快速向主机发送。随着技术的发展,硬盘缓冲区增加了缓存功能。这主要体现在如下三个方面。

（1）预取（Prefetch）。实验表明在典型情况下,至少 50%的读取操作是连续读取。预取功能简单地说就是硬盘"私自"扩大读取范围,在缓冲区向主机发送指定扇区数据(磁头已经读完指定扇区)之后,磁头接着读取相邻的若干个扇区数据并送入缓冲区。如果后面的读操作正好指向已预取的相邻扇区,即从缓冲区中读取而不用磁头再寻址,就能提高访问速度。

（2）写缓存（Write Cache）。通常情况下在写入操作时,也是先将数据写入缓冲区再发送到磁头,等磁头写入完毕后再报告主机写入完毕,主机才开始处理下一任务。具备写缓存的硬盘则在数据写入缓区后即向主机报告,让主机提前"解放"处理其他事务(进行剩下的磁头写入操作时,主机不用等待),提高了整体效率。为了进一步提高效能,现在的硬盘都应用了分段式缓存技术（Multiple Segment Cache）,将缓冲区划分成多个小块,存储不同的写入数据,而不必为小数据浪费整个缓冲区空间,同时还可以等所有段写满后统一写入,性能更好。

（3）读缓存（Read Cache）。将读取过的数据暂时保存在缓冲区中,如果主机再次需要时可直接从缓冲区提取,加快了速度。读缓存同样也可以利用分段技术,存储多个互不相干的数据块,缓存多个已读数据,进一步提高缓存命中率。目前主流 SATA 硬盘的缓存一般为 8~256MB。

8. 噪音与温度（Noise & Temperature）

这两个属于非性能指标。硬盘的噪音主要来源于主轴马达与音圈马达,降噪也是从这两点入手（盘片的增多也会增加噪音）。每个厂商都有自己的标准，并声称硬盘的表现是他们预料之中的，完全在安全范围之内。由于硬盘是机箱中的一个组成部分，它的高热会提高机箱的整体温度，当达到某一温度时，也许硬盘本身没事，但周围的配件可能会被损坏，所以对于硬盘的温度也要注意。

9．接口方式

常用的硬盘采用的是 SATA 或 SAS 的接口方式。

6.1.5 硬盘的主流技术

（1）自动检测分析及报告技术（Self-Monitoring Analysis and Report Technology，S.M.A.R.T）。该技术的原理是通过侦测硬盘各属性，如数据吞吐性能、马达起动时间、寻道错误率等属性值和标准值进行比较分析，推断硬盘的故障情况并给出提示信息，帮助用户避免数据损失。该技术必须在主板支持的前提下才能发生作用，而且同时也应该看到 S.M.A.R.T.技术并不是万能的，它主要是对渐发性故障的监测，而对于一些突发性的故障，如对盘片的突然冲击等，也是无能为力的。

（2）NCQ（Native Command Queuing，全速命令排队）技术。它是一种使硬盘内部优化工作负荷执行顺序的技术，通过对内部队列中的命令进行重新排序实现智能数据管理，改善硬盘因机械部件而受到的各种性能制约。NCQ 技术是 SATA II 规范中的重要组成部分，也是 SATA II 规范唯一与硬盘性能相关的技术。

6.1.6 硬盘的选购

硬盘的选购，应按需购买，着重考虑以下几种参数：

（1）容量。确定所需硬盘的容量大小。

（2）硬盘的读/写速度。读/写速度是指硬盘的内/外部传输率。

（3）硬盘缓存的大小。缓存的大小与速度是直接关系到硬盘传输速度的重要因素，能够大幅度地提高硬盘整体性能。当硬盘存取零碎数据时需要不断地在硬盘与内存之间交换数据，如果有大缓存，则可以将那些零碎数据暂存在缓存中，减小外系统的负荷，提高了数据的传输速度。当接口技术已经发展到一个相对成熟的阶段的时候，缓存的大小与速度是直接关系到硬盘的传输速度的重要因素。

（4）硬盘的稳定性。一般指对发热，噪声的控制。

通过对以上的参数对比，可选择出最佳性价比的硬盘产品。此外，选购时还应注意以下几个问题。

①在价格同等的情况下尽量选单片容量大、转速高、缓存大、接口速度快、售后服务好的产品。尽量选同批产品口碑好的品牌。

②注意识别水货与正品。水货一般无包装（或很差）、不保修或保修期很短；正品（行货）一般包装精致，全国联保。

③避免买到返修及二手硬盘。如果硬盘表面序列号与包装盒不一致、价格过低、有划伤、灰尘等，一定是返修硬盘或二手旧硬盘，要慎重选购。

6.1.7 硬盘安装需注意的问题

在安装硬盘的过程中要注意以下问题。

（1）要注意硬盘的朝向，应将有电路板的那面朝下，这样能够更好地保护硬盘的电路，也不会让空气中的尘埃落到上面而影响硬盘的正常工作。

（2）要轻拿轻放，防止由于强烈震动造成的磁头或者盘面的损伤。

（3）要认清硬盘的接口，硬盘的数据接口和电源接口与连线都有明显的卡扣，如果不能正常安装，要仔细检查接口和连线，而不能盲目用力。

（4）如果是多块硬盘，要注意硬盘的安装方式。IDE 硬盘要考虑主、从盘的跳线设置，SATA 硬盘则要认清主板上 SATA 通道的连接次序，从而能够在 BIOS 中对硬盘的启动及硬盘的正常工作有良好的控制。

（5）硬盘在连接好并通电以后，严禁对机箱或硬盘进行搬动，因为在通电后，硬盘的盘片已经处于高速运转状态，如果发生强烈的震动，必定会对硬盘造成毁灭性的损害。

6.1.8 硬盘的维护及故障分析

1. 硬盘的日常维护

（1）保持计算机工作环境的清洁。硬盘用带有超精过滤纸的呼吸孔与外界相通，它可以在普通无净化装置的室内环境中使用，若在灰尘严重的环境下，灰尘会被吸附到 PCB 的表面、主轴电机的内部堵塞呼吸过滤器，因此必须防尘。环境潮湿、电压不稳定都可能导致硬盘损坏。

（2）养成正确关机的习惯。硬盘在工作时突然关闭电源，可能会导致磁头与盘片猛烈摩擦而损坏硬盘，还会使磁头不能正确复位而造成硬盘的划伤。关机时一定要注意面板上的硬盘指示灯是否还在闪烁，只有当硬盘指示灯停止闪烁、硬盘结束读/写后方可断电。

（3）用户不能自行拆开硬盘盖。硬盘的制造和装配过程是在绝对无尘的环境下进行，一般计算机用户不能自行拆开硬盘盖，否则空气中的灰尘进入硬盘内，高速低飞的磁头组件旋转带动的灰尘或污物都可能使磁头或盘片损坏，导致数据丢失，即使仍可继续使用，硬盘寿命也会大大缩短，甚至会使整块硬盘报废。

（4）注意防高温、防潮、防电磁干扰。硬盘的工作状况与使用寿命与温度有很大的关系，硬盘工作温度以 20~25℃为宜，如果温度过高，会使晶体振荡器的时钟主频发生改变，还会造成硬盘电路元件失灵，磁介质也会因热胀效应而造成记录错误；如果温度过低，空气中的水分会被凝结在集成电路元件上，造成短路。另外，尽量不要使硬盘靠近强磁场，如音箱、扬声器等，以免硬盘所记录的数据因磁化而损坏。

（5）要定期整理硬盘。定期整理硬盘可以提高速度，如果碎片积累过多，不但访问效率下降，还可能损坏磁道。但也不要频繁整理硬盘，同样会缩短硬盘寿命。

（6）注意预防病毒和木马程序。硬盘是计算机病毒攻击的重点目标，应注意利用最新的杀毒软件对病毒进行防范。要定期对硬盘进行杀毒，并注意对重要的数据进行保护和经常性的备份。建议平时不要随便运行来历不明的应用程序和打开邮件附件，运行前一定要先查病毒和木马。

（7）拿硬盘的正确方法。在计算机维护时，应用手抓住硬盘两侧，并避免与其背面的电路板直接接触，要轻拿轻放，不要磕碰或者与其他坚硬物体相撞；不能用手随便地触摸硬盘背面的电路板，因为手上可能会有静电，静电会伤害到硬盘上的电子元件，导致无法正常运行。还有切勿带电插拔。

（8）让硬盘智能休息。让硬盘智能地进入关闭状态，对硬盘的工作温度和使用寿命有很大的帮助，首先双击鼠标左键"我的电脑"→"控制面板"→"性能和维护"→"电源管理"→"关闭硬盘"，将时间设置为 25 分钟，单击"应用"按钮后退出即可。

（9）轻易不要低格。不要轻易进行硬盘的低级格式化操作，避免对盘片性能带来不必要的影响。

（10）避免频繁进行高级格式化操作。它同样会对盘片性能带来影响，在不重新分区的情况下，可采用加参数"Q"的快速格式化命令。

2．硬盘的故障分析

通常，硬盘的故障分为两类：

（1）硬故障。硬故障是指硬盘驱动器物理结构上的故障，需要拆机进行检修和诊断。有时要用专门的仪器来检测故障，然后进行修理和更换。

（2）软故障。软故障主要是硬盘驱动器的主引导扇区或硬盘分区表或 DOS 系统分区及系统文件等发生故障，从而引起硬盘瘫痪。对于软故障，则可以利用 Diskgen、SPFDisk、PQ 以及 DM 等工具对硬盘的分区进行修复或者重新划分和格式化。硬盘故障维修流程如图 6-7 所示。

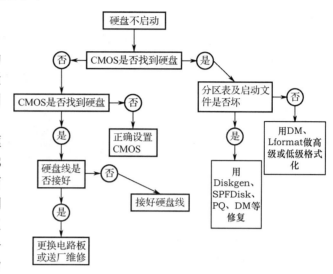

图 6-7　硬盘故障维修流程

6.2　固态硬盘

固态硬盘（Solid State Disk 或 Solid State Drive），也称作电子硬盘或者固态电子盘，是由控制单元和固态存储单元（DRAM 或 Flash 芯片）组成的硬盘。目前主要有两类：

（1）基于闪存的固态硬盘。采用 Flash 芯片作为存储介质，这也是通常所说的固态硬盘。它的外观可以被制作成多种模样，如笔记本硬盘、微硬盘、存储卡、U 盘等样式。这种固态硬盘最大的优点就是可以移动，而且数据保护不受电源控制，能适应于各种环境，适合于个人用户使用。

（2）基于 DRAM 的固态硬盘。采用 DRAM 作为存储介质，应用范围较窄。它仿效传统硬盘的设计，可被绝大部分操作系统的文件系统工具进行卷设置和管理，并提供工业标准的 PCI 和 FC 接口用于连接主机或者服务器。应用方式可分为 SSD 硬盘和 SSD 硬盘阵列两种。它是一种高性能的存储器，而且使用寿命很长，美中不足的是需要独立电源来保护数据安全。DRAM 固态硬盘属于小众产品。

6.2.1　固态硬盘内部结构

目前固态硬盘产品有 3.5 英寸、2.5 英寸、1.8 英寸等多种类型，市面上能见到的最大容量为 2TB，接口规格主要有 SATA、MSATA、M.2、Type-C、PCI-E、U.2 等。固态硬盘的内部构造十分简单，用工具拆开外壳固定螺钉，可以看到固态硬盘内主体其实就是一块 PCB，而这块 PCB 上最基本的配件就是主控芯片、缓存芯片和用于存储数据的闪存芯片，如图 6-8 所示。

市面上比较常见的固态硬盘有 Indilinx、SandForce、JMicron、Marvell、Samsung 以及 Intel 等多种主控芯片。主控芯片是固态硬盘的"大脑"，其作用一是合理调配数据在各个闪存芯片上的负荷；二是承担了整个数据中转、连接闪存芯片和外部接口。不同的主控之间能力相差非常大，在数据处理能力、算法、对闪存芯片的读/写控制上都会有非常大的不同，直接会导致固态硬盘产品的性能差距高达数十倍。

主控芯片旁边是缓存芯片，固态硬盘和传统硬盘一样需要高速的缓存芯片辅助主控芯片进行数据处理。这里需要注意的是，有一些廉价固态硬盘为了节省成本，省去了这块缓存芯片，这样对使用的性能会有一定的影响。

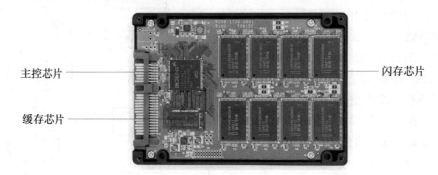

图 6-8　固态硬盘的内部结构

除了主控芯片和缓存芯片以外，PCB 上其余的大部分位置都是闪存芯片了。闪存芯片又分为 SLC、MLC 和 TLC 三种。

（1）SLC（Single Level Cell，单层式储存）。它因为结构简单，在写入数据时电压变化的区间小，所以寿命较长。传统的 SLC NAND 闪存可以经受 10 万次的读/写，而且因为一组电压即可驱动，所以其速度表现更好。目前很多高端固态硬盘都是采用该类型的 Flash 闪存芯片。

（2）MLC（Multi Leveled Cell，多层式储存）。它采用较高的电压驱动，通过不同级别的电压在一块中记录两组位信息，这样就可以将原本 SLC 的记录密度理论提升一倍。作为目前在固态硬盘中应用最为广泛的 MLC NAND 闪存，其最大的特点就是以更高的存储密度换取更低的存储成本，从而可以获得进入更多终端领域的契机。不过，MLC 的缺点也很明显，其写入寿命较短，读/写方面的能力也比 SLC 差，官方给出的可擦写次数仅为 1 万次。

（3）TLC（Triple-Level Cell，三层式存储），这种架构的原理与 MLC 类似，但可以在每个储存单元内储存 3 个信息比特。TLC 的写入速度比 SLC 和 MLC 慢，寿命也比 SLC 和 MLC 短，可擦写次数大约 1000 次，不过随着技术的进步，其寿命会不断地延长，目前三星最新的 840 EVO 系列固态硬盘，就是用的 TLC 闪存芯片。现在，厂商已不使用 TLC 这个名字，改为 3-bit MLC。

6.2.2　固态硬盘的接口

如表 6-1 所示，为目前主要的固态硬盘接口。

表 6-1　固态硬盘接口

名　称	接口图片	发布时间	最高带宽	NVMe 支持
SATA		2003 年	SATA1.0（1.5Gb/s） SATA2.0（3.0Gb/s） SATA3.0（6.0Gb/s）	不支持
SATA Express		2013 年	16Gb/s	支持

续表

名 称	接口图片	发布时间	最高带宽	NVMe 支持
U.2		2015 年	32Gb/s	支持
mSATA	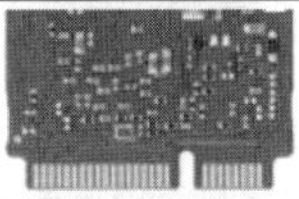	2009 年	6Gb/s	不支持
M.2	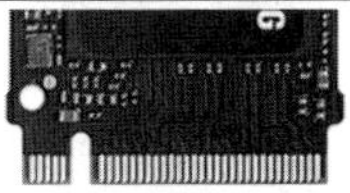	2013 年	Socket 2（16Gb/s） Socket 3（32Gb/s）	支持
PCI-E		2004 年	PCI-E3.0（32Gb/s）	支持
SAS		2005 年	SAS-1（3Gb/s） SAS-2（6Gb/s） SAS-3（12Gb/s） SAS-4（22.5Gb/s）	不支持

6.2.3 固态硬盘与硬盘对比

随着越来越多的厂商加入固态硬盘领域，存储市场即将面临新一轮洗牌，固态硬盘取代传统硬盘的呼声越来越高，固态硬盘时代似乎即将到来。固态硬盘和传统硬盘的参数对比如表 6-2 所示。

可以看到，固态硬盘相比传统机械硬盘有以下优势。

（1）存取速度方面。SSD 固态硬盘采用闪存作为存储介质，读取速度相对传统机械硬盘更快，而且寻道时间几乎为 0，这样的特质在作为系统盘时，可以明显加快操作系统的启动速度和软件的启动速度。

（2）抗震性能方面。SSD 固态硬盘由于完全没有机械结构，所以不怕震动和冲击，不用担心因为震动造成不可避免的数据损失。

（3）发热功耗方面。SSD 固态硬盘不同于传统机械硬盘，不存在盘片的高速旋转，所以发热也明显低于传统机械硬盘，而且 Flash 芯片的功耗极低，这对于使用笔记本电脑的用户来说，意味着电池续航时间的增加。

（4）使用噪声方面。SSD 固态硬盘没有盘体机构，不存在磁头臂寻道的声音和高速旋转时候的噪声，所以 SSD 工作时完全不会产生噪声。

表 6-2 固态硬盘与传统硬盘优/劣势对比

项 目	固态硬盘	传统机械硬盘
容 量	小	大
价 格	高	低
随机存取	极快	一般
写入次数	SLC:10 万次；MLC:1 万次	无限制
工作噪声	无	有
工作温度	极低	较明显
防 震	很好	较差
重 量	轻	重

不过，虽然固态硬盘性能非常诱人、优点也极多，但也有以下缺点。
(1) 相对于传统硬盘，固态硬盘的容量较小，目前市面上最大的容量仅为 4TB。
(2) 固态硬盘闪存具有擦写次数限制的问题，和传统机械硬盘相比有寿命的限制。
(3) 与传统机械硬盘相比，售价要高许多。

6.2.4 混合硬盘

混合硬盘是把磁性硬盘和闪存集成到一起的一种硬盘，是一块基于传统机械硬盘诞生出来的新硬盘，除了机械硬盘必备的盘片、马达、磁头等，还内置了 NAND 闪存颗粒，闪存颗粒将用户经常访问的数据进行储存，可以达到类似 SSD 效果的读取性能。

下面以希捷 2TB SSHD 为例，介绍 SSHD 硬盘。如图 6-9 所示，希捷 2TB SSHD 看起来更像是"机械硬盘"，因为以新酷鱼 2TB 为盘体，构建了其容量和读/写性能，而内置的 8GB NAND 闪存通过 AMT 技术识别最为重要的数据，并将其存储起来（这有点类似于"缓存盘"），从而实现了系统的加速运行。从背面看，希捷 2TB SSHD 与普通的希捷 2TB 机械硬盘并没有明显的不同，其实最大的区别在于 PCB 的背面。希捷 2TB SSHD 配备了机械硬盘传统的主控 LSI B69002VO 及马达转速控制芯片，外加三星的 64MB DDR2 缓存。除此之外，SSD 模块里，希捷 2TB SSHD 搭配了东芝 24nm MLC 闪存芯片及 ASIC 主控。通过希捷独家的 Adaptive Memory 核心技术实现 SSD 的性能，从而使得 SSHD 的性能相对于传统的机械硬盘有较大幅度的提升。

图 6-9　希捷 2TB SSHD 混合硬盘

6.2.5 固态硬盘的选购

固态硬盘的选购要遵循按需购买的原则，具体应考虑以下几个方面：
(1) 接口。在 6.2.2 节已经介绍过主流的接口，要根据需求选定接口。
(2) 容量。由于固态硬盘的价格相对昂贵，要按照需要确定合适的容量。
(3) 主控。主控芯片决定了 SSD 的稳定性，要选购大品牌的主控。
(4) 闪存。由于 SLC 价格太贵，应将 MLC 闪存作为购买的首选。
(5) 固件。应挑选具备独立固件研发能力的 SSD 厂商，固件的品质越好，SSD 的性能就越佳。

6.2.6 固态硬盘的维护

与传统机械硬盘有所不同，固态硬盘的日常使用，应注意以下几点。
(1) 不要进行碎片整理。消费级固态硬盘的擦写次数是有限制，碎片整理会大大减少固态硬盘的使用寿命。Windows 的"磁盘整理"功能是机械硬盘时代的产物，并不适用于 SSD。
(2) 分区时预留空间。在固态硬盘上彻底删除文件，会将无效数据所在的整个区域摧毁，操作过程是：先把区域内的有效数据集中起来，转移到空闲位置，然后把"问题区域"整个清除。这一机制意味着，分区时不要把 SSD 的容量都分满。如一块 128GB 的固态硬盘，厂商一般会标称 120GB，预留了一部分空间。但如果在分区的时候只分 100GB，留出更多空间，固态硬盘的性能表现会更好。

（3）减少分区。一方面主流 SSD 容量都不是很大，分区越多意味着浪费的空间越多，另一方面分区太多容易导致分区错位，在分区边界的磁盘区域性能可能受到影响。最简单地保持"4k 对齐"的方法就是用 Win7 自带的分区工具进行分区，这样能保证分出来的区域都是 4K 对齐的。

（4）固态硬盘存储越多性能越慢。应及时清理无用的文件，设置合适的虚拟内存大小，将电影、音乐等大文件存放到传统机械硬盘里非常重要，必须让固态硬盘分区保留足够的剩余空间。

（5）及时更新固件。固件好比主板上的 BIOS，控制固态硬盘一切内部操作，不仅直接影响固态硬盘的性能、稳定性，也会影响其寿命。优秀的固件包含先进的算法能减少固态硬盘不必要的写入，从而减少闪存芯片的磨损，维持性能的同时也延长了固态硬盘的寿命。因此及时更新官方发布的最新固件显得十分重要，它不仅能提升性能和稳定性，还可以修复之前出现的 Bug。

6.3 移动硬盘

硬盘是计算机的主要存储设备，但是硬盘经常移动容易损坏，因此一般是固定在计算机机箱内。而在计算机的应用中，需要大量的数据交换和系统备份，其他存储设备由于容量小又无法满足，于是发明了移动硬盘。移动硬盘是以硬盘为存储介质的一种便携性存储产品。它多采用 USB、IEEE1394 等传输速度较快的接口。

6.3.1 移动硬盘的构成

移动硬盘主要由外壳、电路板（控制芯片、数据和接口）和硬盘三大部分组成，具体如图 6-10 所示。

1. 外壳

移动硬盘的外壳如图 6-11 所示，一般是铝合金或者塑料材质，一些厂商在外壳和硬盘之间还添加了防震材质，好的硬盘外壳可以起到抗压、抗震、防静电、防摔、防潮、散热等作用。一般来说，金属外壳的抗压和散热性能比较好，而塑料外壳在抗震性方面相对更好一些。

2. 控制芯片

移动硬盘的控制芯片如图 6-12 所示，它在移动硬盘的电路板上，直接关系到硬盘的读/写性能。目前控制芯片主要分高、中、低三个档次，因此，移动硬盘的价格和所采用的控制芯片密切相关。

图 6-10 移动硬盘内部结构

3. 接口

接口就是移动硬盘和计算机连接的数据输入、输出点，通过数据线的连接实现数据的传输。接口主要有 USB、e-SATA 和 IEEE1394 接口等。

图 6-11　移动硬盘的外壳

图 6-12　移动硬盘的控制芯片

4．电源

移动硬盘的电源有两种形式，一种需要独立供电，这种移动硬盘具有电源接口；另一种移动硬盘的供电依靠数据接口，如 USB 接口。无论哪种方式，如果供电不足，都会导致硬盘查找不到、数据传输出错，甚至影响移动硬盘的使用寿命。

5．硬盘

硬盘是移动硬盘中最重要的组成部分，采用的尺寸有：3.5 英寸台式计算机硬盘、2.5 英寸笔记本电脑硬盘和 1.8 英寸微型硬盘。

6.3.2　移动硬盘的接口

移动硬盘常见的数据接口有 USB、e-SATA 和 IEEE1394 三种。

（1）USB 接口。USB 是移动硬盘盒的主流接口方式，也是几乎所有计算机都有的接口。目前的接口大多是 USB3.0 标准，其理论传输速度最高达 5Gb/s；USB3.1 则可以到达 10Gb/s。它们都向下兼容 USB1.0、USB2.0。

（2）e-SATA 接口。e-SATA 是 SATA 的外接式接口，可以达到如同 SATA 般的传输速度，在理论上 e-SATA1 接口可以达到 1500Mb/s 的传输率；e-SATA2 接口可以达到 3Gb/s 的传输率；e-SATA3 接口可以达到 6Gb/s。同样 e-SATA3 兼容 e-SATA1、e-SATA2，与目前台式计算机硬盘的情况相同。

（3）IEEE1394 接口。IEEE1394 接口又称 Firewire 接口（火线）。1394 标准又分 1394a 和 1394b 两种。一般所说的 1394 通常指 1394a 标准接口，其数据传输速率理论可达到 400Mb/s（50MB/s）；1394b 接口的传输速率理论最少可达到 800Mb/s（100MB/s）。还应注意 1394 接口的类型，一般台式计算机都是大口 6 针的，而笔记本电脑上则是小口 4 针的。

6.3.3　移动硬盘的保养及故障分析

1．移动硬盘的保养及使用时要注意的问题

（1）移动硬盘虽然是可以移动的，但应尽量不要让其震动。

（2）在使用时一定要放到平稳、无震动的地方，如果使用过程中剧烈震动可能对硬盘造成损坏。

（3）用好的数据线。使用好的数据线，可以使供电充足，不容易损坏硬盘。

（4）合理的分区。硬盘分区最好要合理，这样对硬盘是一种保护。

（5）在不进行数据复制时应当拔下硬盘，不让其长时间工作。

（6）最好不要对移动硬盘进行碎片整理。

（7）在别人的计算机上使用移动硬盘时最好把 USB 数据线插到主机主板接口上，因为计算机硬件不同，如果把 USB 前置线接错，则容易烧坏硬盘。

2．移动硬盘的常见故障及排除方法

（1）USB 移动硬盘在连接到计算机之后，如果系统没有弹出"发现 USB 设备"的提示，这可能是在 BIOS 中没有为 USB 接口分配中断号，从而导致系统无法正常地识别和管理 USB 设备。进入 BIOS 设置窗口，在"PNP/PCI CONFIGURATION"中将"Assign IRQ For USB"一项设置为"Enable"，这样系统就可以给 USB 端口分配可用的中断地址。

（2）移动硬盘在 Windows Server（2003/2008 等）系统上使用时无法显示盘符图标。Windows Sever（2003/2008 等）是一个面向服务器的操作系统，对新安装的存储器必须手工为其添加盘符。

（3）新买的移动硬盘，在接入计算机后发现 USB 硬盘读/写操作发出"咔咔"的声音，经常产生读/写错误。因为硬盘是新买的，所以可以暂不考虑是移动硬盘的硬件故障。由于 USB 接口的设备需要+5V、500mA 供电，如果供电不足会导致移动硬盘读/写错误，甚至无法识别。这时可以尝试更换 USB 接口供电方式，从+5V USB 切换为主板+5V 供电；如果仍不能解决问题则考虑更换电源。

（4）USB 移动硬盘能被操作系统识别，却无法打开移动硬盘所在的盘符；USB 移动硬盘在操作系统中能被发现，但被识别为"未知的 USB 设备"，并提示安装无法继续进行。移动硬盘对工作电压和电流有较高的要求（+5V 最大要求 500mA），如果主板上 USB 接口供电不足，会造成上述现象。可以参考上面第（3）条的解决办法。

（6）在 Windows 系统中，移动硬盘无法在系统中弹出和关闭。这可能是系统中有其他程序正在访问移动硬盘中的数据，从而产生对移动硬盘的读/写操作。这时可以关闭所有对移动硬盘进行操作的程序，尽可能在弹出移动硬盘时关闭系统中的病毒防火墙等软件。

6.4 闪存与闪存盘

6.4.1 闪存

所有的半导体存储器都可以分为两种不同的基本类型，即仅在被连接到电池或其他电源时才能保存数据的存储器（易失存储器），以及即使在没有电源的情况下仍然能够保存数据的存储器（不易失存储器）。闪存（Flash Memory）是一种长寿命的不易失存储器，其存储特性相当于硬盘。

闪存主要分为以下两种：NOR 型（或非）和 NAND 型（与非）。NOR 型与 NAND 型闪存的区别很大，打个比方说，NOR 型闪存更像内存，有独立的地址线和数据线，但价格比较贵，容量比较小；而 NAND 型更像硬盘，地址线和数据线是共用的 I/O 线，类似硬盘的所有信息都通过一条硬盘线传送。而且 NAND 型与 NOR 型闪存相比，成本要低一些，而容量却大得多。因此，NOR 型闪存比较适合频繁随机读/写的场合，通常用于存储程序代码并直接在闪存内运行；NAND 型闪存主要用来存储资料，常用的闪存产品，如闪存盘、数码存储卡都是 NAND 型闪存。

目前，使用半导体做介质的存储产品已经广泛应用于数码产品之中。它具有重量轻、体积小、通用性好、功耗小等特点。由于移动存储器对大容量、低功率、高速度的需要，因此并不是所有类型的半导体介质存储单元都能够作为移动存储器的材料，综合各种特点，闪存是最好的一种存储器，所以各种基于半导体介质的存储器的存储单元都是闪存的。不过，由于各个厂商使用的技术不同，即便是同样使用闪存做存储单元，也有不同类型的产品，主要

体现在物理规格和电气接口上的差别。现在比较通用的产品类型有 CompactFlash Card（CFC）、SmartMedia Card（SMC）、MultiMedia Card（MMC）、Memory Stick（MS）、USB 闪存盘等。虽然基于闪存的产品具有重量、体积、抗震、防尘、功耗等方面的绝对优势，但是它的价格相比使用磁介质的存储器来说，仍然要高一些。

6.4.2 闪存盘

根据 Flash 的技术构成，闪存盘的结构为接口控制器+缓冲 RAM+Flash 芯片，不过随着芯片工艺技术的发展，它将逐渐发展到单片集成所有功能，这样就更加缩小了体积，增加了可靠性。

U 盘，全称 USB 闪存盘，是一种使用 USB 接口的无须物理驱动器的微型高容量移动存储产品，通过 USB 接口与计算机连接，实现即插即用。1999 年深圳市朗科科技有限公司推出的以 U 为商标的闪存盘（OnlyDisk）是世界上首创基于 USB 接口，采用闪存介质的代存储产品。目前市面上的闪存盘多数以 U 盘的形式存在，如图 6-13 所示。

图 6-13　各种 U 盘的外形

和软盘、可移动硬盘、CD-RW、ZIP 盘、SmartMedia 卡及 CompactFlash 卡等传统存储设备相比，闪存盘具有非常明显的优异特性。

（1）体积非常小，仅大拇指般大小，重量仅约 20 克。
（2）容量大。
（3）不需要驱动器，无外接电源。
（4）使用简便，即插即用，带电插拔。
（5）存取速度快，约为软盘速度的 15 倍。
（6）可靠性好，可擦写达 100 万次，数据可保存 10 年。
（7）抗震、防潮，携带十分方便。
（8）采用 USB 接口及快闪快存，可带写保护功能键。

6.4.3 闪存盘的保养及故障分析

1. 闪存盘（U 盘）的保养及使用过程中要注意的问题

（1）U 盘一般有写保护开关，应该在 U 盘插入计算机接口之前切换，不要在 U 盘工作状态下进行切换。

（2）U 盘有工作状态指示灯，如果是有一个指示灯的，当插入主机接口时，灯亮表示接通电源，当灯闪烁时表示正在读/写数据；如果是有两个指示灯的，一般为两种颜色，一个在接通电源时亮，一个在 U 盘进行读/写数据时亮。有些 U 盘在系统复制进度条消失后仍然在工作状态，严禁在读/写状态灯亮时拔下 U 盘，一定要等读/写状态指示灯停止闪烁或熄灭了才能拔下 U 盘。

（3）有些品牌型号的 U 盘为文件分配表预留的空间较小，在复制大量单个小文件时容易报错，这时可以停止复制，采用把多个小文件压缩成一个大文件的方法，即可解决。

（4）为了保护主板及U盘的USB接口，预防变形以减少摩擦（如果对复制速度没有要求），可以使用USB延长线。

（5）U盘的存储原理和硬盘有很大出入，不要进行碎片整理，否则会影响U盘的使用寿命。

（6）U盘里可能会有病毒，插入计算机时最好进行U盘杀毒。

（7）对新U盘要进行病毒免疫，避免U盘中毒。

2．闪存盘（U盘）的故障分析

一般U盘故障分为软故障和硬故障，其中以软故障最为常见。软故障主要是指U盘有坏块，从而导致U盘能被计算机识别，但没有盘符出现；或者有盘符出现，但当打开U盘时却提示要进行格式化，而格式化又不能成功；前期征兆可能有U盘读/写变慢、文件丢失却仍占用空间等。这种故障一般都可以通过软件低格修复。

硬故障主要指U盘硬件出现故障，插上U盘后计算机会发现新硬件，但不能出现盘符，拆开U盘没有发现任何电路板被烧坏或其他损坏的痕迹，且应用软故障的方法也不能解决。硬故障一般是U盘里的易损元件晶振由于剧烈振动损坏了，这时可以用同频的晶振替换原有晶振即可；也可能是U盘的控制芯片被损坏，这时可以找专业的技术人员进行更换。一般来讲，U盘的闪存芯片是不太容易坏的。

实验6

1．实验项目

硬盘的测试与修复。

2．实验目的

（1）了解硬盘的分类。

（2）熟悉硬盘的各项指标含义。

（3）了解硬盘目前的流行部件及最新的发展趋势。

（4）掌握硬盘的检测工具。

3．实验准备及要求

（1）IDE硬盘、SATA硬盘、可拆解的移动硬盘、U盘。

（2）硬盘测试工具。

4．实验步骤

（1）在互联网上对硬盘的市场状况进行了解。

（2）观察几种硬盘的外观特征及构造。

（3）下载硬盘、U盘等测试工具，并熟悉其使用方法。

（4）对硬盘进行如下检测：

①用HD tune测试硬盘。

②用CHECK U DISK测试U盘。

③用MHDD修复硬盘坏道。

（5）拆解移动硬盘、U盘，并找出控制芯片、存储芯片等。

（6）整理记录，完成实验报告。

5．实验报告

（1）列出几种硬盘的特征，并对其性能进行介绍。

(2) 记录硬盘的各种测试数据，并写出工具的测试流程。

习题 6

1．填空题

(1) 常见的外储存器有_____、_____、_____、_____、_____等。

(2) 硬盘的内部数据传输率是指_____。

(3) 硬盘是一个高精密度的机电一体化产品，它由_____和_____两大部分构成。

(4) 头盘组件包括_____、_____、_____、_____等部件。

(5) 硬盘容量=_____×_____×_____×512 字节。

(6) 硬盘的_____是指硬盘的磁头从初始位置移动到盘面指定磁道所需的时间，是影响硬盘内部数据传输率的重要参数。

(7) 硬盘的盘体从物理磁盘的角度分为_____、_____、_____和_____。

(8) _____是由一个固定有磁头臂的磁棒和线圈制作的电机，当有电流通过线圈时，线圈中的磁棒就会带着磁头一起移动，其优点是_____、_____、_____。

(9) 固态硬盘，也称作电子硬盘或者固态电子盘，是由_____和_____组成的硬盘。

(10) 目前移动硬盘常见的数据接口有_____、_____和_____三种。

2．选择题

(1) 台式计算机中经常使用的硬盘多是（   ）英寸的。

A．5.25   B．3.5   C．2.5   D．1.8

(2) 目前市场上出售的硬盘主要有哪两种类型（   ）。

A．IDE   B．SATA   C．PCI   D．PCI-E

(3) 硬盘标称容量是 40G，实际存储容量是（   ）。

A．39.06G   B．40G   C．29G   D．15G

(4) 硬盘的数据传输率是衡量硬盘速度的一个重要参数，是指计算机从硬盘中准确找到相应数据并传送到内存的速率，它分为内部和外部传输率，其内部传输率是指（   ）。

A．硬盘的高缓到内存   B．CPU 到 Cache

C．内存到 CPU   D．硬盘的磁头到硬盘的高缓

(5) 使用硬盘 Cache 的目的是（   ）。

A．增加硬盘容量   B．提高硬盘读/写信息的速度

C．实现动态信息存储   D．实现静态信息存储

(6) 硬盘中信息记录介质被称为（   ）。

A．磁道   B．盘片   C．扇区   D．磁盘

(7) 硬盘中每个扇区的字节是（   ）。

A．512KB   B．512KB   C．256KB   D．256KB

(8) 作为完成一次传输的前提，磁头首先要找到该数据所在的磁道，这一定位时间叫做（   ）。

A．转速   B．平均存取时间   C．平均寻道时间   D．平均潜伏时间

(9) SATA3 的数据传输率为（   ）。

A．150MB/s   B．160MB/s   C．300 MB/s   D．600MB/s

(10) 硬盘在理论上可以作为计算机的哪一组成部分（   ）。

A．输入设备   B．输出设备   C．存储器   D．运算器

3．判断题

（1）平均寻道时间是指硬盘磁头移动到数据所在磁道时所用的时间，以毫秒为单位。（　　）

（2）硬盘又称硬盘驱动器，是计算机中广泛使用的外部存储设备之一。（　　）

（3）缓存是硬盘控制器上的一块存储芯片，存取速度极快，为硬盘与外部总线交换数据提供场所，其容量通常用 KB 或 MB 表示。（　　）

（4）U 盘一般有写保护开关，应该在 U 盘插入计算机接口之前切换，不要在 U 盘工作状态下进行切换。（　　）

（5）硬盘的磁头从一个磁道移动到另一个磁道所用的时间称为最大寻道时间。（　　）

4．简答题

（1）硬盘的主要参数和技术指标有哪些？

（2）传统机械硬盘和固态硬盘各有何优、缺点？

（3）选购硬盘时应主要考虑哪几方面的因素？

（4）如何进行硬盘的日常维护工作？

（5）硬盘和移动硬盘的各自特点是什么？在日常工作中是如何进行使用的？

第 7 章 显示系统

显示系统是计算机的输出系统,是将计算机的信息展示给用户的电子系统,是计算机与用户交流的桥梁。

7.1 显示系统的组成及工作过程

计算机的显示系统是由显示适配器(显示卡)、显示器、显示卡与显示器的驱动程序组成,显示系统的连接如图 7-1 所示。

显示系统的工作过程:主机通过 I/O 总线将图形数字信号发送到显示卡,显示卡将这些数据加以组织、加工和处理,再转换成(模拟/数字)视频信号,并同时形成行、场同步信号,通过视频接口输出到显示器,最终由显示器形成屏幕画面,将系统信息展示给用户。需要说明的是,显示卡输出的视频和同步信号决定着系统信息的最高分辨率,即画面清晰程度和最多颜色数,也就是色彩的逼真程度。显示卡驱动程序控制显示卡的工作和显示方式的设置,显示器则决定着高质量的视频信号能否转换为高质量的屏幕画面。

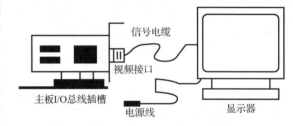

图 7-1 显示系统的组成

7.2 显示卡

显示卡的全称为显示接口卡(Video card, Graphics card),又称为显示适配器(Video adapter),是计算机的主要配件之一。它的基本作用就是控制计算机的图形输出,是联系主机和显示器之间的纽带。如果没有显示卡,那么计算机将无法显示和工作。显示卡的主要作用就是在程序运行时根据 CPU 提供的指令和有关数据,将程序运行过程和结果进行相应的处理并转换成显示器能够接收的文字和图形显示信号,通过显示设备显示出来。换句话说,显示器必须依靠显示卡提供的显示信号才能显示出各种字符和图像。

7.2.1 显示卡的分类

显示卡的分类方法很多,根据显示卡不同的特点,可以分成不同的种类。

(1)按显示卡在主机中存在的形式,可分为独立显示卡(安装在主板的扩展槽中)、核芯显卡(集成在 CPU 中)、集成显示卡(集成在主板上)。

(2)按显示卡的接口形式,可分为 PCI 显示卡(已被淘汰)、AGP 显示卡(已被淘汰)和 PCI-E 显示卡。

(3)按显示卡的显存来分,可分为 GDDR 显示卡(已被淘汰)、GDDR2 显示卡(已被淘汰）、GDDR3 显示卡（已被淘汰）、GDDR4 显示卡（已被淘汰）和 DDR5 显示卡（主流）、DDR5X。

（4）按显示卡的控制芯片（GPU）来分，可分为 nVIDIA 芯片、AMD 芯片。

7.2.2 显示卡的结构、组成及工作原理

1．显示卡的结构及组成

显示卡不管是哪一类，其结构都是由以下几部分组成，即与主板连接的接口（一般为 PCI-E 接口）、与显示设备接口（VGA、DVI、HDMI 和 DisplayPort 等）、PCB、显示控制图形处理芯片 GPU、RAMDAC 芯片、显存（DDR5）、BIOS 芯片及专用供电电路（中、高档显卡才有）等构成。显示卡结构功能如图 7-2、图 7-3 所示。

（1）图形处理器（GPU）。图形处理器是显示卡的心脏和大脑，是显示卡的控制、运算、处理中心，是显示卡最重要的部件。它担负着对显示数据的接收、处理、同步信号的产生和与系统之间通信等复杂任务。一般来说图形处理器都位于整个显示卡的中央，根据封装不同，在外观上也有不小的差异。

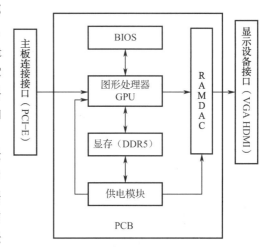

图 7-2　显示卡结构功能示意图

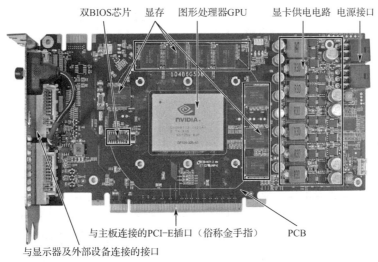

图 7-3　七彩虹 iGame4607 显示卡实物结构图

大部分 GPU 上都有代码，能够直接看出其型号。GPU 性能的高低决定显示卡的档次，目前市场上流行的显示卡 GPU 主要是由 NVIDIA 公司及 AMD 公司生产，它们的型号及档次如表 7-1 所示。

由于显示卡的 GPU 同主机的 CPU 一样在不断地更新换代，因此，显示卡的档次是随着时间的变化而不断变化的，高端的显示卡半年或一年之后就会变成中端的显示卡。一般价格低于 800 元的为低端显示卡，800～3000 元的为中端显示卡，3000 元以上的为高端显示卡。

表 7-1　2018 年 1 月市场主流显示卡的对比表

GeForce700	GeForce900	GeForce1000	显示卡等级	Radeon RX500	Radeon R400	Radeon R300
		TITAN Xp	高端			
		GTX 1080 Ti				Redeno Pro Duo
						R9 295X2
GTX Titan Z		Titan X				
				RX VEGA 64 水冷版		
		GTX 1080		RX VEGA 64		
		GTX 1070Ti				R9 Fury X
				RX VEGA 56		
	GTX Titan X	GTX 1070				R9 Nano
	GTX 980 Ti					
	GTX 980			RX 580 8G 版		R9 Fury
GTX 780 Ti		GTX 1060 6G 版				R9 390X
	GTX Titan			RX 580 4G 版	RX 480	R9 390
GTX 780	GTX 970	GTX 1060 3G 版		RX 570 8G 版	RX 470	
				RX 570 4G 版		
					RX 470D	
GTX 770						R9 380X
		GTX 1050 Ti		RX 560 4G 版		R9 380
GTX 760	GTX 960	GTX 1050	中端	RX 560D		
				RX 560 2G 版		R9 370X
	GTX 950			RX 550		
					RX 460 4GB 版	R7 370
GTX 750Ti					RX 460 2GB 版	
				RX 540		R7 360
GTX 750		GT 1030				
						R7 350
GT 730						R7 340
						R5 340

（2）显存（DDR5）。显存是显示卡上的关键核心部件之一，它的优劣和容量大小直接关系到显示卡的最终性能表现。可以说，显示芯片决定了显示卡所能提供的功能和基本性能，而显示卡性能的发挥则很大程度上取决于显存。无论显示芯片的性能如何出众，最终其性能都要通过配套的显存来发挥。

显存也叫帧缓存，它的作用是用来存储显卡芯片处理过或者即将提取的渲染数据。如同计算机的内存一样，显存是用来存储要处理的图形信息的部件。在显示屏上看到的画面是由一个个的像素点构成的，而每个像素点都以 4～32 位甚至 64 位的数据来控制其亮度和色彩，这些数据必须通过显存来保存，再交由显示芯片和 CPU 调配，最后把运算结果转化为图形输出到显示器上。

GDDR 显存家族到现在一共经历了五代，分别是 GDDR、GDDR2、GDDR3、GDDR4、

GDDR5 和 GDDR5X。

GDDR 显存（Graphics Double Data Rate，图形双倍速率），是为了设计高端显示卡而特别设计的高性能 DDR 存储器规格。它有专属的工作频率、时钟频率、电压，因此与市面上标准的 DDR 存储器有所差异，与普通 DDR 内存不同且不能共用。一般它比主内存中使用的普通 DDR 存储器时钟频率更高，发热量更小，所以更适合搭配显示芯片。

GDDR2 显存，采用 BGA 封装，显存的速度从 3.7ns～2ns 不等，最高默认频率从 500～1000MHz。其单颗颗粒位宽为 16 位，组成 128 位的规格需要 8 颗。

GDDR3 显存，采用 BGA 封装技术，其单颗颗粒位宽为 32 位，8 颗颗粒可组成 256 位 512MB 的显存位宽及容量。显存速度在 2.5ns（800MHz）～0.8ns（2500MHz）。相比 GDDR2、GDDR3 具备低功耗、高频率和单颗容量大三大优点。

GDDR4 显存，和 GDDR3 基本技术一样，GDDR4 单颗显存颗粒可实现 64 位位宽 64MB 容量，也就是说只需 4 颗显存芯片就能够实现 256 位位宽和 256MB 容量，8 颗更可轻松实现 512 位位宽 512MB 容量。GDDR4 显存颗粒的速度集中在 0.7～0.9ns 之间，但 GDDR4 显存时序过长，同频率的 GDDR3 显存在性能上要领先于采用 GDDR4 显存的产品，并且 GDDR4 显存并没有因为电压更低而解决高功耗、高发热的问题，这导致 GDDR4 对 GDDR3 缺乏竞争力。

GDDR5 显存，相对于 GDDR3、GDDR4 而言，GDDR5 显存拥有诸多技术优势，还具备更高的带宽、更低的功耗、更高的性能。如果搭配同数量、同显存位宽的显存颗粒，GDDR5 显存颗粒提供的总带宽是 GDDR3 的 3 倍以上。GDDR5 显存颗粒采用 66nm 或 55nm 工艺制程，并采用 170FBGA 封装方式，从而大大减小了芯片体积，芯片密度也可以做到更高，为此进一步降低了显存芯片的发热量。由于 GDDR5 显存可实现比 GDDR3 的 128 位或 256 位显存更高的位宽，采用 GDDR5 显存的显示卡有更大的灵活性，性能亦有较大幅度的提升，所以目前主流的显卡都采用了 GDDR5 显存。

GDDR5X 显存，可以看作是 GDDR5 显存的改良版，在不改变基本架构的情况下将 GDDR5 显存带宽大幅提升，将 GDDR5 显存数据频率从目前的 5～7Gb/s 大幅提升到 10～16Gb/s。

（3）RAMDAC。RAMDAC（Random Access Memory DAC，随机存取存储器数模转换器）的作用是将显存中的数字信号转换为能够用于显示的模拟信号。早期的显示卡板上有专门的 RAMDAC 芯片，现在都将它集成到了 GPU 芯片中。

（4）显示卡 BIOS。显示卡 BIOS 又称 VGA BIOS，主要用于存放 GPU 与显卡驱动程序之间的控制程序，另外还存放有显示卡型号、规格、生产厂商、出厂时间等信息。

（5）总线接口。显示卡的总线接口是显示卡与主板的数据传输接口，早期有 ISA、EISA、VESA、PCI、AGP 等接口，现在一般是 PCI-E、PCI-E 2.0、PCI-E 3.0 接口。

（6）显卡的输出接口。显卡的输出接口经过多年的发展，目前主要为 VGA、DVI、HDMI 和 DisplayPort 四种接口类型。

①VGA 接口。

VGA（Video Graphics Array）接口也叫 D-Sub 接口，是用于输出模拟信号的接口。虽然液晶显示器可以直接接收数字信号，但很多产品为了与 VGA 接口显示卡相匹配，而采用 VGA 接口。

目前许多计算机与外部显示设备之间都是通过模拟 VGA 接口连接的。计算机内部以数字方式生成的显示图像信息，被显示卡中的数字/模拟转换器转变为 R、G、B 三原色信号和行、场同步信号，信号通过电缆传输到显示设备中。对于模拟显示设备，如模拟 CRT 显示器，信号被直接送到相应的处理电路，驱动控制显像管生成图像；而对于 LCD、DLP 等数字显示设备，需配置相应的 A/D（模拟/数字）转换器，将模拟信号转变为数字信号。在经过 D/A（数字/模拟）和 A/D 两次转换后，不可避免地造成了一些图像细节的损失。VGA 接口应用于 CRT 显示器无可厚非，但用于连接液晶之类的显示设备，则转换过程的图像损失会使显示效果略微下降。

VGA 接口是一种 15 针 D 型接口，分成 3 排，每排 5 个孔，是显示卡上应用最为广泛的接口类型，绝大多数显卡都带有此种接口。它传输红、绿、蓝模拟信号以及同步信号（水平和垂直信号）。一般在 VGA 接头上，用 1、5、6、10、11、15 等标明每个接口编号。插座各针的输出信号的定义是，针 1 为红色视频信号 R，针 2 为绿色视频信号 G，针 3 为蓝色视频信号 B，针 4、5、9、12 和 15 未用，针 6 为红色视频屏蔽即地线 R-GND，针 7 为绿色视频屏蔽即地线 G-GND，针 8 为蓝色视频屏蔽即地线 B-GND，针 10 为同步信号的地线 SYNC-GND，针 11 为系统地线 GND，针 13 为行同步信号输出 HSYNS，针 14 为场同步信号输出 VSYNC。

VGA 连接分为公、母两个接头，显示卡上的是母接头，接口各针的位置及传送的信号如图 7-4 所示。

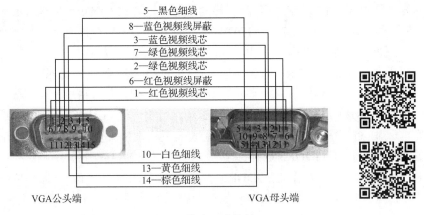

图 7-4　VGA 公、母接头及连接线

②DVI 接口。

DVI（Digital Visual Interface，数字视频接口）有三种，即 DVI-A 接口（12+5），只传输模拟信号，实质就是 VGA 模拟传输接口规格； DVI-D 接口，只能接收数字信号，接口上只有 3 排 8 列共 24 个针脚，其中右上角的一个针脚为空，不兼容模拟信号； DVI-I 接口，可同时兼容模拟和数字信号。目前的独立显卡一般都配备 DVI-D 接口。如图 7-5 所示，为三种接口的对比。如图 7-6 所示，为 DVI-I 接口及各针孔功能的说明。

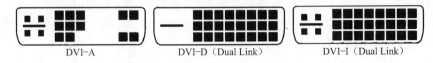

图 7-5　DVI-A、DVI-D、DVI-I 接口对比图

DVI-D 外形与 DVI-I 一样，只是少了传递模拟信号的 C1-C4 针脚。DVI-I 接口，可同时兼容模拟和数字信号。 兼容模拟信号并不意味着模拟信号 D-Sub（VGA）接口可以连接在 DVI-I 接口上，而是必须通过一个转换接头才能使用，一般采用这种接口的显示卡都会带有相关的转换接头。

DVI-I连接器	针脚	功能	针脚	功能
	1	TMDS数据2-	13	TMD数据3+
	2	TMDS数据2-	14	+5V直流电源
	3	TMDS数据2/4屏蔽	15	接地（+5回路）
	4	TMDS数据	16	热插拔检测
	5	TMDS数据	17	TMDS数据0-
	6	DDC时钟	18	TMDS数据0+
	7	DDC数据	19	TMDS数据0/5屏蔽
	8	模拟垂直同步	20	TMDS数据5-
	9	TMDS数据1+	21	TMDS数据5+
	10	TMDS数据1-	22	TMDS时钟屏蔽
	11	TMDS数据1/3屏蔽	23	TMDS时钟+
	12	TMDS数据3-	24	TMDS时钟-
	C1	模拟红色	C4	模拟水平同步
	C2	模拟绿色	C5	模拟接地（RGB回路）
	C3	模拟蓝色		

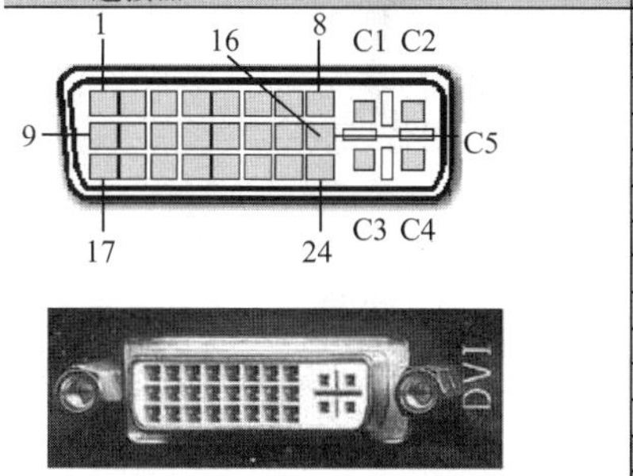

图7-6　DVI-I接口及各针孔的功能

DVI是基于TMDS（Transition Minimized Differential Signaling，最小化传输差分信号）电子协议作为基本电气连接。TMDS是一种微分信号机制，可以将像素数据编码，并通过串行连接传递。显示卡产生的数字信号由发送器按照TMDS协议编码后，通过TMDS通道发送给接收器，经过解码送给数字显示设备。一个DVI显示系统包括一个传送器和一个接收器。传送器是信号的来源，可以内建在显卡芯片中，也可采用附加芯片的形式出现在显卡PCB上；而接收器则是显示器上的一块电路，它可以接受数字信号，将其解码并传递到数字显示电路中，通过这两者相互配合，显示卡发出的信号才能成为显示器上的图像。

显示设备采用DVI接口主要有以下优点。

速度快。DVI传输的是数字信号，数字图像信息不需经过任何转换，就会直接被传送到显示设备上，减少了"数字→模拟→数字"烦琐的转换过程，大大节省了时间。因此它的速度更快，可以有效消除拖影现象，而且使用DVI进行数据传输，信号没有衰减，色彩更纯净、更逼真。

画面清晰。计算机内部传输的是二进制的数字信号，使用VGA接口连接液晶显示器就需要先把信号通过显示卡中的D/A转换器转变为R、G、B三原色信号和行、场同步信号，这些信号通过模拟信号线传输到液晶内部，还需要相应的A/D转换器将模拟信号再一次转变成数字信号，才能在液晶上显示出图像来。在上述的D/A、A/D转换和信号传输过程中，不可避免会出现信号的损失和受到干扰，导致图像出现失真甚至显示错误，而DVI接口无须进行这些转换，避免了信号的损失，使图像的清晰度和细节表现力都得到了大大提高。

支持HDCP协议。这为观看带版权的高清视频打下基础。不过要想使显示卡支持HDCP，光有DVI接口是不行的，需要加装专用的芯片，还要交纳不菲的HDCP认证费，因此目前真正支持HDCP协议的显卡还不多。

③HDMI接口。

HDMI（High Definition Multimedia，高清晰度多媒体接口）可以提供高达5Gb/s的数据传输带宽，可以传送无压缩的音频信号及高分辨率视频信号。同时无须在信号传送前进行数/模或者模/数转换，可以保证最高质量的影音信号传送。HDMI在针脚上和DVI兼容，只是采用了不同的封装技术。与DVI相比，HDMI可以传输数字音频信号，并增加了对HDCP的支持，同时提供了更好的DDC（DISPLAY DATA CHNNEL，显示器与计算机进行通信的一个总线标准）可选功能。HDMI的外形及针脚参数如图7-7所示。

Pin#	Signal	Pin#	Signal
1	TMDS data 2+	11	TMDS clock shield
2	TMDS data 2 shield	12	TMDS clock-
3	TMDS data 2-	13	CEC
4	TMDS data 1+	14	No connected
5	TMDS data 1 shield	15	DDC clock
6	TMDS data 1-	16	DDC data
7	TMDS data 0+	17	Ground
8	TMDS data 0 shield	18	+5V power
9	TMDS data 0-	19	Hot plug detect
10	TMDS clock+		

图 7-7　HDMI 的外形及针脚参数

　　HDMI 支持 5Gb/s 的数据传输率，最远可传输 15 米，足以支持一个 1080P 的视频和一个 8 声道的音频信号。因为一个 1080P 的视频和一个 8 声道的音频信号需求少于 4Gb/s，因此 HDMI 还有很大余量，允许它可以用一个电缆分别连接 DVD 播放器、接收器等。此外，HDMI 支持 EDID（Extended Display Identification Data Standard，扩展显示识别数据标准）、DDC2B，因此，HDMI 的设备具有即插即用的特点，信号源和显示设备之间会自动进行"协商"，自动选择最合适的视频/音频格式。应用 HDMI 的好处是只需要一条 HDMI 线便可以同时传送影音信号，而不像现在需要多条线材来连接；同时，由于无须进行数/模或者模/数转换，能取得更高的音频和视频传输质量。对消费者而言，HDMI 技术不仅能提供清晰的画质，而且由于音频/视频采用同一电缆，大大简化了家庭影院系统的安装。

　　④DisplayPort 接口。

　　DisplayPort 是由视频电子标准协会（VESA）发布的显示接口。作为 DVI 接口的继任者，DisplayPort 在传输视频信号的同时加入对高清音频信号传输的支持，并支持更高的分辨率和刷新率，其外形和各针脚的定义如图 7-8 所示。

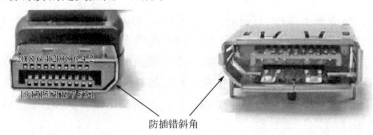

防插错斜角

针脚号码	信号类型	信号名称	针脚号码	信号类型	信号名称
1	Out	ML_Lane 0(p)	11	GND	GND
2	GND	GND	12	Out	ML_Lane 3(n)
3	Out	ML_Lane 0(n)	13	地线GND	GND
4	Out	ML_Lane 1(p)	14	地线GND	GND
5	GND	GND	15	I/O	AUXCH(p)
6	Out	ML_Lane 1(n)	16	GND	GND
7	Out	ML_Lane 2(p)	17	I/O	AUXCH(n)
8	GND	GND	18	in	热拔插探测
9	Out	ML_Lane 2(n)	19	返回	返回
10	Out	ML_Lane 3(p)	20	电源输出	DP_PWK

图 7-8　DisplayPort 接口外形和各针脚的定义

DisplayPort 的链接线路包含了一个单向的主链接（Main Link），专门用于视频信号传输和一个辅助传输通道（Auxiliary Channel），以及一个即插即用识别链接（Hot-Plug Detect）。Main Link 其实是由 1 至 4 组不等的 Lanes 构成，每组 Lane 都由成对（两条）的线路所构成，信号使用类似串行的差分技术（通过两条线路的电压差值来表示二进制 0 或 1），每组 Lane 的带宽可达 2.7Gb/s，4 组合计达到 10.8Gb/s。这样强大的宽带，对于色彩以及分辨率实现了前所未有的强大支持。

在编码技术上，DisplayPort 使用了 ANSI 8B/10B 技术，这种编码方案把一个 8 位字节编码变为两个 10 位字符，用于平衡高速传输的比特流中 1 和 0 的数量，以确保传输的精确性。由于时钟信号直接与视频信号共混传输，如此就省去额外设置时钟线路的需要，而 DVI、HDMI 仍然拥有一条独立的时钟线路，在 EMI（电磁干扰）设计上难度较大。

DisplayPort 可支持 WQXGA+（2560×1600）、QXGA（2048×1536）等分辨率及 30/36 位（每原色 10/12 位）的色深，WUXGA（1920×1200）分辨率支持到了 120/24 位的色深，超高的带宽和分辨率完全足以支持目前几乎所有的显示器。

DisplayPort 由于采用类似于 PCI-E 的可扩展信道拓扑结构，因此具有通过无缝扩展子信道数量来提升带宽的优点，如利用这个特性，未来 DisplayPort 的主信道可能采用 6 信道、8 信道、10 信道等，这样的升级方式扩增传输带宽，特别是在不变更连接线设计的前提下 DisplayPort 也可配合最新的 PCI-E 3.0 架构将整体传输速度再提高 4 倍以上，这一点要远优于 DVI、HDMI。而 HDMI 由于采用与 DVI 一样的 TMDS 信号编码传输技术，因此同样存在与 DVI 一样的缺点——升级空间小，要增加传输带宽就只能通过增加频率来实现，比如 HDMI 1.3 版本就将频率从 165MHz 提升到 340MHz。

由于 DisplayPort 主信道的所有视频、音频数据流是以微封包架构方式传输的，即在传输前先将视频、音频数据流打包成各个独立的微封包，到达终端后再将各个微封包整合成完整的视频、音频数据流。由于微封包在传输过程中互不干扰，因此这种传输方式的最大优点是可以在同一线路上实现多组视频、数据传输，可以轻易地在已有的传输中追加新的协定内容。而 HDMI 所采用的交换式传输则限定一条链路只能传输一组视频，功能性扩展性无疑要逊色于 DisplayPort。借助 DisplayPort 的这种优势，就能用一条 DisplayPort 连接线传输实现画中画、分屏显示等功能，最高可支持 6 条 1080I 或 3 条 1080P 视频流，这是 HDMI 无法实现的。

DisplayPort 辅信道是专门的控制管理总线，主要负责内容之外的辅助信息传送，如状态信息、操控命令、音频等，属于低速的双向通信。该辅助信道带宽为 1Mb/s，最高延迟仅为 500μs，可以直接作为语音聊天、VoIP 和摄像头影像等低带宽数据的传输通道，另外它还能作为无延迟的游戏控制和遥控的专用通道。因此借助辅信道，DisplayPort 可以轻而易举地实现 HDMI 一线通的功能。不过，HDMI 只能整合音频和视频，DisplayPort 则可拥有更多的功能，可对周边设备进行最大程度的整合控制。

与 DVI 和 HDMI 所采用的 TMDS 信号编码传输方式不同，DisplayPort 在主信道上采用 ANXI 8B/10B 编码，传输线路采用交流耦合发送端和接收端有不同的共模电压，这样就大大降低了 DisplayPort 产品的视频源端设计的难度。目前的显示器一般是通过 VGA 或 DVI 接口与 PC 相连，但由于显示面板的时序控制器（TCON）都是由 LVDS（Low Voltage Differential Signaling，低电压差分信号）驱动的，所以显示器主板的设计都非常复杂。与此形成鲜明对比的是 DisplayPort 可以直接驱动 TCON，这就大大简化了显示器的内部设计。这一点在显卡上同样存在。

综上所述，DisplayPort 是优于 DVI、HDMI 的先进接口，它们之间的比较如表 7-2 所示。

表 7-2 DVI、HDMI 和 DisplayPort 接口的比较

项 目	DisplayPort	DVI（数字视频接口）	HDMI（高清晰度多媒体接口）
支持模拟信号	否	可选(DVH)	否
传输通道数目	1 到 4 对；未来扩展容易	3 对或 6 对（同样的连接器，两种形式）	3 对（A 型）或 6 对（B 型）
每对之比特率	1.6 或 2.7Gb/s（固定时脉）	最大值为 1.6Gb/s（10×像素时脉）	最大值为 1.6Gb/s（10×像素时脉）
总原始容量	1.6 到 10.8Gb/s（最大 4 条通道）	4.8Gb/s（单键路）到 9.6Gb/s（双键路）	4.8Gb/s（A 型最大值）到 9.6Gb/s（B 型最大值）
时 脉	嵌入式	单独通道	单独频道
音频支持	完全支持（可选配）	无	A 型连接器支持
辅助通道	1Mb/s 辅助通道	DDC	DDC
信道编码	ANS18B/10B	TMDS	TMDS
内容保护	HDCP 1.3 可选配	HDCP 可选	HDCP 可选
协 议	Mloro-Packet：方便未来可扩展以增加性能	串速数据流：10×像素时脉频率	同 DVI，但是音频为嵌入式
内部（笔记本电脑）使用	包含于标准之内	否：非基于 TMDS 标准	否：非基于 TMDS 标准
控制管理机构	VESA	数字化显示工作小组（DDWG）	HDMI LLC 及支持公司

（7）显示卡的供电电路。早期和低档的显示卡没有专用的供电电路，都是通过主板总线接口的+5V 电源为显示卡供电。随着 GPU 功率的增大，用主板接口供电越来越不能满足要求，因此，中、高档的显示卡都设计有专用的供电电路，采用的是多相供电的模式，其原理和 CPU 的供电电路一样（可参阅本书的 CPU 供电电路的有关章节），其目的就是为显示卡的所有电路提供稳定的工作电压。显示卡电源的输入接口有 4 针、6 针、8 针和 6+6 针等多种方式。

2．显示卡的工作原理

显示卡的工作过程是：主机 CPU 送来显示数据，经总线接口 PCI-E，送到 GPU，GPU 对显示数据进行加工和处理，将处理好的数据送到显存，经显存的缓存，根据显示卡上的输出接口数，再分几路输出。对于 VGA 接口，显存的显示数据，先送到 RAMDAC，把显示数据由数字信号转换成模拟信号以后，再送到 VGA 接输出。对于 DVI 接口，显存的显示数据，先送到 TMDS 电路进行调制编码，转换成 TMDS 数字信号后，再送到 DVI 接口输出。对于 HDMI 接口，显存送来的数据要通过 HDMI 发送器的编码和处理，再送到 HDMI 接口输出。对于 DP 接口，显存送来的数据，也要先用 ANSI 8B/10B 技术进行编码，再打包成各个独立的微封包，送到 DP 接口以微封包架构方式输出。

7.2.3 显示卡的参数及主要技术指标

显示卡的技术参数有很多，主要的有如下几类。

1．显示核心

显示核心是指显示卡 GPU 的规格，包括芯片厂商、芯片型号、制造工艺、核心代号、核心频率、SP 单元、渲染管线、版本级别。

2．显示卡频率

（1）核心频率。显示卡的核心频率是指显示核心的工作频率，其工作频率在一定程度上可以反映出显示核心的性能，但显示卡的性能是由核心频率、显存、像素管线、像素填充率

等多方面的情况所决定的，因此在显示核心不同的情况下，核心频率高并不代表此显示卡性能强劲。在同级别的芯片中，核心频率高的则性能要强一些，提高核心频率就是显示卡超频的方法之一。主流的显示芯片只有 AMD 和 NVIDIA 两家，都是提供显示核心给第三方的厂商，在同样的显示核心下，部分厂商会适当提高其产品的显示核心频率，使其工作在高于显示核心固定的频率上达到更高的性能。

（2）显存频率。显存频率是指默认情况下，该显存在显示卡上工作时的频率，以 MHz 为单位。显存频率在一定程度上反映了该显存的速度。

（3）着色器频率。它是 DirectX 10 统一渲染架构（Unified Shader Architecture）诞生后出现的新产物，着色器频率与显示卡核心频率和显存频率一样，都是影响显示卡性能高低的重要频率。

3. 显存规格

（1）显存类型。显存类型是指显存的型号，目前主要是 GDDR5 和 GDDR5X。

（2）显存容量。显存容量是显示卡上本地显存的容量数，这是选择显示卡的关键参数之一。显存容量的大小决定着显存临时存储数据的能力，在一定程度上也会影响显示卡的性能。显存容量是随着显示卡的发展而逐步增大的，并且有越来越增大的趋势。目前主流显示卡显存容量为 1～12GB。

（3）显存位宽。显存位宽是指显存在一个时钟周期内所能传送数据的位数，位数越大则瞬间所能传输的数据量越大，这是显存的重要参数之一。目前市场上的显存位宽有 128 位、192 位、256 位、384 位、512 位和 1024 位。

$$显存带宽 = 显存频率 \times 显存位宽 / 8$$

可以看到，在显存频率相同的情况下，显存位宽决定显存带宽的大小。

（4）最大分辨率。最大分辨率是指显示卡在显示器上所能描绘的像素点数量。分辨率越大，所能显示图像的像素点就越多，并且能显示更多的细节，当然也就越清晰。显示卡的最大分辨率与显存和显示卡的输出接口密切相关。显示卡像素点的数据最初都要存储在显存内，因此显存容量会影响到最大分辨率。显示卡的数据输出需要依赖于数据接口，因此显示卡所采用的接口也影响着显示卡的最大分辨率，比如 VGA 由于采用的是模拟信号，其输出的最大分辨率就是 2048×1536（像素）。

另外，显示卡能输出的最大显示分辨率并不代表计算机就能达到，还必须有足够强大的显示器配套才可以实现，也就是说，还需要显示器的最大分辨率与显示卡的最大分辨率相匹配才能实现。除了显示卡要支持之外，还需要显示器也要支持。

4. 散热方式

（1）被动式散热。被动式散热方式就是在显示芯片上安装一个散热片即可，并不需要散热风扇。

（2）主动式散热。主动式散热除了在显示芯片上安装散热片之外，还安装了散热风扇，工作频率较高的显示卡都需要主动式散热。

5. 3D API

API（Application Programming Interface，应用程序接口），3D API 则是指显示卡与应用程序直接的接口。3D API 能让编程人员所设计的 3D 软件只调用其 API 内的程序，从而让 API 自动和硬件的驱动程序沟通，启动 3D 芯片内强大的 3D 图形处理功能，从而大幅度地提高了 3D 程序的设计效率。目前个人计算机中主要应用的 3D API 有 DirectX 和 OpenGL。DirectX 已经成为游戏的主流。

6. SP 单元

SP（Stream Processor）是 NVIDIA 对其统一架构 GPU 内通用标量着色器的称谓。SP 是继 Pixel Pipelines 和 Vertex Pipelines 之后新一代的显示卡渲染技术指标，SP 既可以完成 Vertex Shader 运算，也可以完成 Pixel Shader 运算，而且可以根据需要组成任意 VS/PS 比例，从而给开发者更广阔的发挥空间。SP 单元数越多，表示渲染能力越强。

7. ROPs

ROPs（Raster Operations Units，光栅化处理单元），表示显示 GPU 拥有的 ROP 光栅操作处理单元的数量。ROPs 主要负责游戏中的光线和反射运算，兼顾 AA、高分辨率、烟雾、火焰等效果。游戏里的 AA（抗锯齿）和光影效果越厉害，对 ROPs 的性能要求也就越高，否则就可能导致游戏帧数急剧下降。如同样是某个游戏的最高画质效果，8 个光栅单元的显示卡只能跑 25 帧，而 16 个光栅单元的显示卡则可以稳定在 35 帧以上。

7.2.4 显示卡的新技术

随着显示卡的发展，各种新技术如雨后春笋般地涌现，下面就对主要的新技术进行详细介绍。

1. 显示卡的双显卡技术

双显卡是采用两块显示卡（集成和独立、独立和独立）通过桥接器桥接，协同处理图像数据的工作方式。NVDIA 的双显卡技术有 SLI 和 Hybrid SLI，AMD 的双显卡技术有 CrossFire 和 Hybrid CrossFireX。要实现双显卡必须有主板的支持。

（1）SLI 技术。SLI（Scalable Link Interface，可升级连接界面）是通过一种特殊的接口连接方式，在一块支持双 PCI-E X16 插槽的主板上，同时使用两块同型号的 PCI-E 显示卡，以增强系统的图形处理能力。SLI 技术有两种渲染模式：分割帧渲染模式（Scissor Frame Rendering，SFR）和交替帧渲染模式（Alternate Frame Rendering，AFR）。分割帧渲染模式是将每帧画面分为上、下两个部分，主显示卡完成上部分画面渲染，副显示卡则完成下半部分的画面渲染，然后副显示卡将渲染完毕的画面传输给主显示卡，主显卡再将它与自己渲染的上半部分画面合成为一幅完整的画面；交替帧渲染模式是一块显示卡负责渲染奇数帧画面，而另外一块显示卡则负责渲染偶数帧画面，二者交替渲染，在这种模式下，两块显示卡实际上渲染的都是完整画面，此时并不需要连接显示器的主显卡做画面合成工作。

（2）Hybrid SLI 技术。该技术是 NVDIA 的混合 SLI 技术，由 Hybrid Boost 和 Hybrid Power 两项主要技术构成的，其中 Hybrid Boost 技术指的是板载显示核心和独立显示卡之间的互联加速功能，而 Hybrid Power 则是指独立显卡和板载显示核心在不同任务负载情况下的各自独立运行而达成的节能效果。简单来说就是在需要时能发挥出强劲的图形性能，而在只进行日常计算时自动转到静音、低功耗运行模式。用户将任意一款支持 NVIDIA 智能 SLI 技术的 GPU（图形处理器）与任意一款支持 NVIDIA 智能 SLI 技术的主板（板载 GPU）搭配使用即可实现 Hybrid SLI。

（3）CrossFire 技术。AMD 的 CrossFire 技术是为了对付 nVIDIA 的 SLI 技术而推出的，也就是所谓的交叉火力（交火）。与 nVIDIA 的 SLI 技术类似，实现 CrossFire 技术也需要两块显卡，而且两块显卡之间同样需要连接。但是 CrossFire 与 SLI 也有所不同，首先 CrossFire 技术的主显示卡必须是 CrossFire 版的，也就是说主显示卡必须要有图像合成器，而副显示卡则不需要；其次，CrossFire 技术支持采用不同显示芯片（包括不同数量的渲染管线和核心/显存频率）的显示卡。在渲染模式方面，CrossFire 除了具有 SLI 的分割帧渲染模式和交替帧渲染模式之外，还支持方块分离渲染模式（SuperTiling）和超级全屏抗锯齿渲染模式（Super AA）。方块分离渲染模式是把画面分割成32×32（像素）方块，类似于国际象棋棋盘的方格，其中一半由主显示卡负责运算渲染，另一半由副显示卡负责处理，然后根据实际的显示结果，让双显示卡同时逐格渲染处理，这样系统就可以更有效地配平两块显示卡的工作任务。在超级全屏抗锯齿渲染模式下，两块显示卡在工作时独立使用不同的 FSAA（全屏抗锯齿）采样来对画面进行处理，然后由图像合成器将两块显示卡所处理的数据合成，以输出高画质的图像。与 SLI 不同的是，CrossFire 还支持多头显示。如图 7-9 至图 7-11 所示。

图 7-9　nVIDIA 的 SLI 技术和 ATI 的 CrossFire 技术的显示卡连接图

图 7-10　SLI 连线　　　　　　　　　　图 7-11　CrossFIre 连线

（4）Hybrid CrossFireX。Hybrid CrossFireX 技术就是 AMD 的混合交火技术。该技术能够让独立显示卡和主板集成显示芯片组成交叉火，提升计算机的显示性能。当需要进行高负荷运行时，集成显示核心与独立显示核心会协同工作，以达到最佳的图形处理性能。而在 2D 模式或轻负载 3D 模式下，独立显示核心会暂时停止运算，仅由集成显示核心负责运算，让整机功耗大幅度减少。因此，Hybrid CrossFireX 技术不仅仅提升性能，也为 PC 用户带来了节能效果。

2．AMD 的 SenseMI 技术

AMD SenseMI 技术首次搭载锐龙 AMD Ryzen 处理器，该技术借助数值精确的传感器向处理器提供的大量数据，检测处理器的实时运行状态，然后由处理器决定是否对当前 CPU 的运行状态进行调整，使 CPU 全程保持在最适宜当前需求的最佳状态。

3．AMD 的显示变频技术

显示变频技术是 AMD 利用 DisplayPort 自适应同步等行业标准来实现动态刷新率的技术。动态刷新率通过对兼容显示器的刷新率和用户显卡的帧速率进行同步，最大限度地缩短输入延迟，并减少或完全消除玩游戏和播放视频期间产生的卡顿、花屏和撕裂问题。

4．NVIDIA 的 NVLink 技术

NVIDIA 的 NVLink 是一种高带宽且节能的互联技术，能够在 CPU-GPU 和 GPU-GPU 之间实现超高速的数据传输。这项技术的数据传输速度是传统 PCI-E 3.0 速度的 5 到 12 倍，能够大幅提升应用程序的处理速度，并使得高密集度而灵活的加速运算服务器成为可能。

5．NVIDIA 的 PhysX 技术

NVIDIA 的 PhysX 是一款功能强大的物理效果引擎，它可以在最前沿的 PC 游戏中实现实时物理效果。PhysX 专为大规模并行处理器硬件加速进行了优化。搭载 PhysX 技术的 GeForce

GPU 可实现物理效果处理能力的大幅提升，将游戏物理效果推向全新境界。

6．NVIDIA CUDA 技术

NVIDIA CUDA（Compute Unified Device Architecture）技术可以认为是一种以 C 语言为基础的平台，主要是利用显示卡强大的浮点运算能力来完成以往需要 CPU 才可以完成的任务。它充分挖掘出 NVIDIA GPU 巨大的计算能力，凭借 NVIDIA CUDA 技术，开发人员能够利用 NVIDIA GPU 攻克极其复杂的密集型计算难题。CUDA 是用于 GPU 计算的开发环境，它是一个全新的软、硬件架构，可以将 GPU 视为一个并行数据计算的设备，对所进行的计算进行分配和管理。整个 CUDA 平台是通过运用显示卡内的流处理器进行数学运算，并通过 GPU 内部的缓存共享数据，流处理器之间甚至可以互相通信，同时对数据的存储也不再约束于以 GPU 的纹理方式，存取更加灵活，可以充分利用统一架构的流输出特性，大大提高了应用效率。

7.2.5 安装显示卡需要注意的事项

（1）安装显示卡时必须关闭电源，不能用手接触金手指。安装时要打开卡扣，显示卡插到位后，要扣好卡扣。

（2）接好外接电源。现在的新型显示卡都配备了外接（加强）电源接口，安装时不要忘记插上。如果没有将其插上，启动时系统会自动停止响应，显示卡将无法工作。

（3）注意显示卡、显存散热片是否适用主板及机箱。现在显示卡、显存散热片越来越大，在购买新显示卡时，一定要注意显示卡、显存散热片是否适用于主板及机箱。如果购买的显示卡太大，机箱的空间位置不够，显示卡将无法使用。

（4）注意更新显示卡的驱动程序。显示卡新的驱动程序是对旧驱动程序的 BUG 进行修复，并增加新的功能，因此，只有经常更新显示卡的驱动程序，才能保证显示卡的工作为最佳状态。

7.2.6 显示卡的测试

显示卡的测试软件有很多，一般可以用 GPU-Z 测试显示卡的参数，用 3DMark 测试显示卡的性能。

1．GPU-Z 介绍

GPU-Z 是一款显示卡参数检测工具，由 TechPowerUp 开发 。可测试显示卡的主要参数如下。

（1）显示卡的名称部分。

名称/Name：显示卡的名称。

（2）显示芯片型号部分。

核心代号/GPU：GPU 芯片的代号。

修订版本/Revision：GPU 芯片的步进制程编号。

制造工艺/Technology：GPU 芯片的制程工艺，如 80nm、65nm、55nm 等。

核心面积/Die Size：GPU 芯片的核心尺寸。

（3）显示卡的硬件信息部分。

BIOS 版本/BIOS Version：显示卡 BIOS 的版本号。

设备 ID/Device ID：设备的 ID 码。

制造厂商/Subvendor：显示卡的制造厂商名称。

（4）显示芯片的参数部分。

光栅引擎/ROPs：GPU 拥有的 ROP 光栅操作处理器的数量，数量越多性能越强。
总线接口/Bus Interface：显示卡和主板北桥芯片之间的总线接口类型及接口速度。
着色单元/Shaders：GPU 拥有的着色器的数量，数量越多性能越强。
DirectX 版本/DirectX Support：GPU 所支持的 DirectX 版本。
像素填充率/Pixel Fillrate：GPU 的像素填充率，越大性能越强。
纹理填充率/Texture Fillrate：GPU 的纹理填充率，越大性能越强。
（5）显存信息部分。
显存类型/Memory Type：显示卡所采用的显存类型，如 GDDR3、GDDR5 等。
显存位宽/Bus Width：GPU 与显存之间连接的带宽，越大性能越强。
显存容量/Memory Size：显卡板载的物理显存容量。
显存带宽/Bandwidth：GPU 与显存之间的数据传输速度，越大性能越强。
（6）显示卡的驱动部分。
驱动程序版本/Driver Version：系统内当前使用的显示卡驱动的版本号。
（7）显示卡的频率部分。
核心频率/GPU Clock：GPU 当前的运行频率。
内存/Memory：显存当前的运行频率。
Shader/Shader：着色单元当前的运行频率。
原始核心频率/Default Clock：GPU 默认的运行频率。

2．3DMark 介绍

3DMark 是 FutureMark 公司出品的 3D 图形性能基准测试工具，具有悠久的历史，迄今已成为业界标准之一。最新出品的 3DMark 可以衡量 PC 在下一代游戏中的 3D 性能、比较最新的高端游戏硬件、展示惊人的实时 3D 画面。通过使用 3DMark 测试可获得如下结果。

（1）3DMark 得分：3D 性能的衡量标尺。
（2）SM2.0 得分：ShaderModel 2.0 性能的衡量标尺。
（3）HDR/SM3.0 得分：HDR 和 ShaderModel 3.0 性能的衡量标尺。
（4）CPU 得分：处理器性能的衡量标尺。

7.2.7　显示卡的常见故障与维修

（1）显示卡最常见的问题，就是没插好或接触不良，特别是 PCI-E 接口，由于比较复杂、金属触点多，经常出现这样的问题。因此，当遇到显示卡故障时，首先就要确保显示卡是否插好，再考虑别的情况。当出现显示卡接触不良时，会发出长的"嘀嘀"声。

（2）计算机刚开机正常，不久就出现花屏或死机的现象。这是由于风扇不转导致 GPU 温度过高所致。这时更换显示卡的散热风扇即可。

（3）显示卡驱动没装好，导致显示不正常。在 Windows7 下，如果不装驱动一般也能正常显示，但运行需要调用显示卡的应用程序时可能就会发生显示不正常的故障。这时装好显示卡的驱动程序即可。

（4）显示卡与主板不兼容或与其他板卡冲突引发的故障。不兼容的现象为开机时显示几个字符，马上无显；冲突现象为无显或显示不正常。这种情况一般出现在比较老的显示卡中，这时需要更换显示卡，或调整显示卡的中断号。

（5）显示卡的供电电路损坏，导致没有显示。高档显示卡一般都有专用的供电电路，供电电路损坏的修复方法与主板的供电电路一样，大多数情况下只要更换损坏的场效功率管即可。

7.3 显示器

显示器是将一定的电子文件通过特定的传输设备显示到屏幕上再反射到人眼的一种显示工具，显示器也是将显示卡输出的视频信号转换成可视图像的电子设备。

7.3.1 显示器的分类

（1）根据制造材料的不同，可分为阴极射线管（CRT）显示器、等离子（PDP）显示器、液晶（LCD）显示器等。目前是液晶显示器一统天下，CRT 显示器已彻底淘汰，而等离子显示器少量出现在大屏幕的电视上。

（2）按显示色彩分类，可分为单色显示器和彩色显示器。单色显示器已经成为历史。

（3）按显示屏幕大小分类，以英寸为单位（1 英寸=2.54 cm），通常有 14 英寸、15 英寸、17 英寸、20 英寸、22 英寸和 24 英寸等。

7.3.2 LCD 显示器的原理

液晶显示器又叫 LCD 显示器，俗称平板显示器。液晶显示器的原理是利用液晶的物理特性，在通电时导通，使液晶排列变得有秩序，使光线容易通过；不通电时，排列则变得混乱，阻止光线通过。液晶显示器中的每个显示像素都可以单独被电场控制，不同的显示像素按照控制信号的"指挥"便可以在显示屏上组成不同的字符、数字及图形。

目前的液晶显示器都是 TFT-LCD（薄膜晶体管有源阵列彩显，真彩显）显示器。TFT 显示屏的每个液晶像素点都是由集成在像素点后面的薄膜晶体管来控制的，使每个像素都能保持一定电压，从而可以做到高速度、高亮度、高对比度的显示。

TFT-LCD 显示器按背光源的不同，又分为 CCFL（Cold Cathode Fluorescent Lamp，冷阴极荧光灯管）液晶显示器和 LED（Light Emitting Diode，发光二极管）液晶显示器。

LED 液晶显示器背光的亮度高，即使长时间使用亮度也不会下降，且色彩比较柔和，省电、环保、辐射低及机身更薄、外形也美观等特点，LED 液晶显示器已经取代了 CCFL 液晶显示器成为市场的主流。

7.3.3 LCD 显示器的物理结构

液晶显示器的结构并不复杂，液晶板加上相应的驱动板、电源电路、高压板（CCFL 有，LED 无）、按键控制板等组成，具体结构如图 7-12 所示。如图 7-13 所示，为一台实体液晶显示器拆盖后的结构。

1. 电源电路部分

液晶显示器的电源电路分为开关电源和 DC（直流）/DC 变换器两部分。其中，开关电源是一种 AC（交流）/DC 变换器，其作用是将市电交流 220V 或 110V（欧洲标准）转换成 12V 直流电源（有些机型为 14V、18V、24V 或 28V），供给 DC/DC 变换器和高压板电路；DC/DC 直流变换器作用是将开关电源产生的直流电压（如 12V）转换成 5V、3.3V、2.5V 等电压，供给驱动板和液晶面板等使用。

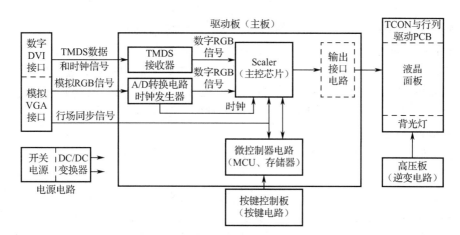

图 7-12 液晶显示器的功能

图 7-13 液晶显示器的内部原件

2．驱动板部分

驱动板是液晶显示器的核心电路，主要由以下几个部分构成。

（1）输入接口电路。液晶显示器一般设有传输模拟信号的模拟 VGA 接口和传输数字信号的数字 DVI 接口。其中，VGA 接口用来接收主机显示卡输出的模拟 RGB 信号；DVI 接口用于接收主机显示卡 TMDS 发送器输出的 TMDS 数据和时钟信号，接收到的 TMDS 信号需要经过液晶显示器内部的 TMDS 接收器进行解码，才能传送给 Scaler（主控芯片），不过，现在很多 TMDS 接收器都被集成在 Scaler 芯片中。

（2）A/D 转换电路。A/D 转换电路即模/数转换器，用以将 VGA 接口输出的模拟 RGB 信号转换为数字信号，然后送到 Scaler（主控芯片）进行处理。

早期的液晶显示器，一般单独设立一块 A/D 转换芯片（如 AD9883、AD9884 等），现在生产的液晶显示器，大多已将 A/D 转换电路集成在 Scaler 芯片中。

（3）时钟发生器（PLL 锁相环电路）。时钟产生电路接收行同步、场同步和外部晶振时钟信号，经时钟发生器产生时钟信号，一方面送到 A/D 转换电路，作为取样时钟信号；另一方面送到 Scaler 电路进行处理，产生驱动 LCD 屏的像素时钟。

另外，液晶显示器内部各个模块的协调工作也需要在时钟信号的配合下才能完成。显示器的时钟发生器一般均由锁相环电路进行控制，以提高时钟的稳定度。

早期的液晶显示器一般将时钟发生器集成在 A/D 转换电路中，现在生产的液晶显示器，大都将时钟发生器集成在 Scaler 芯片中。

（4）Scaler（主控芯片）。Scaler 的名称较多，如图像缩放电路、主控电路、图像控制器等。Scaler 的核心是一块大规模集成电路，称为 Scaler 芯片，其作用是对 A/D 转换得到的数字信号或 TMDS 接收器输出的数据和时钟信号进行缩放、画质增强等处理，再经输出接口电路送至液晶面板，最后，由液晶面板的时序控制 IC（TCON）将信号传输至面板上的行、列驱动 IC。Scaler 芯片的性能基本上决定了信号处理的极限能力。另外，在 Scaler 中，一般还集成有屏显电路（OSD 电路）。

（5）微控制器电路。微控制器电路主要包括 MCU（微控制器）、存储器等，其中，MCU 用来对显示器按键信息（如亮度调节、位置调节等）和显示器本身的状态控制信息（如无输入信号识别、上电自检、各种省电节能模式转换等）进行控制和处理，以完成指定的功能操作；存储器（串行 EEPROM 存储器）用于存储液晶显示器的设备数据和运行中所需的数据，主要包括设备的基本参数、制造厂商、产品型号、分辨率数据、最大行频率、场刷新率等，还包括设备运行状态的一些数据，如白平衡数据、亮度、对比度、各种几何失真参数、节能状态的控制数据等。

目前，很多液晶显示器将存储器和 MCU 集成在一起，还有一些液晶显示器甚至将 MCU、存储器都集成在 Scaler 芯片中。因此，在这些液晶显示器的驱动板上，是看不到存储器和 MCU 的。

（6）输出接口电路。驱动板与液晶面板的接口电路有多种，常用的主要有以下三种。

第一种是并行总线 TTL 接口，用来驱动 TTL 液晶屏。根据不同的面板分辨率，TTL 接口又分为 48 位或 24 位并行数字显示信号。

第二种接口是现在十分流行的低压差分 LVDS 接口，用来驱动 LVDS 液晶屏。与 TTL 接口相比，串行接口有更高的传输率、更低的电磁辐射和电磁干扰，并且需要的数据传输线也比 TTL 接口少很多，所以，从技术和成本的角度来看，LVDS 接口都比 TTL 接口好。需要说明的是，凡是具有 LVDS 接口的液晶显示器，在主板上一般需要一块 LVDS 发送芯片（有些可能集成在 Scaler 芯片中），同时，在液晶面板中应有一块 LVDS 接收器。

第三种是 RSDS（低振幅信号）接口，用来驱动 RSDS 液晶屏。采用 RSDS 接口，可大大减少辐射强度，更加健康环保，并可增强抗干扰能力，使画面质量更加清晰稳定。

3. 按键控制板部分

按键电路安装在按键控制板上，另外，指示灯一般也安装在按键控制板上。按键电路的作用就是控制电路的通与断，当按下开关时，按键电子开关接通；手松开后，按键电子开关断开。按键开关输出的开关信号送到驱动板上的 MCU 中，由 MCU 识别后，输出控制信号，去控制相关电路完成相应的操作和动作。

4. 高压板部分

高压板俗称高压条（因为电路板一般较长，为条状形式），有时也称为逆变电路或逆变器，其作用是将电源输出的低压直流电压转变为液晶板所需的高频 600V 以上高压交流电，点亮液晶面板上的背光灯。由于 LED 背光灯不需要高压就能发光，因此没有此电路。

高压板主要有两种安装形式：一是专设一块电路板，二是和开关电源电路安装在一起（开关电源采用机内型）。

5. 液晶面板部分

液晶面板是液晶显示器的核心部件，主要包含液晶屏、TCON 与行列驱动 PCB、背光灯等。

最后需要强调的是，液晶显示器的电路结构和彩电、CRT 显示器彩显一样，经历了从多片集成电路到单片集成电路再到超级单片集成电路的发展过程。例如，早期的液晶显示器、

A/D 转换、时钟发生器、Scaler 和 MCU 电路均采用独立的集成电路；现在生产的液晶显示器，则大多将 A/D 转换、TMDS 接收器、时钟发生器、Sealer、OSD、LVDS 发送器集成在一起，有的甚至将 MCU 电路、TCON、RSDS 等电路也集成进来，成为一片真正的超级芯片。无论液晶显示器采用哪种电路形式，但万变不离其宗，即所有液晶显示器的基本结构组成是相同或相似的，作为维修人员，只要理解了液晶显示器的基本结构和组成，再结合厂商提供的主要集成电路引脚功能，就不难分析出其整机电路的基本工作过程。

7.3.4 LCD 显示器的参数

1．屏幕尺寸

屏幕尺寸是指液晶显示器屏幕对角线的长度，单位为英寸。液晶显示器标称的屏幕尺寸就是实际屏幕显示的尺寸，目前主流产品的屏幕尺寸以 19 英寸至 26 英寸为主。

2．屏幕比例

屏幕比例是指屏幕画面纵向和横向的比例，屏幕宽高比可以用两个整数的比来表示。目前有 4：3（普通）和 16：9 或 16：10（宽屏）三种。

3．可视角度

液晶显示器的可视角度是指能观看到可接收失真值的视线与屏幕法线的角度。LCD 的可视角度左右对称，而上下则不一定对称，一般情况是上下角度小于或等于左右角度，可以肯定的是可视角度越大越好。目前市场上大多数产品的可视角度在 160 度以上。

4．面板类型

面板类型指液晶面板的型号，主要有 VA、IPS、TN、PLS、ADS。

（1）VA 型。VA 型液晶面板在目前的显示器产品中应用较为广泛，使用在高端产品中，16.7M 色彩（8 位面板）和大可视角度是其最为明显的技术特点。目前 VA 型面板分为 MVA 型和 PVA 型两种。

①MVA（Multi-domain Vertical Alignment，多象限垂直配向技术）是最早出现的广视角液晶面板技术。它可以提供更大的可视角度，通常可达到 170 度。通过技术授权，中国台湾的奇美电子（奇晶光电）、友达光电等面板企业均采用了这项面板技术。改良后的 P-MVA 类面板可视角度可达接近水平的 178 度，并且灰阶响应时间可以达到 8ms 以下。

②PVA（Patterned Vertical Alignment）是三星推出的一种面板类型，它是 MVA 技术的继承者和发展者。其改良型的 S-PVA 已经可以和 P-MVA 并驾齐驱，获得极宽的可视角度和越来越快的响应时间。PVA 采用透明的 ITO 电极代替 MVA 中的液晶层凸起物，透明电极可以获得更好的开口率，最大限度减少背光源的浪费，但此种设计却带来了黑色不纯正的问题，导致整体色彩偏亮，这也就是 PVA 还无法完全超越 MVA 的关键所在。PVA 技术广泛应用于中、高端液晶显示器或者液晶电视中。

（2）IPS 型。IPS 型液晶面板的优势是可视角度高、响应速度快、色彩还原准确，是液晶面板里的高端产品。而且相比 PVA 面板，采用了 IPS 屏的 LCD 电视机动态清晰度能够达到 780 线。而在静态清晰度方面，按照 720 线的高清标准要求仍能达到高清。它增强了 LCD 电视的动态显示效果，在观看体育赛事、动作片等运动速度较快的节目时能够获得更好的画质。和其他类型的面板相比，IPS 面板用手轻轻划一下不容易出现水纹样变形，因此又有"硬屏"之称。

（3）TN 型。TN 型液晶面板应用于入门级和中端的产品中，价格实惠、低廉，被众多厂商选用。在技术性能上，与前两种类型的液晶面板相比略为逊色，它不能表现出 16.7M 艳丽色彩，只能达到 16.7M 色彩（6 位面板）但响应时间容易提高。可视角度也受到了一定的限制，可视角度不会超过 160 度。

（4）PLS 型。PLS 型液晶面板是三星为对抗 IPS 推出的，其驱动方式是所有电极都位于相同平面上，利用垂直、水平电场驱动液晶分子动作。它的屏幕拥有较强的硬度，与 IPS 面板比较相似，也可称 PLS 为三星的"硬屏"。PLS 面板由于具有更好的透光率，因此能够提供更高的亮度。PLS 面板还能够显示更丰富的红色、橙色及粉色，因此在色彩覆盖范围上、色的饱和度方面要优于 IPS 面板。

（5）ADS 型。ADS 型液晶面板是以宽视角技术为代表的核心技术统称。ADS 技术是液晶界为解决大尺寸、高清晰度桌面显示器和液晶电视应用而开发的广视角技术，也就是现在俗称的硬屏技术的一种。ADS 技术克服了常规 IPS（In-Plane-Switching，平面方向转换）技术透光效率低的问题，在宽视角的前提下，实现了高透光效率。

各种类型的液晶面板特性对比如表 7-3 所示。

表 7-3　各种类型的液晶面板特性对比

种 类	响应时间	对 比 度	亮 度	可视角度	价 格
TN	短	普通	普通或高	小	便宜
IPS	普通	普通	高	大	昂贵
MVA	较长	普通	高	较大	一般
PVA	较长	高	高	较大	昂贵
ADS	普通	普通	高	大	昂贵
PLS	普通	普通	高	较大	一般

5．背光类型

背光类型指液晶显示器背光灯的类型，目前有 CCFL 和 LED 两种。

6．亮度

亮度是指画面的明亮程度，单位是堪德拉每平方米（cd/m²）或称 nits。画面提高亮度的方法有两种，一种是提高 LCD 面板的光通过率；另一种就是增加背景灯光的亮度，即增加灯管数量。现在主流液晶显示器的亮度都在 250cd/m²以上。

7．动态对比度

对比度是屏幕上同一点最亮时（白色）与最暗时（黑色）的亮度比值，高的对比度意味着相对较高的亮度和呈现颜色的艳丽程度。而动态对比度，指的是液晶显示器在某些特定情况下测得的对比度数值，如逐一测试屏幕的每一个区域，将对比度最大区域的对比度值，作为该产品的对比度参数。动态对比度与真正的对比度是两个不同的概念，一般同一台液晶显示器的动态对比度是实际对比度的 3～5 倍。

8．黑白响应时间

黑白响应时间是指液晶显示器画面由全黑转换到全白画面之间所需要的时间。这种全白、全黑画面的切换所需的驱动电压是比较高的，所以切换速度比较快，而实际应用中大多数都是灰阶画面的切换（其实质是液晶不完全扭转，不完全透光），所需的驱动电压比较低，故切换速度相对较慢。响应时间反映了液晶显示器各像素点对输入信号反应的速度，此值越小越好。响应时间越小，运动画面才不会使用户有尾影拖曳的感觉。目前此值一般小于 8ms。

9．显示色彩

显示色彩就是屏幕上最多显示多少种颜色的总数。液晶显示器一般都支持 24 位（16.7M）真彩色。

10. 最佳分辨率

液晶显示器的最佳分辨率，也叫最大分辨率，在该分辨率下，液晶显示器才能显现最佳影像。由于相同尺寸的液晶显示器的最大分辨率都一致，所以对于同尺寸的液晶显示器的价格一般与分辨率基本没有关系。

7.3.5 显示器的测试

对显示器进行参数和性能测试的软件有很多，在本节将介绍由 NOKIA 公司开发的测试软件 Nokia Monitor Test。

Nokia Monitor Test 是一款由 NOKIA 公司出品的专业显示器测试软件，功能很全面，包括了测试显示器的亮度、对比度、色纯、聚焦、水波纹、抖动、可读性等重要显示效果和技术参数。

在主界面的下方共有 14 个选项，分别是 Geometry（几何）、Brightness and Contrast（亮度与对比度）、High Voltage（高电压）、Colors（色彩）、To Control Panel/Display（转到控制面板显示属性）、Help（帮助）、Convergence（收敛）、Focus（聚焦）、Resolution（分辨率）、Moire（水波纹）、Readability（文本清晰度）、Jitter（抖动）、Sound（声音）、Quit（退出）。

（1）Geometry。这一项用来测试图像的几何失真度。测试时观察四个角和中间的圆形是否为正圆，还要看屏幕上的方块是否为正方形，如果不是，就要进行调节，直至准确为止。调节图像的几何失真度的选项包括 Width（宽度）、Height（高度）、Horizontal Centering（水平中心定位）、Vertical Centering（垂直中心定位）、Tilt（倾斜）、Trapezoid（梯形）、Orthogonality（正交度）、Pincushion（枕形失真）、Pincushion Balance（枕形失真调节）。

（2）Brightness and Contrast。通过测试画面中从黑到白渐变的色带为灰度等级测试带，能够分清的灰度级别越多证明显示效果越好，灰度图像就越柔和。

（3）Convergence。屏幕上红、绿、蓝线条重合在一起形成白色，如果图像没有收敛错误，三色线条会重合组成白色，否则说明有收敛错误。收敛指的是显示器在屏幕上正确排列一幅图片中红、绿、蓝成分的能力。垂直收敛错误可以从水平线条上看出来，反之也一样。

（4）Focus。图像是由扫过屏幕的电子束组成的。聚焦好的显示器其电子束能准确地投射到显示器的荧光层。

（5）Resolution。黑白相间的线条逐渐变细，排列出方块图形，观察是否清晰，线条是否会交织在一起，如果线条之间清晰可辨，说明分辨率较高。

（6）Moire。所有的显示器都有水波纹，可以把它看成是图形图案的正常波形失真，是由显示器荫罩和显示模式分辨率的干扰引起的，聚焦好的显示器往往容易产生水波纹。通过这项测试，可以看出水波纹的情况。

（7）Readability。这项是测试文字显示的清晰程度。它检查屏幕上各处及各个角落，能看出文字在显示器上是否有模糊现象。好的显示器文字显示锐利，清晰可辨。当然，它跟显示器的聚焦、水波纹以及对比度、亮度都有关系。

（8）Jitter。指的是在一幅静止的图片中图片像素表现出小的运动，图片看起来好像是活的。

（9）Sound。这一项测试声音先从左声道扬声器中发出，然后慢慢移动到右声道扬声器中。

（10）Quit。退出 Nokia Monitor Test 测试程序。

7.3.6 显示器的选购

选购显示器前，首先要确定买显示器的目的，从而决定购买显示器的档次和价格。如果只是做些文字处理和一般的事务处理，购买一台价格低的、15～19 寸的普通显示器即可；如果要做图形处理或玩游戏，就要买屏幕尺寸大、分辨率高、亮度大、响应快的高档显示器；如果要看高清影像，就要选择相应最佳分辨率的显示器。

在满足需求和同等价位的情况下，尽量选大品牌和售后服务好、保修期长的产品。

对于液晶显示器来说，即使选择了大品牌的产品，也可能会出现一些不尽如人意的情况，消费者一定要亲身试用，才可以决定是否购买。购买前也要做足功课，将测试显示器性能的软件带全，并且掌握几种测试的小技巧。在将显示器的外包装拆开后，要仔细查看是否有划痕，或者使用过的痕迹，一旦发现问题应立即更换。千万不要忘记让商家开据有效的购买凭证，并将厂商所承诺的"无不亮点""无坏点"，以及售后条款等用文字详细的签注在保修卡上，并加盖商家的公章，这样才可做到万无一失。即使日后出现了什么问题，解决起来也容易一些。

7.3.7 显示器的常见故障与维修

显示器的故障率在计算机系统中是比较高的，由于显示器基本上是一个独立的电子设备，因此它是能够进行芯片级维修的少有设备之一。为了减少显示器的故障，首先要加强对显示器的日常维护（见第一章），其次是要注意显示器的正确使用。下面列举几个显示器的典型故障及排除方法。

（1）开机没有显示。

遇到无显示的故障，首先要确认故障源是显示器还是主机。先断开显示器与主机的视频接口连线。检查显示器是否有图像，一般的显示器，在通电状态，如果没有视频输入就会有"无视频输入"等类似的提示。如果显示器完全没有显示，检查显示器是否加电、显示器的电源开关是否已经开启、显示器的电源指示灯是否亮、亮度电位器是否关到最小、显示器的高压电路是否正常、对于液晶显示器主要检查背光灯管及高压电路是否有问题。

在确保显示器能正常显示的情况下，检查主机电源是否工作、电源风扇是否转动。用手移到主机箱背部的开关电源出风口，感觉有风吹出则电源正常，无风则是电源故障；主机电源开关开启瞬间键盘的三个指示灯（NumLock、CapsLock、ScrollLock）是否闪亮，是则电源正常；主机面板电源指示灯、硬盘指示灯是否亮，亮则电源正常。因为电源不正常或主板不加电，显示器没有收到数据信号，显示器就不会显示。

（2）LCD 显示器显示一会儿就没图像，或开机电源灯亮，但没有图像。

这种现象说明显示器电源没问题，而是因为背光灯提供高压的高压电路有问题，一般都是灯管驱动电路坏了。只要更换灯管驱动电路的功率放大管即可。

（3）LCD 显示器显示花屏。

这种故障一般都是驱动板电路有问题，大多数情况下是驱动板到屏幕的屏线松动引起接触不良所致，只要重新插好屏线即可。

实验 7

1. 实验项目

（1）用 GPU-Z 测试显卡芯片型号及参数。

（2）用 3DMark 测试显卡的性能。

(3) 用 Nokia Monitor Test 测试显示器的性能。

2．实验目的

(1) 了解所测显示卡的参数及含义。

(2) 掌握显示卡性能的测试方法，能识别显示卡性能的高低。

(3) 熟悉显示器参数和性能的测试方法，能够鉴别显示器的优劣。

3．实验准备及要求

(1) 每个学生配置一台能上网的计算机。

(2) 上网下载或由教师提供 GPU-Z、3DMark 和 Nokia Monitor Test 三个测试软件。

(3) 教师先对测试软件，进行安装、测试与讲解。

(4) 学生准备笔和纸记录相关的测试参数。

4．实验步骤

(1) 下载并安装 GPU-Z 软件。

(2) 运行 GPU-Z 软件，对显示卡的参数进行测试，并记录好测试数据。

(3) 下载并安装 3DMark 软件。

(4) 运行 3DMark 软件，对显示卡的性能进行测试，并记录好测试数据。

(5) 下载并安装 Nokia Monitor Test 软件。

(6) 运行 Nokia Monitor Test 软件，对显示器的性能和参数进行测试，并记录好测试数据。

5．实验报告

要求写出实验的真实测试数据，并写出实验中遇到的问题及解决方法。

习题 7

1．填空题

(1) 显示系统是计算机的_____系统，在计算机与人的交流过程中起着_____的作用。

(2) 显示卡输出的_____和_____信号决定着系统信息的最高分辨率。

(3) 显示器必须依靠_____提供的_____信号才能显示出各种字符和图像。

(4) 从 nVIDIA 的 GeForce 256 开始，_____芯片就有了新的名称"GPU"，意思是_____处理器。

(5) 一般价格低于_____元的为低端显示卡，_____元的为中端显示卡，高于_____元的为高端显示卡。

(6) DisplayPort 接口将在传输视频信号的同时加入对_____音频信号传输的支持，同时支持分辨率和刷新率。

(7) 中/高档的显示卡都设计有_____的供电电路，采用的是_____供电的模式。

(8) 液晶显示器的原理是利用液晶的物理特性，在通电时_____，使液晶排列变得有_____，使光线容易通过。

(9) MCU 用来对显示器按键_____和显示器本身的状态控制_____进行控制和处理，以完成指定的功能操作。

(10) LCD 显示器显示花屏故障一般都是由于_____电路有问题，大多数情况下是驱动板到屏幕的松动引起接触不良所致。

2．选择题

(1) 显示器必须依靠（   ）提供的显示信号才能显示出各种字符和图像。

A．显示卡　　　　　B．网卡　　　　　C．声卡　　　　　D．多功能卡

（2）GDDR5 显存颗粒提供的总带宽是 GDDR3 的（　　）倍以上。

A．4　　　　　　　　B．3　　　　　　　　C．5　　　　　　　　D．2

（3）HDMI 支持（　　）Gb/s 的数据传输率。

A．3　　　　　　　　B．4　　　　　　　　C．5　　　　　　　　D．6

（4）液晶显示器的背光类型有（　　）。

A．LED　　　　　　B．LCD　　　　　　C．CCFL　　　　　　D．OLED

（5）液晶显示器的屏幕比例有（　　）。

A．4∶3　　　　　　B．16∶9　　　　　　C．16∶10　　　　　　D．5∶4

（6）按显示卡的接口形式，可分为（　　）显示卡。

A．PCI　　　　　　B．PCI-E　　　　　　C．AGP　　　　　　D．ISA

（7）显示卡不管是哪一类，其结构都是由（　　）组成。

A．与主板连接的插口　　　　　　　　　B．与显示器及外部设备连接的接口

C．PCB（印制线路板）　　　　　　　　D．显示控制图形处理芯片 GPU、RAMDAC 芯片

（8）显示卡的输出接口有（　　）。

A．VGA　　　　　　B．DVI　　　　　　C．HDMI　　　　　　D．DisplayPort

（9）液晶面板的型号有（　　）型。

A．IPS　　　　　　B．TN　　　　　　　C．TFT　　　　　　　D．VA

（10）LED 显示器的优点有（　　）。

A．亮度高　　　　　　　　　　　　　　B．色彩比较柔和

C．省电环保辐射低　　　　　　　　　　D．机身更薄

3．判断题

（1）DVI-I 接口只输出数字信号。（　　）

（2）DisplayPort 接口只输出数字信号。（　　）

（3）如果要采用"交火"必须要有 2 块显卡。（　　）

（4）LED 显示器中没有高压。（　　）

（5）要显示高清影像显示器的分辨率必须达到 1920×1080（像素）以上。（　　）

4．简答题

（1）简述显示卡的工作过程。

（2）比较 DVI、HDMI 和 DisplayPort 接口的优劣。

（3）3D VISION 技术是如何实现立体显示的？

（4）液晶显示器由哪几部分组成？各有何功能？

（5）如何挑选显示器？

第 8 章 计算机功能扩展卡

计算机功能扩展卡是安装在主板扩展槽中的一些附加功能卡，可以使计算机的应用领域更广阔。这些功能扩展卡主要有声卡、视频采集卡、SATA 扩展卡、USB 扩展卡等。

8.1 声卡

声卡（Sound Card）是多媒体技术中最基本的组成部分，是实现声波和数字信号相互转换的一种硬件。计算机的声音处理是一种相对起步较晚的功能，PC 刚出现时，喇叭发出的声音主要用于某些警告和提示信号。在 20 世纪 80 年代末，多媒体的应用促进了声卡的发展，各厂商竞争越来越激烈，声卡的价格也越来越便宜，功能越来越强大。现在的声卡不仅能使游戏和多媒体应用发出优美的声音，也能帮助用户创作、编辑和打印乐谱，还可以用它模拟弹奏乐器、录制和编辑数字音频等。

8.1.1 声卡的工作原理及组成

1．声卡的工作原理

由于麦克风和喇叭所用的都是模拟信号，而计算机所能处理的都是数字信号，两者不能混用，声卡的作用就是实现两者的转换。从结构上分，声卡可分为模/数转换电路和数/模转换电路两部分，模/数转换电路负责将麦克风等声音输入设备采到的模拟声音信号转换为计算机能处理的数字信号；而数/模转换电路负责将 PC 使用的数字声音信号转换为喇叭等设备能使用的模拟信号。具体的功能结构如图 8-1 所示。

声音的录入过程：从麦克风等输入设备中获取声音模拟信号，通过模/数转换器（ADC），将声波振幅信号采样转换成一串数字信号，并由 DSP 进行处理。

声卡的放音过程：将获取的数字信号送到数/模转换器（DAC），以同样的采样速度还原为模拟波形，放大后送到扬声器发声。

2．声卡的组成

声卡主要由声音处理芯片（组）、模数与数模转换芯片（ADC/DAC，AC'97 标准中把这两种芯片集成在一起叫 Codec 芯片）、功率放大芯片、总线连接端口、输入/输出端口等组成。

（1）声音处理芯片（Digital Signal Processor，DSP）。声音处理芯片又称声卡的数字信号处理器是声卡的核心部件。声音处理芯片通常是声卡上最大的、四边都有引线的集成电路，上面标有商标、型号、生产厂商等重要信息。声音处理芯片基本上决定了声卡的性能和档次，其功能主要是对数字化的声音信号进行各种处理，如声波取样和回放控制、处理 MIDI 指令等，有些声卡的 DSP 还具有混响、和声、音场调整等功能。声卡通常以芯片的型号来命名，还有些集成声卡将 DSP 的工作交给 CPU 来做。

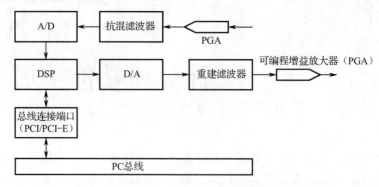

图 8-1　声卡的功能结构图

（2）D/A 芯片。它负责将 DSP 输出的数字信号转换成模拟信号，以输出到功率放大器和音箱。

（3）A/D 芯片。它负责将输入的模拟信号转换成数字信号输入到 DSP。A/D 芯片、D/A 芯片和 DSP 的能力直接决定了声卡处理声音信号的质量。

（4）可编程增益放大器（PGA）。它将声音处理芯片出来的声音信号进行放大，来驱动喇叭发出声音，同时也担负着对输出信号的高低音处理的任务。这个芯片的功率一般不大，而且它在放大声音信号同时也放大了噪声信号，因此有一个绕过功放线路的输出接口，由 Speaker Out 孔输出给耳机。

（5）总线连接端口。这是声卡与计算机主板上插槽的接口，目前主要有 PCI 和 PCI-E 两种，用于与 PC 总线进行通信，来收、发主机的音频信号。

（6）输入/输出接口。这是声卡上用于与功放和录音设备相连接的端口，图 8-2 是一款创新声卡的接口。输入/输出的外部接口主要有：

①麦克风输入（Mic in）。粉色，语音输入；

②线性输入（Line In）。蓝色，MP3、随身听等音源导入；

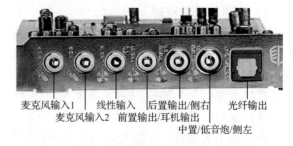

图 8-2　创新声卡接口说明图

③前置输出/耳机输出（Line Out）。绿色，输出到功放的前置音箱或者输出到耳机；

④后置输出/侧右（Rear）。黑色，在四声道/六声道/八声道音效设置下，用于可以连接后置的环绕喇叭。

⑤中置/低音炮/侧左（Center）。橙色，在六声道/八声道音效设置下，用于可以连接中置的重低音喇叭。

⑥光纤输出（Toslink）。用于在各种器材之间，通过一种光导体，利用光作载体来传送数字音频信号（左右声道或多声道）。

8.1.2　声卡的分类

声卡，主要分为板卡式、集成式和外置式三种接口类型，以适用不同用户的需求，三种类型的产品各有优/缺点。

（1）板卡式。板卡式产品是现今市场上的中坚力量，产品涵盖低、中、高各档次，售价从几十元至上千元不等，拥有较好的性能及兼容性，支持即插即用，安装使用都很方便。目前 PCI 与 PCI-E 接口共存。

板卡式的典型产品——创新 X-Fi 钛金冠军版声卡如图 8-3 所示。

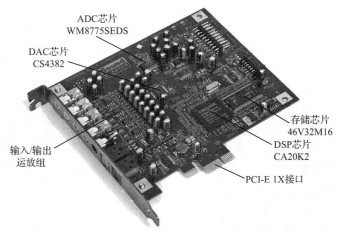

图 8-3　创新 X-Fi 钛金冠军版声卡

创新 X-Fi 钛金冠军版声卡是新加坡创新的产品，它由一块内置主卡和一个外置盒构成。主卡提供了模拟信号输入和输出接口，有 1 个线性输入/麦克风输入插孔，4 个线性输出插孔（最多支持 8 声道输出），旁边为一组光纤 S/PDIF 输入插孔。在声卡尾部设计了三组接口，其中 AND_EXT 接口、DID_EXT 接口都是用来和外置盒连接的，剩下一个是前面板音频接口。其主卡与外置盒的输入和输出接口如图 8-4 所示。

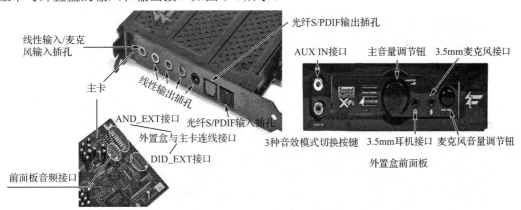

图 8-4　创新 X-Fi 钛金冠军版声卡的主卡与外置盒前面板的输入和输出接口

（2）集成式。集成式声卡具有不占用 PCI 或 PCI-E 接口、成本更为低廉、兼容性更好等优势，能够满足普通用户对音频的需求，受到市场青睐。集成声卡的技术也在不断进步，板卡式声卡具有的多声道、低 CPU 占有率等优势也相继出现在集成声卡上，它也由此占据了主导地位，占据了声卡市场的大半壁江山。

目前流行的集成声卡芯片符合 HD Audio 标准，主要有 ADI、Reltek、C-Media、VIA 等。如图 8-5 是 Reltek 公司的 ALC1150。

ALC1150 是一款高性能、多声道、高保真的音频编解码器，采用 Realtek 公司专有无损内容保护技术。 ALC1150 提供 10 个 DAC 通道，通过机箱前面板立体声输出，同时支持 7.1

声道声音播放和 2 个独立立体声声音输出通道（多流）。两个立体声 ADC 集成在一起，可以支持具有回声消除（AEC）、波束形成（BF）和噪声抑制（NS）技术的麦克风阵列。ALC1150 采用 Realtek 公司专有转换器技术，可实现前差分输出 115dB 信噪比（DAC）质量和 104dB SNR 记录（ADC）质量。

（3）外置式声卡。它通过 USB 接口与 PC 连接，具有使用方便、便于移动等优势。但这类产品主要应用于特殊环境，如连接笔记本电脑使其实现更好的音质等。主要有创新和乐之邦等公司的产品。创新 Sound Blaster X-Fi Surround 5.1 外置声卡如图 8-6 所示。

图 8-5 Reltek 公司的 ALC1150

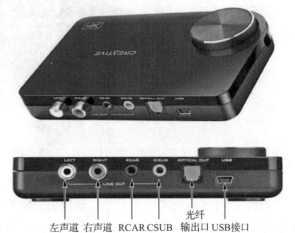

图 8-6 创新 Sound Blaster X-Fi Surround 5.1 外置声卡

8.1.3 声卡的技术指标

1. 复音数量

复音数量是指声卡在 MIDI 合成时可以达到的最大复音数。复音是指 MIDI 乐曲在 1 秒内发出的最大声音数目。

2. 采样位数

采样位数是声音从模拟信号转换成数字信号的二进制位数，即在模拟声音信号转换为数字声音信号的过程中，对慢幅度声音信号规定的量化数值的二进制位数。采样位数越高，采样精度越高。它包括 8 位、12 位、16 位、24 位及 32 位五种。采样位数体现了声音强度的变化，即声音信号电压（或电流）的幅度变化。

如规定最强音量化为"11111111"，零强度规定为"00000000"，则采样位数为 8 位，对声音强度（信号振幅）的分辨率为 256 级。

3. 采样频率

采样频率是指每秒对音频信号的采样次数。单位时间内采样次数越多，即采样频率越高，数字信号就越接近原声。它包括 11.025kHz（语音）、22.05kHz（音乐）、44.1kHz（高保真）、48kHz（超保真）和 192kHz（HD Audio）五种。

在录音时，文件大小与采样精度、采样频率和单/双声道都是成正比的，如双声道文件大小是单声道文件大小的两倍，16 位是 8 位的两倍，22 kHz 是 11 kHz 的两倍。

普通音乐最低音的采样频率是 20 Hz，最高音为 8 kHz，即音乐的频谱范围是 20Hz~8kHz，对其进行数字化时可以采用 16kHz 采样频率。CD 音乐的采样频率被确定为 44.1kHz。

4．动态范围

动态范围是指当声音的增益发生瞬间突变时，设备所承受的最大变化范围。这个数值越大，则表示声卡的动态范围越广，也越能表现出作品的情绪和起伏。一般声卡的动态范围在 85dB 左右，能够做到 90dB 以上动态范围的声卡就是非常好的了。

5．输出信噪比

输出信噪比是指输出信号电压与同时输出噪音电压的比例，单位是分贝。这个数值越大，代表输出时信号中被掺入的噪声越小，音质就越纯净。集成声卡的信噪比一般在 80dB 左右；PCI 声卡一般拥有较高的信噪比，大多数可以轻易达到 90dB，有的可高达 195dB 以上。

6．API 接口

API 是指编程接口，其中包含了许多关于声音定位与处理的指令与规范。它的性能将直接影响三维音效的表现力，主要的 API 接口有微软公司提出的 3D 效果定位技术（Direct Sound 3D）、Aureal 公司开发的一项专利技术（A3D）、创新公司在其 SB LIVE！系列声卡中提出的标准 EAX（Environmental Audio Extension，环境音效）。

7．声道数

声卡的技术经历了单声道、立体声、环绕立体声等发展过程，声卡所支持的声道数也是声卡的一个重要技术标志。声道数有单声道、立体声（包括 3 声道、4 声道、6 声道、8 声道等）。最新的声卡是采用 192kHz / 24bit 高品质音效的 8 声道声卡。

8 声道（7.1 声道）包括前置左声道、前中置（主要用来输出人声）、前置右声道、中置左声道、中置右声道、后置左声道、后置右声道、低音声道。最后一个低音声道不是一个完整的信号声道，只是用来加强低音效果的重低音声道，只承载低音信号。所以一般习惯标为 7.1 声道。

8．MIDI

MIDI（Musical Instrument Digtal Interface，电子乐器数字化接口）是 MIDI 生产协会制定给所有 MIDI 乐器制造商的音色及打击乐器的排列表，总共包括 128 个标准音色和 81 个打击乐器排列。它是电子乐器（合成器、电子琴等）和制作设备（编辑机、计算机等）之间的通用数字音乐接口。

在 MIDI 上传输的不是直接的音乐信号，而是乐曲元素的编码和控制字。声卡支持 MIDI 系统，它使计算机可以和数字乐器连接，可以接收电子乐器弹奏的乐曲，也可以将 MID 文件播放到电子乐器中进行乐曲创作等。

9．WAVE

WAVE 是指波形，即直接录制的声音，包括演奏的乐曲、语言、自然声等。在计算机中存放的 WAV 文件是记录着真实声音信息的文件，因此对于存取大小相近的声音信息，这种格式的文件字节数比 MID 文件格式要大得多。大多数声卡都会对声音信息进行适当的压缩。

10．AC'97 标准

AC'97 标准要求把模/数与数/模转换部分从声卡主处理芯片中独立出来，形成一块 Codec 芯片，使得模/数与数/模转换尽可能脱离数字处理部分，这样就可以避免大部分信号的模/数与数/模转换时所产生的杂波，从而得到更好的音效品质。符合 AC'97 标准的 Codec 封装建议工业标准为 7mm×7mm、48 脚 QFP 封装、各厂商 Codec 芯片的引脚互相兼容。此标准已被 HD Audio 标准取代。

11. HD Audio 标准

为了提供更加逼真的音频效果，Intel 推出了音频新标准 HD Audio，这个编码标准基本上取代了 AC'97。其特点有：

①同时支持输入/输出各 15 条音频流。

②每个音频流都支持最高 16 声道。

③每个音频流支持 8 位、16 位、20 位、24 位、32 位的采样精度。

④采样率支持从 6～192kHz。

⑤对于控制、连接和编码优化的可升级扩展。

⑥音频编码支持设备高级音频探测。

⑦实际音频系统多为 24bit/192kHz。

HD Audio 声卡一大特色是支持所有输入/输出接口自动感应设备接入，不仅能自行判断哪个端口有设备插入，还能为接口定义功能，有点智能的雏形。如图 8-7 所示，当在声卡的"模拟后面板"上插入设备时，插入设备的孔就会闪烁，在"设备类型"中选择相应的设备，单击"OK"按钮后即可使用。

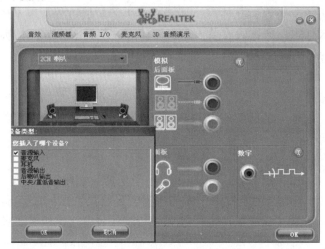

图 8-7　HD Audio 声卡的输入/输出接口自动感应设备接入

8.1.4　声卡的选购

（1）声卡类型。选择声卡类型时应首选 PCI-E 接口的声卡，因为 PCI-E 声卡比 PCI 声卡的传输率高，而且对 CPU 的占有率也很低。此外主板上 PCI 插槽将逐步被淘汰。

（2）看做工。做工对声卡的性能影响很大，因为模拟信号对于干扰相当敏感。选购时要注意看清声卡上的芯片、电容的牌子和型号，同类产品的性能指标要进行对比。

（3）按需选购。现在声卡市场的产品很多，不同品牌的声卡在性能和价格上差异也很大，所以一定要在购买前考虑需求。一般来说，如果只是普通的应用，如听 CD、玩游戏等，选择一款普通的廉价声卡就可以满足；如果用来玩大型 3D 游戏，就一定要选购带 3D 音效功能的声卡，不过这类声卡也有高、中、低档之分，用户可以根据实际情况来选择。

（4）注意兼容性问题。声卡与其他配件发生冲突的现象较为常见，不只是非主流声卡，名牌大厂的声卡都有这种情况发生。另外，某些小厂商可能不具备独立开发声卡驱动程序的能力，或者在驱动程序更新上缓慢，又或者部分型号声卡已经停产，此时声卡的驱动就成了一个大问题，随着 Windows 系统的升级，声卡很可能因缺少驱动而无法使用。所以在选购声卡前应当先了解自己的计算机配置，以尽可能避免不兼容情况的发生。

8.1.5 声卡的常见故障及排除

声卡的故障一般都是因驱动程序未安装、冲突与设置不正确等原因造成的。如果真是硬件损坏，除非是明显看出某个元件坏了并更换外，否则没有维修的价值，因为买一个新的声卡也只要几十元。下面列举最常见的两种故障。

（1）声卡与其他卡冲突。此类故障一般由于声卡的加入导致显卡、网卡等不能用，解决方法是更换插入槽或修改中断号。

（2）声卡的后面板输出有声音，前面板输出无声音，或者反之。这是现在 HD Audio 独立声卡或板载声卡的常见现象。解决方法是根据主板说明书，利用主板跳线、CMOS 设置、声卡的驱动程序设置同时开启前、后板的音频输出。

8.2 视频采集卡

视频采集卡（Video Capture Card）也叫视频卡，用以将摄像机、录像机、LD 视盘机、电视机等输出的视频数据或者视频和音频的混合数据输入计算机，并转换成计算机可辨别的数字数据，存储在计算机中，成为可编辑处理的视频数据文件。按照其用途可以分为广播级视频采集卡、专业级视频采集卡、民用级视频采集卡。

8.2.1 视频采集卡的工作原理

视频采集卡的功能结构如图 8-8 所示。图中的缓存是一个容量小、控制简单的先进先出（FIFO）存储器，起到视频卡向 PCI/PCI-E 总线传送视频数据时的速度匹配作用。将视频卡插在计算机的 PCI/PCI-E 插槽中，通过系统总线与计算机内存、CPU、显示卡等之间进行数据传送。具体的工作过程如下：

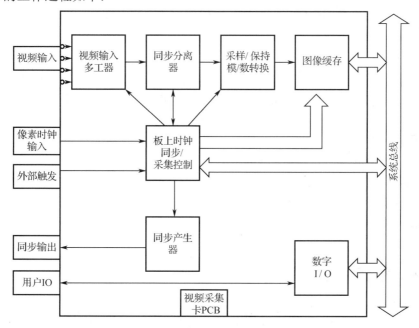

图 8-8 视频采集卡功能原理图

视频采集卡的数据传输过程是：在接收视频输入后，将信号由视频输入多工器传送到同步分离器中，进行音/视频信号的分离，再将视频信号传送到模/数转换，然后保存到图像缓存中。在上面的这个工作过程中，全程由采集控制进行管理，采集控制负责接收用户的触发事件及像素时钟输入，在视频采集卡完成了视频图像的采集工作后，发送命令到同步产生器，由它控制音/视频的同步，并将视频卡的视频进行同步输出。

8.2.2 视频采集卡的分类

（1）按照视频信号源，可以分为数字采集卡（使用数字接口）和模拟采集卡。
（2）按照安装连接方式，可以分为外置采集卡（盒）和内置式板卡。
（3）按照视频压缩方式，可以分为软压卡（消耗 CPU 资源）和硬压卡。
（4）按照视频信号输入/输出接口，可以分为 1394 采集卡、USB 采集卡、HDMI 采集卡、VGA 视频采集卡、PCI 视频采集卡、PCI-E 视频采集卡。
（5）按照性能作用，可以分为电视卡、图像采集卡、DV 采集卡、计算机视频卡、监控采集卡、多屏卡、流媒体采集卡、分量采集卡、高清采集卡、笔记本电脑采集卡、DVR 卡、VCD 卡、非线性编辑卡（非编卡）。
（6）按照其用途可分为广播级视频采集卡、专业级视频采集卡、民用级视频采集卡。它们档次的高低主要是采集图像的质量不同，它们的区别主要是采集的图像指标不同。

8.2.3 视频采集卡的技术指标

1．视频压缩方式

视频采集卡的压缩方式可以分为软压缩和硬压缩，其中采用软压缩的视频采集卡只负责视频采集，视频压缩、解压缩及其他视频处理则由计算机的 CPU 运算实现。硬压缩的视频采集卡基本不需要 CPU 参与视频的采集和压缩处理。

2．压缩格式

视频压缩卡所能支持的视频压缩格式，一般有 AVI、MP4、ASF、FLV、TS 等，它支持的格式越多，用户使用就会越方便。

3．视频输入

视频采集卡接收视频的能力，包括有几路的输入，每路视频输入的标准码率。如某品牌的视频采集卡可达到 4 路 HDMI 高清信号同时采集，即 4 路 60Hz 下 1920×1080（像素）的视频输入。

4．视频输入端口

视频采集卡的视频输入接口，如 HDMI、S-Video。

5．音频输入

视频采集卡是否具备音频采集能力。

6．视频输出

视频输出的分辨率。

8.2.4 视频采集卡的选购

1．确定需求定位

视频采集卡有许多型号，用户要根据需求决定购买目标，是需要专业级还是民用级

2．选择制式

视频采集卡根据其结构的不同可以分为内置和外置两种制式，外置视频卡也叫视频接收盒，它是一个相对独立的设备，大多都可以独立于计算机主机工作，也就是说无须打开计算机和运行软件就可以利用视频接收盒来接受视频信息，在附加功能上都提供 AV 端子和 S 端子输入、多功能遥控、多路视频切换等。外置视频盒安装和操作都比较简单。内置的视频卡除提供标准视频接收功能外还提供了不同程度的视频捕捉功能，可以把捕捉动态/静态的视频信号转换成数据流。具备视频捕捉的视频卡在接收视频信息之余，还能配合模拟制式摄像装置构成可视通信系统。

3．选择购买价格

应根据使用的要求及资金情况，确定适当的价格级别。

4．选择捕捉效果

选择一块捕捉效果好的视频采集卡肯定是用户的追求。用户在选择时，可根据自己的需要，选择简易视频制作的视频卡或是高级的视频采集卡。

5．选择分辨率

视频采集卡的分辨率与所连的计算机密不可分的，如果想通过视频采集卡来获取一些高质量的视频画面时，要注意视频采集卡在播放动态视频时的分辨率大小，分辨率越高的则越好，如果想实现高清效果就要选择 HDMI 输入的采集卡。

6．视频格式

要注意在视频采集卡捕捉影像之后可以转存的视频格式，视频采集卡支持的格式种类越多，用户在后期的视频制作上就越方便。

7．选择功能

视频采集卡功能越来越多，也越来越完善。许多的视频采集卡还附带支持许多的视频编辑功能，用户可根据自己的需要进行产品对比、选择。

8.3 网络适配器

网络适配器又称网卡或网络接口卡（Network Interface Card，NIC），是使计算机联网的设备。平常所说的网卡就是将计算机和 LAN 连接的网络适配器。网卡插在计算机主板插槽中或集成在主板的芯片中，负责将用户要传递的数据转换为网络上其他设备能够识别的数据格式，通过网络介质（网线）传输；同时将网络上传来的数据包转换为并行数据。它已成为计算机必备的部件。目前主要使用的是 32 位 PCI 网卡、64 位的 PCI-E 网卡、板载网卡。

8.3.1 网卡的功能

网卡主要完成两大功能，一个功能是读入由网络设备传输过来的数据包，经过拆包，将其变成计算机可以识别的数据，并将数据传输到所需设备中；另一个功能是将计算机中设备发送的数据打包后传送至其他网络设备中。

8.3.2 网卡的分类

随着网络技术的快速发展，为了满足各种应用环境和应用层次的需求，出现了许多不同类型的网卡，网卡的划分标准也因此出现了多样化。

1. 按总线接口类型划分

按网卡的总线接口类型一般可分为 ISA 总线网卡、PCI 总线网卡、PCI-X 总线网卡、PCI-E 总线网卡、USB 总线网卡。

（1）ISA 总线网卡。ISA 总线网卡是早期的一种接口类型的网卡，在 20 世纪 80 年代末几乎所有内置板卡都是采用 ISA 总线接口类型，一直到 20 世纪 90 年代末期都还有部分这类接口类型的网卡。现已淘汰，如图 8-9 所示。

（2）PCI 总线网卡。PCI 总线网卡在过去的台式计算机上相当普遍，也是过去主流的网卡接口类型之一。因为它的 I/O 速度远比 ISA 总线网卡的速度快（ISA 的数据传输速度最高仅为 33MB/s，而 PCI 2.2 标准 32 位的 PCI 接口数据传输速度最高可达 133MB/s），所以在这种总线技术出现后很快就替代了 ISA 总线。它通过网卡所带的两个指示灯颜色可初步判断网卡的工作状态，如图 8-10 所示。

（3）PCI-X 总线网卡。PCI-X 是 PCI 总线的一种扩展架构，它与 PCI 总线不同的是，PCI 总线必须频繁的与目标设备和总线之间交换数据，而 PCI-X 则允许目标设备仅与单个 PCI-X 设备进行数据交换。同时，如果 PCI-X 设备没有任何数据传送，总线会自动将 PCI-X 设备移除，以减少 PCI 设备间的等待周期。所以，在相同的频率下，PCI-X 能提供比 PCI 高 14%～35%的性能。服务器网卡经常采用此类接口的网卡，如图 8-11 所示。

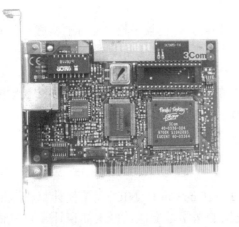

图 8-9　ISA 总线网卡　　　　　　　　　　图 8-10　PCI 总线网卡

（4）PCI-E 总线网卡。PCI-E 1X 接口已成为目前主流主板的必备接口。不同于并行传输，采用点对点的串行连接方式。PCI-E 接口根据总线接口对位宽的要求不同而有所差异，分为 PCI-E 1X、2X、4X、8X、16X、32X。采用 PCI-E 总线网卡一般为千兆网卡，如图 8-12 所示。

（5）USB 总线网卡。在目前的计算机上普遍使用 USB 接口，USB 总线分为 USB2.0 和 USB3.0 标准。USB2.0 标准的传输速率的理论值是 480Mb/s，而 USB3.0 的传输速率可以高达 5Gb/s，目前的 USB 总线网卡多为 USB3.0 标准的，如图 8-13 所示。

2. 按网络接口划分

网卡要与网络进行连接，就必须有一个接口使网线与其他计算机网络设备连接起来。不同的网络接口适用于不同的网络类型，常见的接口主要有以太网的 RJ-45 接口、细同轴电缆的 BNC 接口和粗同轴电缆的 AUI 接口、ATM 接口、FDDI 接口及无线网卡。有的网卡为了适用于更广泛的应用环境，提供了两种或多种类型的接口，如有的网卡会同时提供 RJ-45 接口、BNC 接口或 AUI 接口，各种接口网卡如图 8-14 所示。

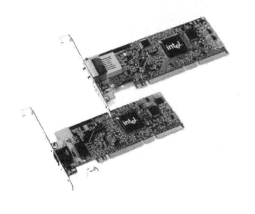

图 8-11　PCI-X 总线网卡

图 8-12　PCI-E 总线网卡

（1）RJ-45 接口网卡。这是最为常见的一种网卡，也是应用最广的一种接口类型网卡，主要得益于双绞线以太网应用的普及。这种 RJ-45 接口类型的网卡就是应用于以双绞线为传输介质的以太网中，它的接口类似于常见的电话接口 RJ-11，但 RJ-45 是 8 芯线，而电话线的接口是 4 芯的，通常只接 2 芯线（ISDN 的电话线接 4 芯线）。在网卡上还自带两个状态指示灯，通过这两个指示灯颜色可初步判断网卡的工作状态。

图 8-13　USB3.0 总线网卡

（2）BNC 接口网卡。这种接口网卡对应用于以细同轴电缆为传输介质的以太网或令牌网中，这种接口类型的网卡较为少见，主要因为用细同轴电缆作为传输介质的网络就比较少。

（3）AUI 接口网卡。这种接口类型的网卡对应用于以粗同轴电缆为传输介质的以太网或令牌网中，这种接口类型的网卡目前更是很少见。

（4）ATM 接口网卡。这种接口类型的网卡是应用于 ATM 光纤（或双绞线）网络中。它能提供物理的传输速度达 155Mb/s，分别为 MMF-SC 光接口和 RJ45 电接口。

（5）FDDI 接口网卡。这种接口的网卡是适应于 FDDI 网络中，它所使用的传输介质是光纤，它是光模接口的。

（6）无线网卡。无线网卡是通过无线电信号，接入无线局域网，再通过无线接入点（Wireless Access Point，WAP）的设备接入有线网。WAP 所起的作用就是给无线网卡提供网络信号，如图 8-15 所示。

3．按带宽划分

网卡按带宽可划分为 10Mb/s 网卡（已淘汰）、100Mb/s 以太网卡（接近淘汰）、10Mb/s/100Mb/s 自适应网卡（接近淘汰）、1000Mb/s 千兆以太网卡（主流）、100Mb/s/1000Mb/s 自适应网卡（主流）和 10000 Mb/s 万兆以太网卡（价格昂贵，尚未普及）。

图 8-14　各种网络接口的网卡

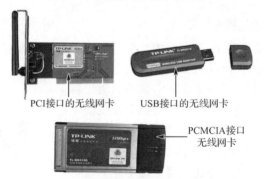

图 8-15　无线网卡

其中，100Mb/s/1000Mb/s 自适应网卡是一种根据用户的网络环境，自动匹配 100Mb/s 或 1000Mb/s 速率的网卡，是目前应用最为普及的一种网卡。它既可以与老式的 100Mb/s 网络设备相连，又可应用于较新的 1000Mb/s 网络设备连接，所以得到了用户普遍的认同。

8.3.3　网卡的组成

网卡的组成如图 8-16 所示，标号对应如下：①RJ-45 接口，②Transformer（数据泵），③PHY 芯片，④MAC 芯片，⑤EEPROM 芯片，⑥BOOTROM 插槽，⑦WOL 接头，⑧晶振（Crystal），⑨电压转换芯片，⑩LED 指示灯。

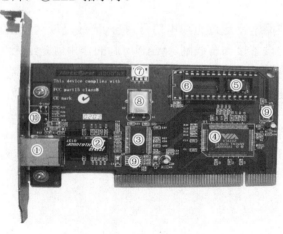

图 8-16　网卡的组成

主控制芯片包括数据链路层的 MAC 芯片和物理层的 PHY 芯片，它们是网卡的核心元件，一块网卡性能的好坏和功能的强弱、多寡，主要由它们决定。但目前很多主板的芯片已包含了以太网 MAC 控制功能，只是未提供物理层接口，因此，需外接 PHY 芯片提供以太网的接入通道。

BOOTROM 插槽，就是常说的无盘启动 ROM 接口，它是用来接收远程启动服务的，常用于无盘工作站。

EEPROM 芯片，它相当于网卡的 BIOS，里面记录了网卡芯片的供应商 ID、子系统供应商 ID、网卡的 MAC 地址、网卡的一些配置，如总线上 PHY 的地址、BOOTROM 的容量、是否启用 BOOTROM 引导系统等内容。主板板载网卡的 EEPROM 信息一般集成在主板 BIOS 中。

Transformer（数据汞），也叫网络变压器或网络隔离变压器。它在一块网卡上所起的作用主要有两个，一是传输数据，把 PHY 芯片送出来的差分信号用差模耦合的线圈耦合滤波以增强信号，并且通过电磁场的转换耦合到不同电平的连接网线的另外一端；二是隔离网线连接的不同网络设备间的不同电平，以防止不同电压通过网线传输损坏设备。此外，数据汞还能对设备起到一定的防雷保护作用。

晶振（Crystal），它是时钟电路中最重要的部件，其作用是向显卡、网卡、主板等配件的各部分提供基准频率，就像个标尺。如果它的工作频率不稳定就会造成相关设备工作频率不稳定，导致网卡出现问题。

LED 指示灯，用来表示网卡的不同工作状态，以方便查看网卡是否工作正常。典型的 LED 指示灯有 Link/Act、Full、Power 等。Link/Act 表示连接活动状态，Full 表示是否全双工（Full Duplex），而 Power 是电源指示灯。

8.3.4 网卡的性能指标

1．网卡速度

网卡的首要性能指标就是它的速度，也就是它所能提供的带宽。现在的主流为 100Mb/s /1000Mb/s 自适应网卡，性价比最高。

2．半双工/全双工模式

半双工的意思是两台计算机之间不能同时向对方发送信息，只有其中一台计算机传送完之后，另一台计算机才能传送信息。而全双工就可以双方同时进行信息数据传送。由此可见，同样带宽下，全双工的网卡要比半双工的网卡快一倍。现在的网卡一般都支持全双工模式。

3．多操作系统的支持程度

现在的大部分网卡的驱动程序都比较完善，除了能用于 Windows 系统之外，也能支持 Linux 和 Unix 系统，有的网卡还支持 FreeBSD 操作系统。

4．网络远程唤醒

网络远程唤醒就是在一台计算机上通过网络启动另一台已经处于关机状态的计算机。远程的计算机虽然处于关机状态，它内置的可管理网卡仍然始终处于监控状态，在不断收集网络唤醒数据包，一旦接收到该数据包，网卡就会激活计算机电源使得系统启动。这种功能特别适合机房管理人员使用。

8.3.5 网卡的选购

网卡看似一个简单的网络设备，它的作用却是决定性的。目前网卡品牌、规格繁多，很可能所购买的网卡根本就用不上，或者质量太差，用得不称心。如果网卡性能不好，其他网络设备性能再好也无法实现预期的效果。下面就介绍在选购网卡时要注意的几个方面。

（1）网卡的材质和制作工艺。网卡属于电子产品，所以它与其他电子产品一样，制作工艺也主要体现在焊接质量、板面光洁度。网卡的板材相当于电子产品的元器件材质，因此板材非常重要。

（2）选择恰当的品牌。一般来讲，大品牌的质量好、售后服务好、驱动程序丰富且更新及时。

（3）根据性能需求选择网卡。由于网卡种类繁多，不同类型的网卡的使用环境可能也不同。因此，在选购网卡之前，最好应明确所选购网卡使用的网络及传输介质类型、与之相连的网络设备带宽等情况。如需要便携性可选 USB 总线网卡，需要高速率就选 PCI-E 总线网卡。

（4）根据使用环境来选择网卡。为了能使选择的网卡与计算机协同高效地工作，还必须根据使用环境来选择合适的网卡。例如，如果把一块价格昂贵、功能强大、速度快捷的网卡，安装到一台普通的计算机中，就发挥不了多大作用，这样给资源造成了很大的浪费和闲置。相反，如果在一台服务器中，安装一块性能普通、传输速度低下的网卡，这样就会产生瓶颈现象，抑制整个网络系统的性能发挥。因此，在选用时一定要注意应用环境，如服务器端网卡由于技术先进，价钱会贵很多，为了减少主 CPU 占有率，服务器网卡应选择带有高级容错、带宽汇聚等功能，通过增插几块网卡提高服务器系统的可靠性。此外，如果要在笔记本电脑中安装网卡，最好要购买与其品牌相一致的专用网卡，这样才能最大限度地与其他部件保持兼容，并发挥最佳性能。

8.3.6 网卡的测试

要摸清网卡的真实性能可从两方面入手，一是看网卡在实际应用中的表现，二是看专业测试软件的测试数据。在此介绍两款测试网卡的性能和参数的软件 AdapterWatch 和 DU METER。

1. AdapterWatch

AdapterWatch 是一款能够帮助使用者彻底了解所使用的网卡相关信息的小工具，它能够显示网络卡的硬件信息、IP 地址、各种服务器地址等信息，让使用者更了解自己的网络设定。它主要有如下四个选项。

（1）网络适配器。主要显示网卡名称及类型、芯片型号、硬件 MAC 地址、IP 地址、网关、DHCP、最大传输单元、接口速度、接收数据平均速度、发送数据平均速度、已收数据、已发数据等参数。

（2）TCP/UDP 统计。主要有 TCP 统计规则、重传超时规则、最小/最大重传超时值、主/被动打开次数、最大连接次数、UDP 统计等参数。

（3）IP 统计。主要有 IP 转发、数据包接收、转发次数、错误数据包次数、丢失数据包次数、重组成功、失败的数据包数量、接口数量、路由数量等参数。

（4）ICMP 统计。主要有消息数量、错误数量、因送应答数量等。

2. DU Meter

DU Meter 是一个直观显示的网络流量监视器，既有数字显示又有图形显示。可以让用户清楚地看到浏览时，以及上传/下载时的数据传输情况，实时监测用户计算机上传/下载的网速，还可以观测日流量、周流量、月流量等累计统计数据，并可导出为多种文件格式。

8.3.7 网卡的故障及排除

现在的计算机一般都是板载的网卡，因此，网络出现硬件故障的概率较小，即使硬件发生故障，除非是网线插座故障，否则没有维修的价值，因为买一块新网卡插到扩展槽比维修主板芯片的成本要低得多。下面介绍几个在实践工作中常见的容易修复的故障。

（1）设备管理中找不到网卡。

这可能是由于驱动程序没装好或者网卡接触不良所致，重装驱动、擦拭金手指重插网卡即可。

（2）网络连接的图标显示报错。

这可能是由于网线没插好，网卡插槽接触不良、网线插孔接触不良或损坏所致，插好网线、用小木棒绕绸布蘸无水酒精擦拭网卡插槽，进行网卡插槽修复。如果网线插孔接触不良可以用镊子或钟表起子拨正卡住、移位的插针，若是损坏了，更换网线插孔即可。

（3）在一个局域网内有个别计算机可以访问局域网，但不能上外网。

这可能是由于网卡与插槽接触不良所致，可以通过清洁插槽和网卡金手指，或者换一个扩展槽插上网卡来处理。

8.3.8 网线的制作方法

在移动计算机或交换机时，需要更换网线；在需要经常插拔网线时，会引起网线水晶头松动或触针没弹力，这些情况都要重新制作网线。因此学会网线的制作十分必要。

1. 工具和材料的认识

制作网线需要的工具就是压线钳，需要的材料是水晶头（RJ-45 接头）和双绞线，如图 8-16 所示。

（1）压线钳。它有三处不同的功能，最前端是剥线口用来剥开双绞线外壳；中间部分是压制 RJ-45 接头的工具槽，这里可将 RJ-45 接头与双绞线合成；离手柄最近端是锋利的切线刀，此处可以用来切断双绞线。

（2）RJ-45 接头。由于 RJ-45 接头像水晶一样晶莹透明，所以也被称为水晶头，每条双绞线两头通过安装 RJ-45 接头来与网卡和集线器（或交换机）相连。水晶头接口针脚的编号方法为：将水晶头有卡的一面向下，有铜片的一面朝上，有开口的一方朝向自己，从左至右针脚的排序为 12345678。

（3）双绞线。双绞线是指封装在绝缘外套里的由两根绝缘导线相互扭绕而成的四对线缆，它们相互扭绕是为了降低传输信号之间的干扰。双绞线是目前网

压线钳

水晶头（RJ45接头）

双绞线

图 8-17 制作网线的工具和材料

络最常用的一种传输介质。双绞线可分为，非屏蔽双绞线（UTP）和屏蔽双绞线（STP）两大类。其中，屏蔽双绞线可细分为 3 类、5 类两种。非屏蔽双绞线可细分为 3 类、4 类、5 类、超 5 类四种。

屏蔽双绞线的优点在于封装其中的双绞线与外层绝缘层胶皮之间有一层金属材料。这种结构能够减小辐射，防止信息被窃；同时还具有较高的数据传输率（5 类 STP 在 100m 内的数据传输率可达 155Mb/s）。屏蔽双绞线的缺点主要是价格相对较高，安装时要比非屏蔽双绞线困难，必须使用特殊的连接器。非屏蔽双绞线的优点主要是重量轻、易弯曲、易安装、组网灵活等，非常适合结构化布线。因此，再无特殊要求的情况下，使用非屏蔽双绞线即可。

目前常用的是 5 类双绞线和超 5 类双绞线。5 类双绞线使用了特殊的绝缘材料，其最高传输频率为 100 MHz，最高数据传输速率为 100Mb/s。这是目前使用最多的一类双绞线，它是构建 10/100M 局域网的主要通信介质。与普通 5 类双绞线相比，超 5 类双绞线在传送信

息时衰减更小，抗干扰能力更强。使用超 5 类双绞线时，设备的受干扰程度只有使用普通 5 类双绞线受干扰程度的 1/4，并且只有该类双绞线的全部 4 对线都能实现全双工通信。就目前来说，超 5 类双绞线主要用于千兆位以太网。

2．网线的标准和连接方法

（1）网线的标准。双绞线有两种国际标准：EIA/TIA568A 和 EIA/TIA568B。通常的工程实践中，TIA568B 使用得较多。这两种标准没有本质的区别，只是原来制作的公司不同，工程选用哪一种标准就必须严格按其要求接线。这两种标准的直通线连接方法如下。

EIA/TIA568A 规定的连接方法	EIA/TIA568B 规定的连接方法
1—— 白/绿	1—— 白/橙
2—— 绿/色	2—— 橙/色
3—— 白/橙	3—— 白/绿
4—— 蓝/色	4—— 蓝/色
5—— 白/蓝	5—— 白/蓝
6—— 橙/色	6—— 绿/色
7—— 白/棕	7—— 白/棕
8—— 棕/色	8—— 棕/色

（2）双绞线的连接方法。双绞线的连接方法也主要有两种：直通线缆和交叉线缆。直通线缆的水晶头两端都遵循 EIA/TIA 568A 或 EIA/TIA 568B 标准，双绞线的每组线在两端是一一对应的，颜色相同的在两端水晶头的相应槽中保持一致。它主要用在交换机普通端口连接计算机网卡上。交叉线缆的水晶头一端遵循 EIA/TIA 568A，另一端则采用 EIA/TIA 568B 标准，即 A 水晶头的 1、2 对应 B 水晶头的 3、6，而 A 水晶头的 3、6 对应 B 水晶头的 1、2，它主要用在交换机（或集线器）普通端口连接到交换机（或集线器）普通端口或连网卡上。不过现在很多交换机端口具有自动识别能力，交换机之间就算是直通线也能相连。100M 网与千兆网的交叉线的接法又有不同，因为 100M 网络只用 4 根线缆来传输，而千兆网络要用到 8 根线缆来传输。

直通线两端水晶头的针脚均为（以 TIA568B 为例）：1 脚—白/橙，2 脚—橙/色，3 脚—白/绿，4 脚—蓝/色，5 脚—白/蓝，6 脚—绿/色，7 脚—白/棕，8 脚—棕/色。

千兆网和 100M 网交叉线的接法如图 8-18 所示。

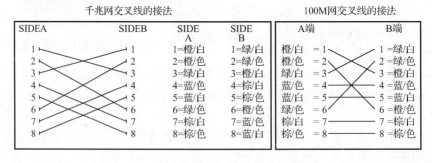

图 8-18　千兆网和 100M 网交叉线的接法

3．网线的制作

（1）剪断。利用压线钳的剪线刀口剪取适当长度的网线。

（2）剥皮。用压线钳的剪线刀口将线头剪齐，再将线头放入剥线刀口，让线头触及挡板，稍微握紧压线钳慢慢旋转，让刀口划开双绞线的保护胶皮，拔下胶皮。压线钳挡位离剥线刀口长度通常恰好为水晶头长度，这样可以有效避免剥线过长或过短。剥线过长一是不美观，二是因网线不能被水晶头卡住，容易松动；剥线过短，因有包皮存在，太厚，不能完全插到水晶头底部，会造成水晶头插针不能与网线芯线完好接触，导致制作失败。

（3）排序。剥除外包皮后即可见到双绞线网线的 4 对 8 条芯线，并且可以看到每对的颜色都不同。每对缠绕的两根芯线是由一种染有相应颜色的芯线加上一条只染有少许相应颜色的白色相间芯线组成。四条全色芯线的颜色为：棕色、橙色、绿色、蓝色。 每对线都是相互缠绕在一起的，制作网线时必须将 4 个线对的 8 条细导线——拆开、理顺、捋直，然后按照规定的线序排列整齐。

（4）剪齐。把线尽量抻直（不要缠绕）、压平（不要重叠）、挤紧理顺（朝一个方向紧靠），然后用压线钳把线头剪平齐。这样，在双绞线插入水晶头后，每条线都能接触到水晶头中的插针，避免接触不良。如果以前剥的皮过长，可以在这时将过长的细线剪短，保证去掉外层绝缘皮的部分约为 14mm，这个长度正好能将各细导线插入到各自的线槽。

（5）插入。一只手的拇指和中指捏住水晶头，使有塑料弹片的一侧向下，针脚一方朝向远离自己的方向，并用食指抵住；另一手捏住双绞线外面的胶皮，缓缓用力将 8 条导线同时沿水晶头内的 8 个线槽插入，一直插到线槽的顶端。

（6）压制。确认所有导线都到位，并透过水晶头检查一遍线序无误后，就可以用压线钳压制水晶头了。将水晶头从无牙的一侧推入压线钳夹槽后，用力握紧线钳，将突出在外面的针脚全部压入水晶头内。这样网线的一头就制好了，再利用上述方法制作网线的另一端即可。

4．测试

在把网线两端的水晶头都做好后即可用如图 8-19 所示的网线测试仪进行测试。如果测试仪上 8 个指示灯都依次为绿色闪过，则证明网线制作成功；如果出现任何一个灯为红灯或黄灯，都证明存在断路或者接触不良的现象，此时最好先把两端水晶头再用压线钳压一次，再测。如果故障依旧，再检查一下两端芯线的排列顺序是否一样。如果不一样，随剪掉一端重新按另一端芯线排列顺序制作水晶头。如果芯线顺序一样，但测试仪在重测后仍显示红灯或黄灯，则表明其中肯定存在对应芯线接触不好。此时只好先剪掉一端按另一端芯线顺序重做一个水晶头了，再

图 8-19　网络测试仪

测，如果故障消失，则不必重做另一端水晶头，否则还得把原来的另一端水晶头也剪掉重做。直到测试全为绿色指示灯闪过为止。对于制作的方法不同测试仪上的指示灯亮的顺序也不同，如果做的是直通线，测试仪上的灯应该是依次顺序的亮，如果做的是交叉线，测试仪的闪亮顺序应该是 3->6->1->4->5->2->7->8。

8.4　数据接口扩展卡

该类扩展卡用于将主板中的 PCI-E 接口转换成其他的数据接口，从而扩展主板中的其他数据接口数量。

8.4.1　数据接口扩展卡的分类

按照目前市场上的接口转换类型主要分为：USB 接口扩展卡、SATA 接口扩展卡、串口

接口扩展卡、并口接口扩展卡等。由于主板在设计过程中,往往是根据大多数用户的需求进行接口设计,因此无法满足有特殊接口需求的用户。如用户需要更多的 USB3.0 接口、多个串口、多个 SATA 接口等。在这种情况下,数据接口扩展卡则能极大地丰富主板的接口,扩充主板的功能。用户可以用 SATA 接口的扩展卡组成硬盘阵列,也可以在没有并口的主板上,添加并口扩展卡连接并口设备。

8.4.2 数据接口转换扩展卡的功能

目前市面上的主板都有 PCI-E 接口,下面将以 PCI-E 接口转换对各种转换卡进行介绍。

1. PCI-E 转 USB3.0 扩展卡

如图 8-20 所示,为 PCI-E 转 USB3.0 扩展卡。该扩展卡使 PCI-E 接口扩展成多个 USB3.0 接口,供用户使用。该卡需要通过 4Pin 接口接入供电,利用数据处理芯片进行 USB 到 PCI-E 的接口数据转换,并通过 4 个固态电容保证 USB 接口的供电。在用户的 USB3.0 接口不够使用的时候,该卡可以充分利用主板的 PCI-E 接口,为用户提供额外的 USB3.0 接口。

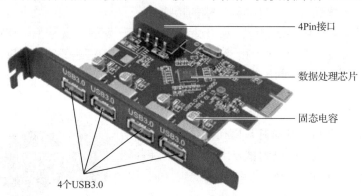

图 8-20　USB3.0 扩展卡

2. PCI-E 转 SATA3.0 扩展卡

该扩展卡可通过 PC 的 PCI-E 接口扩展出多个 SATA 接口,符合串行 ATA 规范,目前的产品能够支持的通信速率为 6Gb/s、3.0 Gb/s 和 1.5 Gb/s,兼容 SATA 6G、3G 和 1.5G 接口的硬盘。如图 8-21 所示,是一个 PCI-E 转 SATA3.0 扩展卡。此类产品有的还具有阵列功能,可以组成硬盘阵列。

图 8-21　PCI-E 转 SATA3.0 扩展卡

3. PCI-E 转串口扩展卡、PCI-E 转并口扩展卡

该扩展卡可以为 PC 主机扩展出 2 个串口,而 PCI-E 转并口可以扩展出一个并口,如图 8-22、图 8-23 所示。

图 8-22　PCI-E 转串口扩展卡　　　　图 8-23　PCI-E 转并口扩展卡

实验 8

1．实验项目

（1）用 AdapterWatch、DU Meter 测试网卡的性能和参数。

（2）网线的制作及测试。

2．实验目的

（1）熟悉 AdapterWatch、DU Meter 软件的下载、安装及使用方法。

（2）掌握 AdapterWatch、DU Meter 测试网卡的性能和参数的方法。

（3）掌握网线的制作和测试方法。

3．实验准备及要求

（1）两人为一组进行实验，每组配备一个工作台、一台能上网的计算机、一把压线钳、一个网络测试仪、一些网线、若干水晶头。

（2）实验时一个同学独立操作，另一个同学要注意观察和记录实验数据，并指出错误和要注意的地方，然后轮换。

（3）实验前，教师要做示范，讲解操作要领和注意事项。

4．实验步骤

（1）上网下载 AdapterWatch、DU Meter 两个软件，并安装好。

（2）运行 AdapterWatch、DU Meter 测试网卡的各种参数和传输数率，并将指导测试数据记录好。

（3）剪好适当的一段网线，取出水晶头，制作一根直通线，并用测试仪测试是否做好。然后再做一根 100M 网根交叉线，并测试。

5．实验报告

（1）写出网卡的名称、芯片型号、物理地址、传输速率等参数。

（2）比较 AdapterWatch、DU Meter 两个软件测试网卡时的优势和不足。

（3）写出制作网线时的操作体验。

（4）说出为什么直通线与交叉线的制作方法不同。

习题 8

1．填空题

（1）声卡可分为_____和_____两部分。

（2）声卡发展至今，主要分为_____、_____、_____三种接口类型。

（3）采样频率是指每秒对音频信号的采样次数。单位时间内采样次数越_____，即采样频率越_____，数字信号就越接近原声。

（4）视频采集卡，按照其用途可以分为_____、_____、_____。

（5）按网卡的总线接口类型来分，一般可分为_____、_____、_____。服务器上使用_____，笔记本电脑所使用的_____及_____。

（6）半双工的意思是两台计算机之间不能_____向对方发送信息。

（7）远程唤醒就是在一台计算机上通过网络_____另一台已经处于关机状态的计算机。

（8）5类双绞线使用了特殊的绝缘材料，其最高传输频率为_____ MHz，最高数据传输速率为_____ Mb/s。

（9）双绞线的连接方法主要有两种：_____和_____。

（10）按照目前市面上的接口转换类型主要分为：_____、_____、_____、_____。

2．选择题

（1）HD Audio 采样率支持从 6～（　　）kHz。

A．192　　　　　　B．44.1　　　　　　C．48　　　　　　D．22.05

（2）声音处理芯片又称声卡的（　　）。

A．DSP　　　　　　B．CPU　　　　　　C．GPU　　　　　　D．SPD

（3）在选购声卡时应注意的事项有（　　）。

A．声卡类型　　　　B．看做工　　　　C．按需要选购　　　D．注意兼容性问题

（4）视频采集卡所采用的是（　　）存储器。

A．LIFO　　　　　　B．LRU　　　　　　C．FIFO　　　　　　D．Optimal

（5）以下接口中，服务器特有的总线接口是（　　）。

A．PCI　　　　　　B．PCI-X　　　　　　C．ISA　　　　　　D．PCI-E

（6）由于（　　）头像水晶一样晶莹透明，所以也被称为水晶头。

A．AUI　　　　　　B．RJ-45　　　　　　C．BNC　　　　　　D．FDDI

（7）双绞线是指封装在绝缘外套里的由两根绝缘导线相互扭绕而成的（　　）对线缆。

A．2　　　　　　　B．3　　　　　　　C．6　　　　　　　D．4

（8）网卡的带宽有（　　）。

A．10Mb/s　　　　　B．100Mb/s/1000Mb/s　　　C．10000 Mb/s　　　D．50 Mb/s

（9）以下不属于双绞线中的颜色是（　　）。

A．白/绿　　　　　B．白/蓝　　　　　C．白/橙　　　　　D．白/红

（10）主要的接口转换扩展卡有（　　）。

A．USB 接口扩展卡　　　　　　　　　B．SATA 接口扩展卡

C．串口接口扩展卡　　　　　　　　　D．并口接口扩展卡

3．判断题

（1）7.1声道就是8声道。（　　）

（2）采样位数是声音从模拟信号转换成数字信号的二进制位数，位数越高，采样精度越低。（　　）

（3）目前主要使用的是32位PCI网卡、16位的PCI-E网卡及板载网卡。（　　）

（4）采用软压缩的视频采集卡只负责视频采集，视频压缩、解压缩及其他视频处理则由计算机的 CPU 运算实现。（　　）

（5）用户可以通过 PCI-E 转 SATA 接口扩展卡，扩展主板中连接 SATA 硬盘的接口数量。（　　）

4．简答题

（1）AC'97 标准和 HD Audio 标准有何异同？

（2）简述视频采集卡的工作过程。

（3）网卡的全双工和半双工有何区别？

（4）网线的制作步骤有哪些？

（5）千兆网络和百兆网络中，双绞线的使用有何不同？

第 9 章 电源、机箱、键盘、鼠标、音箱

电源为计算机各部件提供稳定的动力；机箱为计算机硬件提供物理空间；键盘、鼠标为计算机提供信息的输入；音箱为计算机提供声音的输出。它们都是计算机必不可少的一部分，本章将依次对它们的原理、性能、选购、维修进行介绍。

9.1 电源

如果说计算机中的 CPU 相当于人的大脑，那么电源就相当于人的心脏。作为计算机运行动力的唯一来源、计算机主机的核心部件，其质量的好坏直接决定了计算机的其他配件能否正常工作。

9.1.1 电源的功能与组成

1. 电源的功能

电源（Power Supply）为计算机内所有部件提供所需的电能，它的作用是将交流电变换为 +5V、-5V、+12V、-12V、+3.3V 等不同电压且稳定的直流电，供主板、适配器、扩展卡、光驱、硬盘、键盘、鼠标等部件使用。

2. 电源的组成

电源主要由内部电路板、外壳、风扇、市电接口、主板电源输出接口、IDE/SATA 电源输出接口、显卡电源输出接口等组成。如图 9-1 所示为 ATX 电源的外形。

新款ATX电源 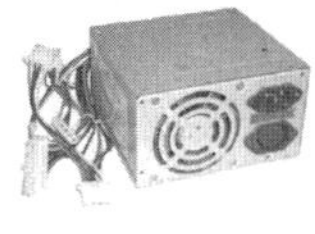　　　老款ATX电源

图 9-1　ATX 电源的外形

9.1.2 电源的工作原理

主机电源从电路原理上说属于脉冲宽度调节式开关型直流稳压电源。这个名称反映了电路的几个特点，首先它是将交流市电转换为多路直流电压并输出，其次它的功率元件工作在开关状态，最后它依靠调节脉冲宽度来稳定输出电压。典型的脉冲宽度调节式开关型直流稳压电源的工作原理如图 9-2 所示。开关是指它的电路工作在高频（约 34kHz）开关状态，这种状态带来的好处是高效、省电和体积小。脉冲宽度调节是指根据对输出电压波动的监测，通过反馈信号来调节脉冲信号的宽度来达到稳定输出直流电压的目的。它的工作过程是：市电输入经过低通滤波器去掉高频杂波，再经整流滤波，然后产生+300V 电压（直流），送到功率转换的开关上，同时通过一个稳压整流电路组成的内部辅助直流电源产生+5V 的直流电压，作为脉冲振荡控制电路的基准电压，在 ATX 电源中作为等待状态+5VSB 输出。在电源收到触发的开机信号后，+300V 电压经功率转换变为高频脉冲输入到输出整流滤波电路，由它整流滤波并输出，得到计算机所需的各种直流电压。同时整流滤波电路送出一个反馈信号给脉冲振荡控制电路进行比较，在周期不变的情况下进行脉宽调节，保证电源输出稳定的直流电压。

过压过流保护电路在电源的工作过程中自动起保护作用，保护主机不会因过压过流而损坏。

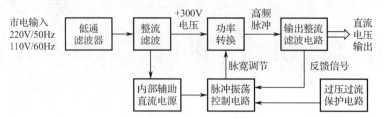

图9-2　脉冲宽度调节式开关型直流稳压电源工作原理

9.1.3　电源的分类

和计算机上其他部件迅速发展不同的是，电源的发展十分缓慢，目前市面上出售的电源主要是根据所采用的主机机箱设计进行分类的，包括ATX、SFX、TFX、BTX。

1．ATX 电源

ATX规范是Intel公司于1995年提出的一个工业标准，它已经称为业界的主流标准。ATX是"AT Extend"的缩写，可以翻译为"AT扩展"标准，而ATX 电源就是根据这一规格设计的电源。目前市面上销售的家用计算机电源，一般都遵循ATX 规范。它的标准尺寸为150×140×86（mm）。

ATX 电源是目前应用最为广泛的个人计算机标准电源，采用一个20芯线给主板供电。随着CPU 工作频率的不断提高，为了降低CPU 的功耗以减少发热量，需要降低芯片的工作电压，所以，由电源直接提供3.3 V 输出电压。+5 V StandBy 也叫辅助+5 V，只要插上220 V 交流电就有电压输出。PS-ON 信号是主板向电源提供的电平信号，低电平时电源启动，高电平时电源关闭。利用+5 VSB 和 PS-ON 信号，就可以实现软件开关机器、键盘开机、网络唤醒等功能。辅助+5V 始终是工作的，有些ATX 电源在输出插座的下面设置了一个开关，可切断交流电源输入，彻底关机。

ATX经历了ATX 1.01、ATX 2.01、ATX 2.02、ATX 2.03 及多个ATX 12V 版本的革新，目前在市场占据主流位置的是ATX12V 2.3 版本。

ATX12V 也叫ATX2.04,但是它有一个别称——P4 电源。它是为了应对高功耗的Pentium4而产生的。ATX12V 与之前的ATX 2.03 相比，加强了+12VDC 端的电流输出能力，并对+12V的电流输出、涌浪电流峰值、滤波电容的容量、保护等做出了新的规定：新增加了P4 电源连接线；加强了+5 VSB 端的电流输出能力；"串口"的供电概念，也在这时候具有了雏形。ATX12V规范，截至目前经历了多个版本，它们分别是ATX12V 1.2、ATX12V 1.3、ATX12V 2.0、ATX12V 2.2、ATX12V 2.3、ATX12V 2.31 等。其中，从ATX12V 1.2 开始，ATX12V 不再提供-5V 电压输出，因为此时ISA 卡槽接口已经因为各种原因退出了历史舞台，也就不需要-5V 输出了。从ATX12V 1.3 开始，增加了SATA 电源口。从1.3 到2.0，由单路12V 输出改为双路12V 输出，一路专门为CPU 供电，主板供电接口由20 针增加到24 针，就是现在主流的24Pin 芯线主板供电主线。2.2 版本则沿用了2.0 的双路12V 设计，将最大输出标准提升到450W，并且引入8Pin 的供电标准，重新规划了电路电流标准，提升了转换效率。2.3 版进一步改善CPU与显卡能耗变化后的电流分配。2.31 版进一步提升了均衡负载、防辐射、无毒、节能等特性。

在电源的标签上会标明电源版本、输出电压与电流的大小及输出线的颜色、型号及功率等。如图9-3 所示，可以看到该产品是采用了ATX12V 2.2 规范的。

图 9-3　电源标签

2．SFX 电源

SFX（Small Form Factor）电源是为包括有限数量硬件的小系统所特别设计的。它可以提供小的持续电能和 4 挡电压（+5V、12V、-12V 和 3.3V）。对于小的系统来说，这种容量的电源已经足够了。它的标准尺寸为 125×100×63.5（mm）。

3．TFX 电源

TFX 电源也是一种小型电源，这种电源呈长条形，它的标准尺寸为 175×82×41（mm）。

4．BTX 电源

BTX 是 Intel 定义并引导的桌面计算平台新规范，并且兼容了 ATX 技术，其工作原理及内部结构与 ATX 基本相同，输出标准与目前的 ATX12V 2.0 规范一样，也是像 ATX12V 2.0 规范一样采用 24Pin 接头。不过 BTX 平台的内部结构与 ATX 有很大不同，将以往只在左侧开启的侧面板改到了右边。而其他 I/O 接口也都相应改到了相反的位置。BTX 机箱内部则和 ATX 有着较大的区别，BTX 机箱最让人关注的设计重点就在于对散热方面的改进，CPU、显卡和内存的位置相比 ATX 架构都完全不同，CPU 的位置完全被移到了机箱的前板，而不是原先的后部位置，其目的是为了更有效地利用散热设备，提升对机箱内各个设备的散热效能。但 ATX 标准早已深入人心，加上随着 ATX 标准的改进和散热技术的不断进步，Intel 主推的 BTX 电源遭到了失败。

9.1.4　电源的技术指标

1．电源输出接口

（1）主板电源输出口。

①20Pin、24Pin 主板电源接口，如图 9-4 所示。ATX 电源为 20 针双排防插错插头，除提供±5V、±12V 电压和 PW-OK 信号外，还提供+3.3V 电压，增加了实现软开关机功能的电源开关 PS-ON。红色线为+5V 输出，黄色线为+12V 输出，橙色线为+3.3V 输出，白色线为-5V 输出，蓝色线为-12V 输出，黑色线为地线，灰色线为电源好信号 PW-OK，紫色线为等待状态+5VSB 输出，绿色线为电源软开关 PS-ON。ATX12V 电源是 24 针的，它是在 20 针的基础加了+12、+5V、+3.3V 及 GND 4 个 Pin。

图 9-4 20Pin、24Pin 主板电源接口

②CPU 供电接口。进入奔腾 4 时代后，CPU 的供电需求增加起来，+3.3V 无法满足主板加 CPU 的动力需要，于是 Intel 便在电源上定义出了一组（2 路）+12V 输出，专门来给 CPU 供电。对于有些更高端的 CPU 来说，一组+12V 仍无法满足需要，于是带有两组+12V 输出的 8Pin CPU 供电接口也逐渐诞生，这种接口最初主要是满足服务器平台的需要，到现在，不少主板都为 CPU 设计了这样的接口。随着独立显卡的功耗越来越大，许多独立显卡也需要单独供电，采用 4/8Pin 供电接口，其参数与 CPU 供电接口一样。

③显卡供电接口。如图 9-5 所示，为了保障显卡的供电充分，很多显卡设计有外接电源线的接口，有 4D 型接口、6Pin 接口、6Pin+6Pin 接口、8Pin+8Pin 接口、6Pin+8Pin 接口等。ATXV12 电源一般会提供多种供电接口，包括 6Pin 和 6+2Pin 接口等，这些接口与 CPU 的供电接口一样，提供+12V 电源输出，用户需要根据显卡的供电接口进行组合。

6Pin 接口

6Pin+6Pin 接口

8Pin+8Pin 接口

6Pin+8Pin 接口

图 9-5 多种显卡供电接口

（2）IDE、SATA 设备电源接口。IED 接口为 4 针扁 D 形接口，1 脚+12V、4 脚+5V，3、4 脚接地；SATA 设备电源接口为 5 个引脚，1 脚+12V、2 脚接地、3 脚+5V、4 脚接地、5 脚+3.3V。

2．电源的功率

它表示电源部件提供电能的能力，单位为 W，有额定功率与最大功率。一般标出的都是额定功率。目前常用的 ATX 电源功率为 250W、300W、350W、400W、500W。

3．纹波

电源输出的是直流电，但总有些交流成分在里面，纹波太大对主板和其他电路的稳定工作有影响，所以纹波越小越好。

4．电磁兼容性

这一项是衡量电源好坏的重要依据。电源工作时会有电磁干扰，一方面干扰电网和其他电器，另一方面对人体有害。

9.1.5 电源的选购

电源的好坏直接关系到计算机各部件能否正常使用，它的选购是非常重要的，如果电源的质量不好或者供电不足，那么计算机随时都有可能引发各种情况。选购一个好的电源主要从以下几个方面考虑。

（1）电源的认证。目前市场上一些主流的品牌通过质量认证后都有防伪标识，这个在电源的外壳上就能看到，如通过了 CCC 等标准，相关标识就会出现在电源的外壳上。

（2）电源的功率。在选购电源时，一般的标准都是输出功率越大越好，建议最好在 300W 以上。在选购时还要注意电源盒内的风扇噪声是否过大，扇叶转动是否流畅，千万不要有卡扇叶的现象，否则后果不堪设想。

（3）选择有较好市场信誉的品牌电源。市场上的电源产品种类繁多，而伪劣电源不但在线路板的焊点、器件等方面不规则，而且还没有温控、滤波装置，这样很容易导致电源输出不稳定，所以应尽量选择在目前市场上享有良好声誉和口碑的电源产品。

（4）要保证产品有过压保护功能。现在的市电供电极不稳定，经常会出现尖峰电压或者其他输入不稳定的电压，这种不稳定的电压如果直接通过电源产品输入到计算机中的各个配件部分，就可能使计算机的相关配件工作不正常或者导致整台计算机工作不稳定，甚至可能会损坏计算机。因此为了保证计算机的安全，必须确保选择的电源产品具有双重过压保护功能，以便有效抑制不稳定电压对各个配件的伤害。

9.1.6 电源的常见故障与维修

电源是计算机所有部件正常工作的基础，反过来说，任何部件发生故障都要首先检查 PC 电源部件输出的直流电压是否正常。PC 电源由分立元件装配而成，可以进行元件级维修，但由于电源部件的价格低，考虑到维修人工成本，也可以整体更换。

1．电源故障分析

目前使用的计算机主要采用 ATX 电源，当这类计算机电源出现故障时，要从 CMOS 设置、Windows 中 ACPI 的设置、电源和主板等几个方面进行全面的分析。首先要检查 CMOS 设置是否正确，排除因为设置不当造成的假故障；其次，检查电源负载是否有短路，可以将电源的所有负载断开，单独给 ATX 电源通电，将 ATX 电源输出到主板插头上的 PS ON/OFF 线与地线短接，看电源散热风扇是否运转，来判断电源是否工作，如果测试电源工作正常，则表明负载中有短路，通过检查负载上电源输入插座的电阻来判断，也可以通过为电源逐一增加负载来查找，当加上某负载时，电源就不工作了，则该部件就可能有短路；最后，确定是电源本身有故障后，检测电源。

某些电源有空载保护的功能，需要连接负载才能通电，可以给电源连上一个坏硬盘（电机能运转）作为负载，再通电。如果电源风扇转动正常，测试电源的各直流输出电压、+5VSB、PG 信号电压是否正常；如果电源没有直流输出，则打开电源外壳，观察电源内部的保险管是否熔断，有无其他烧坏或爆裂的元件。如果有烧坏的元件，则找出短路等原因，如滤波电容短路、开关功率管击穿等。如果没有元件烧坏的现象，可通电检查 300V 直流高压是否正常，不正常则检查 220V 交流电压输入、整流滤波电路；若正常则检查开关功率管、偏置元件、脉宽调制集成电路、直流滤波输出电路及检测反馈保护电路的电压电阻等参数，根据电路原理进行检查和分析。

2. 电源故障检修实例

（1）通电没有显示，电源指示灯不亮，电源风扇不转。检查市电供电正常，拆下电源，打开电源盖，看到保险管烧黑了，保险丝熔断；检查输入滤波、整流电路元件正常；检查开关功率管，发现两个开关管击穿，更换上相同型号的开关管再通电，即可正常工作。

（2）计算机使用了多年，硬盘容量变小不够用，装上新硬盘，使用双硬盘时，找不到硬盘。如果使用一个硬盘工作正常，说明硬盘及接口均正常，测量接上双硬盘时电源输出的+12V电压只有10.5V，无法正常驱动硬盘。这是由于电源是劣质产品，输出功率不够，只要更换电源，即可正常开机。

9.2 机箱

随着用户对时尚的追求，在购买计算机时会花更多的时间挑选适合的机箱。一款理想的机箱，除了能对硬件进行有效的保护外，还需要有良好的散热系统、较强的防辐射能力、时尚的外观及人性化的设计。

9.2.1 机箱的分类

（1）目前市场上主流的机箱，按结构分为ATX（标准型）、M-ATX（紧凑型）、Mini-ITX（迷你型）和E-ATX（加大型）。

①ATX规范是1995年Intel公司制定的主板及电源结构标准，所以在ATX规范下设计的机箱是ATX机箱。ATX机箱的布局是：CPU位于主板上方，显卡位于下方，硬盘前置，电源后置。经过多年的发展，ATX机箱的电源位置从上置变更成下置的设计，避免因电源过重而导致机箱变形，并且加入了背部走线功能，提供更加整洁的内部空间。其尺寸为305 mm×244mm。

②M-ATX即Micro-ATX，是支持Micro-ATX主板的机箱。Micro-ATX是一种紧凑型的主板标准，它是由Intel公司在1997年提出的，主要是通过减少PCI、内存插槽和ISA插槽的数量，以达到缩小主板尺寸的目的。其常见的尺寸有两种：248 mm×248 mm和248 mm×300 mm。

③Mini-ITX是支持Mini-ITX主板的机箱。Mini-ITX是由VIA公司定义和推出的一种结构紧凑的微型化的主板设计规范，目前已被各家厂商广泛应用于各种商业和工业应用中。其尺寸为：170mm×170mm。

④E-ATX是支持E-ATX标准的主板机箱。EATX是Extended ATX的缩写，主要用于高性能PC整机、入门式工作站等领域。它通常用于双处理器和标准ATX主板上无法胜任的服务器上，其尺寸为305mm×265 mm。

（2）按外形分，可分为立式、卧式、服务器用的机架式、塔式、刀片式。

立式机箱内部空间相对较大，而且由于热空气上升冷空气下降的原理，其电源上方的散热比卧式机箱好，添加各种配件时也较为方便。但因其体积较大，不适合在较为狭窄的环境中使用。卧式机箱无论是在散热还是易用性方面都不如立式机箱，但是它可以放在显示器下面，能够节省不少桌面空间。服务器用的机架式、塔式、刀片式适合安装在机架上。

9.2.2 机箱的选购

在选购计算机时最容易忽略的就是机箱,挑选好看的、便宜的机箱,这些都是不正确的。品质好的机箱是非常重要的,它会直接影响计算机的稳定性、易用性、寿命等。没有好的机箱,计算机的其他配件再好也上不了档次。因此,有必要掌握一些机箱的选购知识,以保证选购的机箱耐用、可靠。

1. 机箱的材质

机箱的材质主要包括机箱的机身材质、机箱的前置面板材质及机箱的烤漆工艺。

目前市场上的机箱多采用镀锌钢板制造,其优点是成本较低,硬度大,不易变形。但是也有不少质量较差的机箱,为了降低成本而采用较薄的钢板,这样使得机箱的强度大大降低,不能对机箱内的硬件进行有效的保护,还会因为钢板的变形给安装带来不少麻烦,防辐射能力也大大降低,更有甚者,由于主板底座变形使得主板和机箱形成回路,导致系统不稳定。采用镀锌钢板的机箱也有明显的缺点,即重量较大,同时导热性能也不强。为了解决这一问题,有的厂商开始推出铝材质的机箱。

目前机箱的面板多采用 ABS 材料,这种材料的硬度和强度都很高,并具有防火特性。但是一些劣质的机箱,为节省成本而采用普通的塑料顶替。

机箱的烤漆工艺也不能忽视,一款经过较好烤漆处理的机箱,其烤漆均匀、表面光滑、不掉漆、不溢漆、无色差、不易刮花。而烤漆较差的机箱则表面粗糙。

2. 机箱的散热

随着硬件性能的不断提高,机箱内的空气温度也会持续升高。特别是对于硬件发烧友来说,这个问题就更为明显了,如超频后的 CPU、主板芯片、顶级显卡及多硬盘同时工作,都会使机箱温度升高。因此,厂商在设计机箱时,散热成为考虑的重要因素。用户可根据需求采用风冷或水冷设计的机箱。如图 9-6 所示的机箱,机箱的前方、上方、后方都可以加装散热风扇。

图 9-6 爱国者炫影台式计算机的机箱

3. 机箱的内部设计

机箱的内部设计,首要考虑的是坚固性,即机箱是否可以稳妥地承托箱内部件,特别是主板底座能否在一般的外力作用下不发生较大的变形;其次是扩展性,由于 IT 的发展速度相当快,有着较大扩展性的机箱可以为日后的升级留有余地,其中主要考虑的是其提供了多少个光驱、硬盘和固态硬盘位置、PCI/PCI-E 扩展卡位置。此外,还要考虑机箱的防尘设计是否合理。

4. 机箱的制作工艺

机箱的制作工艺同样很值得注意,一些看起来很细微的设计,往往对使用者有很大的帮助。以前拆卸机箱时,由于机箱有许多螺钉,必须要使用螺丝刀。而现在许多机箱直接采用卡子的形式,用户可以不使用工具直接打开。以前安装板卡时需要拧螺钉、拆挡板,现在有的厂商设计的机箱采用了滑轨形式的塑料扣子,拔插板卡时只要轻轻地把塑料扣子打开或者合住即可。以前在安装主板时,普通机箱的主板固定板上有若干固定孔,必须安装一些固定主板用的螺钉铜柱和伞形的塑料扣来固定主板。不仅安装和拆卸麻烦,甚至还可能引起主板短路。目前高档机箱的主板固定板采用弹簧卡子和膨胀螺钉组合形式来固定主板。膨胀螺钉可以根据使用环境的不同而改变自身的粗细、大小，用弹簧卡子固定主板，拆卸时只要扳开卡子就可以拿下主板而不用再拧螺钉。

质量好的机箱不会出现机箱毛边、锐口、毛刺等现象，而劣质机箱出现上述现象则是很正常的。质量好的机箱一般在出厂前都要经过相应的磨边处理，把一些钢板的边沿毛刺磨平，棱角之处也打圆，相应地折起一些边角。安装这样的机箱时，绝对不用担心自身的安全问题。质量好的机箱背后的挡板也比较结实，需要动手多弯折几次才可卸掉，而劣质机箱后边的挡板拿手一抠即可卸掉。此外质量好的机箱的驱动槽和插卡定位准确，不会出现偏差或装不进去的现象。

5. 机箱的特色

目前不少机箱都采用透明侧板，加上机箱内的冷光灯及发光的风扇，使得机箱从一个呆板的铁匣子变成一件装饰品。前置面板一般都包含两个USB接口和耳机、MIC接口，有的还带有前置的1394火线接口。有不少机箱的内部带有温度探头，前面板都带有液晶屏，显示机箱内的实时温度，这样可以为用户特别是超频爱好者提供很大的方便。前面板的音频接口和USB接口如图9-7所示。

USB接口　耳机接口　MIC接口　USB接口

图9-7　前面板的音频接口和USB接口

9.3　键盘

键盘（Keyboard）是计算机系统最基本的输入设备，用户可以通过它输入操作命令和文本数据。键盘的外形如图9-8所示。

图9-8　键盘的外形

9.3.1　键盘的功能及分类

1. 键盘的功能

键盘的功能是及时发现被按下的按键，并将该按键的信息送入计算机。键盘中有专用电路对按键进行快速重复扫描，产生被按键代码并将代码送入计算机的接口电路，这些电路称为键盘控制电路。

在键盘上，按照按键的不同功能可分为4个键区：主键盘区、功能键区、编辑控制键区、数字和编辑两用键区，具体如图9-9所示。主键盘区包括26个字母键、0～9十个数字键、各种符号键及周边的空格键【Space】、回车键【Enter】、退格键【Backspace】、控制键【Ctrl】、更换键【Alt】、换挡键【Shift】、大小写锁定键【Caps Lock】、制表键【Tab】、退出键【Esc】等控制键。功能键区包括【F1】～【F12】共12个键，对于不同的软件有不同的功能。编辑控制键区从上到下分为三个部分，最上面的三个键为编辑控制键、中间六个键为编辑键、下面四个键为光标控制键。上面的三个键分别是屏幕打印触发键【Print Screen】、滚动锁定键【Scroll Lock】、暂停/中止键【Pause Break】，中间的六个键分别是插入键【Insert】、删除键【Delete】、向前翻页键【PageUp】、向后翻页键【PageDown】、【Home】键和【End】键。【Home】键和【End】键常用于一些编辑软件中，使鼠标指针回到当前行或所打开文件的最前面或最后面。下面四个键分别是【↑】、【↓】、【→】、【←】光标移动键。数字和编辑两用键区在键盘的最右边，通过【Num Lock】键对该键区用于输入数字还是编辑进行切换。在数字和编辑两用键区上面有三个指示灯，分别为【Num Lock】数字/编辑控制键状态指示灯、【Caps Lock】英文大/小写锁定指示灯和【Scroll Lock】滚动锁定指示灯。有些新式键盘上还有一些其他键，如用于上Internet的快捷键、多媒体播放的操作键及轨迹球等，这些功能键要安装相应的驱动程序才能使用。

图9-9 键盘分区

2. 键盘的分类

（1）按键数分为84键、101键和104键等。84键的键盘是过去IBM PC/XT和PC/AT的标准键盘，现在很难见到了。104键的键盘是在101键的键盘基础上为配合Windows操作系统而增加了三个键，以方便对"开始"菜单和窗口菜单的操作。104键的键盘为目前普遍使用的键盘。

（2）按键盘的工作原理分为编码键盘和非编码键盘。编码键盘是对每一个按键均产生唯一对应的编码信息（如ASCⅡ码）。显然这种键盘响应速度快，但电路较复杂。非编码键盘是利用简单的硬件和专用键盘程序来识别按键的，并提供一个位置码，然后再由处理器将这个位置码转换为相应的按键编码信息。采用这种方式的速度不如前者快，但它最大的好处是可以通过软件编码对某些键进行重新定义，目前被广泛使用。

（3）按键盘的按键方式不同分为机械键盘、塑料薄膜式键盘、导电橡胶式键盘和无接点静电电容键盘四种。

①机械（Mechanical）键盘采用类似金属接触式开关，工作原理是使触点导通或断开，具有工艺简单、噪声大、易维护的特点。

②塑料薄膜式（Membrane）键盘内部共分四层，实现了无机械磨损。其特点是低价格、低噪声和低成本，已占领市场的绝大部分份额。

③导电橡胶式（Conductive Rubber）键盘触点的结构是通过导电橡胶相连。键盘内部有一层凸起带电的导电橡胶，每个按键都对应一个凸起，按下时把下面的触点接通。这类键盘

是市场由机械键盘向薄膜键盘的过渡产品。

④无接点静电电容（Capacitives）键盘使用类似电容式开关的原理，通过按键时改变电极间的距离引起电容容量改变从而驱动编码器。特点是无磨损且密封性较好。

（4）按键盘与主机连接的接口分为 5 芯标准接口键盘、PS/2 接口键盘、USB 接口键盘及无线键盘。5 芯标准接口键盘用于 AT 主板，现在已淘汰；PS/2 接口键盘、USB 接口键盘用于 ATX 主板，是目前主流键盘，但随着 USB 接口的增加，USB 键盘有取代 PS/2 键盘的趋势；无线键盘主要用于不适合键盘连线的场合，它要进入系统安装驱动程序后才能使用，并且键盘要经常更换电池。

（5）按连接方式可分为有线与无线键盘。无线键盘是指键盘盘体与计算机之间没有直接的物理连线，通过红外线或无线电波将输入信息传送给特制的接收器。无线键盘又分为红外线键盘和无线电键盘，红外线键盘通过红外线传送数据，由于红外线有方向性和无穿透性，市场上很少有了，而无线电键盘主要是采用蓝牙无线技术。所谓蓝牙（Bluetooth）技术，实际上是一种短距离无线电技术。蓝牙采用分散式网络结构、快跳频和短包技术，支持点对点及点对多点通信，工作在全球通用的 2.4GHz ISM（工业、科学、医学）频段，其数据速率为 1Mb/s，采用时分双工传输方案实现全双工传输。

（6）按键盘的外形可分为标准键盘和人体工程学键盘

①标准键盘。它是指常见的 101、104 键盘。

②人体工程学键盘。它是在标准键盘上，将指法规定的左手键区和右手键区两大板块左右分开，并形成一定角度，使操作者不必有意识地夹紧双臂，能够保持一种比较自然的形态，这种设计的键盘被微软公司命名为自然键盘（Natural Keyboard），对于习惯盲打的用户可以有效地减少左右手键区的误击率，如字母"G""H"。有的人体工程学键盘还有意加大常用键（如【Space】键和【Enter】键）的面积，在键盘的下部增加护手托板，给以前悬空的手腕以支持点，减少由于手腕长期悬空导致的疲劳。这些都可以视为人性化的设计。微软人体工程学 4000 键盘如图 9-10 所示。

图 9-10　微软人体工程学 4000 键盘

9.3.2　键盘的选购

购买键盘时先要根据用途和经济条件决定买什么档次的键盘。目前市场上的键盘主要分为三个档次。

第一个档次是 50 元以下的键盘，很多没有品牌的 OEM 键盘或者一些不知名的键盘都属此类。可以说，选购 50 元以下的键盘一定要考查它的质量，这类键盘的质量都不是很好，多数键盘的键位字迹是印刷上去的，而不是激光雕刻的，字迹的耐磨性很差，使用一段时间后会出现字迹模糊脱落的现象。另外就是键盘的舒适度不是很好，键盘敲击时感觉比较僵硬，弹性不好，这类键盘主要适合对键盘要求不高的用户。

第二个档次是 50～200 元的键盘，这类键盘主要是一些国内比较正规的厂商生产或者国外的一些大品牌在中国投资生产的产品，如双飞燕、雷柏等。虽然这些产品暂时还无法跟罗技、微软这些键鼠专业厂商媲美，但在质量方面还是值得信任的。如果对键盘没有什么特别的要求，只是日常打字、通信、写文章，这类键盘完全可以胜任。

第三个档次是 200 元以上的键盘，这类键盘主要是给对键盘有特别需要的用户或玩家量身定做的，如键盘在画图和玩游戏时要求高精准度、可以无线使用、符合人体工程学设计、防水、具备多媒体功能等。制作键盘比较出名的厂商有罗技和雷蛇等。

不管是什么档次的键盘产品，在选购时可按照以下步骤检试。

（1）看手感。选择键盘时，首先就是用双手在键盘上敲打，由于每个人的喜好不一样，有人喜欢弹性小的，有人则喜欢弹性大的，只有在键盘上操练几下，才知道自己的满意度。另外要注意，键盘在新买的时候弹性要强于以后多次使用后的。

（2）看按键数目。市场上最多的还是标准104键、108键的键盘，高档的键盘会增加很多多媒体功能键，设计在键盘的上方。另外如【Enter】键和【Space】键最好选设计得大气的为好，毕竟这是日常使用最多的按键。

（3）看键帽。键帽第一看字迹，激光雕刻的字迹耐磨，印刷上的字迹易脱落。将键盘放到眼前平视，会发现印刷的按键字符有凸凹感，而激光雕刻的键符则比较平整。

（4）看键程。很多人喜欢键程长一点的，按键时很容易摸索到；也有人喜欢键程短一点的，认为这样打字时会快一些。键程长一点的键盘适合对键盘不算熟悉的用户，键程短一点的键盘适合对键盘比较熟悉的用户。

（5）看键盘接口。键盘多使用的是PS/2接口和USB接口，USB接口的键盘最大特点就是可以支持即插即用。

（6）看品牌、价格。在同等质量、同等价格的情况下应挑选名牌大厂的键盘，能给人一定的信誉度和安全感。

9.3.3 键盘的常见故障与维护

键盘在使用过程中，故障的表现形式是多种多样的，原因也是多方面的。有接触不良故障，有按键本身的机械故障，还有逻辑电路故障、虚焊、假焊、脱焊和金属孔氧化等。维修时要根据不同的故障现象进行分析判断，找出产生故障的原因，进行相应的修理。当然，如果故障太复杂就不如买一个新键盘实惠。

（1）开机时显示"Keyboard Error"（键盘错误）。这时应检查键盘是否插好，接口是否损坏、CMOS设置是否正确。

（2）键盘上一些键，如【Space】键、【Enter】键不起作用，有时需按无数次才输入一个或两个字符，有的键（如光标键）按下后不再起来，屏幕上光标连续移动，此时键盘其他字符不能输入，需再按一次才能弹起来。这种故障为键盘的卡键，不仅是使用很久的旧键盘，就是没用多久的新键盘的卡键故障也时有发生。出现键盘的卡键现象主要由以下两个原因造成的：一是键帽下面的插柱位置偏移，使得键帽按下后与键体外壳卡住不能弹起，此原因多发生在新键盘或使用不久的键盘上；二是按键复位弹簧弹性变差，弹片与按杆的摩擦力变大，不能使按键弹起，此种原因多发生在长久使用的键盘上。当键盘出现卡键故障时，可将键帽拔下，然后按动按杆，若按杆弹不起来或乏力，则是由第二种原因造成的，否则为第一种原因所致。若是由于键帽与键体外壳卡住的原因造成卡键故障，则可在键帽与键体之间放一个垫片，该垫片可用稍硬一些的塑料（如废弃的软磁盘外套）做成，其大小等于或略大于键体尺寸，并且在按杆通过的位置开一个可使铵杆自由通过的方孔，将其套在按杆上，然后插上键帽，用此垫片阻止键帽与键体卡住，即可修复故障按键；若是由于弹簧疲劳、弹片阻力变大的原因造成卡键故障，则可将键体打开，稍微拉伸复位弹簧使其恢复弹性，取下弹片将键体恢复。通过取下弹片，减少按杆弹起的阻力，从而使故障按键得到恢复。

（3）某些字符不能输入。若只有某一个键字符不能输入，则可能是该按键失效或焊点虚焊。检查时，按照上述方法打开键盘，用万用表电阻挡测量接点的通/断状态。若键按下时始终不导通,则说明按键簧片疲劳或接触不良,需要修理或更换;若键按下时接点通/断正常,说明可能是因虚焊、脱焊或金属孔氧化所致,可沿着印制线路逐段测量,找出故障进行重焊;若因金属孔氧化而失效,可将氧化层清洗干净,然后重新焊牢;若金属孔完全脱落而造成断路,可另加焊引线进行连接。

若有多个既不在同一列也不在同一行的按键都不能输入,则可能是列线或行线某处断路,或者是逻辑门电路产生故障。这时可用 100MHz 的高频示波器进行检测,找出故障器件虚焊点,然后进行修复。

(4)键盘输入与屏幕显示的字符不一致。此种故障可能是由于电路板上产生短路现象造成的,其表现是按这一键时却显示为同一列的其他字符,此时可用万用表进行测量,确定故障点后进行修复。

9.4 鼠标

鼠标(Mouse)是计算机的重要输入设备,它是伴随着 DOS 图形界面操作软件出现的,特别是 Windows 图形界面操作系统的出现,鼠标以直观和操作简单的特点得到广泛使用。目前,在图形界面下的所有应用软件几乎都支持鼠标操作方式。千姿百态的鼠标造型如图 9-11 所示。

图 9-11 千姿百态的鼠标造型

9.4.1 鼠标的分类及原理

1. 鼠标的分类

(1)按鼠标的工作原理可分为滚球式鼠标(已淘汰)、光电式鼠标、激光式鼠标、蓝影式鼠标。滚球式鼠标是根据滚球定位;光电式鼠标采用发光二极管发射出的红色可见光源进行定位;激光式鼠标采用激光二极管发射的短波非可见激光进行定位;蓝影式鼠标采用可见的蓝色光源进行定位。如图 9-12 所示。

滚球式鼠标　　　光电式鼠标　　　激光式鼠标　　　蓝影式鼠标

图 9-12 常见鼠标的底部结构

（2）按鼠标接口分为串口鼠标、PS/2 接口鼠标、USB 接口鼠标和无线鼠标。串口鼠标多为 9 针 D 形插头，与多功能卡或主板上的串口 COM1 或 COM2 相连接，现在已很少使用。目前鼠标大多采用 PS/2 专用接口和 USB 接口鼠标。无线鼠标是指无线缆直接连接到主机的鼠标，通常采用无线通信方式，包括蓝牙、Wi-Fi（IEEE 802.11）、Infrared（IrDA）、ZigBee（IEEE 802.15.4）等多个无线技术标准。

2．鼠标的工作原理

（1）机械式鼠标的工作原理。机械式鼠标通过底部中间的一个塑胶圆球的滚动来带动纵向和横向的两个轴杆和有光栅的轮盘转动，通过两个轮盘上的光栅孔对光电管信号的开通和阻断，使电路产生 X、Y 两列脉冲计数信号，代表上下和左右移动的坐标值，输送到计算机里进行光标位置处理。

（2）光电鼠标的工作原理。如图 9-13 所示，光电鼠标内部有一个发光二极管，通过它发出的光线，可以照亮光电鼠标底部表面。此后，光电鼠标经底部透镜组件反射回的一部分光线，通过一组光学透镜后，传输到光学传感器内成像。这样，当光电鼠标移动时，其移动轨迹便会被记录为一组高速拍摄的连贯图像，被光电鼠标内部的一块专用图像分析芯片（DSP，数字微处理器）分析处理。该芯片通过对这些图像上特征点位置的变化进行分析，来判断鼠标的移动方向和移动距离，从而完成光标的定位。大部分光电鼠标均采用红色 LED 灯作为光源，因为在可见光谱中，红色光的波长最长，它的穿透性也最强。

（3）激光鼠标的工作原理。如图 9-14 所示，它是以激光为光源，与光电鼠标不同的是，它是通过镜面反射进行接收的，激光能对表面的图像产生更大的反差，把接收透镜收到的反射光发送到"CMOS 成像传感器"，这样得到的图像更容易辨别，从而提高鼠标的定位精准性。

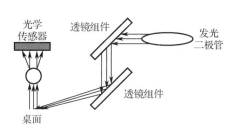

图 9-13　光电鼠标的工作原理图

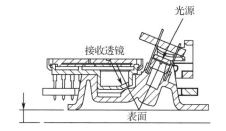

图 9-14　激光鼠标的工作原理

（4）蓝影鼠标的工作原理。如图 9-15 所示，蓝影鼠标使用的是可见的蓝色光源，可它并非利用传统光电鼠标的漫反射阴影成像原理，而是利用激光引擎的镜面反射点成像原理。

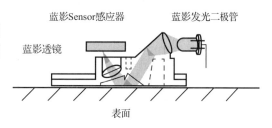

图 9-15　蓝影鼠标的工作原理

9.4.2　鼠标的技术指标

1．鼠标的分辨率

鼠标的分辨率通常采用的单位是 DPI 或 CPI。DPI（Dots Per Inch）意思是每英寸的像素数；CPI（Count Per Inch）意思是每英寸的采样率，即鼠标每移动一英寸能够从移动表面上采集到多少个点的变化。分辨率越高，鼠标所需要的最小移动距离就越小，也就是说 DPI 数值高的鼠标更适合在高分辨率屏幕（游戏）下使用。目前，大部分光电式鼠标的分辨率都达到了 1000dpi，而且个别名牌鼠标还具有可以调控分辨率的功能。

2. 鼠标的刷新频率

光电式鼠标的刷新频率也称为扫描频率或者帧速率，它反映了光学传感器内部的 DSP（数字处理器）对 CMOS 光学传感器每秒可拍摄图像的处理能力。在鼠标移动时，数字处理器通过对比所拍摄相邻照片间的差异，从而确定鼠标的具体位移。但当光电式鼠标在高速运动时，可能会出现相邻两次拍摄的图像中没有明显参照物的情况。若光电式鼠标无法完成正确定位，也就会出现常说的跳帧现象。而提高光电式鼠标的刷新频率就加大了光学传感器的拍摄速度，也就减少了没有相同参考物的概率，达到了减少跳帧的目的。描述刷新频率的单位是 fps，也就是鼠标每秒扫描的帧数。fps 是越高越好，而且它和 DPI 无关。

3. 鼠标的按键寿命

鼠标按键可以正常使用的时间一般以"万次"为单位，表示某个按键可以按下多少万次。

4. 鼠标的人体工程学

鼠标人体工程学的目的就是最大限度地满足人们使用鼠标时，在手感及舒适度和使用习惯方面的要求，尽量减轻长时间使用时身心的疲劳程度，尽量避免产生肌肉劳损的症状，从而最大限度地保护用户的身心健康，提高工作效率。

9.4.3 鼠标的常见故障和维修方法

鼠标一般在电路被损坏时购买新的比维修还要便宜，没有修理价值。但有些因为不干净或接触不良的故障也可进行修理。

鼠标的常见故障现象有鼠标指针移动不灵活、鼠标指针只能纵向或横向移动、找不到鼠标、鼠标指针不动、鼠标单击或右击无反应等。

造成故障的原因主要是由于灰尘使滚轴积有污垢、滚轴变形、电路器件损坏、鼠标连接线断针或断线、鼠标按钮的微动开关损坏、硬件冲突、病毒影响等原因。

处理方法如下。

（1）对机械式鼠标可将其拆开，清洗橡胶球、滚轴；光电式鼠标可清除发光管和光敏管上的灰尘。

（2）检查鼠标连接线中是否有断线，插头是否有短针、断针和弯针，并进行修复。

（3）检查鼠标内部电路和元器件是否有损坏，微动开关是否失效，更换坏的元器件即可。

（4）清除计算机病毒，检查是否有硬件冲突。

9.5 音箱

对于多媒体计算机而言，音箱是必不可少的，好的音箱配合声卡就能使计算机发出优美动听的声音。

9.5.1 音箱的组成及工作原理

1. 音箱的组成

音箱由箱体、功放组件、电源、分频器及扬声器组成。

（1）箱体。用于表现声音和乐曲、容纳扬声器和放大电路。箱体有密封式和倒相式（导向式）两种形式。

①密封式。除了扬声器口外其余部分全部密封，这样扬声器纸盆前后被分隔成两个互不通气的空间，可以消除声短路及相互间的干扰现象，但扬声器反面的声音不能放出来。

②倒相式。音箱面板上开有倒相孔，箱内的声音倒相后辐射到外面来，使声音加强，是目前多媒体音箱中最常用的箱体设计。它比密闭式具有更高的功率承受能力和更低的失真度，且灵敏度高。

（2）功放组件。将微弱音频信号放大以驱动扬声器，实现高、低音调的调节及音量调节。

（3）电源。将交流电转换为放大器用的低压直流电（一般为20～30W），为功放组提供电能。

（4）分频器。根据频率将信号分别分配给高音单元和低音单元，并且防止大功率的低频信号损坏高频单元。

（5）扬声器。整个音响系统的最终发声器件。低音单元（20～6000Hz）的口径为6.5in；中音单元（150～5000Hz）口径为4～6in；高音单元（1500～25000Hz）口径为2～3.5in。各种扬声器如图9-16所示。

（a）高音扬声器　　（b）中音扬声器　　（c）低音扬声器

图9-16　各种扬声器

2. 音箱的工作原理

输入的音频信号由前置放大器经分频器把低音、中音和高音信号分别送往高、中、低音功率放大器放大，再送往低、中和高音扬声器，由扬声器把电信号还原为高保真的声音，如图9-17所示。

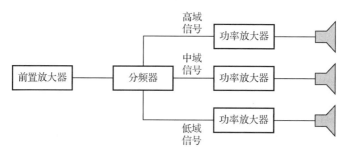

图9-17　音箱的工作原理

9.5.2 音箱的性能指标

1. 输出功率

输出功率决定了音箱所能发出的最大声音强度。目前音箱功率的标注方式有两种，即额定功率与最大承受功率（瞬间功率或峰值功率 PMPO）。额定功率是指在额定频率范围内给扬声器一个规定了波形的持续模拟信号，扬声器所能发出的最大不失真功率；而最大承受功率是扬声器不发生任何损坏的最大电功率。音箱音质的好坏并不取决于其输出功率的大小，音箱功率也并不是越大越好，只要适用就行。对于普通家庭用户而言，50W 功率的音箱即可。

2．频率范围与频率响应

频率范围是指音箱系统的最低有效回放频率与最高有效回放频率之间的范围；频率响应是指将一个以恒电压输出的音频信号与系统相连接时，音箱产生的声压随频率的变化而发生增大或衰减、相位随频率而发生变化的现象，单位为分贝（dB）。普通的音箱在"频率响应"中的数据一般为"*Hz——*kHz"，而具备 HiFi 音质的音箱一般在上述描述中会加上（＋／－3dB）。

3．灵敏度

灵敏度是衡量音箱的一个重要性能技术指标。它是指在经音箱输入端输入 1W/1kHz 信号时，在距音箱扬声器平面垂直中轴前方 1m 的地方所测试的声压级，单位为 dB。音箱的灵敏度越高，对放大器的功率需求越小。普通音箱的灵敏度在 70~80dB 范围内，高档音箱通常能达到 80~90 dB。普通用户选择灵敏度为 70~85 dB 的音箱即可。

4．信噪比

信噪比是指放大器的输出信号电压与同时输出的噪声电压之比，它的计量单位为 dB。信噪比越大，则表示混在信号里的噪声越小，放音质量就越高；反之，放音质量就越差。在多媒体音箱中，放大器的信噪比要求至少大于 70 dB，最好大于 80 dB。

5．失真度

失真度是指电信号转换成声信号的失真。失真度可分为谐波失真、互调失真和瞬间失真。谐波失真度是指在声音回放时增加了原信号没有的高次谐波成分所导致的失真；互调失真是由声音音调变化而引起的失真；瞬间失真是因为扬声器有一定的惯性，盆体的振动无法跟上电信号瞬间变化的振动，出现了原信号和回放信号音色的差异。声波的失真允许范围在 10%之内，一般人耳对 5%以内的失真不敏感。

6．阻抗

阻抗是指扬声器输入信号的电压与电流的比值，通常为 8Ω。

7．音箱材质

主流音箱体的材质一般分为塑料音箱和木质音箱。塑料材质容易加工，大批量生产成本能压得很低，一般用在中/低档产品中。其缺点是箱体单薄、无法克服谐振、音质较差。木质音箱降低了谐振所造成的音染，音质普遍好于塑料音箱。

8．支持声道数

音箱所支持的声道数是衡量音箱档次的重要指标。当然是越多越好。

9.5.3 音箱的选购

（1）外观。选购音箱时应首先检查音箱的包装，查看是否有拆封、损坏的痕迹，然后打开包装箱，检查音箱及相关配件是否齐全。通过外观辨别真伪，假冒产品的做工粗糙，最明显的是箱体，假冒木质音箱大多数是用胶合板甚至纸板加工而成的。接下来就是看做工，查看箱体表面有没有气泡、凸起、脱落、边缘贴皮粗糙等缺陷，有无明显板缝接痕，箱体结合是否紧密整齐。

（2）根据实际需要选购。选择音箱时要查看功率放大器、声卡的阻抗是否和音箱匹配，否则得不到想要的效果或者将音箱烧毁,因此在选购之前一定要清楚计算机的配置情况。另外,还应根据室内空间的大小选择适用多大功率的音箱,切不可盲目地追求大功率、高性能产品。

(3)试听。在实际选购时,先听静噪,俗称电流声,检查时拔下音频线,然后将音量调至最大,此时可以听见"刺刺"的电流声,这种声音越小越好,一般只要在20 cm外听不到此声即可。接下来,挑选一段自己熟悉的音乐细听音质,其标准是中音(人声)柔和醇美,低音深沉而不浑浊,高音亮丽而不刺耳,全音域平衡感要好,试听时最好选用正版交响乐CD。最后是调节音量的变化,音量的变化应该是均匀的,旋转时不能有接触不良的"咔咔"声响。

9.5.4 音箱的常见故障及排除

音箱中最贵的是扬声器,只要它不坏,就还有维修的价值。

(1)音箱不出声或只有一只扬声器出声。首先应检查电源、连接线是否接好,有时过多的灰尘往往会导致接触不良。如不确定是否是声卡的问题,则可更换音源(如接上随身听),以确定是否是音箱本身的毛病。当确定是音箱的问题后,应检查扬声器音圈是否烧断、扬声器音圈引线是否断路、馈线是否开路、与放大器是否连接妥当。当听到音箱发出的声音比较空、声场涣散时,要注意音箱的左右声道是否接反,可考虑将两组音频线换位。如果音箱声音低,则应重点检查扬声器质量是否低劣、低音扬音器的相位是否接反。当音箱有明显的失真时,可检查低音、3D等调节程度是否过大。此外,扬声器音圈歪斜、扬声器铁心偏离或磁隙中有杂物、扬声器纸盆变形、放大器馈给功率过大也会造成失真。

(2)音箱有杂音。首先确定杂音的来源,如果是音箱本身的问题可更换或维修音箱。音箱本身的问题主要出在扬声器纸盆破裂、音箱接缝开裂、音箱后板松动、扬声器盆架未固定紧、音箱面网过松等方面。

(3)只有高音没有低音。这种故障一般是因为音箱的音量过大,长时间使用,导致低音炮被烧坏,也可能是线头断线,只要更换新的即可。

(4)声音失真。这可能是扬声器音圈歪斜、扬声器铁心偏离或磁隙中有杂物、扬声器纸盆变形、放大器馈给功率过大而引起,只要扶正扬声器音圈、扶正扬声器铁心或取出磁隙中的杂物、更换扬声器纸盆、调低放大器的放大量即可。

至此,计算机的硬件全部讲完,为了进一步加强对计算机硬件的了解,读者可以前往计算机硬件市场进行市场调研和设计组装方案。

实验9

1. 实验项目
计算机硬件市场的调研。

2. 实验目的
(1)了解计算机硬件市场各主要部件的市场行情。
(2)熟悉计算机硬件价目单中各项指标的含义。
(3)了解计算机硬件市场目前的流行部件及最新的发展趋势。
(4)锻炼购机、配置、装机的能力。

3. 实验准备及要求
(1)每个学生准备一支笔和一个笔记本。
(2)登录zol.com.cn(中关村在线)网,对市场上计算机硬件的参数及价格进行一个大致了解。
(3)由教师带队到当地最大的计算机硬件市场进行调研。

（4）调研时要边看边记，作为记录必须真实。

4．实验步骤

（1）依据对本市计算机市场的初步了解，制订出市场调研计划。

（2）实施市场调研计划，并认真进行记录。

（3）整理记录，完成实验报告。

5．实验报告

（1）写出调研的计算机硬件市场的名称和调研销售商的名称（至少五个）。

（2）根据调研情况写出一份预算为 6000 元左右的台式计算机配置计划。

要求：

① 写出各主要部件的型号及单价。

② 写出你选择各部件的理由。

③ 你配置的计算机有何特点？最适合运行哪方面的软件？做哪方面的工作？

习题 9

1．填空题

（1）电源为主机各部件提供强劲的_____，是主机的_____来源。

（2）键盘和鼠标是计算机必不可少的_____设备，是人机_____的重要工具。

（3）电源的作用是将_____电变换为+5V、-5V、+12V、-12V、+3.3V 等不同电压且稳定的_____电。

（4）电源的功率元件是工作在_____状态，它是依靠调节_____宽度来稳定输出电压的。

（5）一款理想的机箱，除了能对硬件进行有效的保护外，其良好的_____系统、较强的防辐射能力，以及用户界面人性化等都是必不可少的。

（6）市面上主流的机箱，按结构可分为_____、_____、_____和_____。

（7）Micro-ATX 机箱常见的尺寸有两种：_____和_____。

（8）键盘是计算机系统最基本的输入设备，用户通过它_____和_____。

（9）键盘的功能是及时发现被按下的_____，并将该_____的信息送入计算机。

（10）按鼠标的工作原理可分为_____式鼠标和_____式鼠标。

2．选择题

（1）以下不是 ATX 电源输出的直流电是（　　）。

A．+5V　　　　　　B．+12V　　　　　　C．+3.3V　　　　　　D．+6V

（2）ATX 电源为 20 针双排防插错插头，除提供±5V、±12V 电压和 Power Good 信号外，还提供（　　）电压。

A．+3.3V　　　　　B．+2.5V　　　　　　C．+4.3V　　　　　　D．-3.3V

（3）专门针对 Pentium4 而定义的电源标准是（　　）。

A．ATX1.01　　　　B．ATX2.01　　　　　C．ATX2.03　　　　　D．ATX2.04

（4）以下属于 PC 使用的电源类型包括（　　）。

A．AT　　　　　　B．ATX　　　　　　　C．BTW　　　　　　　D．BTX

（5）机箱的选购要注意的有（　　）。

A．机箱的材质　　　B．机箱的散热　　　　C．机箱的制作工艺　　D．机箱的特色

（6）在键盘上，按照按键的不同功能可分为（　　）个键区。

A．2　　　　　　　B．3　　　　　　　　C．4　　　　　　　　D．5

（7）鼠标按其工作原理包括（　　）。

A．滚球式鼠标　　　　B．光电式鼠标　　　　C．激光式鼠标　　　　D．蓝影式鼠标

（8）以下不属于无线鼠标通信方式的是（　　）。

A．蓝牙　　　　　　　B．Wi-Fi　　　　　　C．GPRS　　　　　　　D．Infrared

（9）音箱的部件包括（　　）。

A．箱体　　　　　　　B．功放组件　　　　　C．分频器　　　　　　D．扬声器

（10）具备 HiFi 音质的音箱"频率响应"中，会特别标注（　　）。

A．+3dB　　　　　　　B．+／-3dB　　　　　C．+5dB　　　　　　　D．+／-5dB

3．判断题

（1）电源质量好坏不能直接决定计算机的其他配件能否可靠地运行和工作。（　　）

（2）脉冲宽度调节是指根据对输出电压波动的监测，通过反馈信号来调节脉冲信号的宽度，达到稳定输出直流电压的目的。（　　）

（3）机箱主要是用来安装 PC 组件的，挑一个好看的机箱即可。（　　）

（4）开机时显示"Keyboard Error"（键盘错误）时键盘肯定没插好。（　　）

（5）没有鼠标计算机无法在图形界面中操作。（　　）

4．简答题

（1）ATX2.03 电源与 ATX2.04 电源有何不同？

（2）ATX 电源是否可以装到 BTX 机箱里？为什么？

（3）如何选购一个好电源？

（4）人体工程学键盘有何优点？为什么能提高输入速度？

（5）光电式、激光式、蓝影式鼠标有何异同？

第 10 章
传统 BIOS 与 UEFI

本章主要讲述计算机上电自检的过程，BIOS、UEFI 的概念，BIOS 与 UEFI 的区别，如何设置 BIOS 与 UEFI 及如何刷新 BIOS。

10.1 BIOS 概述

在讲述 BIOS 概念之前，先讲述计算机的上电自检过程。上电自检（Power On Self Test，POST）是 BIOS 功能的一个主要部分，它负责完成对 CPU、主板、内存、硬盘、显卡（包括显示缓存）、串并行接口、键盘、CD-ROM 光驱等的检测。

10.1.1 上电自检

1. 上电自检的过程

主板在接通电源后，系统首先由 POST 程序来对内部各个设备进行检查。在按下启动电源开关时，系统的控制权就交由 BIOS 来完成，由于此时电压还不稳定，主板控制芯片组会向 CPU 发出并保持一个重置（RESET）信号，让 CPU 初始化，同时等待电源发出的电源准备就绪信号（Power Good）。当电源开始稳定供电后（电源从不稳定到稳定的过程只是短暂的瞬间），主板芯片组便撤去 RESET 信号（如果是手动按下计算机面板上的【RESET】按钮来重启计算机，主板芯片组就会撤去 RESET 信号），CPU 立即从地址 FFFF0H 处开始执行指令，这个地址在系统 BIOS 的地址范围内，无论是 Award BIOS 还是 AMI BIOS，放在这里的是一条跳转指令，实现跳转到系统 BIOS 中真正的启动代码处。系统 BIOS 的启动代码要先进行 POST 自检，以检测计算机中硬件设备的工作状态是否正常。

POST 自检过程大致为：计算机加电→CPU→ROM→BIOS→System Clock→DMA→64KB RAM→IRQ→显卡等。检测显卡以前的过程称为关键部件测试，如果关键部件有问题，计算机会处于挂起状态，一般称这类故障为核心故障。另一类故障称为非关键性故障，检测完显卡后，计算机将对 64KB 以上内存、I/O 接口、硬盘驱动器、键盘、即插即用设备、CMOS 设置等进行检测，并在屏幕上显示各种信息和出错报告。在正常情况下，POST 自检过程进行得非常快，所以一般感觉不到这个过程。

POST 自检过程是逐一进行的，BIOS 厂商对每一个设备都定义了一个开机自我检测代码（POST Code），在对某个设备进行检测时，首先将对应的 POST Code 写入 80H（地址）诊断端口，当该设备检测通过后，则接着写入另一个设备的 POST Code，继续进行测试。如果某个设备测试没有通过，则此 POST Code 会在 80H 处保留下来，检测程序也会中止，并根据已定的报警声进行报警，BIOS 厂商对报警声也分别进行了定义，不同的设备出现故障，其报警声也是不同的，一般可以根据不同的报警声分辨出故障设备。

2. 上电自检提示信息的含义

POST 自检过程中如果发现错误，将按两种情况处理：对于严重故障（致命性故障）

则停机，此时由于各种初始化操作还没完成，不能给出任何提示或信号；对于非严重故障则给出提示或声音报警信号，等待用户处理。通过 POST 可以快速地检测出故障设备，以便正确地解决出现的硬件问题。POST 常见的屏幕出错信息及造成的原因如下。

（1）CMOS battery failed（CMOS 电池失效）。

原因：说明 CMOS 电池的电力已经不足，请更换新的电池。

（2）CMOS check sum error－Defaults loaded（CMOS 执行全部检查时发现错误，因此载入预设的系统设定值）。

原因：通常发生这种状况都是因为电池电力不足造成的，所以可以先试试换个新电池。如果问题依然存在，则说明 CMOS RAM 可能有问题，最好送回原厂处理。

（3）Display switch is set incorrectly（显示开关配置错误）。

原因：较旧型的主板上有跳线可设定显示器为单色或彩色，而这个错误提示是指主板上的设定和 BIOS 里的设定不一致，重新设定即可。

（4）Press ESC to skip memory test（内存检查，可按【ESC】键跳过）。

原因：如果在 BIOS 内并没有设定快速加电自检的话，那么开机就会执行内存的测试，如果不想等待，可按【ESC】键跳过或到 BIOS 内开启"Quick Power On Self Test"选项。

（5）Hard Disk Initializing（Please wait a moment...）（硬盘正在初始化，请等待片刻）。

原因：这种问题在较新的硬盘上根本看不到。但在较旧的硬盘上，其启动较慢，所以就会出现这个问题。

（6）Hard Disk Install Failure（硬盘安装失败）。

原因：硬盘的电源线、数据线可能未接好或者硬盘跳线设置不正确出现错误（如一根数据线上的两个硬盘都设为 Master 或 Slave）。

（7）Secondary Slave Hard Fail（检测从盘失败）。

原因：① CMOS 设置不当（如没有从盘但在 CMOS 里设有从盘）；② 硬盘的电源线、数据线可能未接好或者硬盘跳线设置不正确。

（8）Hard disk(s) diagnosis Fail（执行硬盘诊断时发生错误）。

原因：这通常代表硬盘本身的故障。可以先把硬盘接到另一台计算机上试一下，如果问题一样，就只好送修了。

（9）Floppy Disk(s)Fail 或 Floppy Disk(s)Fail(80)或 Floppy Disk(s)Fail(40)（无法驱动软驱）。

原因：软驱的排线接错、松脱或电源线没有接好。如果这些都没问题，则是软驱损坏。

（10）Keyboard Error Or No Keyboard Present（键盘错误或者未连接键盘）。

原因：键盘连接线没插好，或连接线损坏。

（11）Memory Test Fail（内存检测失败）。

原因：通常是因为内存不兼容或故障所导致。

（12）Override Enable－Defaults Loaded（当前 BIOS 设定无法启动系统，载入 BIOS 预设值以启动系统）。

原因：可能是在 BIOS 内的设定值并不适合计算机硬件设备（如内存工作频率设置不正确），这时进入 BIOS 重新设定即可。

（13）Press TAB To Show POST Screen（按【Tab】键可以切换屏幕显示）。

原因：一些 OEM 厂商会以自己设计的显示画面来取代 BIOS 预设的开机显示画面，此提示就是告诉使用者可以按【TAB】键对厂商的自定义画面和 BIOS 预设的开机画面进行切换。

（14）Resuming From Disk，Press Tab To Show POST Screen（从硬盘恢复开机，按【Tab】键显示开机自检画面）。

原因：某些主板的 BIOS 提供了 Suspend To Disk（挂起到硬盘）的功能，当使用者以 Suspend To Disk 的方式来关机时，那么在下次开机时就会显示此提示消息。

（15）BIOS ROM Checksum Error-System Halted（BIOS 程序代码在进行总和检查时发现错误，因此无法开机）。

原因：遇到这种问题通常是因为 BIOS 程序代码更新不完全所造成的，解决办法为重新刷写主板 BIOS。

10.1.2 BIOS 的概念

BIOS（Basic Input Output System，基本输入输出系统）包括系统的 BIOS 主要程序，以及设置系统参数的设置程序（BIOS SETUP）。这段程序存放在主板上的只读存储器（BIOS 芯片）中。BIOS 芯片一般为 EPROM（Erasable Programmable ROM，可擦除可编程只读存储器）或 EEPROM 芯片（Electrically Erasable Programmable Read Only Memory，带电可擦写可编程读写存储器）。

从外观上看，常见的主板 BIOS 芯片一般都插在主板上专用的芯片插槽里，并贴有激光防伪标签，上面会印有芯片生产厂商、芯片的型号、容量及生产日期的信息。有长条形的 DIP 封装和小方形的 PLCC 封装，还有类似于内存芯片的 TSOP 封装。常见的版本有 Award、AMI 和 Phoenix 等，如图 10-1 所示为各种 BIOS 芯片。

图 10-1 各种 BIOS 芯片

10.2 传统 BIOS 引导模式

BIOS 是一组固化到计算机主板 ROM 芯片上的引导程序。计算机开机后 BIOS 是最先启动的程序，其主要功能是为计算机提供最底层的、最直接的硬件设置和控制。简单来说就是为操作系统的启动做准备，如初始化 CPU、内存、主板等各个硬件设备，然后将操作系统加载到内存，从而启动操作系统，这个过程就是计算机从开机到看见桌面的整个过程。如图 10-2 所示为传统 BIOS 引导流程。

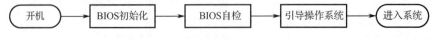

图 10-2 传统 BIOS 引导流程

传统 BIOS 引导流程。

（1）系统开机，进行供电检查。

（2）当电源稳定后，系统跳转至 BIOS 处。

（3）BIOS 进行 POST（Power On SelfTest），检查所有硬件并对设备进行初始化。

（4）引导操作系统。BIOS 读取硬盘 0 盘面 0 磁道 1 扇区的 MBR（主引导记录）到内存中指定区域，MBR 会先检查硬盘分区表，然后根据硬盘分区表找到硬盘上的引导分区，再将引导分区的首扇区（Boot Loader）调入内存，进行操作系统的启动引导，如 NTLDR/BOOTMGR/GRLDR 等，将进一步加载操作系统内核。

（5）加载完成后，进入系统桌面。

10.3 最新 UEFI 引导模式

UEFI（Unified Extensible Firmware Interface，统一的可扩展固件接口）是 Intel 公司为全新类型的固件体系结构、接口和服务提出的一种详细描述类型接口的建议性标准。该标准主要有两个用途。

（1）为操作系统的引导程序和某些在计算机初始化时运用的应用程序提供一套标准的运行环境。

（2）为操作系统提供一套与固件通信的交互协议。

10.3.1 UEFI 构成

UEFI 是一种新的主板引导初始化标准，是 BIOS 的替代者，其具有启动速度快、安全性高和支持大容量硬盘等特点。UEFI 主要由初始化模块、DXE（驱动执行环境）、驱动程序、兼容性支持模块、UEFI 应用和 GUID 磁盘分区组成，其中初始化模块和 DXE 是 UEFI 的运行基础，通常被整合在主板的闪存芯片中，与传统 BIOS 比较类似。DXE 完成载入后 UEFI 就可以进一步加载硬件的 UEFI 驱动程序，DXE 通过枚举的方式加载各种总线及设备的驱动，这些驱动程序可以放置在系统中的任何位置。一般硬件的 UEFI 驱动放置在硬盘的 UEFI 专用分区中，只要能正确加载这个硬盘分区，对应的驱动就可以正常读取并应用。兼容性支持模块的主要功能是让不具备 UEFI 引导功能的操作系统也能在 UEFI 环境下顺利完成引导开机，它提供类似于传统 BIOS 的系统服务，从而保证 UEFI 在技术上能有良好的过渡。GUID 磁盘分区是在 UEFI 标准中引入的磁盘分区结构，与传统的 MBR 分区相比，GUID 磁盘分区突破了传统 MBR 分区只允许 4 个主分区的限制，分区类型也改为了 GPT 分区。

10.3.2 UEFI 引导流程

UEFI 引导模式减少了传统 BIOS 自检过程，因此能够缩短开机时间，给用户带来更好的开机体验，图 10-3 为 UEFI 引导流程。

图 10-3　UEFI 引导流程

UEFI 引导流程。

（1）系统开机（上电自检）。

（2）UEFI 初始化。UEFI 固件被加载，并由它初始化启动所需硬件。

(3)引导操作系统。UEFI 固件读取其引导管理器以确定从何处（如从哪个硬盘以及分区）加载哪个 UEFI 应用。已经启动的 UEFI 应用还可以启动其他的应用（对应于 UEFI shell 或 reEFInd 之类的引导管理器情况）或者启动内核及 Initramfs（对应于 GRUB 之类引导管理器的情况）。

(4)操作系统内核加载完成后，最终进入系统桌面。

10.4 传统 BIOS 与 UEFI 的区别

与传统 BIOS 相比，UEFI 对于新硬件提供了更好的支持，特别是对于大容量硬盘的支持。UEFI 可以支持使用 2.1TB 以上硬盘作为启动盘，而传统 BIOS 对于这种大容量硬盘如不借助第三方软件，则只能当作数据盘使用。另外，UEFI 内置图形驱动功能，可以提供一个高分辨率的图形化界面，用户进入后完全可以像在 Windows 系统下那样，使用鼠标进行设置和调整，操作上更为简单快捷。由于 UEFI 使用的是模块化设计，在逻辑上可分为硬件控制与软件管理两部分，前者属于标准化的通用设置，而后者则是可编程的开放接口，因此主板厂商可以借助开放接口实现各种丰富的功能，包括数据备份、硬件故障诊断、UEFI 在线升级等。UEFI 所提供的扩展功能比传统 BIOS 更多、更强。图 10-4 为传统 BIOS 界面，图 10-5 为 UEFI 图形化界面。

一般情况下能看到的 UEFI 图形化界面必须有厂商的支持，否则其界面和传统 BIOS 界面类似。

虽然现在 UEFI 已经基本取代了传统 BIOS，但它并不是只有优点而没有缺点。UEFI 相比传统 BIOS 在硬件兼容性上有很大的提升，但是由于 UEFI 编码绝大部分都是由 C 语言编写的，与使用汇编语言编写的传统 BIOS 相比，更容易受到病毒的攻击，程序代码也更容易被改写，因此目前 UEFI 虽然已经被广泛使用，但其安全性和稳定性还有待提高。

图 10-4 传统 BIOS 界面

图 10-5 UEFI 图形化界面

10.5　如何设置 BIOS 与 UEFI

10.5.1　常见 BIOS 生产厂商

常见 BIOS 生产厂商有以下公司。

（1）AWARD 公司。进入其 BIOS 设置程序的按键一般为【DEL】键或【CTRL+ALT+ESC】组合键。

（2）AMI 公司。进入其 BIOS 设置程序的按键一般为【DEL】键或【ESC】键。

（3）PHOENIX 公司。进入其 BIOS 设置程序的按键一般为【CTRL+ALT+S】组合键。

10.5.2　需要进行 BIOS 设置的场合

1. 新购买计算机或新增设备

新购买计算机或新增设备时，需用户手工配置参数，如当前日期与时间等基本参数。

2. 系统优化

内存读/写等待时间、硬盘数据传输模式、缓存使用、节能保护、电源管理、开机启动顺序等参数，对系统来说并不一定是最优的，需多次试验才能找到最佳设置值。

3. BIOS 配置参数意外丢失

在电池失效、病毒破坏、人为误操作等情况下，常常会导致 CMOS 中存储的 BIOS 配置参数意外丢失，此时只能重新使用设置程序完成对 BIOS 参数的设置。

4. 系统发生故障

当系统不能启动，发生故障的时候，首先最简单的方法就是对 CMOS 进行放电，重设 BIOS 参数。因为病毒或人为因素，造成 BIOS 参数改变，就有可能造成系统不启动。

10.5.3　BIOS 参数的设置

1. BIOS 设置的注意事项

（1）不要改变未知的选项。

有些选项关系到硬件的安全，过于冒险的设置将导致硬件损坏。用户在进行某项设置前，必须搞清这些设置的内容，以免造成不必要的损失。

（2）尽量将各项参数设置得保守些。

有时过高的参数不一定会导致死机，但极有可能导致系统工作不稳定。对于一般用户，将参数设置在不过多降低计算机的性能并能充分保证系统的稳定性即可。

（3）遇到死机或黑屏的处理办法。

若某项设置导致死机，用户一定要先将电源断开，然后清除 CMOS 数据，再启动系统后重新设置 BIOS 参数。这样可避免计算机在处于不正常使用状态下对硬件造成的损坏。

2. BIOS 设置的操作

尽管不同计算机有着不同的 BIOS 设置界面，但总体设置项目和设置方法基本相似。掌握其中一种设置方法后，其他的也就能够触类旁通。至于一小部分特殊的设置项，主板说明书上会有相应的说明。如图 10-6 所示为联想 Thinkcenter -M8600t 主板 BIOS 设置的主界面。

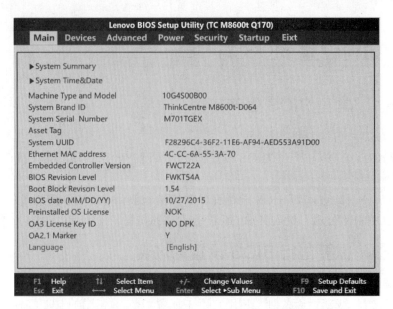

图 10-6　联想 Thinkcenter-M8600t 主板 BIOS 设置的主界面

（1）设置 BIOS 按键的功能。

在进入 BIOS 程序界面后，每个界面都会出现操作提示。使用按键的功能如表 10-1 所示。

表 10-1　BIOS 按键的功能

按　　键	功　　能
【↑】	向前移一项
【↓】	向后移一项
【←】	向左选择目录
【→】	向右选择目录
【+】	改变参数值
【-】	改变参数值
【Enter】	选中此选项
【Esc】	回到上一级菜单或退出
【F1】	请求帮助
【F9】	恢复默认值
【F10】	保存后退出

在 BIOS 设置程序中，有部分设置项（如芯片组设置、中断通道设置、电源管理设置等），不仅要求用户有一定的计算机专业知识和实际操作经验，而且还要对芯片的实际参数有所了解，否则使用默认值。

（2）设置 BIOS 参数的类型。

BIOS 设置程序分不同的品牌和版本，每种设置都针对某一类或几类硬件系统，主要有以下几种。

①基本参数设置。

基本参数设置包括时钟、启动顺序、硬盘参数设置、键盘设置、存储器设置等。

②扩展参数设置。

扩展参数设置包括缓存设定、安全选项、总线周期参数、电源管理设置、主板资源分配、集成接口参数设置等。

③其他参数设置。

不同品牌及型号的主板 BIOS 功能各异，如 CPU 电压设置、双 BIOS、软跳线技术等。

(3) 主界面中包含的项目。

以联想 Thinkcenter-M8600t 主板 BIOS 设置的主界面为例（见图 10-6），其各选项的含义如表 10-2 所示。

表 10-2　BIOS 设置主界面选项的含义

项目	含义
Main	BIOS 时钟、版本、硬件摘要信息
Devices	硬件配置选项（串口、USB 口、ATA 接口、显卡、声卡、网卡）
Advanced	高级 BIOS 设置（CPU、芯片组、Intel 智能连接技术）
Power	电源管理设置（自动唤醒）
Security	安全管理设置（超级管理员密码、硬盘密码、安全启动）
Startup	启动项配置（启动顺序、启动模式、启动优先级）
Exit	保存配置信息，加载优化默认值

(4) Main 菜单。

在 Main 菜单里，主要显示了与计算机相关的一些信息。如计算机的型号（System Brand ID）、系统序列号（System Serial Number）、网卡 MAC 地址（Ethernet MAC address）、主板 BIOS 的版本（BIOS Revision Level）以及 BIOS 日期信息（BIOS date）等。在这里可以设置 BIOS 的语言和 BIOS 日期，默认使用的是英文。"System Summary"里显示了系统的摘要信息，具体如图 10-7 所示，主要显示了 CPU、内存、风扇、声卡、显卡、网卡、硬盘、光驱的相关信息。

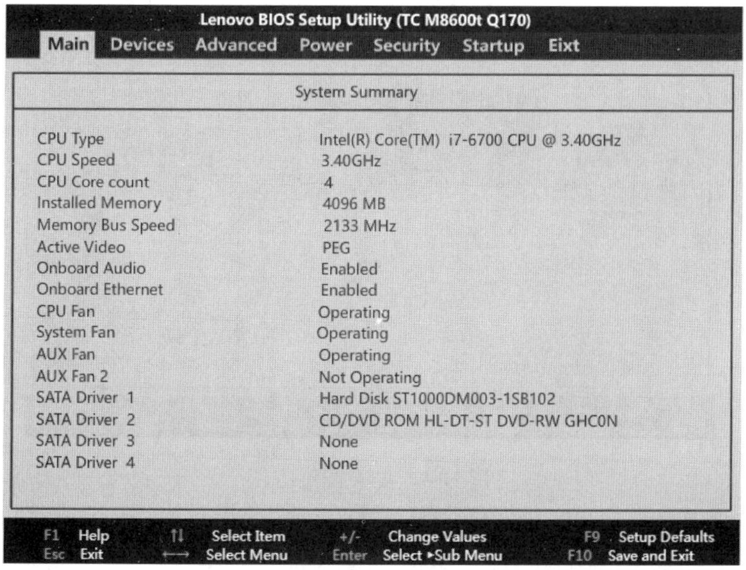

图 10-7　System Summary 信息

(5) Devices 菜单。

Devices 菜单将计算机中的硬件进行了分类，并提供了相应的配置选项。如图 10-8 所示。

Devices 菜单中提供七大类硬件配置管理。分别是配置系统的串口（Serial Port Setup）、配置系统的 USB 端口（USB Setup）、配置系统的 ATA 设备（ATA Drive Setup）、配置系统的显示设备——板载显卡（Video Setup）、配置系统的音频设备——板载声卡（Audio Setup）、配置系统的网络设备（Network Setup）、配置 PCI 总线（PCI Express Configuration）。这里主要介绍 ATA 设备的配置方法，其他端口、设备的配置使用默认参数，ATA 配置信息如图 10-9 所示。

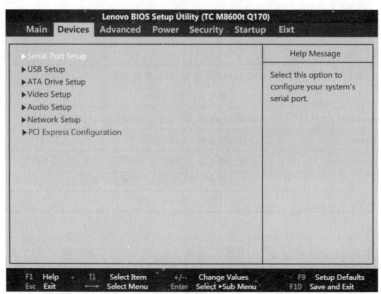

图 10-8　Devices 菜单

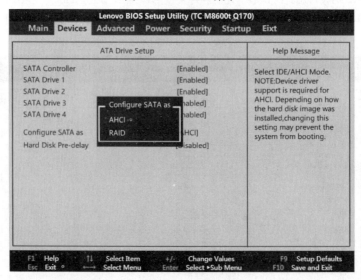

图 10-9　ATA 配置信息

"Configure SATA as"选项用来配置 SATA 的工作模式。一共分为 IDE、AHCI、RAID 三种模式。在本型号的计算机中只支持 AHCI、RAID 两种模式。

①IDE。

IDE（Integrated Device Electronics）是一种早期的硬盘传输接口。选择该选项，将以兼容

IDE 的模式工作，一般是安装 Win xp 系统时修改，如果 Win xp 系统光盘内置有 AHCI 驱动，那么此项不需要做修改。

②AHCI。

AHCI（Serial ATA Advanced Host Controller Interface）是串行 ATA 高级主控接口/高级主机控制器接口，是在 Intel 的指导下，由多家公司联合研发的接口标准，它允许存储驱动程序启用高级串行 ATA 功能。出厂标配 Win7 或 Win8 及以上操作系统都是默认为此选项。没有安装 AHCI 驱动的 Winxp 系统，如果选择了 AHCI 模式，启动时将会出现蓝屏错误。

③RAID。

RAID（Redundant Arrays of Independent Disks）是磁盘阵列，主板上 SATA 口的硬盘可以建立磁盘阵列（预设值）。RAID 的组建还需要在开机时按【Tab】键进入 RAID 控制器的 BIOS 设置画面另行设置。

（6）Advanced 菜单。

Advanced 菜单主要用于配置 CPU、主板芯片组的相关参数，如图 10-10 示。这里主要介绍 CPU 的相关配置参数，如图 10-11 所示。选择"CPU Setup"进入 CPU 参数配置界面。

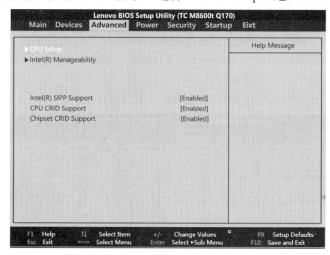

图 10-10　Advanced 菜单

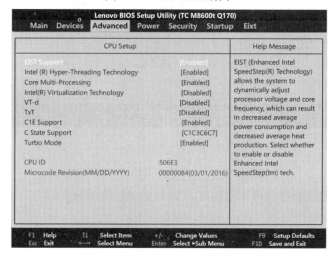

图 10-11　CPU Setup 菜单

①EIST Support。

EIST（Enhanced Intel SpeedStep Technology）是 Intel 智能降频技术。该技术允许系统动态调节处理器电压和核心频率，以此来降低平均功耗和平均发热量。

②Core Multi-Processing。

对于多内核（两核）以上的 CPU，应启用该选项；如果是单核 CPU，启用该选项也没用。

③Intel（R）Virtual Technology。

使用 Intel 芯片组主板的硬件虚拟化技术，开启后可以为计算机的虚拟化提供更好的硬件支持，如果系统中没有使用虚拟机软件，一般设置为 Disable。该技术是否开启，不会影响计算机的整体性能。

④C1E Support。

C1E（C1E Enhanced Halt State）通过调节倍频来逐级降低处理器的主频，同时还可以降低电压。EIST Support 提供了更多的 CPU 频率和电压调节级别，因此可以比 C1E 更加精确地调节处理器的状态。

⑤Turbo Mode。

Turbo Mode（加速模式）是基于 Nehalem 架构的电源管理技术，通过分析当前 CPU 的负载情况，智能地关闭一些用不上的内核，把资源留给正在使用的内核，并使它们运行在更高的频率以进一步提升性能；相反，当需要多个内核时，动态开启相应的内核，智能调整频率。

（7）Power 菜单。

Power 菜单主要用于配置与电源相关的参数，如图 10-12 所示。

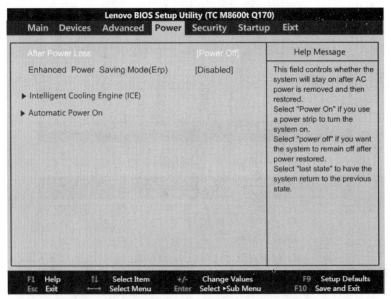

图 10-12　Power 菜单

①After Power Loss：电源被断开后，下次开机恢复到什么状态。

②Power Off：电源断电后再次通电时，需要手动按电源开机。

③Power On：电源断电后再次通电时，直接开机。

④Last State：保持断电前的状态。

Automatic Power On：提供对自动唤醒的相关配置，如图 10-13 所示。

①Wake on Lan：网卡唤醒。

②Wake from PCI Modem：PCI 调制解调器唤醒。

③Wake from Serial Port Ring：串口 Ring 唤醒。

④Wake from PCI Device：PCI 设备唤醒。

⑤Wake Up on Alarm：时钟唤醒，可以具体到日期、星期、时间。

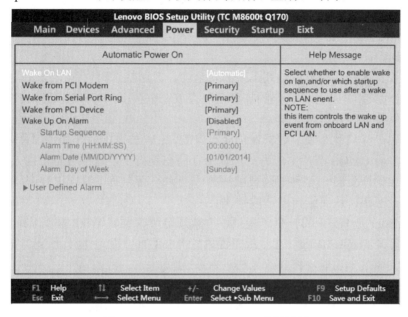

图 10-13　Automatic Power On 设置界面

（8）Security 菜单。

Security 菜单主要用于配置所有与安全相关的参数，如图 10-14 所示。

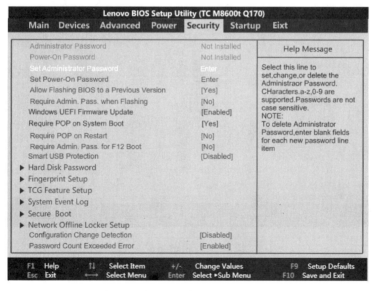

图 10-14　Security 菜单

对于计算机个人信息安全的管理，一般可以通过设置 BIOS 管理员密码、硬盘密码和操作系统密码来实现。

①Set Administrator Password：设置管理员密码。

②Set Power-On Password：设置开机密码。

③Require Admin. Pass. when Flashing：刷新 BIOS 时是否需要输入管理员密码。

④Require POP on Restart：重启系统时是否需要输入开机密码。

⑤Require Admin. Pass. for F12 Boot：开机按【F12】键选择启动设备时是否需要输入管理员密码。

⑥Hard Disk Password：设置硬盘密码。

⑦Secure Boot：安全启动。

虽然通过设置这些密码可以提高系统的安全性，但这些密码也存在被破解的风险。

①BIOS 管理员密码和开机密码的加密信息存放在主板上的 CMOS 芯片中，通过对 CMOS 电池放电，可以将密码破解。

②硬盘密码是专门针对硬盘数据保护而设置的，密码被设定后其加密信息会分成两部分，一部分存储于主板 CMOS 芯片中，另一部分会存储在硬盘上，这样可防止别人把硬盘卸下来挂到别的机器上偷取资料。这种密码被破解的成功率不高，所以设置这种密码的时候一定要小心，防止忘记密码，从而给自己造成损失。

③Secure Boot 是 UEFI 的一个子规则，微软规定所有预装 Win8 操作系统的厂商（OEM 厂商）都必须打开 Secure Boot（在主板里面内置 Win8 的公钥）。因此预装 Win8 操作系统的计算机，一旦关闭这个功能，将导致无法进入系统。

（9）Startup 菜单

Startup 菜单主要用于配置计算机启动方式以及启动顺序的相关参数，如图 10-15 所示。

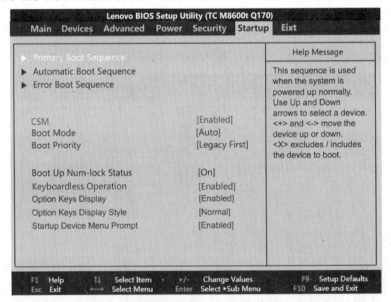

图 10-15　Startup 菜单

① Primary Boot Sequence 可以对启动设备的顺序进行设置，如图 10-16 所示。

② CSM（Compatibility Support Module）兼容模块，该选项专为兼容只能在传统（legacy）模式下工作的设备以及不支持或不能完全支持 UEFI 的操作系统而设置。因此，安装 Win7 系统还需要把 CSM 设置为 Enable，表示支持 Legacy 引导方式。

③ Boot Mode 启动方式：Auto、UEFI Only、Legacy Only，如图 10-17 所示。

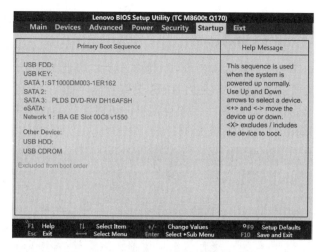

图 10-16 Primary Boot Sequence 菜单

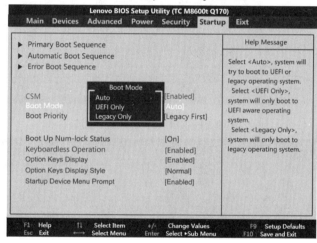

图 10-17 Boot Mode 启动方式

（10）Exit 菜单。

Exit 菜单主要用于保存配置好的 BIOS 参数，以及恢复系统默认优化设置，如图 10-18 所示。

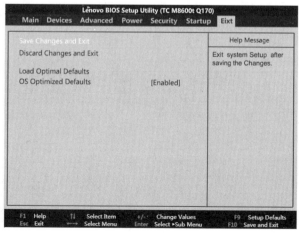

图 10-18 Exit 菜单

10.5.4 UEFI 参数设置

下面以华硕 P8Z68-V Pro 主板为例，介绍 UEFI 参数的设置方法。

开机后根据提示按【F2】键进入 UEFI BIOS 设置界面，如图 10-19 所示。

（1）设置启动顺序。在"启动顺序"项目栏里，可以直接通过拖曳鼠标来设置硬盘的启动顺序，如图 10-20 所示。

图 10-19　UEFI BIOS 设置界面

图 10-20　设置启动顺序

（2）单击"退出/高级模式"选项，选择进入"高级模式"→"Ai Tweaker"，可以对 CPU 进行相关的超频设置，如图 10-21 所示。

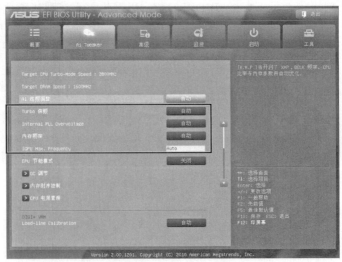

图 10-21　CPU 超频设置

（3）在"高级"选项菜单中，可以对主板的南/北桥、SATA 设置、USB 设置、内置设备设置、高级电源管理进行相关的设置，如图 10-22 所示。

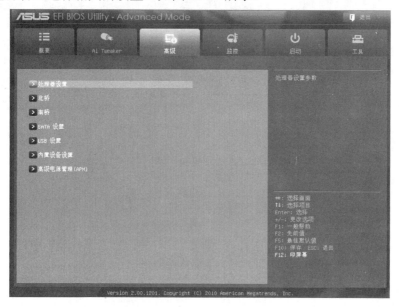

图 10-22 "高级"选项菜单

（4）显卡切换需要设置"北桥"芯片组，在"初始化显卡"项中进行选择。IGD 指内置图形显示，即主板集成显卡。PCI-E 指 PCI Express 图形显卡，即独立显卡，如图 10-23 所示。

图 10-23 设置显卡切换

（5）在"SATA 设置"中，可以设置 SATA 的模式（IDE、AHCI、RAID）以及是否开启热插拔功能，如图 10-24 所示。

（6）在"监控"选项菜单中，可以查看处理器温度、处理器风扇转速、机箱风扇控制等，如图 10-25 所示。

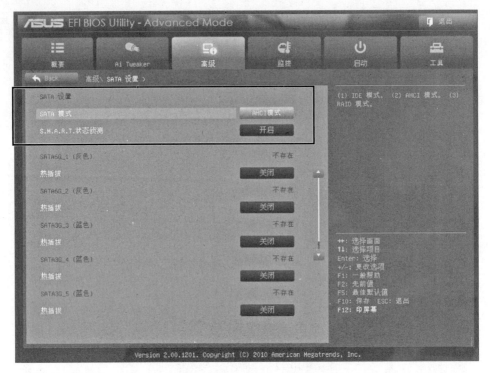

图 10-24　设置 SATA 模式

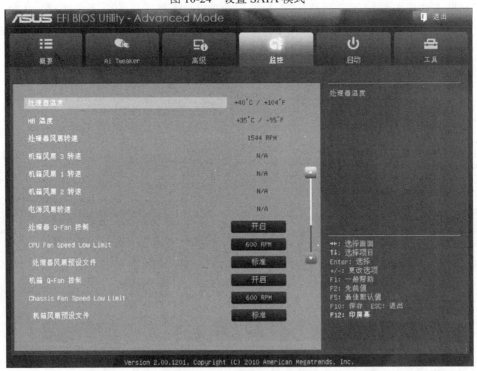

图 10-25　"监控"选项菜单

（7）在"启动"选项菜单中，可以对启动项进行更加详尽的设置，其中包括开机画面、启动选项属性以及启动设备选择，如图 10-26 所示。

（8）在"工具"选项菜单中，主要提供了 BIOS 升级功能，华硕 O.C. Profile 选项主要提供 BIOS 存储、加载功能，如图 10-27 所示。

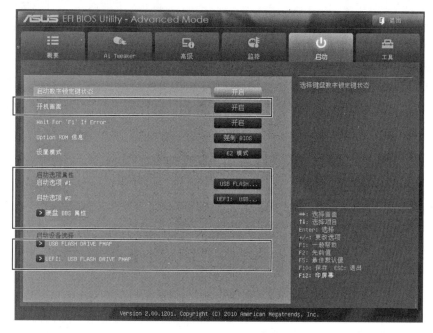

图 10-26 "启动"选项菜单

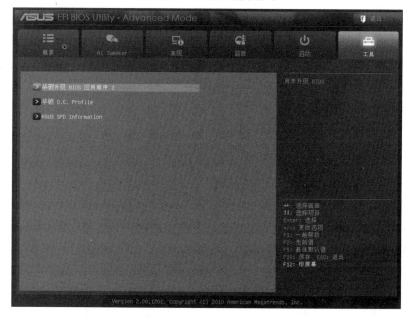

图 10-27 "工具"选项菜单

10.5.5 清除 BIOS 参数的方法

在具体进行 BIOS 参数清除操作时，可以根据不同的情况进行，具体有以下几种方法。

1．跳线清除法

在主板上，有一组单独的 2 针或 3 针跳线，用来清除 CMOS RAM 中的内容。该组跳线一般标注为 Clear CMOS，当需要清除 CMOS RAM 中的内容时，用 1 个跳线帽将该组跳线短接即可。

2．短路放电法

此法是把 CMOS 供电电路的正负极短接。方法：取下主板电池，用起子或电池外壳短接电池座正负极 2~3min 即可。

3．用 DEBUG 命令法

调用 DEBUG 往 CMOS RAM 中先写入一段数据，破坏加电自检程序对 CMOS 中原配置所做的累加和测试，使原口令失效；然后进入 CMOS 进行参数的设置。用程序法清除口令常用下面的方法。

在 DOS 命令行运行或在汇编语言中调用 DEBUG 程序，再按照下列格式输入完成后重新启动计算机，口令即可清除。具体程序如下。

```
C:\>DEBUG
-O 70 10
-O 71 01
-Q
```

如果上面操作不能清除 CMOS 中的口令，还可以把 70 10 改成 70 16、70 11；把 71 01 改成 71 16、70 FF 再试。

10.5.6 BIOS 程序升级

现在的主板 BIOS 芯片一般用 FLASH ROM（闪存）来存放固件程序，由于 FLASH ROM 是一种 EEPROM（电可擦除可编程只读存储器）集成电路，因此，在一定的条件可以对 FLASH ROM 芯片中的固件程序进行升级重写，也就是俗称的刷新 BIOS。

1．刷新 BIOS 的原因

升级 BIOS、刷新 BIOS 已成为计算机爱好者的一种时尚，到底为什么要刷新 BIOS？哪些情况需要刷新 BIOS？

（1）获取新功能。随着计算机软、硬件的发展，不断有新的技术涌现，主板厂商为了改善主板的性能，总是在不断地更新主板的 BIOS 程序，以支持涌现的新功能。通过刷新 BIOS 达到增加新功能的目的，如增加一些新的可调节的频率与电压之类的选项等，或者是进行美化改造开机的 Logo 等。

（2）消除旧 BIOS 的 Bug。主板 BIOS 存在 Bug，可能影响到计算机的正常运行，一般主板厂商会在更新的 BIOS 中对旧版的 Bug 进行修复，因此可以通过刷新 BIOS 到新版本中解决 Bug 问题。

（3）BIOS 损坏。当病毒或其他原因造成 BIOS 程序损坏，不能启动计算机时，可用编程器重刷 BIOS，达到修复之目的。

2．刷 BIOS 需要注意的问题

升级 BIOS 并不繁杂，只要认真去做，应该是不会出现问题的，但升级过程中一定要注意以下几点。

（1）要搞清 BIOS 刷新程序的运行环境，DOS 要在纯 DOS 环境下运行；Windows 要在 Windows 环境下运行。

（2）要用与主板相符的 BIOS 升级文件。虽说理论上只要芯片组一样的 BIOS 升级文件即可以通用，但是由于芯片组一样的主板其扩展槽等一些附加功能可能不同，所以可能产生一些副作用，因此应尽可能用原厂提供的 BIOS 升级文件。

（3）BIOS 刷新程序要匹配。升级 BIOS 需要 BIOS 刷新程序和 BIOS 的最新数据文件，刷新程序负责把升级文件写入的数据 BIOS 的芯片里。一般情况下原厂的 BIOS 程序升级文件和刷新程序是配套的，所以最好一起下载。下面是不同厂商 BIOS 的刷新程序：

Awdflash.exe（Award BIOS）、Amiflash.exe（AMI BIOS）、Phflash.exe（Phoenix BIOS）。另外，不同厂商的 BIOS 文件，其文件的扩展名也不同，Award BIOS 的文件名一般为*.BIN，AMI BIOS 的文件名一般为*.ROM。

（4）最好在硬盘上做升级操作。由于软盘的可靠性不如硬盘，如果在升级过程中数据读不出或只读出一半数据，就会造成升级失败，因此最好在硬盘上做升级操作。

（5）升级前一定要做备份，这样如果升级不成功，那还有恢复的希望。

（6）升级时要保留 BIOS 的 Boot Block 块，高版本刷新程序的默认值就是不改写 Boot Block 块。

（7）有些主板生产商提供自己的升级软件程序（一般不能复制），注意在升级前将 BIOS 里"System BIOS Cacheable"的选项设为 Disabled。

（8）写入过程中不允许停电或半途退出，所以如果有条件的话，尽可能使用 UPS 电源，以防不测。

（9）升级后有的软件可能不能运行，需要重装软件。因为有的软件与 BIOS 的参数密切相关，升级后软件没有及时改变这些参数，会导致软件不能正常运行。

（10）升级后 BIOS 参数需要重新设定。由于升级后原来的参数已完全更改，像开机密码、启动顺序等，因此，参数都需要重新设置。

（11）升级程序带的参数一定搞清楚再用。否则，会因某些参数使用不当导致升级失败。

3. BIOS 升级的方法及步骤

BIOS 升级的方法一般有两种，分别是在 DOS 下用 BIOS 刷新程序升级和在 Windows 下用 BIOS 刷新程序升级。操作步骤一般是下载最新的 BIOS 刷新程序和 BIOS 文件，然后运行 BIOS 刷新程序进行升级，具体方法如下。

（1）DOS 下 BIOS 升级的方法。最早的 BIOS 升级都是在纯 DOS 环境下进行的，这是由于 DOS 系统小，容易启动，对硬件要求不高的原因。下面以 AWARD BIOS 升级为例加以说明。

①准备刷新所需文件：Awdflash.exe（刷新工具）和*.bin（最新 BIOS 程序）。这两个文件一般都能在主板厂商网站上下载。

②准备带 PE 启动的光盘或者 U 盘。

③把两个刷新所需文件复制到硬盘上。

④启动 DOS 后进行 BIOS 刷新，在 DOS 提示符下执行"C:\>Awdflash *.bin/F"，按【Enter】键后出现如图 10-28 所示的画面。"*.bin"为新 BIOS 文件名。假如输入的是"C:\>Awdflash 3vca.bin/F"，在"File Name to Program"对话框内就会自动将"3vca.bin"文件名填入，这时下方的提示框会提示"Do You Want To Save Bios（Y/N）"，询问是否保存目前主板上的旧 BIOS？

⑤如果需要保存，就按【Y】键，然后会在对话框内提示"File Name to Save"，在对话框内输入路径和需要保存的 BIOS 文件名（默认路径是启动盘所在盘符）。在对话框内输入路径和需要保存的 BIOS 文件名并按【Enter】键后，会出现旧的 BIOS 保存进度条，如图 10-29 所示。

⑥旧 BIOS 保存完成后，会在下方的提示框内提示"Are you sure to program（Y/N）"，询问是否刷新 BIOS？按【Y】键后，出现如图 10-30 所示界面，如果在刷新命令中添加了"/F"

参数，则 BIOS 刷新进度条将全部变为白色（"/F"参数表示刷新时使用原来的 BIOS 数据，保持原来的设置不变。推荐使用此参数）。

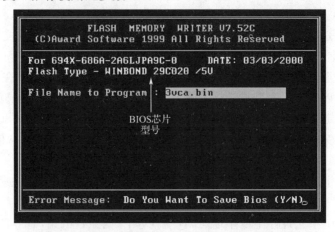

图 10-28　运行 Awdflash 3vca.bin/F 出现的界面

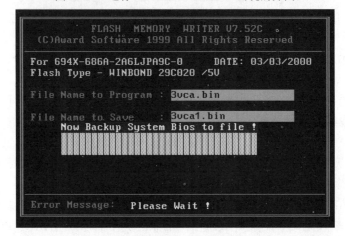

图 10-29　保存旧 BIOS 的界面

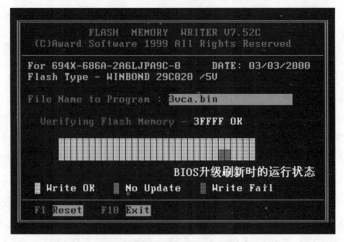

图 10-30　刷新 BIOS 界面

⑦刷新完毕后，关机或者重新启动计算机，通过功能键进入 BIOS 设置页面，选择"Load Setup Defaults"后，完成 BIOS 更新过程。

（2）Windows 下 BIOS 升级的方法。现在许多主板厂商都提供了 Windows 下刷新 BIOS 的程序和 BIOS 文件，Windows 下的刷新程序更加直观，并有更多的选项，如清除 CMOS 参数和口令等。下面以 WINBOND 公司的 BIOS 芯片为例，说明升级 BIOS 的步骤。

①下载 BIOS 刷新程序 WinFlash.exe 和新 BIOS 文件 FCG9123.BIN 到硬盘中。

②运行 WinFlash.exe 得到如图 10-31 所示的界面。

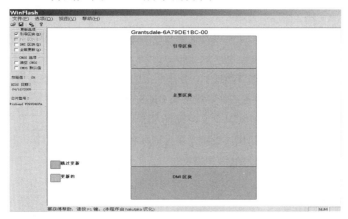

图 10-31　WinFlash 界面

③单击"文件"菜单，如果要备份 BIOS，则选择"备份本机 BIOS"选项；如果要更新则选择"打开"选项，然后选择下载的 FCG9123.BIN 文件，如图 10-32 所示。

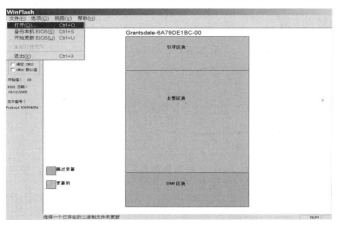

图 10-32　WinFlash 文件菜单

最后再单击"文件"菜单，选择"开始更新 BIOS"选项，单击"更新"按钮，开始更新 BIOS，刷新完成后会提示："主板 BIOS 已经成功更新！新版 BIOS 将在重启后生效。是否立即重新启动计算机？"单击"是"按钮重新启动系统，完成更新。

实验 10

1．实验项目

（1）BIOS 参数的设置。

（2）BIOS 程序升级。

2．实验目的

（1）了解 BIOS 设置程序各菜单的功能，掌握设置开机密码及启动顺序的方法。

（2）掌握 BIOS 刷新程序和 BIOS 文件的下载方法，了解 BIOS 刷新程序的操作菜单及含义，掌握 BIOS 升级的步骤和方法。

3．实验准备及要求

（1）每人或 2 人一组配备能上互联网的计算机，准备记录的笔和纸。

（2）如果在 DOS 环境下升级 BIOS，则准备一张带 PE 的启动光盘或 U 盘。

（3）实验时每个同学独立操作，并做好记录。

（4）实验前教师要先做示范操作，讲解操作要领与注意事项，学生要在教师的指导下独立完成。

4．实验步骤

（1）启动计算机，观察 POST 时的屏幕提示，按下相应的功能键进入 BIOS 设置菜单。如果开机或进入 BIOS 有密码，则先对 CMOS 放电，再重启计算机进入 BIOS 设置菜单。

（2）观察各主菜单及子菜单条，熟悉其含义及设置方法。

（3）把开机密码设置成学号，开机顺序设置光驱为第一启动盘。

（4）下载主板的 BIOS 刷新程序和 BIOS 更新文件。

（5）进入满足 BIOS 刷新程序的工作环境，运行 BIOS 刷新程序，熟悉其操作菜单。

（6）对 BIOS 进行升级操作。

5．实验报告

（1）写明 BIOS 设置程序主菜单、子菜单及作用。

（2）写出设置开机密码和光驱为第一启动盘的设置步骤。

（3）写明 BIOS 芯片的型号及更新文件的名称。

（4）写出升级 BIOS 的步骤。

习题 10

1．填空题

（1）上电自检是对系统几乎所有的_____进行检测。

（2）"CMOS Battery Failed" 的含义是_____。

（3）BIOS 芯片一般为_____芯片。

（4）UEFI 全称"_____"，它是 Intel 公司为全新类型的固件体系结构、接口和服务提出的一种详细描述类型接口的建议性标准。

（5）BIOS 设置中通过"_____"，可以恢复系统默认优化设置。

（6）AHCI 全称"_____"，是在 Intel 的指导下，由多家公司联合研发的接口标准，它允许存储驱动程序启用高级串行 ATA 功能。

（7）所有预装 Win8 操作系统的厂商（OEM 厂商）都必须_____Secure Boot 功能。

（8）主板 BIOS 存在 Bug，可以通过_____来解决。

（9）写入 BIOS 的过程中不允许_____或半途_____。

（10）升级 BIOS 时，必须事先准备好_____和_____。

2．选择题

（1）当电源开始稳定供电后，芯片组便撤去 RESET 信号，CPU 马上就从地址（　　）处开始执行指令。

A．FFFF0H　　　　B．FFFF1H　　　　C．FFFF2H　　　　D．EEEE0H

（2）Post Code 写入（　　）（地址）诊断端口。

A．80H　　　　B．70H　　　　C．90H　　　　D．80F

（3）（　　）是一种新的主板引导初始化标准，是 BIOS 的替代者。

A．UEFI　　　　　B．UFEI　　　　　C．IEUF　　　　　D．EFUI

（4）下面（　）不属于 BIOS 引导流程。

A．BIOS 初始化　　B．UEFI 初始化　　B．BIOS 自检　　D．引导操作系统

（5）早期的 BIOS 升级都是在（　）环境下进行的。

A．Windows　　　　B．UNIX　　　　　C．DOS　　　　　D．Linux

（6）Hard Disk Install Failure 的可能原因有（　）。

A．硬盘坏　　　　　B．硬盘没接好　　　C．硬盘接线坏　　D．硬盘没有格式化

（7）在 BIOS 系统摘要信息中一般包括（　）。

A．时间信息　　　　B．设备启动顺序　　C．硬盘信息　　　D．SATA 工作模式

（8）"Configure SATA as" 选项用来配置 SATA 的工作模式，下面（　）是 SATA 的工作模式。

A．IDE　　　　　　B．RAID　　　　　C．AHCI　　　　　D．SATA

（9）设置 BIOS 管理员密码，通过（　）命令。

A．Set Administrator Password　　　　B．Set Power-On Password
C．Set User Password　　　　　　　　D．Require POP on Restart

（10）BIOS 升级的方法有（　）。

A．在 DOS 下用 BIOS 刷新程序升级　　B．在 Windows 下用 BIOS 刷新程序升级
C．在 CMOS 设置中升级 BIOS　　　　 D．用编程器对 BIOS 进行重写

3．判断题

（1）BIOS 是一种新的主板引导初始化标准，是 UEFI 的替代者。（　）

（2）UEFI 引导比传统 BIOS 引导更快。（　）

（3）BIOS 中设备的启动顺序是不能调整的。（　）

（4）计算机开机密码可以用 DEBUG 命令清除。（　）

（5）BIOS 存储在 ROM 中，所以不能进行升级。（　）

4．简答题

（1）简述计算机的 POST 过程。

（2）简述传统 BIOS 引导流程。

（3）简述 UEFI 相对于传统 BIOS 有何优点。

（4）清除 BIOS 参数的方法有哪些？

（5）为什么要进行 BIOS 升级？如何进行 BIOS 升级？

第 11 章
硬盘分区与格式化及操作系统安装

硬盘是计算机主要的存储媒介之一，在安装操作系统之前，需要对硬盘进行分区和格式化，然后才能使用硬盘保存各种信息。操作系统是控制程序运行、管理系统资源并为用户提供操作界面的系统软件集合。本章将讲述分区与格式化的概念、如何使用主流工具对硬盘进行分区及 Windows 10 系统的安装。

11.1 硬盘分区与格式化

硬盘只有通过分区和高级格式化以后才能用于软件安装与信息存储，将硬盘进行合理的分区，不仅可以方便、高效地对文件进行管理，而且还可以有效地利用磁盘空间、提高系统运行效率。在安装多个操作系统时，也需要将不同的操作系统安装在不同的分区中，以满足不同功能和用户的需要。

11.1.1 分区与格式化的概念

新硬盘并不能直接使用，必须对它进行分区并进行格式化后才能存储数据。如果把新硬盘比喻成白纸，如何将其变成写有文章的稿纸呢？此时就需要对硬盘进行分区及格式化。分区规定可以写字的范围，格式化则画出写每一个字的格子。硬盘的格式化分为高级格式化与低级格式化。

在建立磁盘分区以前，必须区分"物理磁盘（Physical Disk）"和"逻辑磁盘（Logical Disk）"这两个概念。"物理磁盘"就是用户购买的磁盘实体（如硬盘），"逻辑磁盘"则是经过分区所建立的磁盘区。如果用户在一个物理磁盘上建立了 3 个磁盘区，每一个磁盘区就是一个逻辑磁盘，用户的物理磁盘上就存在了 3 个逻辑磁盘。

硬盘分区一般有 3 种，主硬盘分区、扩展硬盘分区、逻辑分区。一个硬盘可以有一个主分区，一个扩展分区，也可以只有一个主分区而没有扩展分区。逻辑分区可以有若干个。主分区是硬盘的启动分区，它是独立的，也是硬盘的第一个分区，一般来说就是 C 盘。主分区分完以后，硬盘其余的部分可以全部分成扩展分区，也可以不全分，那剩余的部分就浪费了。扩展分区不能直接使用，它是以逻辑分区的方式来使用的，所以说扩展分区可分成若干逻辑分区。它们是包含的关系，所有的逻辑分区都是扩展分区的一部分。至于分区所使用的文件系统则取决于要安装的操作系统。常见操作系统能识别的文件系统如下。

纯 DOS（DOS6.22 以下）：FAT16，DOS7：FAT16、FAT32。

Windows 98：FAT16、FAT32。

Windows 2000、XP、VISTA 和 Windows 7、Windows 10：FAT16、FAT32、NTFS。

Linux：EXT1、EXT2、EXT3。

低级格式化的作用是为每个磁道划分扇区，并根据用户选定的交错因子安排扇区在磁道中的排列顺序。将扇区 ID 放置在每个磁道上，并对已损坏的磁道和扇区做"坏"标记。高级格式化的作用是从逻辑盘指定的柱面开始，对扇区进行逻辑编号，建立逻辑盘的引导记录（DBR）、文件分配表（FAT）、文件目录表（FDT）及数据区。它是在对硬盘分区的基础上进行的必不可少的工作。

11.1.2 硬盘的低级格式化

低级格式化只能够在 DOS 环境下进行，低级格式化是一种损耗性操作，其对硬盘寿命有一定的负面影响。低级格式化是在高级格式化之前所做的一项工作，每块硬盘在出厂时，已由硬盘生产商进行了低级格式化，因此在使用新硬盘之前无须再进行低级格式化操作。只有在特殊的情况下才要求对硬盘进行低级格式化。

1．低级格式化的原因

虽然低级格式化已由硬盘厂商完成，使用新硬盘之前只需要进行分区和高级格式化，但是了解并掌握低级格式化操作同样重要，因为在某些特定的情况下必须重复这项工作，虽然它有可能对盘片上的磁介质造成损害。那么在什么时候需要考虑对硬盘进行低级格式化呢？有以下几种情况。

（1）对使用了很长时间的硬盘，如果硬盘上出现很多坏道、坏扇区，严重影响系统的稳定和数据的安全，这时可能会丢失扇区 ID，因此必须考虑进行低级格式化。

（2）想通过改变交错因子来改善硬盘的数据传输速率，一般来讲也只有通过低级格式化才能达到目的。

（3）如果用分区的办法无法修复主引导记录和分区引导记录，这时只有低级格式化才能在盘片上重建分区。

（4）硬盘感染病毒，高级格式化不能消除。

2．低级格式化的功用

（1）测试硬盘介质，并能标记屏蔽坏扇区。

（2）为每个磁道划分扇区。

（3）安排扇区在磁道中的排列顺序。

3．常用的低级格式化软件

（1）Lformat。Lformat 是专用的低级格式化软件。软件精小，使用简单，能对大硬盘进行低格。

（2）磁盘管理工具 DM。磁盘管理工具 DM（Hard Disk Management Program）能对硬盘进行低级格式化、分区、高级格式化、磁盘校验、磁盘修复、分区合并等管理工作。程序功能强大，但操作较复杂。

11.1.3 硬盘分区

硬盘在使用时，是按照不同的区域存储数据的，硬盘分区就是划分区域的过程。划分好的每一个区域都称作一个分区。现阶段有两种分区模式，分别是传统的 MBR 分区表模式和最新的 GPT 分区表模式。

1．MBR 分区表

MBR（Master Boot Record）的意思是"主引导记录"，在传统硬盘分区模式中，引导扇区是设备的第一个扇区，用于加载并转交处理器控制权给操作系统。而主引导扇区是硬盘的 0 柱面 0 磁头 1 扇区。它由三个部分组成，MBR（主引导记录）、DPT（硬盘分区表）和硬盘有效标志。在总共 512 字节的主引导扇区里，MBR 占 446 字节。第二部分是 Partition Table

区，即 DPT，占 64 字节，硬盘中分区有多少以及每一分区的大小都记在其中。第三部分是 Magic Number，占 2 字节，固定为 55AA。硬盘主引导记录 MBR 由 4 个部分组成。

（1）主引导程序，偏移地址 0000H～0088H，它负责从活动分区中装载，并运行系统引导程序。

（2）出错信息数据区，偏移地址 0089H～00E1H 为出错信息，00E2H～01BDH 全为 0 字节。

（3）分区表含 4 个分区项，偏移地址 01BEH～01FDH，每个分区表项长 16 字节，共 64 字节（包括分区项 1、分区项 2、分区项 3、分区项 4）。

（4）结束标志字，偏移地址 01FE～01FF 的 2 个字节值为结束标志 0×55AA，如果该标志错误，系统就不能启动。

MBR 分区表模式最大只能支持 2TB 容量的硬盘，在容量方面存在着极大的瓶颈，因此 MBR 分区表模式将会逐渐被 GPT 分区表模式取代。

2．GPT 分区表

GPT（GUID Partition Table）的意思是"全局唯一标识磁盘分区表"，这是一种基于计算机的可扩展固件接口（EFI）使用的硬盘分区架构。GPT 是一种全新的硬盘分区模式，与之前常用的 MBR 分区表模式相比更稳定，自纠错能力更强，一块硬盘上主分区数量不受"4 个"的限制，支持大于 2TB 的硬盘总容量及大于 2TB 的分区（几乎没有上限，最大支持 128 个分区，分区大小支持 256TB）。

GPT 的分区信息存放在每个分区中，而不像 MBR 只保存在主引导扇区，GPT 在主引导扇区建立了一个保护分区（Protective MBR），这种分区的类型标识为 0xEE，用来防止不支持 GPT 的磁盘管理工具错误识别并破坏硬盘中的数据，这个保护分区的大小在 Windows 下为 128MB，Mac OS X 下为 200MB。MBR 类磁盘管理软件会把 GPT 看成一个未知格式的分区，而不是错误地当成一个未分区的磁盘。为了保护分区表，GPT 的分区信息在每个分区的头部和尾部各保存了一份，以便分区表丢失以后进行恢复。

对于基于 x86/64 的 Windows 系统想要从 GPT 磁盘启动，主板的芯片组必须支持 UEFI（这是强制性的，但是如果仅把 GPT 格式的硬盘用作数据盘则无此限制）。如 Win8/Win8.1 支持从 UEFI 引导的 GPT 分区表上启动，大多数预装 Win8 系统的计算机也逐渐采用了 GPT 分区表。

3．普通硬盘常规分区方法

对普通硬盘进行常规分区时，一般采用 MBR 分区表模式，分区程序向 0 柱面 0 磁头 1 扇区写入主引导记录 MBR 和分区记录表 DPT，并建立一个分区表链，将所有的逻辑驱动器写入表链记录。

（1）硬盘分区的特点。对于 DOS 以及 Windows，硬盘可划分为主分区和扩展分区两种类型。

①主分区：一般用于安装操作系统的分区，包含操作系统启动所必需的文件和数据，并启动操作系统。

②扩展分区：在主分区以外的空间建立的分区，它必须被分为一个或多个逻辑分区后才能使用，主分区和扩展分区的分布如图 11-1 所示。

（2）对硬盘进行分区时必须注意的问题。

①硬盘上建立的第一个分区只能是主分区。

②一个硬盘最多可以分为四个主分区，一个扩展分区相当于一个主分区。图 11-1 的分布相当于硬盘分了两个主分区，扩展分区可划分为盘符为 d～z 的 23 个逻辑盘。

③主分区都可以作为活动分区,但同时有且只有一个分区是被激活的。活动分区的意义是硬盘启动时,该分区的操作系统将被引导。如一般将"C:"盘作为活动分区,所以硬盘启动时,会自动进入"C:"盘的 DOS 或 Windows 系统。

④不同的分区可以安装不同的操作系统,从而起到相互间隔的作用。如图 11-2 所示为在硬盘上安装了三个操作系统的布局。

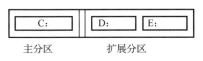

图 11-1 DOS/Windows 的硬盘分区布局

图 11-2 硬盘的多系统布局

(3) 硬盘的分区格式。常用的硬盘的分区格式有四种:FAT16、FAT32、NTFS 和 Linux。

①FAT16。是 MS-DOS 和早期 Win9X 操作系统中最常见的磁盘分区格式。它采用 16 位的文件分配表,能支持最大 2GB 分区,几乎所有的操作系统都支持这一格式。FAT16 分区格式有一个最大的缺点就是磁盘利用效率低。因为在 DOS 和 Windows 系统中,磁盘文件的分配是以簇为单位的,一个簇只能分配给一个文件使用,不管这个文件占用整个簇容量的多少,因此即使一个很小的文件也要占用一个簇,从而形成了磁盘空间的浪费。

②FAT32。这种格式采用 32 位的文件分配表,使其对磁盘的管理能力大大增强,并且突破了 FAT16 对每一个分区的容量只有 2GB 的限制。在 Win2K/XP 系统中,由于系统本身的限制,导致单个分区的最大容量为 32GB。采用 FAT32 格式分区的磁盘,由于文件分配表的扩大,运行速度比采用 FAT16 格式分区的磁盘要慢。另外,由于 DOS6.22 及以下不支持 FAT32,因此采用这种分区格式后,就无法再使用 DOS6.22 及以下的系统了。

③NTFS。NTFS 文件系统格式具有极高的安全性和稳定性,在使用中不易产生文件碎片,它能对用户的操作进行记录,通过对用户权限进行非常严格的限制,使每个用户只能按照系统赋予的权限进行操作,充分保护系统与数据的安全。NTFS 文件系统突破了单个分区最大容量为 32GB 的限制,因此更适用于大容量硬盘。

④Linux。Linux 与 Windows 作为操作系统,其磁盘分区格式却完全不同。它包含 Linux Native 主分区和 Linux Swap 交换分区,这两种分区格式的安全性与稳定性极高。Linux 的文件系统格式根据版本的不同可分为 EXT1、EXT2、EXT3。

主流 Windows 操作系统,如 Windows 7、Windows 10 一般都使用 FAT32 或 NTFS。

(4) 硬盘分区的常用工具软件。硬盘分区的工具软件有很多,常用的分区软件有 DOS 下的 FDISK 程序、图形界面软件 DISKGENIUS、分区魔术师 PM 等。

4.3TB/4TB 超大硬盘分区

由于 MBR 分区表模式最大只支持 2TB 的硬盘空间,而现在硬盘的容量越来越大,对于大于 2TB 的硬盘,如何进行分区呢?这时就需要使用 GPT 分区模式。使用 GPT 格式分区安装系统,所需要的系统必须是 Win7 X64 位以上的,并且主板支持 UEFI 启动模式。GPT 格式分区最少要分三个区,分别是 EFI 系统保护区(默认隐藏不加载)、MSR 微软保留分区和系统数据分区。

(1) EFI 系统保护区。EFI 系统分区(ESP)是一个 FAT32 格式的物理分区,UEFI 固件从 ESP 分区加载 UEFI 启动程序或者应用,因此它是与操作系统分开的独立分区,实际上是系统启动的引导分区,存放相关的启动引导文件。UEFI 规范要求 ESP 分区必须存在,这是强制性的。

（2）MSR 微软保留分区。MSR（Microsoft Reserved Partition）使用 GPT 分区表的必须分区。其全局唯一标识符（GUID）为 E3C 微软保留分区 9E316-0B5C-4DB8-817D-F92DF00215AE。这个分区只适用于使用 GPT 分区表的存储器而不适用于使用传统的主引导记录分区表的存储器。根据微软的文档，这个分区的用途目前是保留的，暂时不会保存有用的数据，未来可能用作某些特殊用途。在将存储器格式化为使用 GUID 分区表时，微软保留分区就会自动分出，并且不能删除。MSR 微软保留分区会自动创建并且不能删除，其位置必须在 EFI 系统分区和所有 OEM 服务分区之后，但是紧接在第一个数据分区之前。对于不大于 16GB 的存储器，微软保留分区的初始大小为 32MB；在更大的存储器上，其初始大小为 128MB。

（3）系统数据分区。指操作系统的安装分区和数据存储区。

安装 Windows 10，硬盘 GPT 分区如图 11-3 所示。

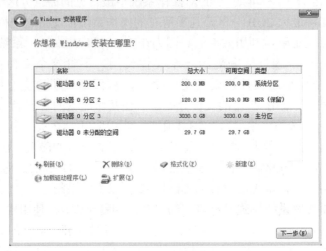

图 11-3　硬盘 GPT 分区

11.1.4　硬盘高级格式化

硬盘分区后还不能使用，必须通过高级格式化初始化硬盘分区后才能正常使用。

高级格式化又称为逻辑格式化，它是指根据用户选定的文件系统（如 FAT16、FAT32、NTFS、EXT2、EXT3 等），在硬盘的特定区域写入特定数据，以达到初始化硬盘或硬盘分区、清除原硬盘或硬盘分区中所有文件的操作。

高级格式化包括对主引导记录中分区表相应区域的重写，根据用户选定的文件系统在分区中划出一片用于存放文件分配表、目录表等文件管理的硬盘空间，以便用户使用该分区管理文件。

11.1.5　DiskGenius 介绍及使用

DiskGenius 是一款非常强大的硬盘数据恢复及分区管理软件，它具有强大的分区格式化功能，还具有已删除文件恢复、分区复制、分区备份、硬盘复制、数据恢复等功能。

1. 常用功能

DiskGenius 的主界面由三部分组成，分别是硬盘分区结构图、分区目录层次图、分区参数图，如图 11-4 所示。

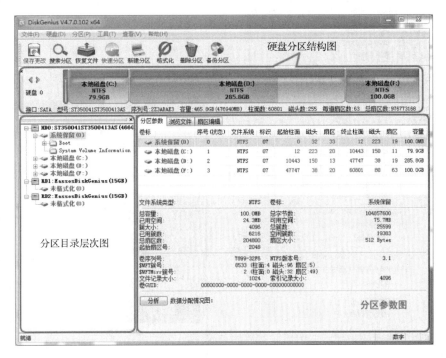

图 11-4 DiskGenius 主界面

硬盘分区结构图中用文字显示了分区卷标、盘符、类型、大小。用方框圈示的分区为"当前分区"。用鼠标单击可在不同分区间切换。硬盘分区结构图下方显示了当前硬盘的常用参数。通过单击左侧的两个"箭头"图标可在不同的硬盘间切换。

分区目录层次图中显示了分区的层次及分区内文件夹的树状结构。通过单击可切换当前硬盘、当前分区，也可单击文件夹以在右侧显示文件夹内的文件列表。

分区参数图在上方显示了"当前硬盘"各个分区的详细参数（起止位置、名称、容量等），下方显示了当前所选择分区的详细信息。

为了区分不同类型的分区，DiskGenius 将不同类型的分区用不同的颜色显示。每种类型分区使用的颜色是固定的，如 FAT32 分区用蓝色显示、NTFS 分区用棕色显示等。"分区目录层次图"及"分区参数图"中的分区名称也用相应类型的颜色区分。各个视图中的分区颜色是一致的。

DiskGenius 对硬盘或分区的操作都是针对"当前硬盘"或"当前分区"的，所以在操作前首先要选中目标硬盘或分区，使之成为"当前硬盘"或"当前分区"。

2. 创建分区

创建的分区类型有三种，分别是"主分区""扩展分区""逻辑分区"。主分区是指直接建立在硬盘上、一般用于安装及启动操作系统的分区。当使用 MBR 分区表模式进行分区时，一个硬盘上最多只能建立四个主分区，或三个主分区和一个扩展分区；而使用 GPT 分区表模式，则没有这个限制。扩展分区是指专门用于包含逻辑分区的一种特殊主分区。可以在扩展分区内建立若干个逻辑分区；逻辑分区是指建立于扩展分区内部的分区，没有数量限制。

选中需要建立新分区的区域，单击鼠标右键，然后在弹出的菜单中选择"建立新分区"选项，如图 11-5 所示。

"建立新分区"设置界面如图 11-6 所示。

图 11-5　单击鼠标右键选项　　　　　　　　图 11-6　建立新分区

根据需要选择分区类型、文件系统类型、输入分区大小，单击"确定"按钮即可建立分区。对于某些采用了大物理扇区的硬盘，比如 4KB 物理扇区的西部数据"高级格式化"硬盘，其分区应该对齐到物理扇区个数的整数倍，否则读/写效率会下降。此时，应该勾选"对齐到下列扇区数的整数倍"选项并选择需要对齐的扇区数目。如果需要设置新分区相关的更多参数，可单击"详细参数"按钮，以展开对话框进行详细的参数设置，如图 11-7 所示。

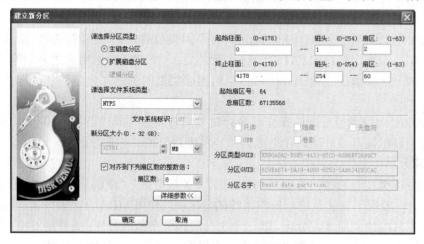

图 11-7　建立新分区的详细参数

对于 GPT（GUID）分区表格式，还可以设置新分区的更多属性。设置完参数后，单击"确定"按钮即可按指定的参数建立分区。新分区建立后并不会立即保存到硬盘，仅在内存中建立。执行"保存分区表"命令后，新分区才能生效。这样做的目的是为了防止因误操作造成数据破坏。要使用新分区，还需要在保存分区表后对其进行格式化。

3. 格式化分区

分区建立后，必须经过格式化才能使用。DiskGenius 目前支持 NTFS、FAT32、FAT16、EXFAT、EXT2、EXT3、EXT4 等文件系统的格式化。

首先选择要格式化的分区为"当前分区"，单击鼠标右键，然后在弹出的菜单中选择"格式化当前分区"选项。程序会弹出"格式化分区"对话框。如图 11-8 所示。

在对话框中选择"文件系统"类型、"簇大小"选项，设置"卷标"后即可单击"格式化"按钮，开始格式化操作。

如果选择在格式化时"扫描坏扇区"，要注意的是，格式化程序会对坏扇区做标记，建立文件时将不会使用这些扇区。

对于 NTFS 文件系统，可以勾选"启用压缩"复选框，以启用 NTFS 的磁盘压缩特性。格式化开始后，将会显示"进度条"，如图 11-9 所示。

图 11-8 "格式化分区（表）"对话框

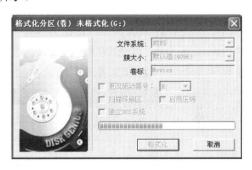

图 11-9 格式化进度条

4. 激活分区

活动分区是指用以启动操作系统的一个主分区。一块硬盘上只能有一个活动分区。因此，在安装操作系统之前，必须激活用以安装操作系统的指定分区。

首先选择要激活的分区为"当前分区"，单击鼠标右键，然后在弹出的菜单中选择"激活当前分区"选项。单击"是"按钮即可将当前分区设置为活动分区。

5. 转换分区表类型

DiskGenius 支持传统的 MBR 分区表类型及最新的 GPT 分区表类型。因此可以实现在这两种分区表类型之间进行无损转换。对于不支持 GPT 分区表格式的操作系统，将无法访问使用 GPT 分区表的磁盘分区。主流操作系统 GPT & UEFI 支持列表，如表 11-1 所示。

表 11-1 主流操作系统 GPT & UEFI 支持列表

平台	操作系统	系统盘		系统启动方式	数据盘
		GPT	UEFI		GPT
Windows	Win XP 32 位	不支持	不支持	1	不支持
	Win XP 64 位	不支持	不支持	1	支持
	Win Vista 32 位	不支持	不支持	1	支持
	Win Vista 64 位	GPT+UEFI		1、2	支持
	Win8/8.1 32 位	不支持	支持	1	支持
	Win8/8.1 64 位	GPT+UEFI		1、2	支持
	Win10 32 位	不支持	支持	1	支持
	Win10 64 位	GPT+UEFI		1、2	支持

续表

平台	操作系统	系统盘		系统启动方式	数据盘
		GPT	UEFI		GPT
Linux	RHEL/CentOS 4.X/5.X 64 位	不支持	不支持	1	支持
	RHEL/CentOS 6.X/7.X 64 位	GPT+UEFI		1、2	支持
	Ubuntu 13.04 64 位	GPT+UEFI		1、2	支持
	Fedora 18+ 64 位	GPT+UEFI		1、2	支持
	Debian 8.0+ 64 位	GPT+UEFI		1、2	支持
	FreeBSD 10.1+ 64 位	GPT+UEFI		1、2	支持
Mac	Mac OS X 10.6+	GPT+UEFI		2	支持

注：系统启动方式：1. Legacy BIOS + MBR 2. UEFI+GPT

（1）转换分区表类型为 GPT 格式。转换前硬盘的首尾部必须要有转换到 GPT 分区所必需的空闲扇区（几十个扇区即可），否则无法转换。选择要转换的硬盘后，单击菜单"硬盘—转换分区表类型为 GUID 格式"项，程序弹出如图 11-10 所示。

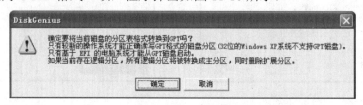

图 11-10　转换分区表类型为 GUID 格式

单击"确定"按钮完成转换。执行"保存分区表"命令后该转换才会生效。

（2）转换分区表类型为 MBR 格式。该选项用于将分区表类型转换回传统的 MBR 格式。由于 MBR 分区表有一定的限制（如主分区数目不能超过四个等），这种转换有一定的条件限制。因此在转换时，如果分区数目多于四个，软件将首先尝试将后部的分区逐一转换为逻辑分区。如果无法转换到逻辑分区（一般是由于分区前没有转换到逻辑分区的空闲扇区），分区表类型转换将失败。选择要转换的硬盘后，单击菜单"硬盘—转换分区表类型为 MBR 格式"项，程序弹出如图 11-11 所示。

图 11-11　转换分区表类型为 MBR 格式

如果硬盘容量超过 2TB，转换为 MBR 格式后，超过 2TB 的部分容量将无法使用。另外如果 GPT 磁盘上安装有基于 EFI 架构的操作系统，转换到 MBR 类型后该操作系统将无法启动。确认无误后单击"确定"按钮开始转换。

11.2　认识和安装 Windows 操作系统

Windows 10 是美国微软公司研发的跨平台及设备应用的操作系统，微软曾表示 Windows

10 将会是最后一个 Windows 版本，它已经变成一个服务，以后会通过新的升级而得到新的功能。Windows 10 能够在手机、笔记本电脑、台式计算机等几乎所有终端上运行。现阶段 Windows 10 已经逐渐替代 Windows 7、Windows 8 成为主流桌面操作系统。

11.2.1 Windows 10 的新特性

Windows 10 系统在支持跨设备运行、整合 OneDrive 上表现优异，同时带来了全新的操作中心、Edge 浏览器、Windows Hello 生物识别技术等。Windows 10 的新特性有以下几点。

（1）在易用性、安全性等方面进行了深入的改进与优化。针对云服务、智能移动设备、自然人机交互等新技术进行融合。

（2）只要能运行 Windows 7 操作系统，就能更加流畅地运行 Windows 10 操作系统。针对固态硬盘、生物识别、高分辨率屏幕等硬件都进行了优化支持与完善。

（3）除了继承旧版 Windows 操作系统的安全功能之外，还引入了 Windows Hello、Microsoft Passport、Device Guard 等安全功能。

11.2.2 Windows 10 的版本

Windows 10 共有家庭版、专业版、企业版、教育版、移动版、移动企业版、专业工作站版和物联网核心版八个版本。其面向对象及功能如表 11-2 所示。

表 11-2 Windows 10 版本及功能

版 本	功 能
Home 家庭版	Cortana 语音助手、Edge 浏览器、面向触控屏设备的 Continuum 平板电脑模式、Windows Hello（脸部识别、虹膜、指纹登录）微软开发的通用 Windows 应用（Photos、Maps、Mail、Calendar、Groove Music 和 Video）
Professional 专业版	以家庭版为基础，增添了管理设备和应用，保护敏感的企业数据，支持远程和移动办公，使用云计算技术。另外，它还带有 Windows Update for Business，微软承诺该功能可以降低管理成本、控制更新部署，让用户更快地获得安全补丁软件
Enterprise 企业版	以专业版为基础，增添了大中型企业用来防范针对设备、身份、应用和敏感企业信息的现代安全威胁的先进功能，供微软的批量许可（Volume Licensing）客户使用，用户能选择部署新技术的节奏，其中包括使用 Windows Update for Business 的选项
Education 教育版	以企业版为基础，面向学校职员、管理人员、教师和学生。它将通过面向教育机构的批量许可计划提供给客户，学校将能够升级 Windows 10 家庭版和 Windows 10 专业版设备
Mobile 移动版	面向尺寸较小、配置触控屏的移动设备，如智能手机和小尺寸平板电脑，集成有与 Windows 10 家庭版相同的通用 Windows 应用和针对触控操作优化的 Office
Mobile Enterprise 移动企业版	以 Windows 10 移动版为基础，面向企业用户。它将提供给批量许可客户使用，增添了企业管理更新，以及及时获得更新和安全补丁软件的方式
Pro for Workstations 专业工作站版	着重优化了多核处理以及大文件处理，面向大企业用户以及真正的"专业"用户，如 6TB 内存、ReFS 文件系统、高速文件共享和工作站模式
IoT Core 物联网核心版	面向小型低价设备，主要针对物联网设备

11.2.3 Windows 10 的硬件配置要求

微软公司公布的安装 winows10 所需的计算机配置要求不高。和之前发布的 Windows7、

Windows8 要求基本相同,只要计算机能够流畅运行 Windows7、Windows8,那么运行 Windows 10 就基本没问题。其硬件配置最低要求如表 11-3 所示。

表 11-3 Windows 10 硬件配置最低要求

CPU	内 存		硬 盘		显 卡	显 示 器	固 件	
1GHz 或更快（支持 PAE、NX 和 SSE2）	32 位	64 位	32 位	64 位	带有 WDDM 驱动程序的 MicrosoftDirectX9 图形设备或更高	1024×600（px）以上分辨率	≤2TB 硬盘	>2TB 硬盘
	1GB	2GB	16GB	20GB			Legacy BIOS	UEFI

11.2.4 Windows 10 32 位和 64 位的选择

对于 32 位和 64 位系统的选择可以从以下几点来考虑。

1．应用环境

64 位操作系统的设计主要是为了满足机械设计和分析、三维动画、视频编辑和创作,以及科学计算和高性能计算应用程序等领域中需要大量内存和浮点性能的客户需求,而 32 位操作系统主要面向个人家庭及办公使用。

2．CPU 运算能力

安装 64 位操作系统,需要 CPU 支持 64 位,而 64 位 CPU GPRs（General-Purpose Registers,通用寄存器）的数据带宽为 64 位,64 位指令集可以运行 64 位数据指令,也就是说处理器一次可提取 64 位数据（只要两个指令,一次提取 8 个字节的数据）,比 32 位（需要四个指令,一次提取 4 个字节的数据）提高了一倍,理论上性能会相应提升 1 倍。

3．内存寻址能力不同

32 位操作系统,最大只能支持 3.5GB 内存,如果在 32 位系统中,使用的是 4GB 或者更大容量内存,计算机只可以识别到 3.5GB 可用,当前 Windows 64 位操作系统最大可以支持 128GB 内存。

4．对硬件配置要求不同

32 位操作系统对硬件配置要求较低,64 位、非 64 位 CPU 都支持 32 位的操作系统。64 位操作系统对硬件配置要求较高,而且 CPU 也必须是 64 位。64 位操作系统的缺点是软件兼容性问题,尤其是驱动程序,必须区分 32 位和 64 位。

现阶段 64 位操作系统已经十分成熟,大多数软件都已经针对 64 位操作系统进行优化,并且个人计算机标准配置是支持 64 位的 CPU,4GB、8GB 甚至更大容量内存,而 32 位系统最大仅支持 3.5GB 内存,因此主流选择安装 64 位操作系统。

11.2.5 完全安装 Windows 10

本节以 Windows 10 为例,分别使用光盘和 U 盘来安装 Windows 10 操作系统。

1．光盘安装

将 Windows 10 系统的 ISO 镜像刻录到光盘上,然后设置 BIOS 中的 Startup 项,将"Primary Boot Sequence"中的第一项设置为光驱。如图 11-12 所示。

计算机重启后,由 Windows 10 安装光盘启动,出现如图 11-13 所示。

语言、区域和输入法设置,使用默认即可,单击"下一步"按钮继续,如图 11-14 所示。

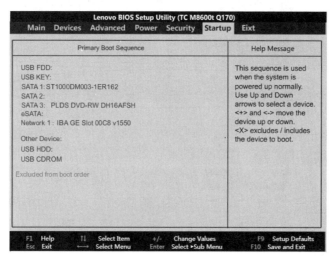

图 11-12　调整启动顺序

图 11-13　Windows 10 安装界面-1

图 11-14　Windows 10 安装界面-2

接下来将出现选择安装版本的界面，如图 11-15 所示。

单击"下一步"按钮，勾选"我接受许可条款"后，单击"下一步"按钮继续，对于第一次在硬盘上安装操作系统，这里选择"自定义"安装。如图 11-16 所示。

图 11-15　Windows 10 安装界面-3

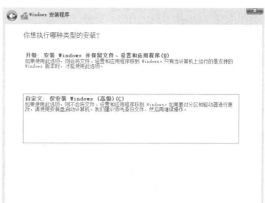

图 11-16　Windows 10 安装界面-4

接下来，将对硬盘进行分区。如图 11-17 所示。

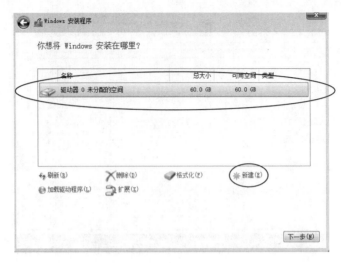

图 11-17　Windows 10 安装界面-5

　　选中目标驱动器，然后单击"新建"按钮，输入"分区大小"，单击"下一步"按钮后，系统将自动对硬盘进行分区，如图 11-18 所示。图中的"恢复分区""系统分区""MSR（保留）分区"是系统自己划分出来的。这里的"恢复分区"用来存储 Windows 内置的恢复环境（WinRE），其中包含一些恢复工具，相当于一个微型操作系统环境。"系统分区"用于存放 UEFI 引导文件。"MSR（保留）分区"用于转换动态磁盘（在硬盘容量大于 2TB 时，该分区很重要，没有该分区会导致分区表出错）。Windows 10 操作系统将安装在"主分区"中。

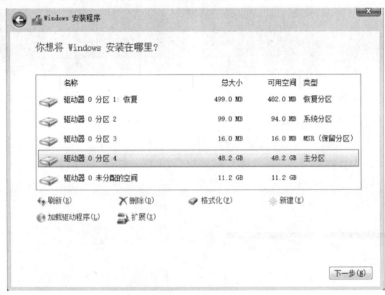

图 11-18　Windows 10 安装界面-6

　　单击"下一步"按钮，系统将自动完成安装过程。如图 11-19 所示。
　　此后，Windows 10 安装程序要至少重启两次，耐心等待 30 分钟左右将进入后续设置，其中包括"输入产品密钥""区域设置""键盘布局""网络设置""系统登录账户设置"，设置完成后，将会进入熟悉的 Windows 界面，如图 11-20 所示。
　　2．U 盘安装
　　使用 U 盘安装 Windows 10，首先需要登录"微软中国下载中心"，从网站下载一款名为

"MediaCreationTool"的工具,利用该工具可以制作 Windows 10 安装 U 盘。网站地址 http://www.microsoft.com/zh-cn/software-download/Windows 10。如图 11-21 所示。单击"立即下载工具"按钮即可下载最新的"MediaCreationTool"工具。

图 11-19　Windows 10 安装界面-7

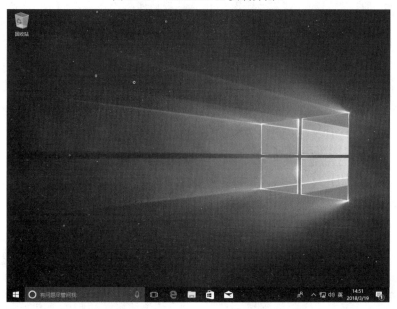

图 11-20　Windows 10 登录界面

安装并运行"MediaCreationTool",从弹出的"Windows 10 安装程序"主界面中,勾选"为另一台电脑创建安装介质(U 盘、DVD 或 ISO 文件)"项,单击"下一步"按钮。如图 11-22 所示。

在"选择语言、体系结构和版本"界面中,选择"中文(简体)"选项,同时根据实际情况选择"体系结构""版本"。单击"下一步"按钮。如图 11-23 所示。

图 11-21　微软网站页面

图 11-22　创建安装介质

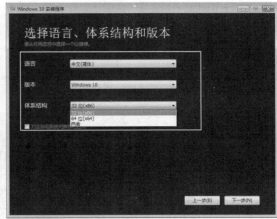

图 11-23　选择语言、体系结构和版本

在"选择要使用的介质"界面中，直接选择"U 盘"，单击"下一步"按钮。U 盘至少要保留 3GB 空间。如图 11-24 所示。

接下来"Windows 10 安装程序"将自动下载 Windows 10 系统到 U 盘，同时将 U 盘制作成一个具有启用功能的 Windows 10 安装 U 盘。如图 11-25 所示。

图 11-24　选择 U 盘

图 11-25　Windows 10 安装 U 盘的制作过程

制作完毕后，重新启动计算机并设置 BIOS，将 U 盘设置为"第一"启动盘，后续安装过程和"光盘安装"一样。

实验 11

1. 实验项目
硬盘分区、Windows 10 操作系统的安装。

2. 实验目的
（1）熟练运用 DiskGenius 对硬盘进行分区、激活分区、文件系统格式转换。
（2）熟练运用 MediaCreationTool 制作 Windows 10 安装 U 盘。
（3）掌握 Windows 10 安装方法。

3. 实验准备及要求
（1）DiskGenius 工具盘一张、Windows 10 安装光盘一张、U 盘一个（容量大于 3GB）。
（2）要求将硬盘分为四个分区，并设置第一个分区为活动分区。
（3）制作 Windows 10 安装 U 盘，熟练完成 Windows 10 的安装。

4. 实验步骤
（1）使用 DiskGenius，将硬盘按要求进行分区、设置活动分区并进行高级格式化。
（2）制作 Windows 10 安装 U 盘。
（3）设置计算机从 U 盘启动，安装 Windows 10 操作系统。
（4）分别删除系统自动生成的"恢复分区""系统分区""MSR（保留）分区"，观察并记录其对系统引导产生的影响。
（5）整理记录，完成实验报告。

5. 实验报告
（1）使用 DiskGenius 对系统进行分区，并且进行高级格式化。记录操作流程以及完成操作所需的时间。
（2）制作 Windows 10 安装 U 盘。设置计算机从 U 盘启动，安装 Windows 10 操作系统，并进行详细记录。
（3）删除系统自动生成的分区以后，分析给系统造成的影响，并描述这些分区的作用。

习题 11

1. 填空题
（1）硬盘只有通过_____和_____以后才能用于软件安装与信息存储。
（2）硬盘的格式化包括_____和_____。
（3）LFORMAT 是专用的_____格式化软件。
（4）硬盘在使用时，是按照不同的区域_____，_____就是划分区域的过程。
（5）硬盘的分区格式常用的有四种：_____、_____、_____和_____。
（6）_____文件系统格式具有极高的安全性和稳定性，在使用中不易产生文件碎片。
（7）MBR 分区表模式最大只支持_____TB 的硬盘空间。
（8）Windows 10 的两种安装方式分别为：_____和_____。
（9）Windows 10 能够在_____、_____、_____、_____等几乎所有终端上运行。
（10）_____用来存储 Windows 内置的恢复环境（Win RE），其中包含一些恢复工具，相当于一个微型操作系统环境。

2. 选择题

（1）对硬盘进行合理的分区，不仅可以方便、高效地对文件进行管理，而且还可以有效（　　）、提高系统运行效率。

A．利用磁盘空间　　　　　　　　　　B．增加磁盘空间
C．利用内存　　　　　　　　　　　　D．提高磁盘读取速度

（2）高级格式化的作用是从逻辑盘指定的（　　）开始，对扇区进行逻辑编号，建立逻辑盘的引导记录（DBR）、文件分配表（FAT）、文件目录表（FDT）及数据区。

A．扇区　　　　B．柱面　　　　C．地址　　　　D．零磁道

（3）MBR 分区表模式下，一个硬盘最多可以分（　　）个主分区。

A．1　　　　　B．2　　　　　C．3　　　　　D．4

（4）主分区都可以作为活动分区，但同时有且只有（　　）个分区是被激活的。

A．1　　　　　B．2　　　　　C．3　　　　　D．4

（5）（　　）文件系统具有极高的安全性和稳定性，在使用中不易产生文件碎片，它能对用户的操作进行记录，通过对用户权限进行非常严格的限制，使每个用户只能按照系统赋予的权限进行操作，充分保护系统与数据的安全。

A．FAT　　　　B．FAT32　　　　C．NTFS　　　　D．LINUX

（6）对普通硬盘进行常规分区时，一般采用 MBR 分区表模式，分区程序向 0 柱面 0 磁头 1 扇区写入（　　）和分区记录表 DPT（Disk Partition Table），并建立一个分区表链，向所有的逻辑驱动器写入链表记录。

A．主引导记录　　　　　　　　　　B．结束标志
C．引导程序　　　　　　　　　　　D．GPT（GUID Partition Table）

（7）DiskGenius 的主界面由三部分组成。分别是：硬盘分区结构图、（　　）、分区参数图。

A．操作流程图　　　　　　　　　　B．导航工具栏
C．扇区编辑图　　　　　　　　　　D．分区目录层次图

（8）GPT 的分区信息存放在每个分区中，而不像 MBR 一样只保存在主引导扇区，GPT 在主引导扇区建立了一个保护分区（Protective MBR），这种分区的类型标识为（　　），用来防止不支持 GPT 的磁盘管理工具错误识别并破坏硬盘中的数据。

A．0xEE　　　　B．0xFF　　　　C．0xEF　　　　D．0x0F

（9）Windows 操作系统中（　　）不支持 GPT 系统盘。

A．Win XP 32 位　　　　　　　　　C．Mac OS X 10.6+
C．Win10 64 位　　　　　　　　　　D．Ubuntu 13.04 64 位

（10）使用 Windows 10 安装盘，对硬盘进行分区时，会自动创建三个分区，（　　）不属于其中之一。

A．恢复分区　　　　　　　　　　　B．数据分区
C．系统分区　　　　　　　　　　　D．MSR（保留）分区

3. 判断题

（1）高级格式化的作用是为每个磁道划分扇区，并根据用户选定的交错因子安排扇区在磁道中的排列顺序。（　　）

（2）活动分区是指用以启动操作系统的一个主分区。（　　）

（3）如果硬盘容量超过 2TB，转换为 MBR 格式后，超过 2TB 的部分容量将无法使用。（　　）

（4）传统 BIOS 可以支持 Windows 系统从 GPT 磁盘启动。（　　）

（5）32 位操作系统最大可以支持 8GB 内存。（　　）

4．简答题

（1）什么是低级格式化和高级格式化？各有什么作用？

（2）对大容量（大于2TB）硬盘进行分区时，应注意哪些事项？

（3）简述 Windows 10 的新特性。

（4）比较和分析 32 位、64 位操作系统的优/缺点？

（5）使用 Windows 10 安装盘，对硬盘进行分区时，会自动创建哪些分区？这些分区的作用是什么？

第 12 章 虚拟化技术

虚拟化（Virtualization）技术是一种资源管理技术，是将计算机的各种硬件资源，如服务器、网络、内存及存储等，以一种抽象的方式组合到一起，并提供给用户使用。它打破了硬件资源间不可切割的障碍，使用户以更好的方式来应用这些资源。这些"虚拟"出来的资源不受现有资源的架设方式、地域或物理组态所限制。一般所指的虚拟化资源包括计算能力和存储空间。

虚拟化技术与多任务及超线程技术是完全不同的。多任务是指在一个操作系统中多个程序同时一起运行，而在虚拟化技术中，则可以同时运行多个操作系统，而且每一个操作系统中都有多个程序运行，每一个操作系统都运行在一个虚拟的 CPU 或者是虚拟主机上；而超线程技术只是单 CPU 模拟双 CPU 来平衡程序运行性能，这两个模拟出来的 CPU 是不能分离的，只能协同工作。

虚拟化技术一般分为以下几类。

（1）硬件虚拟化：一种对计算机或操作系统的虚拟化，它对用户隐藏了真实的计算机硬件，表现出另一个抽象计算平台。

（2）虚拟机：通过软件模拟的具有硬件系统功能的、运行在一个完全隔离环境中完整的计算机系统。

（3）虚拟内存：将不相邻的内存区，甚至硬盘空间虚拟成统一连续的内存地址。

（4）存储虚拟化：将实体存储空间（如硬盘）分隔成不同的逻辑存储空间。

（5）网络虚拟化：将不同网络的硬件和软件资源结合成一个虚拟的整体。

（6）桌面虚拟化：在本地计算机显示和操作远程计算机桌面，在远程计算机执行程序和储存信息。

（7）数据库虚拟化：消除未充分使用的服务器而采用分层集群数据库的方法。

（8）服务器虚拟化：将服务器物理资源抽象成逻辑资源，让一台服务器变成几台甚至上百台相互隔离的虚拟服务器，不再受限于物理上的界限，而是让 CPU、内存、磁盘、I/O 等硬件变成可以动态管理的"资源池"，从而提高资源的利用率，简化系统管理，实现服务器整合。

目前有 4 种虚拟化技术是当前最为成熟而且应用最为广泛的，它们分别是：VMWare 的 ESX、微软的 Hyper-V、开源的 XEN 和 KVM。

ESX 是 VMware 的企业级虚拟化产品，ESX 服务器启动时，首先启动 Linux Kernel，通过这个操作系统加载虚拟化组件，最重要的是 ESX 的 Hypervisor 组件，称为 VMkernel。VMkernel 会从 LinuxKernel 完全接管对硬件的控制权，虚拟机对于 CPU 和内存资源是通过 VMkernel 直接访问，最大程度地减少了开销。CPU 的直接访问得益于 CPU 硬件辅助虚拟化（Intel VT-x 和 AMD AMD-V，第一代虚拟化技术），内存的直接访问得益于 MMU（内存管理单元，属于 CPU 中的一项特征）硬件辅助虚拟化（Intel EPT 和 AMD RVI/NPT，第二代虚拟化技术）。

Hyper-V 是微软新一代的服务器虚拟化技术。Hyper-V 有两种发布版本：一是独立版，如 Hyper-V Server 2008，以命令行界面实现操作控制，是一个免费的版本；二是内嵌版，如 Windows Server 2008，Hyper-V 作为一个可选开启的角色。Hyper-V 要求 CPU 必须具备硬件辅助虚拟化，而 MMU 硬件辅助虚拟化则是一个增强选项。

XEN 最初是剑桥大学 Xensource 的一个开源研究项目，2003 年 9 月发布了首个版本 XEN 1.0。XEN 支持两种类型的虚拟机，一类是半虚拟化（Para Virtualization，PV），另一类是全虚拟化（Hardware Virtual Machine，HVM）。半虚拟化需要特定内核的操作系统，如基于 Linux paravirt_ops（Linux 内核的一套编译选项）框架的 Linux 内核，而 Windows 操作系统由于其封闭性则不能被 XEN 的半虚拟化所支持，XEN 的半虚拟化有个特别之处就是不要求 CPU 具备硬件辅助虚拟化，这非常适用于 2007 年之前的旧服务器虚拟化改造。全虚拟化支持原生的操作系统，特别是针对 Windows 这类操作系统，XEN 的全虚拟化要求 CPU 具备硬件辅助虚拟化，为了提升 I/O 性能，全虚拟化特别针对磁盘和网卡采用半虚拟化设备来代替仿真设备，这些设备驱动称之为 PV on HVM，为了使 PV on HVM 有最佳性能，CPU 应具备 MMU 硬件辅助虚拟化。

KVM（Kernel-based Virtual Machine，基于内核虚拟机），最初是由 Qumranet 公司开发的一个开源项目，2007 年 1 月首次被整合到 Linux 2.6.20 核心中。与 XEN 类似，KVM 支持广泛的 CPU 架构，除了 X86/X86_64 CPU 架构之外，还将会支持大型机（S/390）、小型机（PowerPC、IA64）及 ARM 等。KVM 充分利用了 CPU 的硬件辅助虚拟化能力，并重用了 Linux 内核的诸多功能，使得 KVM 本身非常瘦小，KVM 模块的加载将 Linux 内核转变成 Hypervisor，KVM 在 Linux 内核的用户（User）模式和内核（Kernel）模式基础上增加了客户（Guest）模式。Linux 本身运行于内核模式，主机进程运行于用户模式，虚拟机则运行于客户模式，使得转变后的 Linux 内核可以将主机进程和虚拟机进行统一的管理和调度。

本章将重点介绍主流的虚拟机技术、如何使用虚拟机，以及面向移动终端（Android、iOS）的模拟器使用。

12.1 虚拟机技术简介

虚拟机是对真实计算机环境的抽象和模拟，它是一种严密隔离的软件容器，内含操作系统和应用。虚拟机技术最早由 IBM 于 20 世纪六七十年代提出，被定义为硬件设备的软件模拟实现。虚拟机监视器（Virtual Machine Monitor，VMM）是虚拟机技术的核心，它是一层位于操作系统和计算机硬件之间的代码，用来将硬件平台分割成多个虚拟机。VMM 运行于特权模式，主要作用是隔离且管理上层运行的多个虚拟机，决定并分配它们对底层硬件的访问，为每个客户操作系统虚拟一套独立于实际硬件的虚拟硬件环境（包括处理器、内存、I/O 设备）。VMM 采用某种调度算法在各个虚拟机之间共享 CPU，如采用时间片轮转调度算法。由 VMM 来决定其对系统上所有虚拟机的访问。

虚拟机与多操作系统比较，其优势如表 12-1 所示。

表 12-1 虚拟机的优势

比较	虚拟机	多操作系统
运行状态	一次可以运行多个系统	一次只能运行一个系统
系统间切换	可以在不关机的情况下，直接切换	需要关闭一个，再重启进入另外一个
硬盘数据安全	任何操作都不影响所宿主计算机的数据	多操作系统共用磁盘，对数据的操作会相互影响
组建网络	多系统之间可以实现网络互联，组成局域网	不能

在实际运用中，虚拟机技术带来的好处有以下几点：

（1）可以安装不同类型的 OS 平台，可以在 Windows 上虚拟化 Linux，也可以在 Linux 上虚拟化 Windows；可以以极低的成本学习和熟悉多种类型的操作系统。

（2）可以帮助学习网络的相关知识，如内部构建一个服务器网络、配置服务器、打造实验局域网；

（3）在真实机器上的很多操作其实是非常危险的，如对于病毒的研究工作，但是在虚拟机上则完全没有这个风险；

（4）可以在虚拟机上维护一些低版本的系统开发软件，这样可以延长软件的使用寿命，降低升级的成本；

（5）可以在 Windows 平台，通过虚拟机对 Linux 平台下的程序进行交叉编译、调试；

（6）虚拟机中的每一个系统本身就是一个文件，可以通过复制，快速地部署多个虚拟机系统。

12.2 主流的虚拟机软件

目前基于 Windows 平台的主流虚拟机软件有 VMware Workstation、VirtualPC、Hyper-V、VirtualBox。基于 Linux 平台的主流虚拟机软件有 XEN、KVM。本节主要介绍基于 Windows 平台的主流虚拟机软件 VMware Workstation。

1. VMware Workstation 是一款功能强大的桌面虚拟计算机软件，提供用户可在单一的桌面上，同时运行不同的操作系统进行开发、测试、部署新的应用程序的最佳解决方案。VMware Workstation 可在一部实体机器上模拟完整的网络环境，其更好的灵活性与先进的技术胜过了市场上其他的虚拟计算机软件。对于企业的 IT 开发人员和系统管理员而言，VMware 在虚拟网络、实时快照、拖曳共享文件夹、支持 PXE 等方面的特点使它成为必不可少的工具。

VMware Workstation 支持的操作系统基本涵盖了所有的主流操作系统：

（1）Windows 10；
（2）Windows 8.X；
（3）Windows 7；
（4）Windows XP；
（5）Ubuntu；
（6）Red Hat；
（7）SUSE；
（8）Oracle Linux；
（9）Debian；
（10）Fedora；
（11）OpenSUSE；
（12）Mint；
（13）Cent OS。

VMware Workstation 支持的移动端操作系统：

（1）Android；
（2）Mac OSX。

2. Virtual PC 与 Hyper-V 是微软的两款虚拟机软件。两者之间的区别在于：

（1）Vitrual PC 只能虚拟出 32 位的系统，即使有运行在 64 位系统的 Vitual PC，但也只能在里面虚拟 32 位的系统，微软不再推出能虚拟出 64 位系统的 Virtual PC 版本；

（2）Virtual PC 的硬件是虚拟的，Hyper-V 由 Hypervisor 层直接运行于物理服务器硬件之上。所有的虚拟分区都通过 Hypervisor 硬件通信，其中的 Hypervisor 是一个很小、效率很高的代码集，负责协调这些调用；

（3）Hyper-V 作为一个组件被集成到了 Windows Server 2008 中，Windows Server 2008 必须为 64 位系统，另外 CPU 须支持虚拟化指令，这个功能需要打开 BiOS 中的"Intel Virtualization Technology"功能；

（4）Hyper-V 支持在虚拟机中安装 64 位的操作系统。

3. VirtualBox 是一款开源虚拟机软件，由 Sun Microsystems 公司出品，软件使用 Qt 编写，在 Sun 被 Oracle 收购后正式更名成 Oracle VM VirtualBox。

VirtualBox 号称是最强的免费虚拟机软件，它不仅具有丰富的功能，而且性能优异。它简单易用，可虚拟的系统包括 Windows（从 Windows 3.1 到 Windows10、Windows Server 2012，所有的 Windows 系统都支持）、Mac OS X、Linux、OpenBSD、Solaris、IBM OS2 甚至 Android 等操作系统。

12.3 虚拟机的安装

本节将以 VMware Workstation 为例，着重介绍如何安装、配置虚拟机软件，以及如何在 Windows 平台下通过 VMware Workstation 安装 Ubuntu 操作系统。

12.3.1 安装 VMware Workstation

从 VMware Workstation 11 开始，VMware Workstation 就只支持 64 位系统，不再支持 32 位系统，如果使用的操作系统为 32 位，建议安装使用 VMware Workstation 10。

1. 本节所介绍的安装环境：Windows 10（64 位）+VMware Workstation pro 12-full-12.1.01。用鼠标右键单击"VMware Workstation pro 12"安装包，选择"以管理员身份运行"选项。

提示"安装程序无法继续。Microsoft Runtime DLL 安装程序未能完成安装。"如图 12-1 所示。

解决方案：不要单击"确定"按钮。按【WIN+R】组合键打开"运行"对话框，或者在开始菜单里单击"运行"菜单，输入"%temp%"命令，如图 12-2 所示。

图 12-1　VMware 安装出错提示

图 12-2　"运行"对话框

在弹出的窗体中找到一个名字为"{0AD9785-F9BD-47FD-84F7-9E27B5A1853D}~setup"：
（不同的计算机出现的这串字母与数字并不相同，只要找结尾是~setup 的文件夹即可，一般这个文件夹都会出现在第一个）的文件夹，如图 12-3 所示。

图 12-3　输入"%temp%"后弹出的窗体

打开这个文件夹，单击"VMwareWorkstation.msi"选项，即可开始 VMware 的安装了。如图 12-4 和图 12-5 所示。

图 12-4　VMwareWorkstation.msi 所在文件夹

造成出错的原因分析：在图 12-4 中，除了 VMware 的安装文件，还有两个文件分别是 vcredist_x64.exe 和 vcredist_x86.exe。这两个文件都是微软公司 Visual C++的运行时库（32 位和 64 位两个版本），包含了一些 Visual C++的库函数。一般用 Visual C++开发的 Windows 应用程序需要这个运行时库的支持才能在没有安装 Visual C++的计算机上正常运行。

这里只要把系统"服务"里面的"启动类型"设置成"手动"，并且"启动"这个服务即可。如图 12-6 所示。

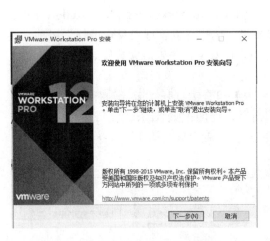

图 12-5　VMware 开始安装界面

图 12-6　Windows Module 服务

2．VMware 的安装过程基本上使用默认的设置即可。可以自己选择软件的安装路径，如图 12-7 所示。

3．安装完成后，需要对软件进行激活。在激活的时候，可能会遇到如图 12-8 所示的问题。

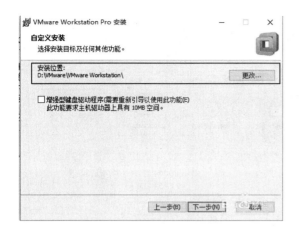 

图 12-7　更改"安装路径"　　　　　　　图 12-8　激活出现的问题

解决方法：在"开始"菜单单击"运行"选项，输入"cmd"使用"cd"命令，进入到 VMware 的安装路径，如果是 64 位，进入 X64 文件夹，然后执行如下命令：vmware-vmx.exe-new-sn xxxx-xxxx-xxxx-xxxx（许可证密钥），即可实现激活。如图 12-9 所示。

图 12-9　激活命令运行界面

12.3.2　创建虚拟机

VMware workstation 12 pro 安装完成后，就可以建立虚拟机了。

（1）双击桌面上的"VMware Workstation Pro"图标，即可进入 VMware 主界面。如图 12-10 所示。

（2）单击"创建新的虚拟机"按钮，即可建立一个虚拟机，下面将对虚拟机进行详细的设置。如图 12-11 所示。选择"典型"选项，系统将按照默认设置，快速建立一个新的虚拟机，如果需要对虚拟机的参数进行个性化设置，这里选择"自定义"选项。

（3）"安装客户机操作系统"这一项目的设置，可以等到虚拟机建立完成后，再选择相应的"安装来源"。因此这里选择"稍后安装操作系统"选项，如图 12-12 所示。

（4）设置"客户机中需要安装操作系统的类型"选项，这里可以根据自己的需要来设置，通过软件提供的可选择类型，可以发现 VMware 支持几乎所有的操作系统类型。如图 12-13 所示。

（5）命名虚拟机，并且设置虚拟机存放的位置，如图 12-14 所示。

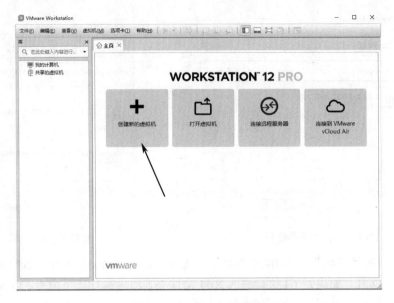

图 12-10　VMware 主界面

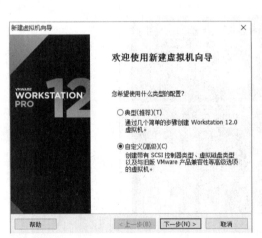

图 12-11　选择配置虚拟机的类型

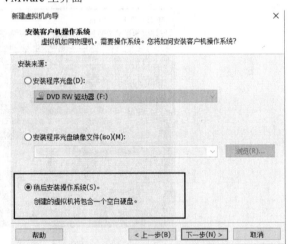

图 12-12　创建一个空白硬盘

图 12-13　选择客户机安装的操作系统

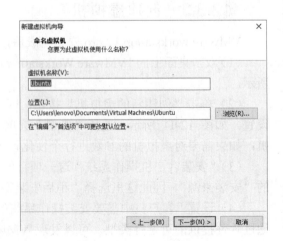

图 12-14　命名虚拟机

（6）分别设置虚拟机的相关硬件，其中包括 CPU、内存、网络、I/O 控制器的类型、磁盘类型及磁盘容量。一般使用推荐设置即可。这里重点介绍"网络类型"的设置，如图 12-15 所示。

图 12-15　网络类型的设置

①使用桥接网络。

"桥接网络"是指本地物理网卡和虚拟网卡通过 VMnet0 虚拟交换机进行桥接，物理网卡和虚拟网卡在拓扑图上处于同等地位，也就是说物理网卡和虚拟网卡相当于处于同一个网段，虚拟交换机就相当于一台现实网络中的交换机，所以两个网卡的 IP 地址也要设置为同一网段。

②使用网络地址转换。

"NAT 模式"就是让虚拟机借助网络地址转换功能，也就是说虚拟机的网卡和物理网卡的网络不在同一个网络，虚拟机的网卡在 VMware 提供的一个虚拟网络中。因此局域网其他主机是无法访问虚拟机的，而宿主机可以访问虚拟机，虚拟机可以访问局域网的所有主机。

③使用仅主机模式网络。

"仅主机模式网络"就是将虚拟机与外网隔开，使虚拟机成为一个独立的系统，只能与宿主机相互访问。

（7）全部设置完成后，将出现虚拟机信息汇总界面，如图 12-16 所示。

图 12-16　信息汇总界面

12.3.3 在虚拟机中安装 ubuntu

成功建立了一个新的虚拟机后，本节介绍如何在该虚拟机中安装 ubuntu-16.04.3 Desktop（64 位）。

（1）到 Ubuntu 的官网（https://www.ubuntu.com/download/alternative-downloads）下载系统的 ISO 镜像文件，如图 12-17 所示。

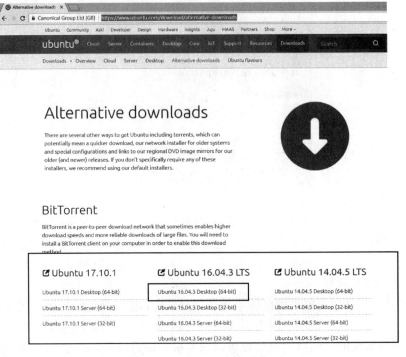

图 12-17　Ubuntu 官方下载

（2）打开建立好的虚拟机，编辑虚拟机设置，如图 12-18 所示。

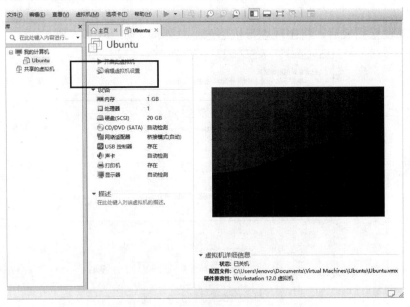

图 12-18　编辑虚拟机设置

（3）设置"CD/DVD（SATA）"，以及 ISO 映像文件的路径。通过"浏览"，将目录指向存放 ubuntu-16.04.3-desktop-amd64.iso，如图 12-19 所示。

图 12-19 设置 ISO 映像文件的路径

（4）开启虚拟机，将会自动开始安装 Ubuntu。此时系统显示出现错误，如图 12-20 所示。

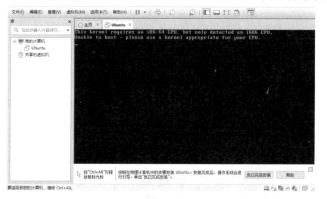

图 12-20 错误提示

错误提示"安装时，系统只检测出 32 位的 CPU，而没有检测出 64 位的"，这是因为 CPU 没有打开虚拟化引擎，所以需要在 Bios 里面打开"Intel Virtualization Technology"功能，如图 12-21 所示。

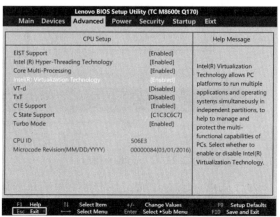

图 12-21 在 BiOS 中设置 CPU 虚拟化

（5）再次打开虚拟机，顺利进入到 Ubuntu 的安装界面，如图 12-22 所示。在左侧选择版本后，单击右侧的"安装 Ubuntu"按钮，即可进入安装流程。

图 12-22　Ubuntu 安装界面

（6）安装过程，一般使用系统的推荐设置即可。在"安装类型"设置页面，选择"清除整个磁盘并安装 Ubuntu"选项，安装程序会自动为硬盘分出两个分区，一个是主分区（ext4 格式），还有一个用于与内存交换数据和作为缓存使用的 swap 分区，如图 12-23 所示。如果熟悉 Linux 系统分区类型及格式，也可以选择"自己创建、调整分区"选项。

图 12-23　Ubuntu 系统分区

Ubuntu 系统将分区作为挂载点，载入目录，其中最常用的目录如表 12-2 所示。

表 12-2 Ubuntu 系统常用目录表

目录	建议大小	格式	用途
/	10～20G	ext4	根目录
swap	<2048M	swap	交换分区
/boot	200M	ext4	启动分区，存放内核及引导系统程序所需要的文件
/tmp	5G	ext4	系统的临时文件，一般系统重启不会被保存
/home	尽可能大	ext4	用户工作目录；个人配置文件，如个人环境变量等；所有账号分配一个工作目录

（7）在设置完语言时区及用户密码后，安装正式开始，安装完成后按提示重启虚拟机，重启后输入密码，将会进入 Ubuntu 桌面。如图 12-24 所示。

图 12-24　Ubuntu 桌面

12.3.4　安装 VMware Tools

VMware Tools 是 VMware 虚拟机中自带的一种增强工具，是 VMware 提供的增强虚拟显卡和硬盘性能，以及同步虚拟机与主机时钟的驱动程序。只有在 VMware 虚拟机中安装好了 VMware Tools，才能实现主机与虚拟机之间的文件共享，同时可支持自由拖曳的功能，鼠标也可在虚拟机与主机之前自由移动（不用按【Ctrl+Alt】组合键），而且虚拟机屏幕也可实现全屏化。

（1）选择菜单栏中的"虚拟机"，单击弹出的菜单"安装 VMware Tools"选项，如图 12-25 所示。

图 12-25　安装 VMware Tools

（2）在弹出的文件夹中，会看到 VMware Tools 安装包，如图 12-26 所示。

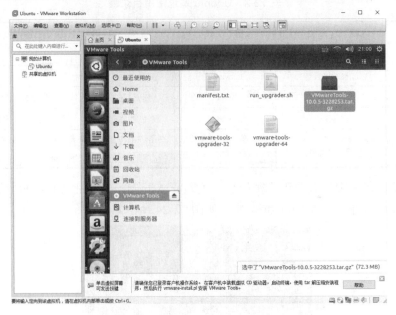

图 12-26　VMware Tools 安装包

（3）将工具包复制到 /tmp 目录下，然后打开终端，如图 12-27 所示。首先将登录用户切换到 root，然后复制安装包到 /tmp，最后使用 tar 命令（参数:zxf）对安装包进行解压。

图 12-27　使用终端对安装包进行解压

（4）进入到解压后的安装包目录，使用命令"./vmware-install.pl"，开始安装 VMware tools，如图 12-28 所示。一直按【Enter】键，直到提示安装成功。Reboot 后，通过"复制、粘贴"操作即可实现虚拟机与主机之间的文件相互复制。

图 12-28　开始安装 VMware Tools

12.4　移动终端系统（iOS、Android）模拟器

　　移动终端系统模拟器是指能在计算机上模拟手机或平板的系统（iOS、Android）运行环境，并能安装、使用、卸载相应的手机（平板）应用软件，它能让用户在计算机上也能体验移动终端系统。

　　现阶段移动终端的主流操作系统分别是 Android 和 iOS。Android 是一种基于 Linux 的自由及开放源代码的操作系统，主要使用于移动设备，如智能手机和平板电脑，由 Google 公司和开放手机联盟领导及开发。iOS 是苹果的专用移动操作系统，只能运行在 iphone、ipad 等一系列苹果硬件设备上。

　　iOS 现阶段无论是在 Windows 还是 Mac 上都不能用虚拟机来模拟，也没有相应的模拟器。而苹果 PC、Macbook 所使用的 Mac OS X 操作系统，可以在 Windows 上通过使用 VMware 在虚拟机中安装。

　　市面上 Android 模拟器软件种类繁多，但其实只基于两大内核：BlueStacks 和 VirutalBox。BlueStacks 是一个可以让 Android 应用程序运行在 Windows 系统（目前，该公司再次宣布推出 Mac 版 BlueStacks 模拟器）上的软件。BlueStacks 的原理是把 Android 底层 API 接口翻译成 Windows API，对 PC 硬件本身没有要求，在硬件兼容性方面有一定的优势。由于 BlueStacks 需要翻译的 Android API 数量巨大，因此在性能和游戏兼容性方面欠佳。Virtualbox 是数据库巨头 Oracle 旗下的开源项目，通过在 Windows 内核底层直接插入驱动模块，创建一个完整虚拟的计算机环境运行安卓系统，加上 CPU VT 硬件加速，性能和兼容性都更好，但是其对于计算机的硬件需求也更高。国内的"靠谱助手""新浪手游助手"等一大批手游助手类软件都是直接基于 BlueStacks 内核。由于 BlueStacks 没有公开源代码，所以无法深度定制，只能进行简单的优化。其他的如"逍遥安卓""夜神"这类的产品都是基于 Virtualbox 系统，"逍遥安卓""夜神"对 Virtualbox 源代码深度定制后重新编译，从而提高性能和兼容性。每个安卓模拟器都有其各自特点，很难面面俱到，用户在选择安卓模拟器的时候，需要根据自己的实际情况对不同安卓模拟器进行选择。

本节将重点介绍如何使用 Android 模拟器——BlueStacks 蓝叠。BlueStacks 蓝叠可以让用户在 Windows 系统下使用各种 Android 的 APP 应用，相比 Google 官方提供的 Android SDK 开发的模拟器，BlueStacks 蓝叠对于非程序员的普通用户来说显得更加简单易用。对于非 Android 用户，就算没有 Android 手机，也可以轻易地接触到各种新奇好玩的 Android 应用；如果本身是 Android 的用户，那么可以在下载软件/游戏之前，先在计算机上试试它的效果如何；对于应用开发人员，则可以用来解决一些实际开发中遇到的问题。

以下介绍 BlueStacks 蓝叠的安装过程。

（1）到 BlueStacks 官网下载最新的 BlueStacks 蓝叠 3 安装文件。如图 12-29 所示。

图 12-29　BlueStacks 蓝叠官网

（2）安装过程可以使用系统推荐的模式，也可以自定义安装，如图 12-30 所示。

图 12-30　自定义安装

（3）安装完成后，双击进入程序主界面，如图 12-31 所示。主界面的"系统应用"菜单中是系统默认安装的一些应用服务，其中包括"设置""浏览器""相机""R.E 文件管理器""Google Play 商店""Google Play 游戏"等。

（4）添加需要的应用程序，如添加"微信"。在主界面的右上角，输入"微信"，单击"查询"按钮，在"应用中心"会出现微信的安装界面。如图 12-32 所示。

图 12-31 系统主界面

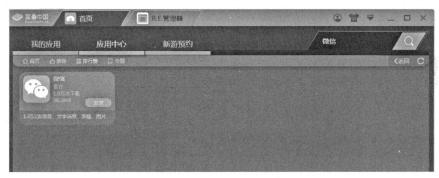

图 12-32 安装"微信"

(5)安装完成后,在"我的应用"中会出现微信应用的图标,如图 12-33 所示。

(6)双击进入微信,界面将会自动调整为竖屏,和在手机上使用的感觉完全一样,如图 12-34 所示。

图 12-33 微信应用 　　　　　　　　　　图 12-34 微信应用界面

实验 12

1．实验项目
安装 VMware，创建虚拟机，在虚拟机中安装 Windows 或 Ubuntu。

2．实验目的
（1）熟练掌握 VMware 的使用方法。
（2）熟练掌握在虚拟机中安装操作系统的方法。
（3）了解、熟悉 Android 模拟器的使用方法。

3．实验步骤
（1）上网下载 VMware Workstation pro 12、Ubuntu 安装 iSO 文件、BlueStacks 蓝叠。
（2）安装 VMware，进行合理的配置。
（3）新建并配置虚拟机，在虚拟机中安装 Ubuntu。
（4）安装 BlueStacks 蓝叠，在模拟器中安装至少两个主流 Android App 应用。

4．实验报告
（1）详细记录安装 VMware 及激活的流程。
（2）详细记录 VMware 创建并配置虚拟机的流程。
（3）详细记录安装 Ubuntu 过程中出现的问题及解决的方法。
（4）详细记录如何在 BlueStacks 蓝叠中查询、安装 App 应用。

习题 12

1．填空题
（1）_____是一种资源管理技术，是将计算机的各种实体资源，如服务器、网络、内存及存储等，以一种抽象的方式组合到一起，并提供给用户使用。
（2）一般所指的虚拟化资源包括_____和_____。
（3）存储虚拟化是将实体存储空间（如硬盘）分隔成不同的_____存储空间。
（4）数据库虚拟化是一种消除未充分使用的服务器而采用_____的方法。
（5）_____是微软新一代的服务器虚拟化技术。
（6）虚拟机是对真实计算机环境的_____和_____，它是一种严密隔离的软件容器，内含操作系统和应用。
（7）_____是虚拟机技术的核心。
（8）在 Windows 平台下，通过虚拟机对 Linux 平台下的程序进行_____、调试。
（9）Android 模拟器软件种类繁多，但其实只基于两大内核：_____和_____。
（10）Bluestacks 没有公开_____，所以无法深度定制，只能进行简单的优化。

2．选择题
（1）下列选项中，（　　）不属于虚拟化技术。
A．硬件虚拟化　　　　B．虚拟机　　　　C．桌面虚拟化　　　　D．超线程技术
（2）虚拟化（Virtualization）是一种资源管理技术，是将计算机的各种实体资源，如服务器、网络、内存及（　　）等，以一种抽象的方式组合到一起，并提供给用户使用，它打破硬件资源间的不可切割的障碍，使用户能以更好的方式来应用这些资源。
A．CPU　　　　B．声卡　　　　C．显卡　　　　D．存储
（3）（　　）是指在一个操作系统中多个程序同时一起运行。

A．多任务　　　　　　B．模拟器　　　　　　C．虚拟化　　　　　D．虚拟机

（4）（　　）是对真实计算机环境的抽象和模拟，它是一种严密隔离的软件容器，内含操作系统和应用。

A．操作系统　　　　　B．模拟器　　　　　　C．虚拟机　　　　　D．超线程技术

（5）虚拟机与安装多操作系统进行比较，（　　）不属于其优势。

A．系统间切换　　　　B．硬盘数据安全　　　C．网络组建　　　　D．速度更快

（6）下列（　　）不属于虚拟机技术给用户带来的好处。

A．安装不同类型的 OS 平台　　　　　　　　B．维护低版本的系统开发软件

C．不能快速部署　　　　　　　　　　　　　D．组建网络

（7）在配置 VMware 网络类型时，（　　）是设置物理网卡和虚拟网卡处于同一个网段。

A．桥接网络　　　　　B．仅主机模式　　　　C．网络地址转换　　D．设置 VPN

（8）在虚拟机中安装 Ubuntu 时，出现错误提示"安装时，系统只检测出 32 位的 CPU，而没有检测出 64 位的"，此时需要在 BiOS 中设置（　　）。

A．Intel Virtualization Technology　　　　　B．EIST Support

C．C State Support　　　　　　　　　　　　D．VT-d

（9）Ubuntu 安装过程中，其会将硬盘自动分成（　　）分区。

A．1　　　　　　　　　B．2　　　　　　　　　C．3　　　　　　　　D．4

（10）下列（　　）不属于 VMware Tools 的功能。

A．主机与虚拟机之间的文件共享　　　　　　B．虚拟机全屏化

C．支持自由拖曳　　　　　　　　　　　　　D．网络共享

3．判断题

（1）通过虚拟化技术"虚拟"出来的资源不受现有资源的架设方式、地域或物理组态所限制。（　　）

（2）虚拟化技术与多任务及超线程技术是完全相同的。（　　）

（3）超线程技术只是单 CPU 模拟双 CPU 来平衡程序运行性能，这两个模拟出来的 CPU 是可以分离的，只能协同工作。（　　）

（4）在虚拟化技术中，可以同时运行多个操作系统。（　　）

（5）BlueStacks 蓝叠可以模拟 iOS 系统。（　　）

4．简答题

（1）虚拟化技术与超线程技术的区别？

（2）简述虚拟化技术的分类？

（3）Virtual PC 与 Hyper-V 是微软的两款虚拟机软件，它们有何区别？

（4）虚拟机与多操作系统比较，虚拟机的优势在哪里？

（5）简述 VMware Tools 的功能有哪些？

第 13 章
计算机故障的分析与排除

计算机与其他许多家用电器一样,会出现受潮、接触不良、元器件老化等现象。当计算机不能正常使用或在使用过程中频繁出现错误时,则说明计算机出现了故障。

13.1 计算机故障的分类

一般来说,计算机故障可以分为两个大类,即硬件故障和软件故障。

13.1.1 计算机硬件故障

计算机硬件故障包括板卡、外设等出现电气或机械等物理故障,也包括受硬件安装、设置或外界因素影响造成系统无法工作的故障。这类故障必须打开机箱进行硬件更换或重新插拔之后才能解决。计算机硬件故障主要包括以下几个方面。

(1) 电源故障。主板和其他硬件设备没有供电,或者只有部分供电。

(2) 元器件与芯片故障。元器件与芯片失效、松动、接触不良、脱落,或者因为温度过热而不能正常工作。如内存插槽积灰造成计算机无法完成自检,显示卡风扇故障所导致开机没有显示等情况。

(3) 跳线与开关故障。系统与各硬件及印制板上的跳线连接脱落、错误连接、开关设置错误等构成不正常的系统配置。

(4) 连接与接插件故障。计算机外部与内部各个硬件间的连接电缆或者接插头、插座松动(脱落),或者进行了错误的连接。

(5) 硬件工作故障。计算机主要硬件设备,如显示器、键盘、磁盘驱动器、光驱等产生故障,造成系统工作不正常。

13.1.2 计算机软件故障

计算机软件故障主要是由软件程序所引起的,主要包括以下几个方面。

(1) 应用软件与操作系统不兼容。有些软件在运行时会与操作系统发生冲突,导致相互不兼容。一旦应用软件与操作系统不兼容,不仅会自动中止程序的运行,甚至会导致系统崩溃、系统重要文件被更改或者丢失等。例如,在 Windows 系统中安装了没有经过微软授权的驱动程序,轻则造成系统不稳定,重则会使系统无法运行。

(2) 应用软件之间相互冲突。两种或多种软件和程序的运行环境、存取区域等发生冲突,则会造成系统工作混乱、系统运行缓慢、软件不能正常使用、文件丢失等故障。例如,如果系统中存在多个杀毒软件,很容易造成系统运行不稳定。

(3) 误操作引起。误操作分为命令误操作和软件程序运行所造成的误操作,执行了不该使用的命令，选择了不该使用的操作，运行了某些具有破坏性的、不正确或不兼容的诊断程序、磁盘操作程序、性能测试程序等。如不小心对数据盘进行格式化操作从而造成重要文件的丢失。

（4）病毒引起。大多数病毒在激发时会直接破坏计算机的重要信息数据，所利用的手段有格式化磁盘、改写文件分配表和目录区、删除重要文件或者用无意义的垃圾数据改写文件、破坏 CMOS 设置等。另外病毒还会占用大量的系统资源，如磁盘空间、内存空间等，从而造成系统运行缓慢。计算机操作系统的很多功能都是通过中断调用技术来实现的，病毒通过抢占中断来干扰系统的正常运行。大名鼎鼎的"熊猫烧香"病毒能删除常用杀毒软件的相关程序、终止杀毒软件进程，能破解 Administrator 的用户密码，还能自动复制与传播，并且删除扩展名为.gho 的系统备份文件。

（5）不正确的系统配置引起。系统配置主要指基本的 BIOS 设置、引导过程配置两种。如果这些配置参数的设置不正确、或没有设置，计算机也可能会产生故障。如进不了操作系统、无法从本地硬盘启动等。

计算机在实际使用中，遇到的软件故障最多，在处理这类故障时，不需要拆开机箱，只要通过键盘、鼠标等输入设备就能将故障排除，使计算机正常工作。软件故障一般可以恢复，但在某些情况下，软件故障也可以转换为硬件故障。硬件的工作性能不稳定，如硬盘、内存等出现不稳定故障，即使在进行单独测试时性能正常，但在正常使用时却会无规律的出现蓝屏、死机、数据丢失等情况。这种类型的软故障经常重复出现，最后表现为硬故障，那么就只能通过更换硬件才能最终排除。

13.2　计算机故障的分析与排除

对于在计算机使用过程中出现的各种各样的故障不必一筹莫展，更不需要一碰到问题就向别人求助，自己可以通过摸索和查询相关资料，分析故障现象，找出故障原因并加以解决。这样不仅可以增强使用计算机的兴趣，更能积累使用经验，提高排除计算机常见故障的能力。

13.2.1　计算机故障分析与排除的基本原则

1. 计算机故障的分析与孤立的基本方法

计算机故障的分析与孤立是排除故障的关键，其基本方法可以归纳为由系统到设备、由设备到部件、由部件到元件、由元件到故障点的层层缩小故障范围的检查顺序。

（1）由系统到设备。当计算机系统出现故障时，首先要综合分析，判断是由系统的软件故障引起的，还是由硬件设备故障引起的。如果排除是由系统本身的软件故障引起的，则应该通过初步检查将查找故障的重点放到计算机硬件设备上。

（2）由设备到部件。在初步确定有故障的设备上，对产生故障的具体部件进行检查判断，将故障孤立定位到故障设备的某个具体部件。这一步检查对于复杂的设备，常常需要花费很多时间。为使分析判断比较准确，要求维修人员对设备的内部结构、原理及主要部件功能要有较深入的了解。如判断计算机故障是由硬件引起的，则需要对与故障相关的主机机箱内的有关部件做重点检查。若电源电压不正常，就需要检查机箱电源输出是否正常。若计算机不能正常引导，则检查的内容更多、范围更广，如 CPU、内存、主板、显卡等硬件工作不正常，也可能来自 BIOS 参数设置不当。

（3）由部件到元件。当查出故障部件后，作为板级维修，据此可进行更换部件的操作。

但有时为了避免浪费,或一时难以找到备件等原因,不能对部件做整体更换时,需要进一步查找到部件中有故障的元件,以便修理更换。这些元件可能是电源中的整流管、开关管、滤波电容或稳压器件;也可能是显示器中的高压电路、输出电路的元器件等。由部件到元件是指从故障部件(如板、卡、条等)中查找出故障元件的过程。进行该步检查常常需要采用多种诊断和检测方法,使用一些必需的检测仪器,同时需要具备一定的电子方面专业知识和专业技能。

(4)由元件到故障点。对重点怀疑的元件,从其引脚功能或形态的特征(如机械、机电类元件)上找到故障位置。检查过程常常因为元件价廉易得或查找费时费事,从而得不偿失而放弃,但是若能对故障做进一步的具体检查和分析,对提高维修技能必将很有帮助。

以上对故障进行隔离、检查的方法在实际运用中非常灵活,完全取决于维修者对故障分析判断的经验和工作习惯,从何处开始检查,采用何种手段和方法检查,完全因人而异,因故障而异,并无严格规定。

2. 计算机故障排除时应该遵循的原则

(1)先静后动的原则。先静后动包含两层意思,第一层是指思维方法。遇到故障不要惊慌,先静下心来,对故障现象认真进行分析,确定诊断方法和维修方法,在此基础上再动手检查并排除故障。另一层是指诊断方法,先在静态下检查,避免在情况不明时贸然加电,从而导致故障扩大。如对某种设备的电路,先检查静止工作状态(静态工作点和静态电阻)是否正常,然后再检查信号接入后的动态工作情况。

(2)先软后硬的原则。在进行故障排除时,尽量先检查软件系统,排除软件故障,然后再对计算机硬件进行诊断。

(3)先电源后负载的原则。电源工作正常是计算机正常工作的前提条件,一般情况下,为了尽快弄清楚故障是来自电源还是负载,可以先切断一些负载,检查电源在正常负载下的问题,待电源正常后再逐一接入负载,进行检查判断。

(4)先简单后复杂的原则。经初步判断故障情况较为复杂时,可先解决从外部易发现的故障,或经简单测试即可确定的一般性故障,然后再集中精力,解决难度较大,涉及面较宽,比较特殊的故障。

13.2.2 故障分析、排除的常用方法

1. 计算机硬件故障的分析、排除方法

计算机硬件故障的分析、排除,主要包括以下几种方法。

(1)观察法。通过观察计算机硬件参数的变化情况及各种不正常的故障现象,以判断故障的原因及部位。可用手摸、眼看、鼻闻、耳听等方法作辅助检查。手摸是指触摸组件和元件的发热情况,温度一般不超过40~50℃,如果组件烫手,可能该组件内部短路、电流过大所致,应更换配件试试。眼看是指通过观察设备的运行情况,查看是否出现断线、插头松脱等情况。鼻闻是指闻设备有无异味、焦味,如果发现情况,立即对该设备断电检查。耳听是指听设备有无异常声音,一经发现情况立即检查。

(2)替换法。若怀疑计算机中的某一硬件设备有问题,可采用同一型号的正常设备替换,看故障现象是否消失,从而达到排除故障的目的。

(3)比较法。将设备具有的正确特征(电压或波形)与有故障的设备特征进行比较。如某个组件的电压波形与正确的不符,通过功能图逐级测量,根据信号用逆求源的方法逐点检测分析,最终确定故障部位。

（4）敲击法。机器运行时好时坏，可能是虚焊或接触不良造成的，对这种情况可用敲击法进行检查。如有的元件没有焊好，有时能接触上，有时却不行，从而造成机器的时好时坏，通过敲击震动使之彻底接触不上，再进行检查就容易发现故障了。

（5）软件诊断法。现在有很多对计算机硬件进行测试的软件，有测试系统整体性能的SISoftware Sandra 2007、对CPU的检测软件CPU-Z、内存检测工具MemTest、硬盘性能诊断测试工具HD Tune。在排除硬件故障的过程中，利用这些测试工具，可以大大提高效率与准确性，收到事半功倍的效果。

2. 计算机软件故障的分析、排除方法

计算机软件故障的分析、排除，主要包括以下几种方法。

（1）安全模式法。安全模式法主要用来诊断由于注册表损坏或一些软件驱动程序不兼容导致的操作系统无法启动的故障。安全模式法的诊断步骤为，首先使用安全模式（开机后按【F8】键）启动计算机，如果存在不兼容的软件，则在系统启动后将其卸载，然后正常退出即可。最典型的例子是在安全模式下查杀病毒。

（2）逐步添加/去除软件法。这种方法是指让计算机只运行最基本的软件环境。对于操作系统而言，就是不安装任何应用软件。根据故障分析判断的需要，依次安装相应的应用软件。使用这种方法可以很容易判断故障是属于操作系统本身的问题、软件兼容性问题，还是软、硬件之间的冲突问题。

（3）应用程序诊断法。针对操作系统、应用软件运行不稳定等故障，可以使用专门的应用测试软件来对计算机的软、硬件进行测试，如 3D Mark2006、WinBench 等。根据这些软件的反复测试而生成的报告文件，可以轻松地找到由于操作系统、应用软件运行不稳定而引起的故障。

13.3 常见计算机故障的分析案例

13.3.1 常见计算机故障的分析流程

计算机故障千变万化、错综复杂，而寻找问题却只能循序渐进，这要求从外到内、从简单到复杂地进行分析和处理遇到的故障。遇到故障的时候，保持清晰的思路是很重要的，如果脑子里一团乱麻，就无法冷静地判断故障点以及故障发生的原因。因此，具有一个清晰的故障分析流程，并能够根据实际情况灵活应用，将极大地提高排除故障的效率。下面简要阐述常见计算机故障及分析的流程。

1. 开机无内存检测声并且无显示

经常会碰到这样的问题。一般来说，CPU、内存、主板只要其中的一个存在故障，都会导致这样的问题产生。

（1）CPU 方面。CPU 没有供电，可先用万用表测试 CPU 周围的场管及整流二极管，然后检查 CPU 是否损坏。CPU 插座有缺针或者松动也会表现为开机时机器点不亮或不定期死机。需要打开 CPU 插座面的上盖，仔细观察是否有变形的插针或触点。BIOS 里设置的 CPU 频率不对，也会造成这种现象。如 CPU 超频。

（2）主板方面。主板扩展槽或扩展卡有问题，导致插上显示卡、声卡等扩展卡后，主板没有响应，因此造成开机无显示。如暴力拆装 PCI-E 显卡，导致插槽裂开，从而出现此类故障。

另外主板芯片散热不好，也会导致该类故障的出现。主板 CMOS 芯片中储存着重要的硬件配置信息，同时也是主板中比较脆弱的部分，极易遭到破坏。如被 CIH 病毒破坏过的主板，会导致开机没有显示的故障发生。

（3）内存方面。主板无法识别内存、内存损坏或者内存不匹配。某些老的主板对内存比较挑剔，一旦插上主板无法识别的内存，计算机就无法启动。另外，如果插上不同品牌、类型的内存并且它们之间不兼容，也会导致此类故障。在插拔内存时，应注意垂直用力，不要左右晃动，在插拔内存前，一定要先拔去主机电源，防止使用 STR（Suspend to RAM，挂起到内存）功能时内存带电，从而造成内存条被烧毁。

此故障的排除流程如图 13-1 所示。

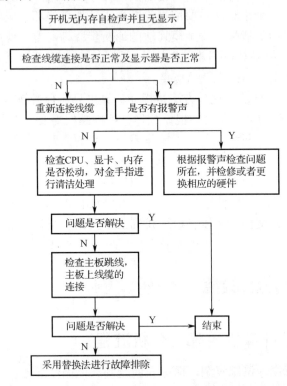

图 13-1 开机无内存检测声并且无显示的故障排除流程

2．开机后有显示，内存能通过自检，但无法正常进入系统

这种现象说明找不到系统引导文件，如果硬盘没有问题，那么就是操作系统的引导程序损坏。首先检查系统自检时显示的信息，查看是否找到硬盘，如果提示硬盘错误，则可能硬盘有坏道，此时可以使用效率源等硬盘检测工具对硬盘进行检测、修复。如果没有找到硬盘，则应该检查硬盘的连线与跳线，并且重新对 BIOS 进行设置，如果还是找不到，则说明硬盘已被损坏，此时只能更换硬盘。另外可以通过使用启动盘来尝试，如果可以通过启动盘进入硬盘分区，则说明操作系统存在问题，此时如果只是系统中的某几个关键文件丢失，可以通过插入安装盘，使用故障恢复控制台对系统进行恢复，否则重新安装操作系统即可。如果不能进入硬盘分区，则说明硬盘或者分区表损坏，使用硬盘分区工具进行恢复，如不能恢复分区表，或不能分区，则说明硬盘坏了，此时需要更换硬盘。

此故障的排除流程如图 13-2 所示。

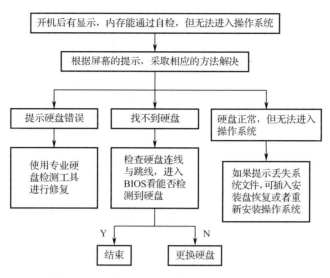

图 13-2 无法正常进入系统的故障排除流程

3．硬盘故障

随着硬盘转速的不断提高及各种需要频繁读/写硬盘的应用程序（如 BT、电骡等）越来越普及，硬盘已经成为计算机中最容易出现故障的组件。另外，硬盘作为计算机中主要的存储设备，其中存放着大量的数据，一旦硬盘出现故障将会造成相当严重的后果。硬盘的故障分为软件故障与硬件故障两大类。软件故障一般是由于对硬盘的误操作、受病毒破坏等原因造成的，硬盘的盘面与盘体均没有任何问题，因此只需要使用一些工具和软件即可修复。如果硬盘发生了硬件故障，处理起来就相对比较麻烦。硬盘的物理坏道即为硬件故障，表明硬盘磁道产生了物理损伤，并且无法用软件或者高级格式化来修复，只能通过更改或隐藏硬盘扇区来解决。硬盘盘体上的电路板也是容易发生故障的部分。这些故障一般是由于静电电击造成的，因此在接触硬盘的时候，一定不要用手直接接触硬盘盘体上的电路板。如果电路板损坏，那就需要到专业的维修处进行维修，切不可自己动手拆开电路板。硬盘故障的排除流程如图 13-3 所示。

4．死机故障

死机是在使用计算机时经常会碰到的情况。计算机死机时一般表现为出现系统"蓝屏"、画面定格无反应，鼠标、键盘无法输入、软件运行非正常中断等。造成死机的因素有很多方面，一般可分为硬件与软件两个方面。

（1）由硬件原因引起的死机。

①散热不良。电源、主板、CPU 在工作中会散发出大量的热量，因此保持通风状况的良好，非常重要。电源、主板、CPU 过热，会严重地影响系统的稳定性。如果不注意散热，就可能导致硬件产品烧坏或者烧毁。硬件过热需要先从机箱开始着手检查，然后再从 CPU 等设备开始，逐一排除分析。

②灰尘。机器内如果灰尘过多也会引起死机故障。如果光驱激光头沾染过多的灰尘，会导致读/写错误，严重的会引起计算机死机。如果风扇上灰尘过多，也会导致机器散热性能的急剧下降，从而导致系统不稳定，甚至造成计算机死机。出现以上情况时，可以定期使用专用的吹灰机对风扇或者机箱进行整机清洁。

③软、硬件不兼容。某些硬件设备在安装了没有经过授权的驱动程序后，会导致机器自动重启，甚至不定期的死机。

④硬件不匹配。如果主板主频和 CPU 主频不匹配，或者是老主板在超频时将外频定得过

高，将导致机器不能稳定的运行，从而导致频繁死机。

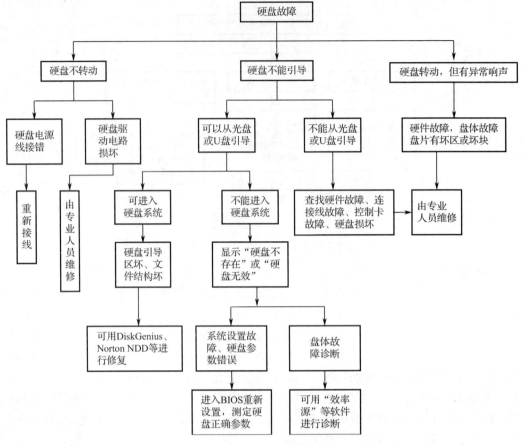

图 13-3　硬盘的故障排除流程

⑤内存条故障。内存条导致的死机主要是由于内存条松动、虚焊，或内存芯片本身质量低下所致，应根据具体情况对内存条出现的问题进行排除，一般需要排除内存条接触故障、内存条相互不兼容故障等。如果内存条质量存在问题，则必须更换内存条才能解决问题。

⑥CPU 超频。超频提高了 CPU 的工作效率，同时也可能使其性能变得不稳定。由于 CPU 在内存中存取数据的速度本身就快于内存与硬盘交换数据的速度，超频使这种矛盾更加突出，加剧了在内存或虚拟内存中找不到所需数据的情况，从而导致异常错误，造成死机。

⑦硬件资源冲突。由于声卡或显示卡的设置冲突，引起异常错误。硬件设备的中断、DMA 或端口出现冲突时，可能导致驱动程序异常，造成死机。解决的办法是选择"安全模式"启动，然后在系统的"设备管理"中对资源进行相应的调整。对于驱动程序中产生异常错误的情况，可以通过修改注册表，找到并删除与驱动程序前缀字符串相关的所有键值。

⑧硬盘故障。硬盘老化或者由于使用不当造成的坏道、坏扇区等经常会导致死机。对于逻辑坏道，可以使用软件进行修复，对于物理坏道，只能将其单独划为一个分区，然后进行屏蔽，避免情况的进一步恶化。

⑨劣质硬件。少数不法商人，使用质量低劣的板卡、内存，有的甚至出售冒牌主板和打磨过的 CPU、内存，使用这种硬件组装起来的机器在运行时会很不稳定，并且会经常死机。用户可以使用专业的硬件测试工具对自己机器中的硬件进行测试，通过长时间的烤机，避免这种情况的发生。

⑩硬件环境。硬件环境所涉及的参数很广泛，包括计算机内部温度、硬件工作温度、外部温度和机房的温度与湿度。虽然不一定要达到标准，但是也应符合基本的规定，不能让计算机的硬件温度骤然下降或上升，这样会影响电子元件的寿命及使用。所以对于硬件环境，要在平时多注意一些，不能太热、太潮，才能更安全地使用计算机，避免硬件故障导致的机器死机。

（2）由软件原因引起的死机。

①BIOS 设置不当。如果对 BIOS 设置参数中的硬盘参数设置、模式设置、内存参数设置不当，将会导致计算机死机或者无法启动。如硬盘使用 GPT 模式分区，将"Boot Mode"选项设置为"Legacy BIOS"，则会导致系统无法启动。

②系统引导文件被破坏。对于 Windows 7 来说，由于系统启动时，需要 BOOTMGR 读取 \boot\bcd（BCD=Boot Configuration Data）文件，如果 bcd 文件被破坏，将会导致 Windows 7 系统无法启动。

③动态连接库文件（dll）丢失。在 Windows 操作系统中，扩展名为 dll 的动态链接库文件非常重要，这些文件从性质上讲属于共享类文件，也就是说，一个 dll 文件可能会有多个软件在运行时调用它，在删除应用软件的时候，该软件的卸载程序会将所有的安装文件逐一删除，在删除的过程中，如果某个 dll 文件正好被其他的应用软件所使用时，将会造成系统死机；如果该 dll 文件属于系统的核心链接文件，那么将会造成系统崩溃。一般来说，用户可以使用工具软件（如 360 安全卫士）对无用的 dll 文件进行删除，从而避免这种情况的发生。

④硬盘剩余空间太少或磁盘碎片太多。在使用计算机的过程中，用户经常会有将大量文件存放到系统盘的坏习惯，从而产生系统盘剩余空间太少的问题。由于一些应用程序运行时需要大量的内存、虚拟内存，当硬盘没有足够的空间来满足虚拟内存需求时，将会造成系统运行缓慢、甚至死机。因此，用户需要养成定期整理硬盘、清除垃圾文件的习惯，并且利用系统自带的磁盘碎片整理工具对硬盘进行整理。

⑤计算机病毒感染。计算机病毒会自动抢占系统资源，大多数的病毒在动态下都是常驻内存的，这样必然会抢占一部分系统资源。病毒所占用的基本内存长度大致与病毒本身长度相当。通过强占内存，导致内存减少，使得一部分软件不能运行。除占用内存外，病毒还抢占、中断、干扰系统运行，严重时将导致机器死机。另外，在对病毒进行查杀后，其残留文件在系统调用时，由于无法找到程序，可能造成一个死循环，从而造成机器死机。如果用户在使用过程中，发现系统运行效率急剧下降，系统反应缓慢，频繁死机，此时应该使用杀毒软件对系统进行杀毒，还要清除系统中的临时文件、历史文件，防止病毒文件残留，做到对病毒的彻底查杀。

⑥非法卸载软件。一般在删除应用软件的时候，最好不要使用直接删除该软件安装所在目录的方法，因为这样会在系统注册表、服务项、启动项及 Windows 系统目录中产生大量的垃圾文件，久而久之，系统也会因不稳定而引起死机。在删除不需要的应用软件时，最好使用自带的卸载软件，如果没有，也可以使用专业的卸载工具，从而做到对应用软件的彻底删除。

⑦自动启动程序、系统服务太多。如果在系统启动过程中，随系统一起自动启动的应用程序和系统服务太多，将会使系统资源消耗殆尽，同时使个别程序所需要的数据在内存或虚拟内存中无法找到，从而出现异常错误，导致系统死机。一般来说，系统启动时只要保留基本的系统服务、杀毒软件即可，其他的应用软件可以在需要时再运行。

⑧滥用测试版软件。一般来说，应该尽量避免或者少用应用软件的测试版本，因为测试软件没有通过严格的测试过程，通常会带有 Bug，使用后可能会出现数据丢失的程序错误，如内存缓冲区溢出、内存地址读取失败等，严重的将造成系统死机，或者是系统无法启动。

另外，一些测试版软件被黑客修改后，加入了病毒文件，从而给系统造成了严重的安全隐患。

⑨非正常关闭计算机。一般在关机的时候，不要直接关掉电源。系统在关机时首先会先结束登录用户打开的所有程序、保存用户的设置和系统设置，停止系统服务和操作系统的大部分进程，然后复位硬件，如复位硬盘的磁头、停止硬件驱动程序，最后断开主板和硬件设备的电源。因此如果直接断开电源，轻则造成用户的系统文件损坏、丢失，引起系统重复启动或运行中死机；严重的将会造成硬盘损坏。

死机故障的排除流程如图 13-4 所示。

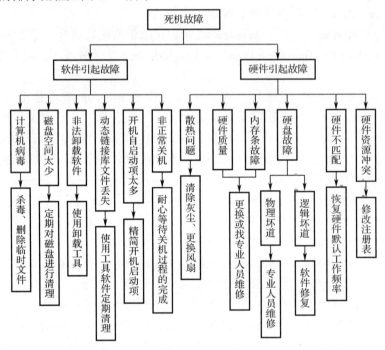

图 13-4　死机故障排除分析

5. 蓝屏故障

蓝屏死机（Blue Screen of Death）指的是微软 Windows 操作系统在无法从一个系统错误中恢复过来时显示的屏幕图像。当 Windows NT 的系统内核无法修复错误时将出现蓝屏，此时用户所能做的只有重新启动操作系统，但这将丢失所有未存储的数据，并且有可能破坏文件系统的稳定性。蓝屏死机一般只在 Windows 遇到很严重的错误时才出现。另外，硬件问题（如硬件过热、超频使用、硬件的电子器件损坏以及 BIOS 设置错误或其他代码有错误等）也可能导致蓝屏死机。

Windows 7 启动时出现以下的蓝屏提示如图 13-5 所示。

Windows Vista/XP 下的蓝屏提示如图 13-6 所示。

在默认情况下，蓝屏的显示是蓝底白字，显示的信息标明了出现问题的类型和当前的内存值及寄存器值，经验丰富的人员可以从中了解故障的严重程度并找到问题的所在。

产生蓝屏的原因很多，软、硬件的问题都有可能产生蓝屏，从代码反馈的含义中可以了解出现问题的主要原因，如 BIOS 参数设置错误、系统找不到指定的文件或路径、找不到指定的扇区或磁道、系统无法打开文件、系统装载了错误格式的程序、系统无法将数据写入指定的磁盘、系统开启的共享文件数量太多、内存拒绝存取、内存控制模块地址错误或无效、内存控制模块读取错误、虚拟内存或主内存空间不足而无法处理相应指令、无法中止系统关机、网络繁忙或发生意外的错误、指定的程序不是 Windows 程序等。

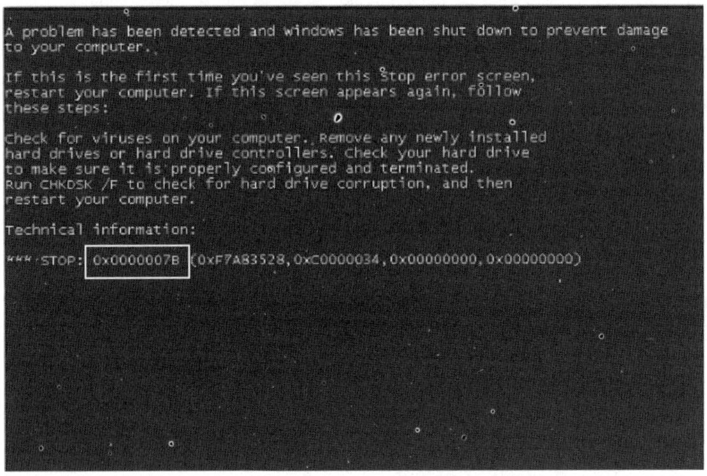

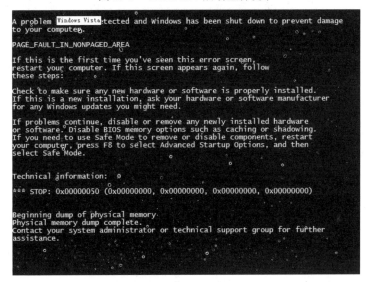

图 13-5　Windows 7 启动蓝屏提示

图 13-6　Windows Vista/XP 的蓝屏提示

蓝屏发生时会产生硬盘文件读/写、内存数据读/写方面的错误，因此用户可以从以下几个方面来处理蓝屏问题。

（1）内存超频引起。内存使用非正常的总线频率、内存延迟时间设定错误、内存混插等都容易引起计算机蓝屏现象，这类错误的发生没有规律可循。解决的方法就是让内存工作在额定的频率范围内，并且在使用内存时最好选用同一品牌、同一型号。

（2）硬件散热引起。当机器中的硬件过热时也会引起蓝屏。这一类故障，往往都会有一定的规律。例如，一般会在机器运行一段时间后才出现，表现为蓝屏死机或是突然重新启动。解决的方法就是除尘、清洁风扇，更换散热装置。

（3）硬件兼容引起。兼容机也就是现在流行的 DIY 组装的机器，其优点是性价比高，但缺点是在进行组装的时候，由于用户没有完善的检测手段和相应的检测知识，无法进行一系列的兼容性测试，如将不同规格内存条混插引起故障。由于各内存条在主要参数上的不同而产生蓝屏。

(4) I/O 冲突引起。一般由 I/O 冲突引起的蓝屏现象比较少，如果出现，可以从系统中删除带"！"或"？"的设备名，然后重新启动即可。

(5) 内存不足引起。有的应用程序需要系统提供足够多的内存空间，当主内存或虚拟内存空间不足时就会产生蓝屏。解决的方法是关闭其他暂时不用的应用程序，删除虚拟内存所在分区内无关的文件以增加虚拟内存的可用容量。

(6) 卸载程序引起。在卸载某程序后，系统出现蓝屏，这类蓝屏一般是由于程序卸载不完善所造成的。解决方法是首先记录出错的文件名，然后到注册表中指定的分支，将其中的与文件名相同的键值删除即可，如图 13-7 所示。

图 13-7　删除注册表中指定分支下的相应键值

(7) DirectX 问题引起。DirectX 是由微软公司创建的多媒体编程接口。它是一个通用的编译器，可以让适用于 DirectX 的游戏或多媒体程序在各种型号的硬件上运行或播放，还可以让以 Windows 为平台的游戏或多媒体程序获得更高的执行效率。它具有强大的灵活性和多态性。DirectX 版本过高、过低，游戏与其不兼容或是不支持、辅助文件丢失、显示卡对其不支持等，都可能造成此故障。解决的方法是升级或重装 DirectX，尝试更新显示卡的 BIOS 和驱动程序或升级显示卡。

(8) 病毒或黑客攻击。当系统中毒后，病毒体会占用大量的系统资源，从而导致系统崩溃、蓝屏，而黑客一般都是利用系统漏洞开发相应的程序对系统进行攻击。如针对内存缓冲区溢出漏洞的攻击就经常会造成系统蓝屏。解决的方法是安装杀毒软件，定时更新病毒库。针对网络攻击，可以安装个人防火墙程序、及时更新系统补丁，360 杀毒软件与 360 安全卫士结合使用是一个不错的选择。

(9) 硬盘、光驱读/写错误。程序调用的文件丢失、破坏或者发生错误，光驱无法读取文件与数据时都会发生蓝屏现象，遇到这些问题时，首先要查毒，然后进行磁盘扫描和整理。如光驱出现读取问题，则与激光头老化或光盘质量有关。

蓝屏故障的排除流程如图 13-8 所示。

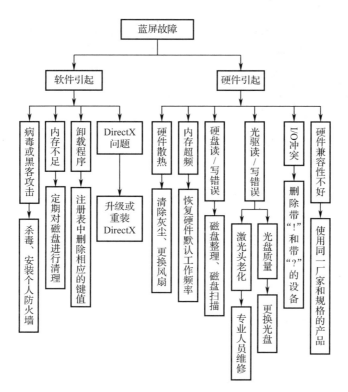

图 13-8　蓝屏故障排除分析

6．Windows7 常见蓝屏故障

Windows7 蓝屏故障（见图 13-5），一般可以通过错误代码来分析造成蓝屏的原因。

（1）0X0000007E、0X0000008E。这两个代码一般是由于病毒造成的，也有可能是内存造成的（内存损坏的概率不大），通过杀毒、重新插拔内存即可解决问题。

（2）0X0000007B。通常是在 I/O 系统的初始化过程中出现问题，一般是由引导驱动器或文件系统造成的。解决方法是修改 BIOS 参数，将硬盘模式更改为"IDE 兼容"或"AHCI Compatibility"。

（3）C000021A。一般是与系统同时启动的驱动问题或者是系统服务问题。

（4）0X000000D1。一般是和显卡有关，可能是显卡损坏或者安装了不兼容的显卡驱动。如果有出现花屏现象，可以换一个显卡试试，或者主板有集成显卡的，可以用集成显卡试试，看问题是否依旧。如果没有花屏现象，则可以尝试更换显卡驱动。

（5）0X000000ED。一般是硬盘存在错误导致的。可以尝试检查硬盘连接是否接触不良或者硬盘连接线是否符合规格。如果硬盘连接线没有问题，则可以尝试通过软件测试并修复硬盘错误。

（6）0X0000000A。一般是由有问题的驱动程序、有缺陷或不兼容的硬件与软件造成的。可以通过尝试卸载最近更新过的软件或驱动，看问题是否依旧。

（7）0X00000050。一般是由硬件故障造成的。如果重启之后，还伴随出现上述中的 0A、7E、8E 这样的代码，那么有很大可能是内存坏了。

（8）每次的蓝屏代码不一样。出现这样的原因基本上就是硬件造成的，尤其是内存，可以尝试更换内存。另外可以通过使用 Windows 蓝屏代码查询工具来查询造成蓝屏的原因。

7．重启故障

运行中的计算机突然重新启动，一般是硬件系统出现严重稳定性问题的表现。软件的兼容性问题可能产生重启现象，但更多的突然重启则与 CPU 的稳定性、电源供应系统和主板质量有关。产生这类故障现象时，首先要检查 CPU 的情况，然后再测量电源输出电压是否稳定，接下来对硬件的连接进行检查，最后再采用替换法进行检查。造成突然重启的因素有很多，一般来说分为硬件与软件两方面。

（1）软件原因引起的重启故障。

①病毒破坏。最典型的例子就是能够对计算机造成严重破坏的"冲击波"病毒，发作的时候会进行 60s 倒计时，然后重启系统。另外，如果计算机遭到恶意入侵，并放置了木马程序，这样对方就可以通过木马对计算机进行远程控制，使计算机突然重启。如果发生这样的情况，只能使用杀毒软件对病毒、木马进行查杀，然后安装操作系统相应的补丁。如果实在清除不了就只能重新安装操作系统。

②系统文件损坏。当系统文件损坏时，如在 Windows XP 下的 Kernel32.dll 文件被破坏或者被改名的情况下，系统在启动时会因无法完成初始化而强迫重新启动。对于这种故障可以使用"故障恢复控制台"对损坏或丢失的系统文件进行恢复。

③计划任务设置不当。如果在系统的"计划任务栏"里设置了定时关机，那么计算机将在指定时间自动关机。对于这种故障，直接删除相关的计划任务即可。

（2）硬件原因引起的重启故障。

①市电电压不稳。一般家用计算机的开关电源工作电压范围为 170～240V，当市电电压低于 170V 时，计算机就会自动重启或关机。一般市电电压的波动是感觉不到的，所以为了避免市电电压不稳造成的机器假重启，可以使用 UPS 电源或 130～260V 的宽幅开关电源来保证计算机能稳定工作。

②计算机电源的功率不足。这种情况经常发生在为主机升级时，如更换了高档的显示卡、新增加了大容量硬盘、增加了刻录机等。当机器全速运行时，如运行大型的 3D 游戏、进行高速刻录、双硬盘对拷数据等都可能会因为瞬时电源功率不足引起电源保护而停止输出，从而造成机器重启。

③劣质电源。由于劣质电源 EMI 滤波电路不过硬，有的甚至全部省去，就很容易受到市电中的杂波干扰，导致电流输出不够纯净，从而无法确保计算机硬件的稳定运行。另外，劣质电源使用老旧元件，导致输出功率不足，从而导致计算机无法正常启动。

④CPU 问题。CPU 内部部分功能电路被损坏或二级缓存被损坏时，虽然计算机可以启动，并且能够正常进入桌面，但是当运行一些特殊功能时，就会重启或死机，如播放视频文件、玩 3D 游戏等。一般可以通过在 BIOS 中屏蔽掉 CPU 的二级缓存来解决，如果问题依然存在，就只能使用好的 CPU 进行替换排除。

⑤内存问题。内存条上的某个内存芯片没有完全损坏时，很有可能在开机时通过自检，但是在运行时就会因为内存发热量过大导致功能失效而造成机器重启。一般可以使用替换排除法，对故障部位进行快速定位。

⑥机箱上的 RESET 开关质量有问题。当 RESET 开关弹性减弱或机箱上的按钮按下去不易弹起时，就会出现因为偶尔的触碰机箱或在正常使用状态下主机突然重启。当 RESET 开关不能按动自如时，一定要仔细检查，最好更换新的按钮。

⑦散热问题。CPU 风扇长时间使用后散热器积尘太多、CPU 散热器与 CPU 之间有异物等情况导致 CPU 散热不良，从而温度过高导致 CPU 硬件被损坏，造成机器重启。另外，当 CPU 风扇的测速电路损坏或测速线间歇性断路时，因为主板检测不到风扇的转速就会误以为风扇停转而自动关机或重启。

重启故障的排除流程如图 13-9 所示。

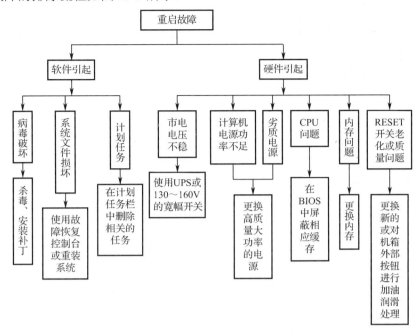

图 13-9　重启故障排除分析

13.3.2　计算机故障综合案例分析

1．故障现象

一台在两年前组装的兼容机，最近经常无法启动，偶尔能够启动并进入系统，却会频繁死机。

2．故障分析与排除

根据故障现象，初步判断为硬盘出现问题或是由于病毒造成。将故障机上的硬盘拆下来，放置到另外一台正常的机器上作为从盘，然后进入操作系统，将病毒库更新到最新，最后对整个硬盘进行查杀，整个过程没有发现任何病毒，因此故障并不是由于病毒引起的。接下来使用效率源硬盘修复工具对故障机的硬盘进行全盘扫描与检查，并没有发现坏道，在整个过程中硬盘也没有发出异响，说明故障机的硬盘本身没有任何问题。

检查数据线或电源线是否存在问题，更换一条全新的数据线重新接到计算机上，并更换一个电源插口，重新开机。如果故障依然存在，则可能是电源输出功率不足，更换了全新的长城 300W 电源，但故障依然存在。

排除电源出现问题的可能，下一个需要排查的目标就是内存。将故障机的内存替换到好的机器上，使用一切正常，因此内存也没有问题。最后只能仔细观察主板，其中硬盘接在 SATA1 接口上，光驱接在 SATA2 接口上，试着将硬盘接到 SATA2 接口上，开机后机器正常启动并进入系统，没有出现死机的现象，这样就找到了故障点，问题就出在 SATA1 接口上，拆下主板，仔细观察发现 SATA1 接口背面有好几处都布满了灰尘，其中的 SATA1 接口的焊接点几乎被灰尘覆盖，将灰尘清理后，固定好主板，装好各硬件，重新启动计算机，能够顺利进入系统，不再出现死机现象。

3．故障总结

灰尘是计算机的隐形杀手，堆积的灰尘不仅会妨碍散热、损坏元件，还会在天气潮湿时造成电路短路的现象，从而造成系统的不稳定。

实验 13

1．实验项目
计算机故障的分析与排除。

2．实验目的
（1）了解计算机故障的分类。
（2）熟悉计算机故障分析与排除的基本原则。
（3）锻炼对计算机故障进行分析和排除的能力。

3．实验准备及要求
（1）十字螺丝刀一个，软件工具盘一张（包括 CPU-Z、MEMTEST、效率源、DISKGEN 等），300W 电源一个，2GB 内存一条，80GB 硬盘一个。
（2）仔细观察故障现象，运用计算机故障分析与排除的基本原则，对故障进行详细分析。
（3）精确找到故障点，对故障进行排除。
（4）详细记录故障分析过程与故障排除过程。

4．实验步骤
（1）两人为一组，互相设置故障。
（2）根据故障现象，运用计算机故障分析与排除的基本原则，对故障进行初步判断。
（3）依据自己的判断对故障进行排除。
（4）整理记录，完成实验报告。

5．实验报告
（1）详细写出计算机故障现象。
（2）使用手中的工具对故障进行排除。
要求：
①写出故障分析的思路。
②根据分析的思路，提出故障排除的方法。
③详细记录故障排除的过程。

习题 13

1．填空题
（1）计算机故障分为_____和_____。
（2）计算机软件故障主要是由_____引起的。
（3）计算机硬件故障包括_____和_____等出现电气或机械等物理故障。
（4）系统配置主要指_____和_____两种。
（5）软件故障一般可以进行_____，但在某些情况下，软件故障也可以转换为_____。
（6）_____是指系统与各部件上及印制板上的跳线连接脱落、错误连接、开关设置错误等构成不正常的系统配置。
（7）_____是指两种或多种软件的_____、_____等发生冲突，从而造成系统工作混乱，系统运行缓慢、软件不能正常使用、文件丢失等故障。
（8）不小心对数据盘进行格式化操作所引起的数据丢失，属于由_____引起的软件故障。
（9）现在有很多计算机硬件的测试软件，SISoftware Sandra 2007 是_____测试工具，CPU-Z 是____

测试工具，MemTest 是_____测试工具、HD Tune 是_____测试工具。

（10）_____主要用来诊断由于注册表损坏或一些软件不兼容导致的操作系统无法启动的故障。

2．选择题

（1）计算机故障分为硬件故障和（　　）。

A．操作系统故障　　　B．软件故障　　　C．主板故障　　　D．硬盘故障

（2）下面（　　）不属于计算机硬件故障。

A．硬盘发出异响　　　B．主板显示芯片过热　　　C．CPU 针脚断裂　　　D．计算机中毒

（3）下面（　　）不属于计算机软件故障。

A．系统盘被格式化　　　　　　　　　　B．硬盘出现坏道

C．Windows 系统崩溃　　　　　　　　　D．安装声卡驱动后，系统不能正常运行

（4）计算机故障分析与排除的基本原则是（　　）。

A．先硬后软，先复杂后简单　　　　　　B．先软后硬，先复杂后简单

C．先硬后软，先简单后复杂　　　　　　D．先软后硬，先简单后复杂

（5）在对计算机故障进行分析和排除的过程中，其基本检查顺序中的第二步是（　　）。

A．由系统到设备　　　B．由设备到部件　　　C．由部件到元件　　　D．由元件到故障点

（6）（　　）不会引起计算机软件故障。

A．计算机病毒　　　B．误操作　　　C．软件冲突　　　D．进入安全模式

（7）（　　）不属于计算机硬件故障的分析与排除方法。

A．观察法　　　B．比较法　　　C．软件诊断法　　　D．安全模式法

（8）计算机出现软件故障时可以使用（　　），对其进行分析与排除。

A．更换硬盘　　　B．更换电源　　　C．安全模式法　　　D．安装系统"补丁"

（9）在使用逐步添加/去除软件法排除计算机软件故障时，应使用（　　）的软件运行环境。

A．最复杂　　　B．最基本　　　C．最安全　　　D．最稳定

（10）下面选项中（　　）是内存检测工具。

A．SISoftware Sandra 2007　　　　　　B．CPU-Z

C．3DMark2006　　　　　　　　　　　D．MEMTEST

3．判断题

（1）计算机故障只有硬件故障。（　　）

（2）如果计算机主板发生硬件故障可以使用软件将其修复。（　　）

（3）病毒程序能够造成计算机系统出现软件故障。（　　）

（4）在对计算机故障进行分析与排除的时候，应该采用先软后硬、先简单后复杂的原则。（　　）

（5）灰尘不会引起计算机故障。（　　）

4．简答题

（1）计算机故障有哪些分类？各自有何特点？

（2）引起计算机硬件故障的原因是什么？

（3）引起计算机软件故障的原因是什么？

（4）对计算机硬件故障进行分析与排除的方法有哪些？在排除过程中要注意哪些事项？

（5）请举例说明如何通过使用软件测试工具找到相应的故障点？

第 14 章
Windows 操作系统安全与数据安全

操作系统是管理和控制计算机硬件与软件资源的计算机程序，是运行在计算机上的最基本的软件平台，操作系统的安全是计算机正常使用的最基本保障。数据是用户在计算机使用过程中的关键信息，无论是对于个人还是企业，数据安全都是最核心问题。计算机中存储的关键数据一旦丢失或受损，将会带来灾难性的后果。本章主要介绍 Windows 操作系统安全和数据安全。

14.1 Windows 操作系统安全

Windows 操作系统是目前使用最广泛的操作系统，也正因如此，在 Windows 系统下的安全问题也最为突出，针对于 Windows 的系统漏洞而引发的各种病毒层出不穷。Windows 操作系统所能提供的只是最基本的安全保障，用户必须根据个人的使用情况和使用习惯建立适合于自身的安全体系，从而保障计算机的使用安全。

Windows 操作系统的安全主要考虑以下几个方面：系统优化、防火墙设置、病毒防治等。

14.1.1 Windows 操作系统优化

虽然 Windows 操作系统的漏洞众多，安全隐患也多，但是经过适当的设置和调整，还是可以使操作系统的安全有所提升。

1. 安装官方来源的操作系统

在互联网上，有许多网友热衷于服务大众，也喜欢及时跟进微软的各种操作系统技术，因此网络上就出现许多由网友制作的"Windows 安装光碟""万能 Ghost 文件"。然而这些非官方发布的系统和系统镜像，没有经过严格的审核，也没有经过病毒扫描，一旦某些含有木马、病毒的操作系统被安装在用户的计算机上就会有严重的安全隐患。由于其依附在最初安装好的操作系统下，查杀的难度非常大，也非常隐蔽，即便是杀毒软件或者一些安全工具也很难清除干净。出于安全的考虑，一定要使用微软官方发布的系统镜像。

正版的 Windows 操作系统可以通过微软官方的网站、大型的电子商城网站等进行购买，也可以前往微软的 MSDN 网站下载。

2. 及时更新系统补丁

Windows 操作系统是一个非常复杂的软件系统，难免会存在许多的程序漏洞，微软公司会不断发布升级程序供用户安装。这些升级程序就是"系统补丁"，因此用户必须及时安装操作系统补丁，Windows 7 可以在控制面板中打开"Windows Update"界面安装补丁。Windows 10 则可以在"设置"中进行安装，具体方法如图 14-1 所示。

图 14-1　Windows 补丁安装

3．用户权限管理

用户是计算机的使用者。Windows 的账户权限指的是不同用户对文件、文件夹、注册表等的访问能力。在 Windows 中，为不同的用户设置权限很重要，可以防止重要文件被其他人所修改，使系统崩溃。下面是 Windows 中基本的内置用户组：

（1）Administrators（管理员组）。属于该 Administators 本地组内的用户，都具备系统管理员的权限，他们拥有对这台计算机最大的控制权限，可以执行整台计算机的管理任务。内置的系统管理员账户 Administrator 就是本地组的成员，而且无法将其从该组删除。

（2）Backup Operators（备份操作组）。在该组内的成员，不论他们是否有权访问这台计算机中的文件夹或文件，都可以通过"开始"→"所有程序"→"附件"→"系统工具"→"备份"的途径，备份与还原这些文件夹与文件。

（3）Guests（来宾用户组）。该组是提供给没有用户账户，但是需要访问本地计算机内资源的用户使用，该组的成员无法永久地改变其桌面的工作环境。该组最常见的默认成员为用户账号 Guest。

（4）Network Configuration Operators（网络配置组）。该组内的用户可以在客户端执行一般的网络设置任务，如更改 IP 地址，但是不可以安装/删除驱动程序与服务，也不可以执行与网络服务器设置有关的任务，如 DNS 服务器、DHCP 服务器的设置。

（5）Power Users（高权限用户组）。该组内的用户具备比 Users 组更多的权利，但是比 Administrators 拥有的权利更少一些，如可以创建、删除、更改本地用户账户；创建、删除、管理本地计算机内的共享文件夹与共享打印机；自定义系统设置，如更改计算机时间、关闭计算机等。Power Users 组的成员不可以更改 Administrators 与 Backup Operators、无法篡改文件的所有权、无法备份与还原文件、无法安装删除与删除设备驱动程序、无法管理安全与审核日志。包括高级用户以向下兼容，高级用户拥有有限的管理权限。

（6）Remote Desktop Users（远程桌面组）。该组中的成员被授予远程登录的权限，该组的成员可以通过远程计算机登录，如利用终端服务器从远程计算机登录。

（7）Users（普通用户组）。该组成员只拥有一些基本的权利，如运行应用程序，但是他们不能修改操作系统的设置、不能更改其他用户的数据、不能关闭服务器级的计算机。所有添加的本地用户账户者自动属于该组。

（8）Cryptographic Operators（加密组）。该组授权成员执行加密操作。

（9）Distributed COM Users（分布式 COM 用户组）。该组成员允许启动、激活和使用此计算机上的分布式 COM 对象。

（10）Event Log Readers（事件读取组）。该组成员可以从本地计算机中读取事件日志。

（11）IIS_IUSRS（Internet 信息服务用户组）。该组是 Internet 信息服务使用的内置组。

默认成员 NT AUTHORITY/IUSR。

（12）Performance Log Users（性能日志用户组）。该组中的成员可以计划进行性能计数器日志记录、启用跟踪记录提供程序，以及在本地或通过远程访问此计算机来收集事件跟踪记录。

（13）Performance Monitor Users（性能监控用户组）。该组成员可以从本地和远程访问性能计数器数据。

（14）Replicator（文件复制组）。该组支持域中的文件复制。

（15）Home Users（家庭用户组）。该组是家庭用户安全组。

作为计算机的拥有者，一定要根据实际情况来设置合理的用户和账户权限，如可以将自己使用的账户列入 Administrators，而将一般客人使用的用户列入 Users，将需要进行打印机访问的远程用户列为 Guests。

用户权限管理的操作界面如图 14-2 所示。首先单击桌面"我的电脑"（Win 7）或者"电脑"（Win10）图标，然后单击鼠标右键，选择"管理"→"本地用户和组"。

图 14-2　Windows 10 的用户管理界面

4．控制 UAC 功能

UAC（User Account Control）用户账户控制，它是微软公司在其 Windows Vista 及更高版本操作系统中采用的一种控制机制。其原理是通知用户是否对应用程序使用硬盘驱动器和系统文件授权，以达到帮助阻止恶意程序（恶意软件）损坏系统的效果。UAC 会阻止未经授权应用程序的自动安装，防止无意中对系统设置进行更改。

默认情况下，当用户启动应用程序时，会出现"用户账户控制"消息。如果用户是管理员，该消息会提供选择允许或禁止应用程序启动的选项。如果用户是标准用户，该用户需要输入一个本地 Administrators 组成员账户的密码。

计算机的管理员根据需要合理的设置 UAC，达到安全与便利的平衡。UAC 的管理可以在控制面板的"安全和维护"中进行设置，如图 14-3 所示。

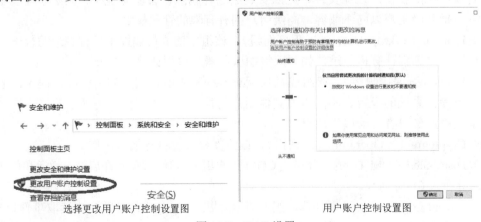

图 14-3　UAC 设置

5．合理利用系统安全辅助软件

由于计算机用户水平参差不齐，面向广大的用户，各大安全厂商都提供了各自的安全辅助软件协助用户进行系统的管理。如比较知名的"360 安全卫士""金山安全卫士""腾讯电脑管家""百度卫士"等。它们各有特色，也拥有较大的用户群体。基本上都涵盖了以下功能：电脑体检、查杀修复、电脑清理、优化加速、软件管家、电脑门诊等。下面选择"腾讯电脑管家"为例进行简单的操作介绍。

（1）电脑体检。

首先打开"电脑管家"软件，可以看到如图 14-4 所示的界面。

"电脑管家"首界面

"电脑管家"首界面（经典）

图 14-4　"电脑管家"首页

在界面中，选择①可以进行"全面体检"。然后软件开始扫描当前计算机中所有可能存在的问题。

然后会出现如图 14-5 所示的界面，并提供"一键修复"功能。但并不提倡直接使用此功能，而应该查看详细，看看是不是所有的地方都是应该进行修复的。因为这种"体检"标准针对的是绝大多数的用户，但用户之间的需求千差万别，一定要仔细核对是不是所有的修复项都适合自己。在确认了所需的修复项目以后，就可以进行"一键修复"的操作。

检查结果界面

问题详情界面

图 14-5　利用"电脑管家"进行扫描

(2)查杀修复。

在主界面中选择图标②,可以进行简单的病毒查杀。电脑管家提供三种扫描方式,分别是闪电杀毒、全盘杀毒、指定位置杀毒。用户只需要单击闪电杀毒旁边的箭头,就可以自由选择杀毒类型。如图14-6所示。

图14-6 "电脑管家"病毒查杀界面

在三种扫描方式中,闪电杀毒的速度是最快的,只需要1~2分钟,电脑管家会对系统中最容易受木马侵袭的关键位置进行扫描。如果想彻底地检查系统,则可以选择扫描最彻底的全盘杀毒,电脑管家将对系统中的每一个文件进行一遍彻底检查。花费的时间由硬盘的大小及文件的多少决定,硬盘越大文件越多扫描的时间越长。用户也可通过自定义扫描设定需要扫描的位置,在弹出的扫描位置选项框中勾选需要扫描的位置,再单击"开始杀毒"按钮,进行扫描。

如果某些需要的文件,被电脑管家查杀了,可以单击杀毒标签页左下角的"隔离区"选项,在列表中选择想要恢复的文件,再单击"恢复"按钮,即可恢复误删除的文件。如图14-7所示。

(3)电脑清理。

在主界面选择图标③,可以进入电脑管家的"清理垃圾"界面,单击"扫描垃圾"选项,然后单击"立即清理"按钮。当清理内容包含使用电脑过程中产生的信息,如在线缓存、游戏补丁、聊天时产生的图片等,以及关闭正在运行的程序时,都会在用户确认后再进行清理,这就是该软件的"深度清理",更深层次地清洁用户的电脑。在基础清理完成后,如果有以上需要清理的内容,软件会在界面上展示可深度清理的内容,用户只需按照自己的情况,相应勾选无用的文件将其清理,如图14-8所示。

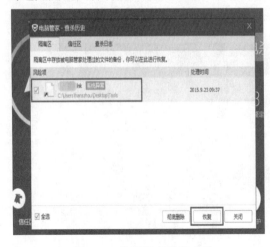

图14-7 恢复被查杀的文件

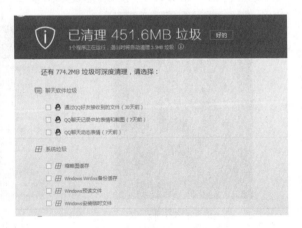

图14-8 "电脑管家"深度清理

（4）优化加速。

在首界面中选择图标④，可以进入电脑加速。电脑加速功能分为实时加速和开机加速，其中实时加速可以帮助用户解决使用电脑时遇到的卡慢状况。清理内存垃圾可以实时让电脑有更多运行的内存空间，可关闭软件呈现电脑后台正在运行软件，而常用软件则显示出用户自主开启的软件，用户可以根据自己的需要有选择地关闭它们，从而为电脑释放出更多的内存使用空间。用户首先单击"一键扫描"按钮对当前的系统进行扫描，然后在扫描完成后，提供扫描结果，如图 14-9 所示。

图 14-9　一键扫描的结果

在大界面里，单击各个加速类别的标题，会出现可加速项目的详细列表。单击小界面的图标，同样可以查看类别内的详细内容。电脑管家会自动为用户勾选好推荐的加速项目。用户可自由增减自己想要加速的项目。如果用户不想再显示某条加速项，或不想对此项进行加速，可将鼠标移至该项目，并单击后面的"忽略"按钮。所有选择忽略的项目都可以在右下角"已忽略"项目里进行查阅和修改。勾选完加速项目后，单击"一键加速"按钮，即可完成本次的电脑加速。

14.1.2　Windows 防火墙设置

防火墙（Firewall），也称防护墙，是由 Check Point 创立者 Gil Shwed 于 1993 年发明并引入国际互联网 [US5606668（A）1993-12-15]。它是一种位于内部网络与外部网络之间的网络安全系统，是一项信息安全的防护系统，依照特定的规则，允许或是限制传输的数据通过。简单来说，防火墙可以让用户定义什么样的网络数据可以出入所在的网络。

防火墙分为软件防火墙、硬件防火墙和芯片级防火墙。在本节中所讲述的仅限于软件防火墙。目前在操作系统中可以使用的防火墙有很多，Windows 操作系统本身就自带有系统防火墙，其功能已经足够日常的使用。另外，比较知名的软件防火墙还有 Comodo、诺顿等，这些专用防火墙功能强大，但需要更专业的网络知识，对于多数用户来说，掌握好系统防火墙就可以让操作系统处于一个相对安全的网络环境中。下面就 Windows 10 的防火墙进行功能介绍。

如图 14-10 所示，在 Windows 设置中选择网络设置可以找到防火墙的开启设置。

用户也可以利用传统的防火墙管理方式，在"控制面板"中打开。方法为"控制面板"→"系统和安全"→"Windows Defender 防火墙"。如图 14-11 所示。

在该界面的"高级设置"中可以进行更专业的防火墙规则设置。打开"高级设置"可以见到如图 14-12 所示的界面，在该界面中主要使用到的是"入站规则""出站规则"。

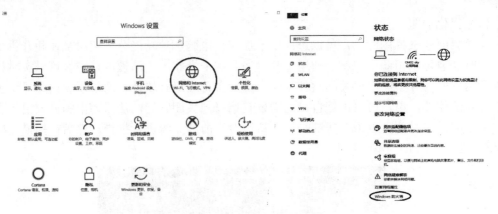

图 14-10　开启 Windows 防火墙

图 14-11　从"控制面板"打开防火墙

图 14-12　防火墙的高级设置

其中的入站规则指远程计算机访问本计算机的规则，出站规则指本地计算机访问外部网络的规则。这两种规则相互独立，规则内容主要包含：程序、端口、预定义和自定义四类。

1. 基于程序的规则设置

该类规则可以控制某个程序对网络访问的出入设置。如禁用 IE 的网络访问。通过新建一个出站规则，规则类型选择为"程序"选项，然后指定"iexplore.exe"为所要控制的程序，并将操作指定为"禁止连接"。该规则生成以后，IE 则无法打开任何网页，如图 14-13 所示。

2. 基于端口的规则设置

该类规则指定当前计算机的网络端口规则。例如，如果设置入站规则，规则内容为允许访问 8080 端口，则远程的计算机可以访问本机的 8080 端口；如果设置出站规则，规则内容为禁止 80 端口的出站，则本地计算机无法访问常规 80 端口的内容，如 80 端口的网站。

图 14-13　禁止 IE 访问网页

3. 基于预定义的规则设置

预定义规则是系统现有的规则，用户可以控制该规则是否生效，并修改规则的操作内容。

4. 自定义规则

自定义规则可以由用户完全自主定义。用户可以对需要的规则进行设置，包括限制的程序、端口、IP 地址、网络协议、允许/禁止出站或入站。使用自定义规则，必须要清楚地知道该规则将要发生的作用。下面以禁用远程计算机"PING"本地计算机为例，进行自定义规则的过程说明。

在新建规则的时候选择"自定义规则"，选择"所有程序"。PING（Packet Internet Groper）是因特网包探索器，用于测试网络连接量的程序。①采用的是 ICMP 协议进行通信，所以此处的协议要选择"ICMPv4"，②并对该协议进行自定义，③选择"特定 ICMP 类型"④勾选"回显请求"选项，⑤单击"确定"按钮。作用域使用默认的，最后选择的操作是"阻止连接"选项。这样外部计算机就无法"PING"当前计算机了。如图 14-14 所示。

图 14-14　设置自定义规则

以上四种规则的设置方法，基本上可以满足用户的日常使用。当然用户必须要合理地设置规则，否则过分严苛的规则也会严重影响系统的使用。用户要充分的评估网络安全与日常使用便利性之间的平衡关系，设置最优的规则策略。

14.1.3　计算机病毒的防治

1. 计算机病毒的定义

计算机病毒是指编制或在计算机程序中插入的破坏计算机功能或者毁坏数据，影响计算机使用，并能自我复制的一组计算机指令代码。即是能够自身复制传染而起破坏作用的一种计算机程序。它们具有以下特性。

（1）传染性。计算机病毒是一个技巧性很强的程序，是一系列指令的有序集合。它可以从一个程序传染到另一程序，从一台计算机传染到另一计算机，从一个计算机网络传染到另一个计算机网络或在网络内各系统之间传染、蔓延，同时使被传染的计算机、计算机程序、计算机网络成为计算机病毒的生存环境及新的传染源。

计算机病毒的传染性是其重要的特征，它只有通过传染性，才能完成对其他程序的感染，附在被感染的程序中，再去传染其他的计算机系统或程序。一般来说，只要具有传染性的程序代码都可以称为计算机病毒，这也是确认计算机病毒的依据。

（2）流行性。一种计算机病毒出现之后，由于其传染性，使得一类计算机程序、计算机系统、计算机网络受其影响，并且这种影响广泛分布在一定的地域和领域，表现出它的流行性。

（3）繁殖性。计算机病毒传染系统后，利用系统环境进行自我复制，数量不断增多，范围不断扩大，并且能够将自身的程序复制给其他的程序（文件型病毒），或者放入指定的位置，如引导扇区（引导型病毒）。

（4）表现性。计算机系统被传染后，会表现出一定的症状，如屏幕显示异常、系统速度变慢、文件被删除、Windows 不能启动等。计算机病毒的表现还有很多特征，其主要特征是影响计算机的运行速度。

（5）针对性。一种计算机病毒并不会传染所有的计算机系统和计算机程序，如有的传染 Apple 公司的 Macintosh 机，有的传染扩展名为.com 或.exe 文件，也有的传染非可执行文件。

（6）欺骗性。计算机病毒在发展、传染和演变过程中会产生变种，如小球病毒在我国就有十几种变种，它们用欺骗的手段寄生在文件上，一旦文件被加载，就会出现问题。

（7）危害性。病毒的危害性是显而易见的，它破坏系统、删除或者修改数据、占用系统资源、干扰机器的正常运行等。

（8）潜伏性。计算机病毒在传染计算机后，它的触发需要一定的条件。感染慢慢地进行，起初可能并不影响系统的正常的运行，当条件成熟时（4月26日CIH病毒），才会表现出其存在，这时病毒感染已经相当严重了。

2．计算机病毒的分类

计算机广泛应用于政治、经济、军事、科技、文化教育及日常生活的各个方面，因此，病毒的传播范围非常之广，危害也非常大。一般把 PC 病毒划分为引导型病毒、文件型病毒和混合型病毒三类。

按寄生方式来分，计算机病毒程序可以归结为四类。

（1）操作系统型病毒（Operating System Viruses）。这类病毒程序作为操作系统的一个模块在系统中运行，机器一启动，先运行病毒程序，然后才启动系统，所以也称之为引导型病毒，如小球病毒、大麻病毒等。

（2）文件型病毒（File Viruses）。文件型病毒攻击的对象是文件，并寄生在文件上，当文件被装载时，先运行病毒程序，然后才运行用户指定的文件（一般是可执行文件）。常见的病毒有 Jerusalem、Yankee Doole、Traveller、邮差、欢乐时光、Liberty 等，这类病毒会增加被感染的文件字节数，但由于病毒代码主体没有加密，也容易被查出和解除。

（3）复合型病毒。这是一种将引导型病毒和文件型病毒结合在一起的病毒，它既感染文件，又感染引导扇区。常见的病毒有 Flip/Omicron、Plastique（塑料炸弹）、Ghost/One_half/3544（幽灵）、Invader（侵入者）等。解除这类病毒方法是首先从软盘启动系统，然后调用杀毒软件，杀掉C盘上的病毒，这样既可以杀掉引导扇区病毒，又能杀掉文件病毒。

（4）宏病毒。宏病毒是一种危害极大的病毒，它主要是利用软件本身所提供的宏能力来设置病毒，所以凡是具有宏能力的软件都有宏病毒存在的可能，如Word、Excel、Amipro等。

3．计算机病毒的传播途径和来源

计算机病毒的传播首先要有病毒的载体。编制计算机病毒的计算机是病毒第一个传染载体，由它作为传播途径主要有以下三种方式。

（1）通过不移动的计算机硬件设备，如ROM芯片、专用的ASIC芯片和硬盘等。

（2）通过可移动式存储设备，如软盘、U盘、光盘等。

（3）通过计算机网络。

计算机病毒主要来源有：带病毒的程序或被病毒感染了的文件。在网络信息时代，人们通过各种方式取得对自己有帮助的信息，如安装软件、复制数据、发送或接收邮件、上网查找或下载资料、局域网内共享资料等，一旦感染了带病毒的程序或接收被病毒感染的文件，这台计算机就会被感染，从而也成为新的病毒传染源。

4．计算机病毒防治的基本方法

计算机病毒的感染是通过两条基本途径进行的，第一是在网络环境下，通过网络数据的传播；第二是在单机环境下，通过可移动存储器的信息传播。不管计算机病毒用何种途径传播，都必须非常重视，因为计算机病毒所造成的危害是无法估计的。

防治计算机病毒的入侵，必须从切断计算机病毒传播途径出发，采用各种技术手段和相应的使用管理措施，基本方法有以下几种。

（1）宣传教育，惩治病毒制造者。这是最主要的一条，要大力宣传计算机病毒的危害性，病毒所导致的经济危害不低于一些刑事犯罪活动，对于病毒的制造者要依法进行处理。信息数据是当今人类的最重要财富之一，而病毒攻击的对象往往是非常有用的信息数据。有些数据是不可恢复的，一旦被破坏就永远消失，对社会生活造成不可估量的损失。

（2）尽量减少计算机的交叉使用。交叉使用计算机容易把病毒从一台被传染的计算机传染给另一台计算机，形成交叉感染。

（3）安装防毒卡或防病毒软件。计算机上可以安装防毒卡或防病毒软件来保护系统不受病毒的侵害，对一些服务器要打好系统安全补丁，不留系统漏洞，这样才能使防病毒软件更好地发挥作用。

（4）系统备份。为了有效、快捷地恢复系统，建议用户对系统进行备份（如GHOST）。如果用户的计算机感染了病毒，系统不能使用，那么在对系统分区格式化，并进行了杀毒之后，就可以很快地用系统备份复原。

（5）系统区与工作数据保存区分离。系统破坏了不能再使用，必须重装系统，如果不小心格式化了系统分区，并且平时的工作数据资料放在此分区，就会造成很大损失。因此把系统分区和工作数据保存区分离，不仅可以很好地合理使用硬盘空间，避免不必要的损失，还有利于快速恢复系统。

（6）建立必要的规章制度。对于一个公共使用的计算机环境，必须建立一套切实可行的规章制度，计算机一律实行自行启动，严格控制外来的软盘、U盘、光盘。总之，在公共环境下，不要随意使用软盘、U盘。

（7）充分掌握病毒知识。对于计算机的使用者来说，应该积极了解和掌握各种病毒的特点、功能、发作原理、攻击性，特别是现在各种新的流行病毒越来越多，要做到知己知彼，防患于未然。

（8）正确使用防病毒工具软件。之所以有防病毒软件，是因为有计算机病毒的存在，病毒总是产生在先，而诊治手段在后，这种状态在近期内难以彻底解决，因此计算机病毒到处泛滥。常用的杀病毒软件国内的有江民、瑞星、金山等，国外的有诺顿、卡巴斯基、Avira、Avast等。目前微软的Windows操作系统，在Windows10中已经安装了Window Defender，该软件具备一定的杀毒能力，基本上可以应对日常的使用，如果用户没有安装更专业的杀毒软件，那么一定要开启该服务。

5．杀毒软件的使用

杀毒软件种类繁多，有许多免费的杀毒软件，如360杀毒、Window Defender、AVG等，还有许多付费的专业杀毒软件，如Avast的Avast Internet Security、Avira的Avira AntiVir Premium、ESET的ESET Smart Security等。用户在选择过程中要考虑以下几点。

（1）不占用大量的系统资源。在使用计算机时都想保证计算机能有更高的运行速度，如果计算机的硬件配置本身不高，那么再装上一款资源占用量大的杀毒软件，则一定会影响计算机的正常使用。

（2）防御和杀毒能力。一款好的杀毒软件必须拥有好的防御功能和强大的杀毒能力，能防患于未然，并且针对出现的新病毒能够做到及时查杀。

（3）杀毒速度。杀毒速度主要是指全盘查杀所需要的时间。不同的杀毒软件其查杀速度是不同的，如NOD32查毒速度奇快，内存占用很小；卡巴斯基因为其病毒库非常大，所以查杀速度很慢。

（4）升级能力。杀毒软件的升级能力是指病毒库的更新速度，再好的杀毒软件，如果病毒库更新的速度慢，将会导致对新出现的病毒无能为力，这样杀毒软件也会失去其存在的意义。

14.1.4 Windows 系统保护

系统保护是定期创建和保存计算机系统文件和设置相关信息的功能，并以时间为节点作为还原点，当系统发生崩溃性事件（系统文件缺失导致系统无法正常启动，或者受病毒攻击导致系统瘫痪）时，可以通过以上的还原点对系统进行还原。系统保护主要有基于硬件的保护和基于软件的保护。

1．基于硬件的系统保护

基于硬件的系统保护，是通过硬件创建系统还原点，当计算机系统触发还原事件时，进行系统还原。这类产品最典型的就是还原卡。还原卡全称硬盘还原卡，是用于计算机操作系统保护的一种PCI扩展卡（主要集成在主板中）。每一次开机时，硬盘还原卡总是让硬盘的部分或者全部分区能恢复先前的内容。换句话说，任何对硬盘保护分区的修改都无效，这样就起到了保护硬盘数据的作用。这一点，对于维护在公共领域使用的计算机有很大的价值，因此被广泛应用于学校的计算机实验室、图书馆和网吧。目前"增霸卡"是一款使用较广泛的产品。

利用增霸卡，可以对操作系统进行有效的保护，主要体现在如下方面。

（1）能够有效地对系统盘进行保护。增霸卡对系统盘的复原方式分为每次、手动、不使用、每月、每周、每天等。所谓每次，就是每次重新开机都会对系统盘进行复原；每天则是指使用当天不会对硬盘进行复原，在第2天的第一次开机时对硬盘进行复原。其他的设置选项可以次类推。当系统盘被保护后，只有输入管理员密码，才能对系统盘的保护模式进行修改，从而防止由于人为操作不当或黑客攻击导致的系统崩溃，同时也能从根本上消除病毒对系统的危害，因为一旦感染了病毒，重新开机后即可清除。硬盘保护模式设置界面如图14-15所示。

（2）能在同一台计算机上安装多种操作系统，并实现多重启动。增霸卡可以将一个硬盘划分为多个独立、互相分隔的区域，每一个区域都能安装不同的操作系统，并为每个操作系统设置不同的密码。这样如果几个人共用同一台计算机，每个人分别从自己的系统进入，就能保证个人的重要数据不被别人查看和修改。开机操作系统菜单界面如图14-16所示。

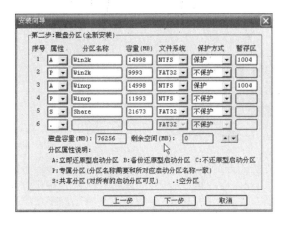

图 14-15　增霸卡硬盘保护模式设置界面　　图 14-16　开机操作系统菜单界面

2. 基于软件的系统保护

基于软件的系统保护是在操作系统中安装专用的系统保护软件，通过系统保护软件对操作系统创建还原点，并进行系统保护的管理。基于软件的系统保护在功能上与基于硬件的系统保护类似。如"冰冻精灵""影子系统"等。微软的 Windows 操作系统本身也具备系统保护功能，下面进行简单的介绍。

（1）开启操作系统的系统保护。在 Win 10 系统中，右击选择"属性"→"系统保护"，如图 14-17 所示。

图 14-17　开启"系统保护"界面

（2）配置系统保护。在图 14-18 中，"配置"可以对所需的分区进行系统保护的启用或关闭，"创建"可以手动创建还原点，"系统还原"可以手动选择还原点进行系统还原。

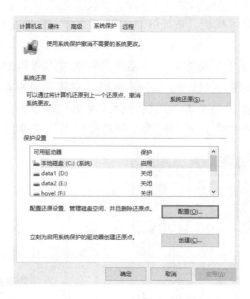

图 14-18　系统保护配置界面

14.2　数据安全

数据安全具有两方面的含义：一是数据本身的安全，主要是指采用现代密码算法对数据进行主动保护，如数据保密、数据完整性、双向强身份认证等；二是数据防护的安全，主要是采用现代信息存储手段对数据进行主动防护，如通过磁盘阵列、数据备份、异地容灾等手段保证数据的安全。本节介绍的内容是数据防护的安全。

14.2.1　数据安全的威胁因素

威胁数据安全的因素主要有以下几点。

（1）硬盘驱动器损坏。一个硬盘驱动器的物理损坏意味着数据丢失。设备的运行损耗、存储介质失效、运行环境及人为的破坏等，都会对硬盘驱动器设备造成影响。

（2）人为错误。由于操作失误，使用者可能会误删除系统的重要文件，或者修改影响系统运行的参数，以及没有按照规定要求或操作不当导致的系统宕机。

（3）黑客。入侵者借助系统漏洞、监管不力等，通过网络远程入侵系统。

（4）病毒。计算机感染病毒而招致破坏，甚至造成重大的经济损失，计算机病毒的复制能力强、感染性强，特别是网络环境下，传播性更快。

（5）信息窃取。非法用户从计算机上复制、删除信息或干脆把计算机偷走。

（6）自然灾害。

（7）电源故障。电源供给系统故障，一个瞬间过载电功率会损坏在硬盘或存储设备上的数据。

（8）磁干扰。重要的数据接触到有磁性的物质，会造成计算机数据被破坏。

14.2.2　数据安全的物理措施

数据安全的物理措施主要包括 3 个方面：人员安全、数据中心的场地安全及对重要数据要分散存储。

（1）人员安全。对接触重要数据的人员，首先要进行筛选把关，挑选思想作风好、诚实肯干、对事业忠诚的人。在现实中，由于用人不当造成数据受损的例子举不胜举，如银行系统中的计算机犯罪绝大多数都是内部员工所为。其次要加强计算机操作人员的技术培训，很多数据丢失都是由于操作不当造成的。最后，要建立严格、完善的数据管理规章制度，对不同性质（重要、普通）的数据授予不同的权限，以便最重要的数据只能由少数人来操作，从而降低数据被损坏的概率。

（2）数据中心的场地安全。数据中心的场地要远离噪声源、振动源。因为振动和冲击可能造成元件变形、焊点脱落、固件松动等现象，从而导致计算机故障，使得数据丢失。数据中心要加强防火、防地震、防水等措施，同时要防止电磁辐射和防雷，接地线要牢固可靠。另外还要加强数据中心的安全保卫工作，以防数据被窃取。

（3）重要数据要分散存储。为了防止战争、自然灾害等突发事件对数据造成毁灭性的损害，对重要数据要多做几个备份，并且存放在不同的建筑物内，甚至不同的城市。对于个人用户而言，重要的数据要注意备份到光盘或 U 盘上，以防止硬盘失效带来的数据丢失或损坏。

14.2.3 数据安全的防护技术

在计算机技术上，对数据安全的防护可以考虑以下技术。

（1）磁盘阵列。磁盘阵列是指把多个类型、容量、接口甚至品牌一致的专用磁盘或普通硬盘连成一个阵列，使其以更快的速度、准确、安全的方式读/写磁盘数据，从而达到数据读取速度和安全性的一种手段。其所组成的阵列主要有以下几种。

①RAID 0。RAID 0 连续以位或字节为单位分割数据，并行读/写于多个磁盘上，因此具有很高的数据传输率，但它没有数据冗余，因此并不能算是真正的 RAID 结构。RAID 0 只是单纯地提高性能，并没有为数据的可靠性提供保证，而且其中的一个磁盘失效将影响到所有数据。因此，RAID 0 不能应用于要求数据安全性高的场合。

②RAID 1。它是通过磁盘数据镜像实现数据冗余，在成对的独立磁盘上产生互为备份的数据。当原始数据繁忙时，可直接从镜像复制中读取数据，因此 RAID 1 可以提高读取性能。RAID 1 是磁盘阵列中单位成本最高的，但可以提供很高的数据安全性和可用性。当一个磁盘失效时，系统可以自动切换到镜像磁盘上读/写，而不需要重组失效的数据。

③RAID 01/10。根据组合分为 RAID 01 和 RAID 10，实际是将 RAID 0 和 RAID 1 标准结合的产物，在连续地以位或字节为单位分割数据且并行读/写多个磁盘的同时，为每一块磁盘作磁盘镜像进行冗余。它的优点是同时拥有 RAID 0 的超凡速度和 RAID 1 的数据高可靠性，但是 CPU 占用率同样也更高，而且磁盘的利用率比较低。

④RAID 2。将数据条块化地分布于不同的硬盘上，条块单位为位或字节，并使用称为"加重平均纠错码（汉明码）"的编码技术来提供错误检查及恢复。

⑤RAID 3。它同 RAID 2 非常类似，都是将数据条块化分布于不同的硬盘上，区别在于 RAID 3 使用简单的奇偶校验，并用单块磁盘存放奇偶校验信息。如果一块磁盘失效，奇偶盘及其他数据盘可以重新产生数据，不会影响数据的使用。RAID 3 对于大量的连续数据可提供很好的传输率，但对于随机数据来说，奇偶盘会成为写操作的瓶颈。

⑥RAID 4。RAID 4 同样也将数据条块化并分布于不同的磁盘上，条块单位为块或记录。RAID 4 使用一块磁盘作为奇偶校验盘，每次写操作都需要访问奇偶盘，这时奇偶校验盘会成为写操作的瓶颈，因此 RAID 4 在商业环境中也很少使用。

⑦RAID 5。RAID 5 不单独指定奇偶盘，而是在所有磁盘上交叉存取数据及奇偶校验信

息。在 RAID 5 上，读/写指针可同时对阵列设备进行操作，提供了更高的数据流量。RAID 5 更适合于小数据块和随机读/写的数据。

⑧RAID 6。与 RAID 5 相比，RAID 6 增加了第二个独立的奇偶校验信息块。两个独立的奇偶系统使用不同的算法，数据的可靠性非常高，即使两块磁盘同时失效也不会影响数据的使用。但 RAID 6 需要分配给奇偶校验信息更大的磁盘空间，相对于 RAID 5 有更大的"写损失"，因此"写性能"非常差。较差的性能和复杂的实施方式使得 RAID 6 很少得到实际应用。

⑨RAID 7。这是一种新的 RAID 标准，其自身带有智能化实时操作系统和用于存储管理的软件工具，可完全独立于主机运行，不占用主机 CPU 资源。

⑩RAID 5E。RAID 5E 是在 RAID 5 级别基础上的改进，与 RAID 5 类似，数据的校验信息均匀分布在各硬盘上，但是，在每个硬盘上都保留了一部分未使用的空间，这部分空间没有进行条带化，最多允许两块物理硬盘出现故障。

（2）数据备份。它是指为防止系统出现操作失误或系统故障导致数据丢失，而将全部或部分数据集合从应用主机的硬盘或阵列复制到其他存储介质的过程。

（3）双机容错。双机容错的目的在于保证系统数据和服务的在线性，即当某一系统发生故障时，仍然能够正常的向网络系统提供数据和服务，使系统不至于停顿。

（4）NAS。NAS 解决方案通常配置作为文件服务的设备，由工作站或服务器通过网络协议和应用程序来进行文件访问，大多数 NAS 链接在工作站客户机和 NAS 文件共享设备之间进行。这些链接依赖于企业的网络基础设施来正常运行。

（5）数据迁移。由在线存储设备和离线存储设备共同构成一个协调工作的存储系统，该系统在在线存储和离线存储设备间动态的管理数据，使得访问频率高的数据存放于性能较高的在线存储设备中，而访问频率低的数据存放于较为廉价的离线存储设备中。

（6）异地容灾。它是在不同的地域，构建一套或者多套相同的应用或者数据库，起到灾难后立刻接管的作用。

（7）SAN。SAN 允许服务器在共享存储装置的同时仍能高速传送数据。这一方案具有带宽高、可用性高、容错能力强的优点，而且它可以轻松升级，容易管理，有助于改善整个系统的总体成本状况。

（8）数据库加密。对数据库中数据加密是为增强普通关系数据库管理系统的安全性，提供一个安全适用的数据库加密平台，对数据库存储的内容实施有效保护。它通过数据库存储加密等安全方法实现了数据库数据存储保密和完整性要求，使得数据库以密文方式存储并在密态方式下工作，确保了数据安全。

（9）硬盘安全加密。它是指将计算机用户的硬盘进行加密，防止信息泄漏。经过安全加密的故障硬盘，硬盘维修商根本无法查看，绝对保证了内部数据的安全性。硬盘发生故障更换新硬盘时，全自动智能恢复受损坏的数据，有效防止企业内部数据因硬盘损坏、操作错误而造成的数据丢失。

14.2.4 数据的备份方法

所谓数据备份就是将数据复制到另外一个地方形成冗余，从而当数据丢失或损坏时可以进行快速恢复。可以根据要备份数据量的大小，选择不同的方法。对于电子文档，如文本文件与 Word 文档，这些文件的容量都是比较小的，一般小于 1MB，因此只要用 WinZip 压缩，并存放到光盘上即可。数据容量在 1MB～1GB 的数据可以使用 WinRAR 分卷压缩后存入光盘，也可以存到闪存盘上，如果能够上网，还可以将数据存放到网络存储中。如果数据容量在 1～

100GB 的数据，此时有多种选择，如 USB 硬盘、双硬盘、USB 电子硬盘、刻录到 DVD 光盘等。在这几种方法中刻录光盘最为保险，因为光盘的数据可以保存几十年都不会丢失。但是使用直接复制的方法对数据进行备份，不仅传输速度太慢，而且由于没有经过压缩，效率极低，因此一般都使用软件进行备份，如 HD、WINZIP、WINRAR 和 Ghost 等，而 Ghost 不但能备份分区，甚至可以对整个硬盘一起备份，功能十分强大。

14.2.5 使用 Ghost 备份数据

1. Ghost 的概述

Ghost 是美国著名软件公司 Symantec 推出的硬盘复制工具，Ghost（General Hardware Oriented Software Transfer，面向通用型硬件传送软件）能在短短的几分钟里恢复原有备份的系统，还计算机以本来面目。Ghost 分为个人（单机）版和企业（多用户）版，个人版有 Ghost2002、Ghost2003 等，它主要包括：主程序 ghost.exe、ghostpe.exe；辅助程序 Gdisk，主要是用于分区与格式化硬盘；Ghostxp 浏览器，主要用于浏览、修改 Ghost 映像文件中的文件；Ghost Boot Wizard 启动盘制作向导可以制作各种条件下的 Ghost 启动盘。Ghost 企业版有 Ghost8.0 和 Ghost11.5 等。与一般的备份和恢复工具不同的是，Ghost 软件备份和恢复是按照硬盘上的簇进行的，这意味恢复时原来分区会完全被覆盖，已恢复的文件与原硬盘上的文件地址不变，而有些备份和恢复工具只起到备份文件内容的作用，不涉及物理地址，很有可能导致系统文件的不完整，这样当系统受到破坏时，恢复不能达到系统原有的状况。它还有一项特殊的功能就是能将硬盘上的内容直接克隆到其他硬盘上，这样，就可以不必重新安装原来的软件，省去了大量的时间。

2. Ghost 的特点

Ghost 支持 FAT16、FAT32、NTFS、HPFS、UNIX、NOVELL 等多种文件系统，磁盘备份可以在各种不同的存储系统间进行。在复制过程中自动分区并格式化目标硬盘，可以实现网络克隆（多用户版）。

Ghost 在备份文件时有两种方式，即不压缩方式和压缩方式。Ghost 特有的压缩方式是带地址的压缩方式，而且压缩率相当高，可以达到 70%。它的安全和可靠性很好，提供了一个 CRC 校验用来检查复制盘与源盘是否相同，另外，备份文件可以使用密码保护以增加安全性。Ghost 所产生的备份镜像文件也可以保存在多种存储设备中，如 JAZ、ZIP、CD-ROM 等，Ghost 还提供将一个盘或者分区的映像进行多卷存储的功能。Ghost 采用图形用户界面，使软件的使用简单明了，而且对于硬件的要求很低。

3. Ghost 的操作方法

Ghost 的启动画面如图 14-19 所示。单击"OK"按钮后，将进入 Ghost 的主菜单，如图 14-20 所示。在 Ghost 主菜单中，有如下几个选项。

（1）Local。本地操作，对本地计算机上的硬盘进行操作。

（2）Peer to Peer。通过点对点模式对网络计算机上的硬盘进行操作。

（3）GhostCast。通过单播、多播或者广播的方式对网络计算机上的硬盘进行操作。

（4）Options。使用 Ghost 时的一些参数选项，一般使用默认设置即可。但这些参数如果与 Ghost.exe 配合可实现许多功能，如自动备份、一键恢复等。下面介绍几个常用参数。

①-rb：本次 ghost 操作结束退出时自动重启。

②-fx：本次 ghost 操作结束退出时自动回到 DOS 提示符。

③-sure：对所有要求确认的提示或警告一律回答"Yes"，此参数有一定危险性，只建议高级用户使用。

 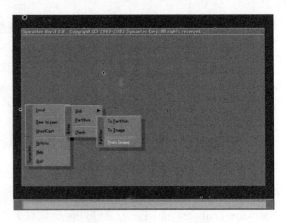

图 14-19　Ghost 启动界面　　　　　　　　　　图 14-20　Ghost 主菜单

④-fro：如果源分区发现坏簇，则略过提示强制复制。此参数可用于试着挽救硬盘坏道中的数据。

⑤@filename：在 filename 中指定 txt 文件。txt 文件中为 Ghost 的附加参数，这样做可以不受 DOS 命令行 150 个字符的限制。

⑥-bootcd：当直接向光盘中备份文件时，此选项可以使光盘变成可引导，此过程需要放入启动盘。

⑦-span：分卷参数，当空间不足时提示复制到另一个分区的备份包。

⑧-auto：分卷复制时不提示就自动赋予一个文件名继续执行。

⑨-crcignore：忽略备份包中的 CRC error。除非需要抢救备份包中的数据，否则不要使用此参数，以防数据错误。

⑩-ia：全部映像。Ghost 会对硬盘上所有的分区逐个进行备份。

⑪-ial：全部映像，类似于-ia 参数，对 linux 分区逐个进行备份。

⑫-id：全部映像。类似于-ia 参数，但包含分区的引导信息。

⑬-quiet：操作过程中禁止状态更新和用户干预。

⑭-script：可以执行多个 Ghost 命令行。命令行存放在指定的文件中。

⑮-span：启用映像文件的跨卷功能。

⑯-split=x：将备份包划分成多个分卷，每个分卷的大小为 x 兆。这个功能非常实用，用于大型备份包复制到移动式存储设备上，如将一个 1.9GB 的备份包复制到 3 张刻录盘上。

⑰-Z：将磁盘或分区上的内容保存到映像文件时进行压缩。-Z 或-Z1 为低压缩率（快速）；-Z2 为高压缩率（中速）；-Z3～-Z9 压缩率依次增大（速度依次减慢）。

⑱在 DOS 命令行方式下，输入"Ghost　/?"可以看到 Ghost 的一些参数配置，对 Ghost 的使用提供了一些方便。

⑲Quit：退出 Ghost 程序。

4．Local 项的功能

一般在对硬盘数据进行备份时，只会用到"Local"这一项，因此下面对其进行详细阐述。在"Local"选项中包括以下几项。

（1）Disk（硬盘）。表示对本地的整个硬盘进行操作。

①To Disk 是将整个本地硬盘的数据完全复制到本地的第二个硬盘上。

②To Image 是将整个本地硬盘的数据压缩后生成镜像文件。

③From Image 是将备份的镜像文件恢复到本地硬盘上。

（2）Partition（分区）。表示对本地硬盘上的单个分区进行操作。

①To Partition 是将本地硬盘其中的一个分区数据完全复制到该硬盘的另外一个分区上。

②To Image 是将本地硬盘其中的一个分区数据压缩后生成镜像文件。

③From Image 是将备份的镜像文件恢复到本地硬盘上指定的分区中。

（3）Check（检查）。Check 可以检查复制的完整性，有两个选项，即 Check disk 和 Check image files。它是通过 CRC 校验来检查文件或者复制盘的完整性的。

5．使用 Ghost 对系统进行备份

下面详细介绍使用 Ghost 对分区进行备份的操作流程。

（1）进入 Ghost，执行"Local"→"Partition"→"To Image"命令，如图 14-21 所示。

（2）选择本地硬盘，如图 14-22 所示。

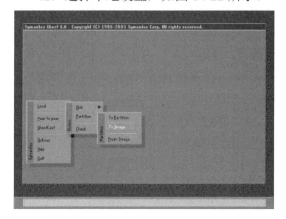

图 14-21　分区备份菜单

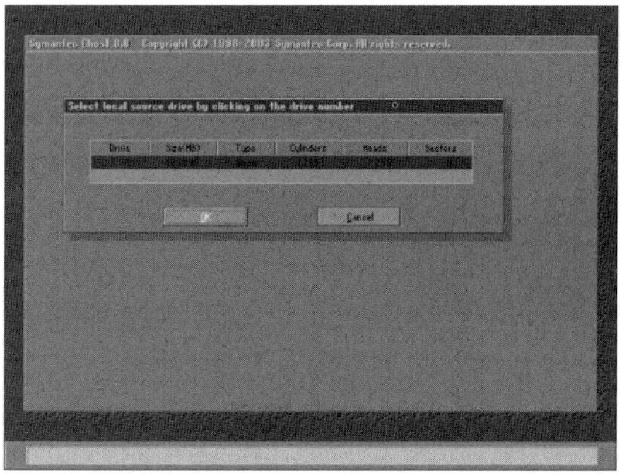

图 14-22　选择硬盘

（3）选择相应的分区，如图 14-23 所示。

（4）选择存放镜像文件的位置，并且输入其文件名，如图 14-24 所示。

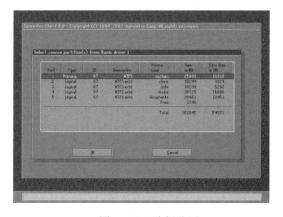

图 14-23　选择分区

图 14-24　选择存放位置及文件名

（5）选择压缩比例，其中"NO"选项表示不压缩、"Fast"选项表示低压缩、"High"选项表示高压缩。如图 14-25 所示。压缩率越高，制作出来的备份文件容量越小，但所用的时间也就越长。

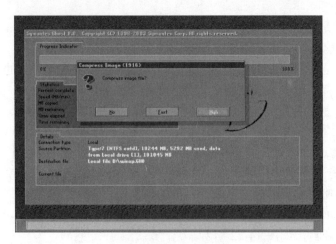

图 14-25　选择压缩比例

6．Ghost 的使用技巧

实现 Ghost 自动运行的方法，即 Ghost 的图形操作，步骤太多，使用不方便。利用 Ghost 的参数和 Ghost.exe 的命令，可方便地实现许多复杂的操作。实现 Ghost 无人备份/恢复的核心参数是 -clone。使用语法为：

```
-clone,mode=(operation),src=(source),dst=(destination),[sze(size),sze(size)…]
```

此参数行较为复杂，并且各参数之间不能含有空格。其中 operation 意为操作类型，值可取 copy（磁盘到磁盘）、load（文件到磁盘）、dump（磁盘到文件）、pcopy（分区到分区）、pload（文件到分区）、pdump（分区到文件）。

source 意为操作源，值可取驱动器号，从 1 开始；或者为文件名，需要写绝对路径。

destination 意为目标位置，值可取驱动器号，从 1 开始（驱动器 1 一般为 IDE1 的主盘，驱动器 2 为从盘，1:1 为驱动器 1 的第一个分区，1:2 为驱动器 1 的第二个分区，如此类推）；或者为文件名，需要写绝对路径；@cdx，刻录机，x 表示刻录机的驱动器号，从 1 开始。

如果把这些命令，放到 DOS 的批处理文件中，就能实现自动运行。例如，要把 C 盘以最高压缩为一个 JSZX.GHO 文件存到 D 盘根目录，可建立一个文件 CTOD.BAT，内容为：

```
@echo off
prompt $p$g
Ghost -Clone,mode=Pdump,src=1:1,dst=D:\jszx -z9 -Batch
```

若 C 盘系统坏了，要恢复 C 盘，并在恢复完后自动开机，建立一个 DTOC.BAT 的批处理文件。内容为：

```
@echo off
prompt $p$g
Ghost -Clone,mode=Pload,src=d:\jszx:1,dst=1:1 -rb -batch.
```

如将本地磁盘 1 复制到本地磁盘 2，可用命令为：

```
ghostpe.exe -clone,mode=copy,src=1,dst=2.
```

如将本地磁盘 1 的第二分区复制到本地磁盘 2 的第一分区，可用命令为：

```
ghostpe.exe -clone,mode=pcopy,src=1:2,dst=2:1.
```

如果制作一张 DOS 启动盘，把以上命令放入 AUTOEXEC.BAT 自动批处理中，只要开机时插入启动盘,一切都能自动完成。如果按键盘上某个键就能调用上面的批处理,就可以实现一键恢复。

14.2.6 数据恢复概述

1．数据恢复的定义

数据恢复技术,顾名思义,就是当计算机系统遭受误操作、病毒侵袭、硬件故障、黑客攻击等事件后,将用户的数据从各种无法读取的存储设备中拯救出来,从而将损失减到最小的技术。

2．数据恢复的方式

数据恢复的方式可分为软件恢复方式与硬件恢复方式,如图 14-26 所示。

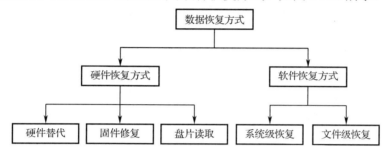

图 14-26　数据恢复的方式

硬件恢复方式有：硬件替代、固件修复和盘片读取。硬件替代就是用同型号的好硬件替代坏硬件达到恢复数据的目的,如硬盘电路板的替代、闪存盘控制芯片更换等。固件是硬盘厂商写在硬盘中的初始化程序,一般工具是无法访问的。固件修复就是用硬盘专用修复工具,如 PC3000 等,修复硬盘固件,从而恢复硬盘数据。盘片读取就是在 100 级的超净工作间内对硬盘进行开盘,取出盘片,然后用专门的数据恢复设备对其进行扫描,读出盘片上的数据。

软件恢复方式有：系统级恢复和文件级恢复。系统级恢复就是操作系统不能启动,利用各种修复软件对系统进行修复,使系统工作正常,从而恢复数据。文件级恢复就只是存储介质上的某个坏应用文件,如 DOC 文件坏,用修复软件对其修复,恢复文件中的数据。

3．数据恢复技的技术层次

数据恢复技术发展到目前为止,有如下几个技术层次。

(1)软件恢复与简单的硬件替代。用网上能够找到的数据恢复软件,如 EasyRecovery、Recover、Lost&Found、FinalData、Disk Recover 等,恢复误删除、错误格式化、分区表被损坏但又没有用其他数据覆盖的数据,这些软件对这样的数据的恢复的成功率达 90%以上,但前提是在 BIOS 中能够支持硬盘。如果 BIOS 不能找到硬盘,可以采用简单硬件替代的方法,如用同型号好硬盘的电路板替代坏硬盘的电路板,再检查 BIOS 能否识盘。同样对闪存盘可用同型号的控制芯片将其替代。目前电子市场上的大多数所谓的数据恢复中心,基本上都是用这种方法,但这种方法处在数据恢复的最低层次。

(2)用专业数据恢复工具恢复数据。目前最流行的数据恢复工具有俄罗斯著名硬盘实验室(ACE Laboratory)研究开发的商用专业修复硬盘综合工具 PC3000、HRT-2.0 和数据恢复机 Hardware Info Extractor HIE200 等,PC3000 和 HRT-2.0 可以对硬盘坏扇区进行修复,还可以更改硬盘的固件程序；HIE200 可以对硬盘数据进行硬复制。这些工具的特点都是用硬件加密,必须购买。目前市场上拥有这些工具的数据恢复中心寥寥无几。

(3)采用软、硬件结合的数据恢复方式。用数据恢复的专门设备对数据进行恢复的关键在于恢复时用的仪器设备。这些设备都需要放置在超净无尘的工作间里，而且这些设备内部的工作台也是级别非常高的超净空间。这些设备的恢复原理也是大同小异，都是把硬盘拆开，把盘片放进机器的超净工作台上，然后用激光束对盘片表面进行扫描，因为盘面上的磁信号是数字信号（0 和 1），所以相应地反映到激光束发射的信号也是不同的。这些仪器就是通过这样的扫描，一丝不漏地把整个硬盘的原始信号记录在仪器附带的计算机里，然后再通过专门的软件分析进行数据恢复。可以说，这种设备的数据恢复率是相当惊人的，即使是位于物理坏道上面的数据和由于多种信息的缺失而无法找出准确的数据值，都可以通过大量的运算，在多种可能的数据值之间进行逐一代入，结合其他相关扇区的数据信息，进行逻辑合理性校验，从而找出逻辑上最符合的真值。这些设备只有加拿大和美国生产，不但价格昂贵，而且由于受有关法律的限制，进口非常困难。不过国内少数数据恢复中心，采用了变通的办法。就是建立一个 100 级的超净实验室，然后对于盘腔损坏的硬盘，在此超净实验室中开盘，取下盘片，安装到同型号的好硬盘上，同样可达到数据恢复的目的。

（4）恢复的终极方式——深层信号还原法。以上所讲的数据恢复都有一个前提，就是数据没有被覆盖。对于已经被覆盖的数据和完全低格、全盘清零、强磁场破坏的硬盘，仍然有最终极的数据恢复方式，即深层信号还原法。从硬盘磁头的角度来看，同样的数据，复制进原来没有数据的新盘和复制进旧盘覆盖掉原有数据是没有分别的，因为这时候磁头所读取到的数字信号都是一样的。但是对于磁介质晶体来说，情况就有所不同，以前的数据虽然被覆盖了，但在介质的深层仍然会留存着原有数据的残影，通过使用不同波长、不同强度的射线对这个晶体进行照射，可以产生不同的反射、折射和衍射信号。这就是说，用这些设备发出不同的射线去照射盘面，然后通过分析各种反射、折射和衍射信号，就可以"看到"在不同深度下这个磁介质晶体的"残影"。根据目前的资料，大概可以观察到 4～5 层，也就是说，即使一个数据被不同的其他数据重复覆盖 4 次，仍然有被深层信号还原设备读出来的可能性。当然，这样的操作成本无疑是非常高的，也只能用在国家安全级别的用途上，目前世界范围内也没有几个国家可以拥有这样的技术，只有极少数规模庞大的计算机公司和不计成本的政府机关能拥有这样级别的数据恢复设备，而且这样的设备，主要都是由美国人掌握。

除了以上这些数据恢复的方式外，数据恢复的难易程度还与设备和操作系统有关。单机的硬盘和 Windows 操作系统的数据恢复相对简单。而服务器的磁盘阵列和 UNIX 等网络操作系统的数据恢复就比较复杂，因而数据恢复的收费比单机高得多。

14.2.7 用数据恢复软件恢复数据

数据恢复软件有很多，如 Final Data、DataExplore 数据恢复大师、EasyRecovery、Recover My Files 等。

1. 使用软件恢复硬盘数据的原理

丢失的文件数据之所以可以被修复，首先需要了解文件在硬盘上的数据结构和文件存储的原理。新的硬盘需要进行分区、格式化等步骤后才能正常使用。一般硬盘会被分为主引导扇区、操作系统引导扇区、文件分配表、目录区和数据区五部分。

在文件数据恢复的过程中，起重要作用的就是文件分配表和目录区。为了安全起见，系统通常会存放两份相同的 FAT，而目录区中的信息则定位了文件数据在磁盘中的具体保存位置，其中包括了文件的起始单元（文件在磁盘中存储的具体物理位置）、文件属性、文件大小等。在对文件进行定位时，操作系统会根据目录区中记录的起始单元，并结合文件分配表，得到文件在磁盘中的具体位置和大小。实际上，硬盘文件的数据区尽管占用了绝大部分空间，但如果没有文件分配表和目录区，它是没有任何意义的。

一般的删除操作，只是让系统修改了文件分配表中的前两个代码，相当于做了"已删除"标记，同时将文件所占簇号在文件分配表中的记录清零，以释放文件所占用的空间。因此当删除文件后，硬盘的剩余空间就随之增加。其实文件的真实内容还保存在数据区中，只有当写入新的数据时才会被覆盖，在覆盖之前的原数据是不会消失的。对于硬盘分区和格式化，其原理和文件删除类似，对于硬盘分区只是改变了分区表的信息，而分区格式化只是修改了文件分配表，都没有将数据从数据区真正删除，因此利用硬盘数据恢复工具可以实现对已删除文件的恢复。

2．利用 EasyRecovery 恢复 U 盘的文件

EasyRecovery 是由互盾数据恢复工作室出品的一款专业数据恢复软件。支持恢复不同存储介质的数据：硬盘、光盘、U 盘/移动硬盘、数码相机、手机等，能恢复包括文档、表格、图片、音/视频等各种数据文件。下面以恢复 U 盘中的数据为例，进行简单的操作介绍。

①在计算机中安装好软件，在软件的主页面选择"U 盘手机相机卡恢复"选项，如图 14-27 所示。

②界面显示读取的 U 盘分区信息，如图 14-28 所示，在界面上勾选后单击"下一步"按钮，软件就开始扫描 U 盘中的数据了，扫描过程中应保持 U 盘与计算机的连接。

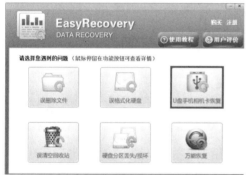

图 14-27　EasyRecovery 主页面　　　　图 14-28　选择 U 盘进行数据恢复

③扫描完成之后，在如图 14-29 所示界面的左侧找到误删文件对应的格式单击，右侧就显示有具体的文件信息了，在其中找到需要的文件勾选上，再单击"下一步"按钮。

④在如图 14-30 所示界面中单击"浏览"按钮，自定义选择好恢复后文件所需的存储位置，单击"下一步"按钮，软件就开始恢复选中的文件了，耐心等待恢复完成之后，即可前往存储位置查看结果。

图 14-29　扫描 U 盘中的数据　　　　　　图 14-30　保存恢复的数据

实验 14

1．实验项目
系统的备份与恢复。

2．实验目的
（1）复习硬盘的分区管理。
（2）熟练掌握 Ghost 的使用方法。
（3）熟练掌握 EasyRecovery 的使用方法。

3．实验准备及要求
（1）完成对硬盘的硬件安装、分区。
（2）通过 Ghost 完成系统的备份、恢复。
（3）利用 EasyRecovery 完成对完全删除数据的恢复。

4．实验步骤
（1）准备新硬盘。
（2）利用硬盘分区工具对硬盘进行分区，至少划分为系统区、数据区、备份区。
（3）完成系统区操作系统的安装（可以利用万能 Ghost 等方式），系统必须安装完好。
（4）完成操作系统的优化工作，包括补丁设置、防火墙设置等。
（5）利用 Ghost 完成操作系统的系统备份，备份到备份分区。
（6）建立新的文本文档，并进行保存。删除 D 盘中新建的有信息的文本文档。
（7）从备份分区恢复操作系统到系统分区。
（8）利用 EasyRecovery 完成对数据分区中文本文档的恢复。

5．实验报告
（1）列出当前硬盘分区，并说明各分区的作用。
（2）列出操作系统的系统优化操作，并说明原因。
（3）记录当前操作系统分区的数据大小，并记录通过 Ghost 备份的文件大小。
（4）记录文件恢复操作过程，并对比原有文档和恢复文档。

习题 14

1．填空题
（1）Windows 操作系统优化包括：_____、_____、_____、_____、_____。
（2）Administrators 本地组内的用户都具备_____的权限，它们拥有对这台计算机_____控制权限。
（3）UAC 原理是通知用户是否对应用程序使用_____和_____授权，以达到帮助阻止恶意程序损坏系统的效果。
（4）系统安全辅助软件都涵盖了以下功能：_____、_____、_____、_____、_____、电脑门诊等。
（5）防火墙从软、硬件形式上可分为：_____和_____及_____。
（6）Windows 防火墙规则内容主要包含：_____、_____、_____和_____四类。
（7）计算机病毒是指编制或在计算机程序中插入的_____或者毁坏_____，影响计算机使用，并能_____的一组计算机指令代码。
（8）系统保护主要有基于_____保护和基于_____保护。
（9）数据安全具有两方面的含义：_____和_____。

（10）RAID 1 是通过_____实现数据冗余，在_____的独立磁盘上产生互为备份的数据。

2．选择题

（1）Windows 操作系统的安全主要考虑（　　）方面。

A．系统优化　　　　B．病毒防治　　　　C．防火墙设置　　　　D．更换主板

（2）（　　）用户拥有较多的权力，但不可以更改 Administrators 与 Backup Operators、无法夺取文件的所有权、无法备份与还原文件、无法安装删除与删除设备驱动程序。

A．Guests　　　　B．Users　　　　C．Power Users　　　　D．Backup Operators

（3）（　　）功能不属于系统安全辅助软件。

A．电脑体检　　　　B．电脑清理　　　　C．软件管家　　　　D．下载提速

（4）（　　）不属于 Windows 防火墙规则的范围。

A．程序　　　　B．主动防御　　　　C．端口　　　　D．预定义

（5）（　　）不属于计算机的病毒特征。

A．传染性　　　　B．繁殖性　　　　C．欺骗性　　　　D．合作性

（6）按寄生方式来分，计算机病毒程序可以归为（　　）。

A．操作系统型病毒　　　　B．文件型病毒　　　　C．复合型病毒　　　　D．宏病毒

（7）（　　）方式下，还原卡具备还原功能但是不会自动还原。

A．每次　　　　B．手动　　　　C．每月　　　　D．每周

（8）不属于软件系统还原的是（　　）。

A．Windows 系统还原　　　　B．增霸卡还原　　　　C．冰冻精灵　　　　D．影子系统

（9）（　　）不属于数据防护安全的保护手段。

A．数据完整性　　　　B．磁盘阵列　　　　C．数据备份　　　　D．异地容灾

（10）不具备数据备份的阵列式是（　　）。

A．RAID 0　　　　B．RAID 1　　　　C．RAID 5　　　　D．RAID 01

3．判断题

（1）Windows 操作系统是目前使用最广泛的操作系统，非常成熟，不需要任何的系统防护工作。（　　）

（2）互联网上的各类 Windows 系统光盘、"万能 Ghost"非常安全，可以放心使用。（　　）

（3）对于公共使用的计算机，出于便利性的考虑，应该给予 Administrators 权限。（　　）

（4）利用电脑管家可以进行：电脑体检、查杀修复、电脑清理、优化加速、软件管家、电脑门诊等。（　　）

（5）在防火墙中，基于程序的规则设置可以控制某个程序对网络访问的出入设置。（　　）

4．简答题

（1）为何要对 Windows 操作系统进行优化？优化的方式有哪些？

（2）Windows 的防火墙的作用是什么？有几种规则设置？

（3）UAC 是什么？有什么作用？

（4）数据安全的含义是什么？如何有效地进行数据防护的安全？

（5）Ghost 是做什么的？能否进行整个硬盘的数据备份？如何操作？

第15章

小型网络搭建与维护

随着网络信息化技术的高速发展，人们的日常生活已经越来越离不开网络了。计算机网络常见的分类依据是网络覆盖的地理范围，按照这种分类方法，可将计算机网络分为局域网、广域网和城域网三类。

局域网（Local Area Network，LAN）。它是指连接近距离计算机的网络，覆盖范围从几米到数公里。如家庭网络、办公室网络、同一建筑物内的网络及校园网络等。

城域网（Metropolitan Area Network，MAN）。它是指介于局域网和广域网之间的一种高速网络，覆盖范围为几十公里。城域网是在一个城市内部组建的计算机信息网络，提供全市的信息服务。

广域网（Wide Area Network，WAN）。它是指覆盖的地理范围从几十公里到几千公里，覆盖一个国家、地区或横跨几个洲，形成国际性的远程网络。如我国的公用数字数据网（China DDN）、电话交换网（PSDN）等。

在网络技术不断更新的今天，通过使用网络互联设备将各种类型的广域网、城域网和局域网互联起来，形成了互联网。互联网的出现，使计算机网络从局部到全国进而将全世界连成一片。

计算机网络还可以根据传输介质的不同进行分类，一般可以分为：有线网、无线网、光纤网。

有线网。它是指采用同轴电缆和双绞线来连接的计算机网络。双绞线网是目前最常见的联网方式，它价格便宜，安装方便，但易受干扰，传输率较低，传输距离比同轴电缆要短。

无线网。它是指使用电磁波作为载体来传输数据，其联网方式灵活方便，是针对移动终端的一种主流的联网方式。

光纤网。它是指采用光导纤维作为传输介质，其传输距离长、传输率高、抗干扰性强，不会受到电子监听设备的监听，适合高性能安全性网络。随着国家大力推进高速光纤网络建设，一、二线城市基本上已经实现"光纤到户"，三、四线城市也在加快推进地区光网覆盖。

本章介绍的"小型网络"，也可以称为"小型局域网"或"个人局域网"，它是以个人使用的电子设备（PC、手机、平板电脑、无线路由器）为主要中心的小型局域网络。在这样的小型网络中，一般采用"有线网"+"无线网"的方式。

15.1 以无线路由器为中心的家庭网络

家庭网络（Home Network）是融合家庭控制网络和多媒体信息网络于一体的家庭信息化平台，是在家庭范围内实现信息设备、通信设备、存储设备、娱乐设备、家用电器、照明设备、保安（监控）装置等设备互联和管理，以及数据和多媒体信息共享的系统。

现阶段家庭网络的类型主要是无线网，其中心就是无线路由器。如图15-1所示。

无线路由器不仅提供了各设备之间的互联互通，更重要的是它可以为每一个家用设备提供宽带接入服务，从而实现了相对独立的家庭网络与Internet之间的互联。

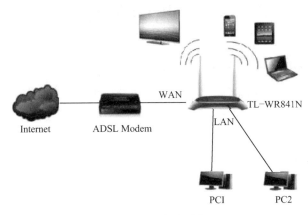

图15-1 家庭网络

15.1.1 无线路由器

随着这几年宽带上网服务的普及，无线路由器的应用也越来越广泛。无线路由器集成了路由器、防火墙、Wi-Fi、带宽控制和管理等功能，可以轻松实现ADSL、Cable modem和小区宽带的无线共享接入。无线路由器采用高度集成设计，针对中国宽带的特点进行优化，可满足不同的网络流量环境，具备满足良好的电网适应性和网络兼容性。

无线路由器的性能指标。

1．支持的无线传输协议标准

目前无线路由器产品支持的主流协议标准为IEEE 802.11n，可以工作在2.4GHz和5GHz两个频段，主流传输速率可以达到300Mb/s。最新一代标准为802.11ac，可以向下兼容802.11n，工作在5GHz频段，理论传输速率可以达到1GMb/s。因此是否能够支持最新的协议标准，直接决定了其能达到的传输速率。

2．信号覆盖

无线路由器信号强弱受环境的影响较大，当无线信号穿过墙体、玻璃或其他物体时会造成信号的极大衰减。因此无线路由器信号能够覆盖的有效范围也是重要的性能指标。无线信号覆盖的范围与无线路由器使用的发射功率有直接的关系，发射功率越大，无线信号的覆盖范围就越广，传输的距离就越远，但同时产生的辐射也就越大；发射功率越小，信号传输的距离就越短，相对的辐射也就越小。

3．天线的数量

在发射功率一定的情况下，增加天线的数量，在一定程度上的确能够增加无线信号的传输距离，但是效果并不是十分的明显。如一根天线的无线路由器信号可以覆盖$100m^2$左右的房间，而2至3根天线的无线路由器，无线信号覆盖也就是$120m^2$左右，提升并不是特别的明显。

4．WAN端口数量

WAN端口数决定路由器可以接入的线路数量，双WAN口路由器可以选择两条线路接入，如选择电信的ADSL接入后，还可以选择联通或者其他运营商的一条线路接入。这样可以对两条宽带线路进行汇聚，通过动态的负载平衡平均分配流量，起到扩大线路带宽的效果；另外两条线路之间可以互为备份，提高网络的可靠性。

现阶段主流无线路由器都会集成一个 100Mb/s 宽带以太网 WAN 接口、多个 100Mb/s 以太网 LAN 接口，支持多传输协议（IEEE 802.11.ac、IEEE 802.11n、IEEE 802.11g、IEEE 802.11b、IEEE 802.11.a、IEEE 802.3、IEEE 802.3u），天线的数量一般是 2 根或者 4 根。

15.1.2 无线路由器的工作模式

无线路由器可以工作在不同的模式下，提供的功能也不相同。无线路由器的工作模式一般有以下几种：

（1）AP 模式（接入点模式）。AP 模式只需要把一根可以上网的网线插在路由器上，无须任何配置就可以通过有线和无线上网了，如图 15-2 所示。在此模式下，该设备相当于一台无线 HUB，可实现无线之间、无线到有线、无线到广域网络的访问。简单来说就相当于一台拥有无线功能的交换机。该模式一般适用于酒店、宾馆等场合。

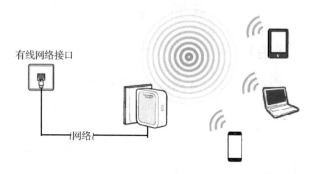

图 15-2　AP 模式

（2）Router 模式（无线路由模式）。Router 模式是最常见的一种路由器工作模式。路由器的 WAN 口与 ADSL Modem 或者光猫相连接，通过配置 WAN 口实现自动拨号上网。该模式可以实现多个无线终端共享一条宽带（一个账号或 IP 地址），常用在家庭、公司等环境，如图 15-3 所示。

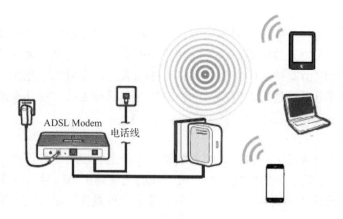

图 15-3　Router 模式

（3）Repeater 模式（中继模式）。Repeater 模式可以增强已有的无线网络信号，扩大其覆盖范围。可以将路由器安放至原有无线信号的边缘地带，将此无线信号增强。增强后无线网络的 SSID（无线网络名称）和密码与原无线网络相同。但是要注意，此信号只可以中继一次，即只能将原信号增强放大，新的无线信号无法再中继放大。比如当前的无线信号很弱，使用该模式对无线信号进行中继放大，扩大覆盖范围。该模式比较适合别墅、会所、广场等面积大的区域使用。如图 15-4 所示。

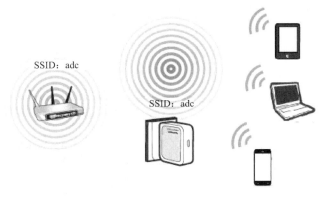

图 15-4　Repeater 模式

（4）Bridge 模式（桥接模式）。Bridge 模式的功能与 Repeater 中继模式类似，同样是将已有的无线网络信号增强，扩大其覆盖范围。区别在于新的无线信号可以自定义成新的 SSID 和密码，新网络信号是独立存在的，并且可以使用 Bridge 桥接模式继续向远处无限桥接、增强。通过无线桥接的方式连接前端路由器的信号，自身发射新的无线信号。该模式适合共享已有的无线网络，如图 15-5 所示。

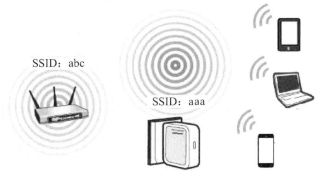

图 15-5　Bridge 模式

15.1.3　配置无线路由器

本节以 Tp-Link TL-WDR6500 无线路由器为例，介绍无线路由器的常用配置。

（1）打开浏览器，在地址栏里输入路由器的管理地址 http://tplogin.cn，在弹出的设置管理密码界面中，设置 6～15 位的管理密码，单击"确定"按钮，登录路由器管理界面。如图 15-6 所示。

（2）设置无线路由器的上网方式。对于电信提供的 ADSL 宽带服务，选择"宽带拨号上网"选项，然后在对应设置框中需要输入"运营商提供的宽带账号""密码"，并确定该账号密码输入正确。如图 15-7 所示。对于有线电视宽带服务、FTTX+LAN 接入服务，选择"自动获得 IP 地址"。这里需要注意，有的宽带运营商通过绑定用户网卡的 MAC 地址，让用户只能单机上网，而不能共享上网。此时可以设置"无线路由器 WAN 口的 MAC 地址"来解决这一问题。这项功能在有的路由器上叫"MAC 地址克隆"，如图 15-8 所示。

（3）设置无线参数。该款无线路由器同时支持 2.4G 和 5G 两个频段，因此需要分别在 2.4G 与 5G 无线网络中分别设置对应的无线名称和无线密码。如图 15-9 所示。

如果设置相同的无线名称，用户终端就只能搜到一个无线信号，且在信号列表无法区分该信号是 2.4G 或是 5G。所以建议针对不同的信号频段设置不同的无线名称，无线密码可以设置为相同。另外无线终端必须支持 5G 频段才能搜索到 5G 信号，因此在使用 5G 频段前需先确认终端是否支持 5G 频段（是否能够支持 802.11ac 协议）。

图 15-6　设置管理员密码

图 15-7　设置宽带账号和密码

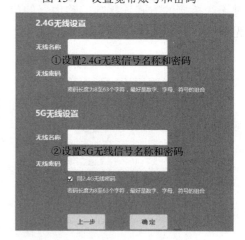

图 15-8　设置 WAN 口的 MAC 地址

图 15-9　设置无线参数

（4）设置 DHCP 服务器。一般设置 DHCP 服务器后，终端就不需要再独立设置 IP 地址、子网掩码、网关、DNS 服务器，如图 15-10 所示。

图 15-10　设置 DHCP 服务器

（5）网络带宽资源是有限的，部分计算机高速下载、观看在线视频将会占用大量带宽，导致其他计算机出现"上网慢、网络卡"等现象。网速限制功能可以限制所有连接终端的最大上下行速率，从而保证整个网络带宽资源的合理利用。如图 15-11 所示。

图 15-11　网速限制功能

（6）设置无线桥接功能。无线桥接功能可以扩展网络的覆盖范围。开启桥接功能的无线路由器分为主路由器和从路由器。从路由器上的 WAN 口不能使用。不同品牌的无线路由器之间不能保证可以桥接成功。为保证桥接后网络的稳定性，建议使用同一品牌的无线路由器产品。启用无线桥接功能，如图 15-12 所示。

图 15-12　开启无线桥接功能

单击"开始设置"按钮，路由器会自动扫描周边无线信号，选择扫描到的主路由器信号，并输入主路由器的无线密码，如图 15-13 所示。

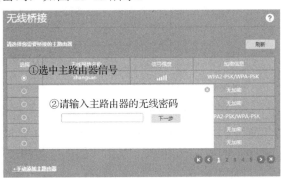

图 15-13　选择主路由器信号并输入无线密码

主路由器会给从路由器分配一个 IP 地址。如果要实现无线漫游，则必须将从路由器中的无线名称和无线密码与主路由器设置成相同。桥接成功后，如图 15-14 所示。

（7）信号强度调节功能。在不同面积的环境中，对路由器信号发射强度的要求不同。在信号质量均有保障的前提下，面积（障碍）越大对信号强度要求越高。在小型环境下，信号强度调节为较小，可以节能、降低蹭网可能性及降低辐射。如图 15-15 所示。

（8）DDNS 功能。DDNS（Dynamic Domain Name Server）是动态域名服务的缩写。DDNS 是将用户的动态 IP 地址映射到一个固定的域名解析服务上，用户每次连接网络的时候，客户端程序就会通过信息传递把该主机的动态 IP 地址传送给位于服务商主机上的服务器程序，服务器程序负责提供 DNS 服务并实现动态域名解析。DDNS 可以让用户在自己的家里架设 WEB、MAIL、FTP 等服务器，而不用花钱去支付虚拟主机租金。TP-LINK 路由器提供两种 DDNS 解决方案，一种是使用 TP-LINK 自己提供的服务，另一种则是使用花生壳服务，如图 15-16 所示。

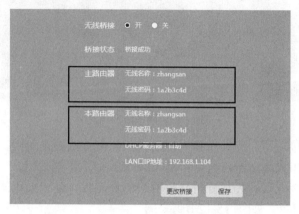

图 15-14 桥接成功

图 15-15 信号强度调节　　　　　　　　　　图 15-16 DDNS 服务

下面以 TP-LINK 自身提供的 DDNS 服务为例，介绍 DDNS 的设置过程。

①选择服务提供者，如图 15-17 所示。

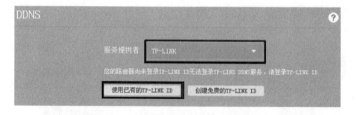

图 15-17 选择 DDNS 服务提供者

②登录 TP-LINK ID，使用 TP-LINK DDNS 需要先登录 TP-LINK ID，单击"使用已有的 TP-LINK ID"按钮，输入 TP-LINK ID 和密码，单击"确认"按钮，如图 15-18 所示。

③创建 TP-LINK 域名，成功登录 TP-LINK ID 后，需要创建自己的域名，如图 15-19 所示。

图 15-18 输入 TP-LINK ID 和密码　　　　　图 15-19 创建新域名

域名创建完成且自动登录该域名后，界面中会显示对应的域名信息，并且将域名与路由器的 MAC 地址绑定在一起，如图 15-20 所示。

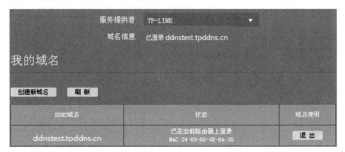

图 15-20 域名信息列表

15.2 小型网络故障诊断

计算机网络是一个复杂的综合系统，网络在长期运行过程中总是会出现一些问题。引起网络故障的原因很多，网络故障的现象种类繁多，本节主要针对小型网络经常出现的网络硬故障、软故障加以解析，并介绍其相应的解决方法。

15.2.1 网络故障分类

网络故障如果按照性质分类，可以分为物理故障与逻辑故障两种。

物理故障也称为硬件故障，是指由硬件设备引起的网络故障。硬件设备或线路损坏、线路接触不良等情况都会引起物理故障。物理故障通常表现为网络不通，或时断时续。物理故障一般可以通过观察硬件设备的指示灯或借助测线设备来进行排除。

逻辑故障也称为软故障，是指设备配置错误或者软件错误等引起的网络故障。路由器配置错误、服务器软件错误、协议设置错误或病毒等情况都会引起逻辑故障。逻辑故障表现为网络不通，或者同一个网络中有的网络通，有的网络不通。一般可以通过 Ping 命令检测故障，并通过重新配置网络协议或网络服务来解决问题。

按照网络中的设备对网络故障进行分类，可以分为网络服务器故障、交换机故障、路由器故障、网络线路故障。

网络服务器故障一般包括服务器硬件故障、操作系统故障和服务器设置故障。当网络服务器发生故障时，首先应当确认服务器是否感染病毒或被攻击，然后检查服务器的各种参数设置是否正确合理。

交换机、路由器一般不会发生软件故障，大部分情况都是硬件故障，一旦出现故障就会使网络通信中断。检测这种故障，需要利用专门的管理诊断工具，用它收集路由器的路由表、端口流量数据、计费数据、路由器 CPU 温度、负载及路由器的内存余量等数据。

网络线路故障是网络中最常见和多发的故障。网络线路发生故障时应该先诊断该线路上流量是否还存在，然后用网络故障诊断工具进行分析后再处理。

根据上述的分类方法，一般引起网络故障的原因可以总结为以下几点。

1. 服务器（计算机）配置故障

常见的配置故障现象包括：某些工作站无法和其他工作站实现通信。工作站无法访问到网络上的任何共享资源及设备。工作站能 Ping 通服务器，但无法连接服务器上提供的服务。

当局域网连入 Internet 时，用 Ping 命令检测连接正常，但就是无法上网浏览。

2．连通性网络故障

连通性网络故障的典型现象就是网络不通。连通性网络故障通常涉及网卡、网线、交换机、路由器等设备和通信介质。其中任何一个设备的损坏，都会导致网络连接的中断。设备电源的突然关闭或损坏是造成连通性网络故障的常见原因之一。

3．网络协议故障

网络协议故障通常涉及网卡、网络协议安装、配置与管理。网络协议的配置错误是造成网络协议故障的主要原因之一。

4．安全故障

安全故障通常表现为系统感染病毒、存在安全漏洞、有黑客入侵等几个方面。当局域网连入 Internet 时，没有做好安全防护的网络体系很容易出现安全故障。对于这类故障的现象通常表现为网络流量突然变大，服务器的端口十分繁忙，系统负载极大，网络响应明显变慢。

局域网内部一台机器被病毒感染，导致全网环境内病毒的扩散，甚至产生许多不明原因的恶意攻击。如在日常的计算机维护中，为了方便计算机之间传送文件，对计算机中的部分文件夹进行共享。文件共享服务被打开，虽然方便了使用，但是网络病毒一旦扩散，就很难清理和控制。所以为了解决文件共享的需要，一般会在局域网内做一个简单的 FTP 服务器，避免使用操作系统的文件共享服务。

当发生网络故障的时候，如何对其进行诊断呢？

从故障现象出发，以网络诊断工具为手段获取诊断信息，确定网络故障点，查找问题的根源。OSI（Open System Interconnect）定义的网络互联七层框架参考模型为分析和排查故障原因提供了非常好的组织方式。这七层分别是物理层、数据链路层、网络层、传输层、会话层、表示层、应用层。由于各层相对独立，按层排查能够有效地发现和隔离故障。

物理设备相互连接失败或者硬件及线路本身的问题属于物理层问题；网络设备的接口配置问题属于数据链路层问题；网络协议配置或操作错误属于网络层问题；交换设备性能或通信拥塞问题属于传输层问题；网络应用程序错误属于会话层、表示层、应用层的问题。

通常有两种逐层排查的方式，一种是从低层开始排查，适用于物理网络不够稳定的情况，如新组建的网络、重新调整网络线缆、增加新的网络设备；另一种是从高层开始排查，适用于物理网络相对成熟稳定的情况，硬件设备没有变动。

在对网路故障进行诊断时，常用的工具有 IP 测试工具 Ping、TCP/IP 协议配置工具 Ipconfig、地址解析协议工具 ARP、域名查询工具 Nslookup。

Ping 是 Windows 操作系统中集成的一个专用于 TCP/IP 协议网络中的测试工具。Ping 是测试网络联接状况以及信息包发送和接收状况非常有用的工具。Ping 命令用于查看网络上的主机是否在工作，它是通过向主机发送 ICMPECHO_REQUEST 包进行测试而达到目的的，如图 15-21 所示。

Ping 命令格式为：Ping [参数 1] [参数 2] [,,] 目的地址，其中"目的地址"指被测试计算机的 IP 地址。出现回复条目，表示"Ping 得通"，至少可以说明网络线路是通畅的。如果出现"Request Time out（请求超时）"，则表示"Ping 不通"，此时说明网络的物理线路出现问题，也有可能是对方计算机打开了防火墙功能，阻挡了 Ping 命令的回复数据包。

Ipconfig 是 Windows 操作系统中集成的 TCP/IP 协议配置工具，通过该命令可以查看和修改网络中 TCP/IP 协议的有关配置，如 IP 地址、网关、子网掩码、DNS、DHCP 服务器等。利用这个工具可以很容易地了解 IP 地址的实际配置情况，如图 15-22 所示。

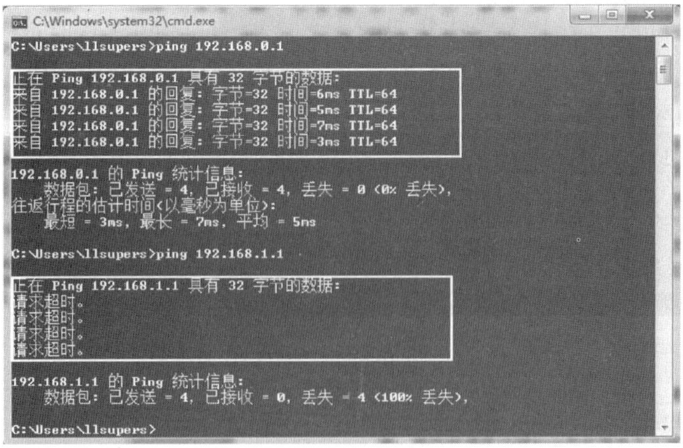

图 15-21　ping 工具测试连通性

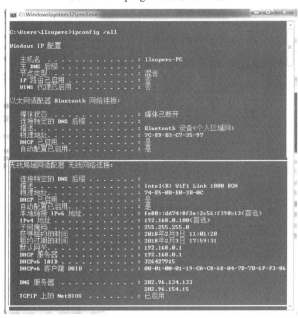

图 15-22　TCP/IP 协议配置信息

ARP 是 Windows 操作系统中集成的用于显示和修改"地址解析协议（ARP）"缓存中的项目。ARP 缓存中包含一个或多个表，它们用于存储 IP 地址及其经过解析的以太网或令牌环物理地址，如图 15-23 所示。使用该命令可以用来排查"ARP 欺骗攻击"，受到该攻击的计算机将连接到一个"伪造"的网关上，造成网络不正常。

图 15-23　ARP 列表

Nslookup 是 Windows 操作系统中集成的用于查询 Internet 域名信息或诊断 DNS 服务器问题的工具。使用该命令可以检查 DNS 服务器的工作是否正常。如图 15-24 所示。

图 15-24　Nslookup 诊断 DNS 服务器

15.2.2　常见网络故障

1．网络设备故障

（1）传输介质故障。

故障现象：某局域网内的一台计算机无法连接局域网，经检查确认网卡指示灯亮且网卡驱动程序安装正确。另外网卡与任何系统设备均没有冲突，且正确安装了网络协议（能 Ping 通本机 IP 地址）。

故障分析与处理：从故障现象来看，网卡驱动程序和网络协议安装不存在问题，且网卡的指示灯表现正常，因此可以判断故障原因可能出在网线上。网卡指示灯亮并不能表明网络连接没有问题，如 100Base-TX 网络使用 1、2、3、6 两对线进行数据传输，即使其中一条线断开后或者两端线序错误时网卡指示灯仍然亮着，但是网络却不能正常通信。由于经常插拔而导致有些水晶头中的线对脱落，从而引发接触不良。有时需要多次插拔网线才能实现网络连接，且在网络使用过程中经常出现网络中断的情况。建议使用网线测试仪检查故障计算机的网线，找出问题，重新压制水晶头。剥线时双绞线的裸露部分大约为 14mm 左右，这个长度正好能将导线插入到各自的线槽。

（2）网卡故障。

故障现象：某局域网采用无线路由器进行连接，其中有一台运行 Windows 7 操作系统的计算机不能正常连接网络，但各项网络参数设置均正确。在用"ipconfig/all"命令检查网络配置信息时，显示网卡的 MAC 地址是"FF-FF-FF-FF-FF-FF"。

故障分析与处理：从"ipconfig/all"的返回结果来看，应当是该计算机的网卡出现故障，因为网卡的 MAC 地址不应该是"FF-FF-FF-FF-FF-FF"这样的字符串。网卡 MAC 地址由 12 个十六进制数来表示，其中前 6 个十六进制数字由 IEEE（美国电气及电子工程师学会）管理，用来识别生产者或者厂商，构成 OUI（Organizational UniqueIdentifier，唯一识别符）；后 6 个十六进制数字包括网卡序列号或者特定硬件厂商的设定值。显示"FF-FF-FF-FF-FF-FF"则说明该网卡存在故障，由此导致使用该网卡的计算机不能正常连接局域网，建议为故障计算机更换一块新网卡后再进行测试。

（3）无线路由器故障。

故障现象：无线路由器不稳定，Wi-Fi 信号出现时断时续的情况。

故障分析与处理：以下原因都有可能造成无线路由器 Wi-Fi 信号的不稳定。

①旁边存在强烈的信号干扰源，比如微波炉、无绳电话、磁铁等。这些设备发出的无线信号和磁场会影响无线路由器 Wi-Fi 信号的稳定。解决方法：将无线路由器远离这些干扰源。

②无线路由器配置错误，造成路由器工作异常，导致 Wi-Fi 连接不稳定。解决方法：初

始化无线路由器默认配置。

③无线路由器固件和硬件不匹配，造成路由器工作异常，导致 Wi-Fi 连接不稳定。解决方法：不要轻易升级路由器的固件版本，如果需要升级，一定要下载官方指定型号的稳定固件版本。

④无线路由器 Wi-Fi 发射功率太小，或者设备距离路由器距离太远、中间有屏蔽物阻挡、Wi-Fi 信号过弱，也会造成信号时断时续的情况。解决方法：设置无线路由器的传输功率，尽量减少之间的障碍物。

⑤无线路由器 Wi-Fi 发射模块硬件出现故障，造成 Wi-Fi 出现掉线的情况。解决方法：更换无线路由器。

2．网络配置故障

（1）网络参数配置故障。

故障现象：某局域网中一台分配了固定 IP 地址的计算机不能正常上网，但在同一局域网内的其他计算机都能正常上网。这台计算机 Ping 局域网中的其他计算机也都正常，但不能 Ping 通网关。更换网卡后故障仍然存在。将这台计算机连接到另一个局域网中，可以正常使用上网。

故障分析与处理：造成这种故障的原因是没有正确设置好计算机的网关或子网掩码。无法 Ping 通网关，很可能是网关地址设置错误。不同网段之间的计算机通信时，必须借助默认网关路由到其他网络。所以当默认网关设置错误时，将无法路由到其他网络，导致网络通信失败。子网掩码是用于区分网络号和 IP 地址号的，设置错误，也会导致网络通信的失败。

（2）网络协议配置故障。

故障现象：对于 Windows 系统，可以正常浏览网页，但不能登录 QQ 等聊天工具。这是因为 Winsock 协议配置问题导致网络连接出现问题。

故障分析与处理：系统可以正常浏览网页，说明网络配置是正确的。不能登录 QQ 等聊天工具，一般是由于 Winsock 协议配置问题导致网络连接出现问题。此时需要使用"netsh winsock reset"命令，对 Winsock 协议初始化，以解决由于软件冲突、病毒原因造成的参数错误问题。

（3）服务器配置故障。

故障现象：某局域网中的所有计算机都能够 Ping 通服务器，但就是不能访问并且使用服务器的共享资源（包括共享打印机、共享文件等）。

故障分析与处理：计算机能够 Ping 通服务器，说明网络连接正常，但是不能访问服务器共享资源，说明服务器访问的权限配置出现了问题。通过查看发现，服务器开放了 Guest 用户，那么所有的访问机器都是以 Guest 身份访问服务器，既然访问不了共享资源，说明 Guest 账户的访问权限被禁止。此时需要编辑"本地安全策略"，将 Guest 用户从"拒绝从网络访问这台计算机"条目中删除。如图 15-25 所示。

（4）无线路由器配置故障。

故障现象：某局域网通过无线路由器+ADSL Modem 方式共享上网。由于最近经常掉线，想查看无线路由器管理界面中的日志。但在登录管理界面时却很难登录成功，只能在关闭无线路由器电源后重新开启才能顺利登录，只是一段时间后依然无法登录。

故障分析与处理：经常掉线的原因可能是因为并发访问量太大导致无线路由器超负荷运转，所以不能登录无线路由器管理界面。因此需要在无线路由器中针对网络中的用户设置流量限制。另外，还要检查局域网中所有计算机是否中了蠕虫病毒，这类病毒也极有可能使网络访问的速度变得极为缓慢，从而导致用户在访问无线路由器的管理页面时出现不正常的超长延时访问现象。

图 15-25　本地安全策略

15.3　特殊环境下的网络组建

随着网络信息化建设的步伐越来越快，计算机、手机等硬件设备的不断更新，人们对网络的需求也越来越迫切，但是网络的环境却各有不同，在有线网络的环境下，移动终端需要上网怎么办？在无线网络的环境下，计算机需要上网怎么办？本节将介绍如何针对现有的设备（PC、笔记本电脑、手机），根据特定的网络环境，创建一个快捷的、临时的网络。

15.3.1　计算机网络共享

如果没有 Wi-Fi，在不使用流量的情况下，可以通过共享计算机的有线网络连接，让手机等移动终端上网。

1. 台式计算机

借助 360 随身 Wi-Fi 或者百度小度 Wi-Fi 实现把计算机的网络共享给手机。360 随身 Wi-Fi 与百度小度 Wi-Fi 是非常受欢迎的免费上网工具，相当于小型的 USB 无线网卡，价格非常便宜，两者均不足 20 元，相比无线网卡要便宜得多，并且机身非常小巧，便携性极好，将 360 随身 Wi-Fi 与百度小度 Wi-Fi 插入到台式电脑就可以轻松实现手机与网络共享。

2. 笔记本电脑

笔记本电脑拥有双网卡，因此可以通过设置将有线网络共享给无线连接使用。

打开"网络和共享中心"→"更改网络设置"→"设置新的连接或网络"，如图 15-26 所示。

在弹出的对话框中，选择"设置无线临时（计算机到计算机）网络"选项，然后单击"下一步"按钮，在"设置临时网络"对话框中，设置"网络名"，将"安全类型"选择为"WPA2-个人"，设置"安全密钥"，在符合规定的前提下可以任意设置安全密钥。如图 15-27 所示。

通过以上设置就成功创建了一个点对点的无线网络，打开手机 Wi-Fi 就可以搜索这个网络，输入正确的密钥后即可和笔记本电脑建立无线连接。接下来需要将有线网络共享给无线连接使用。用鼠标右键单击"本地连接"→"属性"→"共享"，如图 15-28 所示。在设置过程中有可能出现错误提示，一旦出现，则需要开启"Windows Firewall"服务，然后重新设置。

设置完成后,在"本地连接适配器"图标上,会注明"连接共享"。此时手机就可以通过笔记本电脑的有线网络连接实现上网。

图 15-26　更改网络设置

图 15-27　设置临时网络

图 15-28　本地连接属性

15.3.2　手机网络共享

当在户外旅游,在上班的路上,需要用笔记本电脑临时连接网络,或者家里突然断网,重要的文件没有发出该怎么办?在没有无线路由器、没有有线网络的情况下,用台式计算机、笔记本电脑如何上网呢?在这种情况下可以通过共享手机的 3G、4G 网络,建立临时的网络连接,实现共享网络上网,如图 15-29 所示。

图 15-29　USB 网络共享

1. USB 网络共享

首先用数据线连接台式计算机和手机，在手机上打开"设置"→"便携式热点"→"USB 网络共享"。注：不同品牌的 Android 手机，设置选项的位置会稍有不同。

2. 使用便携式热点网络共享

便携式热点网络共享，如图 15-30 所示。

图 15-30　便携式热点网络共享

首先需要设置个人网络热点，其中包括"网络名称""安全性""密码"，如图 15-31 所示。然后打开"移动网络共享"功能，这样在笔记本电脑的"无线网络连接"中就可以搜索到建立好的热点。

打开笔记本电脑中的"无线网络连接"，选择设置的热点网络名称，输入密码后，即可连接到该热点，从而实现共享移动网络上网，如图 15-32 所示。

图 15-31　设置个人网络热点

图 15-32　无线网络连接

15.3.3　利用"蓝牙"组建网络

蓝牙是一种支持设备短距离通信的无线电技术。现在的智能手机、笔记本电脑都有蓝牙功能，在没有 Wi-Fi 信号也没有移动网络信号的情况下，可以利用蓝牙设备来进行文件的传输。

（1）打开手机的"蓝牙"功能，搜索到附近的设备后，进行"配对"，"配对"成功后，在"可用设备"中可以看到配对成功的设备名称。

（2）选择需要发送的文件，通过蓝牙进行传输，如图 15-33 和图 15-34 所示。

图 15-33　打开蓝牙功能

图 15-34　利用蓝牙发送文件

(3) 单击"接收"按钮，即可完成文件的传输，如图 15-35 所示。

图 15-35　利用蓝牙接收文件

实验 15

1．实验项目

在各种特定环境下，搭建无线网络环境。

2．实验目的

（1）熟练掌握无线路由器的使用。
（2）了解、熟悉无线路由器的各种模式。
（3）熟练掌握不同模式的配置方法。
（4）熟练掌握各种网络共享的方法。

3．实验准备及要求

（1）无线路由器一台，无线网卡一张，计算机一台，RJ-45 口网线一根，自备移动终端（手机、PAD）。
（2）配置无线路由器，使多设备共享上网。
（3）配置计算机网络共享，使移动终端（手机、PAD）共享上网。
（4）配置手机网络共享，使计算机共享上网。
（5）详细记录操作流程。

4．实验步骤

（1）配置无线路由器 WAN 口，开启 DHCP 服务，设置无线参数。
（2）调换无线路由器的工作模式，体会中继模式和桥接模式之间的区别。
（3）在计算机上安装无线网卡，设置共享本地有线网络连接。
（4）在手机上设置个人移动热点，共享手机网络；在计算机上设置无线网卡，连接手机的共享网络。
（5）整理操作流程记录，完成实验报告。

5．实验报告

（1）详细记录使用无线路由器共享上网的配置参数及流程。
（2）详细记录计算机有线网络的共享方法及流程。
（3）详细记录手机网络的共享方法及流程。

习题 15

1．填空题

（1）计算机网络常见的分类依据是网络覆盖的地理范围，按照这种分类方法，可将计算机网络分为_____、_____和_____三类。

(2) _____简称 LAN，它是指连接近距离计算机的网络，覆盖范围从几米到数公里。

(3) 计算机网络还可以根据_____的不同进行分类，一般可以分为：有线网、无线网、光纤网。

(4) 现阶段家庭网络的类型主要是_____，其中心就是_____。

(5) 目前无线路由器产品支持的主流协议标准为 IEEE 802.11n，可以工作在_____和_____两个频段。

(6) 无线信号覆盖的范围与无线路由器使用的_____有直接的关系。

(7) 无线路由器的工作模式一般有_____、_____、_____和_____。

(8) _____即接入点模式。

(9) _____通常表现为系统感染病毒、存在安全漏洞、有黑客入侵等几个方面。

(10) _____命令是 Windows 操作系统集成的一个专用于 TCP/IP 协议网络的测试工具。

2．选择题

(1) 根据网络覆盖的地理范围对网络进行分类，下列选项中（　　）不属于其分类类别。

A．广域网　　　　B．互联网　　　　C．局域网　　　　D．城域网

(2) 根据传输介质的不同对网络进行分类，下列选项中（　　）不属于其分类类别。

A．有线网　　　　B．光纤网　　　　C．无线网　　　　D．有线电视宽带

(3) 下列不属于光纤网特点的是（　　）。

A．传输距离长　　B．传输率高　　　C．抗干扰性强　　D．容易受到电子监听

(4) 最新的无线传输协议标准（　　），理论传输速率可以达到 1GMb/s。

A．802.11a　　　　B．802.11ac　　　C．802.11g　　　　D．802.11b

(5) 无线路由器的工作模式很多，（　　）可以实现自动拨号上网，多终端共享一条宽带服务。

A．AP 模式　　　　B．中继模式　　　C．路由器模式　　D．桥接模式

(6) OSI 定义的网络互连七层框架参考模型中，（　　）不属于上三层。

A．会话层　　　　B．表示层　　　　C．应用层　　　　D．网络链路层

(7) （　　）是 Windows 操作系统中集成的 TCP/IP 协议配置工具，通过该命令可以查看和修改网络中的 TCP/IP 协议的有关配置。

A．Ping　　　　　B．IPconfig　　　C．Arp　　　　　D．NSlookup

(8) （　　）是 Windows 操作系统中集成的用于查询 Internet 域名信息或诊断 DNS 服务器问题的工具。

A．Ping　　　　　B．IPconfig　　　C．Arp　　　　　D．NSlookup

(9) （　　）不属于网络故障。

A．黑客入侵　　　B．无法访问共享打印机　C．无法浏览网页　D．计算机运行速度很慢

(10) 无线路由器中的 DDNS 功能是将域名和路由器的（　　）绑定。

A．IP 地址　　　　B．主机名　　　　C．MAC 地址　　　D．上网账号

3．判断题

(1) 计算机网络可以分为局域网、互联网和城域网三类。（　　）

(2) 光纤网是指用电磁波作为载体来传输数据，其联网方式灵活方便，是针对移动终端的一种主流的连网方式。（　　）

(3) 无线路由器天线的数量越多，其穿墙能力越强。（　　）

(4) 无线路由器的中继模式和桥接模式没有区别。（　　）

(5) DDNS 功能可以将路由器的 IP 地址和 MAC 地址绑定在一起。（　　）

4．简答题

(1) 根据网络覆盖地理范围的不同，计算机网络的划分及其特点是什么？

(2) 根据网络传输介质的不同，计算机网络的划分及其特点是什么？

(3) 无线路由器的性能指标有哪些？

(4) 无线路由器的工作模式有哪些，各自的特点是什么？

(5) DDNS 功能的作用是什么？

第 16 章 智能手机

智能手机利用移动网络或者无线网络进行互联网接入,它具有独立的操作系统、独立的运行空间,可以由用户自行安装各类程序,实现各种特定功能。随着智能手机及智能手机上各类应用的不断发展,智能手机逐渐替代了个人计算机的许多功能,但在智能手机的管理上,个人计算机与智能手机仍有着紧密的联系,本章将介绍智能手机及利用 PC 管理智能手机的内容。

16.1 智能手机的概述

手机,也叫移动电话,或无线电话,原本只是一种通信工具,早期又有大哥大的俗称,是可以在较广范围内使用的便携式电话终端,最早是由美国贝尔实验室在 1940 年制造的战地移动电话机发展而来。

PDA(Personal Digital Assistant),又称为掌上电脑。它最大的特点是具有开放式的操作系统,支持软/硬件升级,集信息的输入、存储、管理和传递于一体,具备常用的办公、娱乐、无线连接等强大功能。如图 16-1 所示,是早期的大哥大和 PDA。

图 16-1 大哥大(左)与 PDA(右)

智能手机,是 PAD 与手机不断发展的结合。它是指像个人计算机一样,具有独立的操作系统,独立的运行空间,可以由用户自行安装软件、游戏、导航等第三方服务商提供的程序,并可以通过移动通信网络来实现无线网络接入的手机类型总称。

16.1.1 智能手机的特点

智能手机的使用场景与个人计算机不同,它工作的基础是移动互联网。因此它具备和 PC 不同的特点:

(1)便携性。智能手机尺寸小巧,用户可以单手操作,同时智能手机中的应用也和 PC 不同,它主要通过手指触摸进行操作。

(2)无线接入互联网的能力。智能手机可以接入移动/联通/电信的 4G/3G/2G,可以接入无线网络。

（3）PDA 的功能。智能手机包括 PIM（个人信息管理）、日程记事、任务安排、多媒体应用、浏览网页。

（4）开放性的操作系统。智能手机拥有独立的核心处理器（CPU）和内存，可以安装更多的应用程序，使智能手机的功能得到无限扩展。

（5）个性化。智能手机可以根据个人需要扩展机器功能，实时扩展机器内置功能，以及软件升级，智能识别软件兼容性。

（6）扩展性能强。智能手机具有许多第三方软件支持。

（7）速度快。智能手机能够快速处理各类应用。

（8）多样的硬件传感器。智能手机拥有加速度传感器、磁力传感器、方向传感器、陀螺仪传感器、光线感应传感器等。

（9）强大的拍摄功能。随着镜头技术的不断发展，智能手机拥有强大的拍照功能。

16.1.2 智能手机的操作系统

智能手机经过 20 多年的发展，期间出现过许多的操作系统，随着市场的优胜劣汰，截至目前仅剩下安卓和 iOS 得到用户的认可得以广泛的使用。

1. 谷歌的安卓（Android）

安卓（Android）是一种基于 Linux 的自由及开放源代码的操作系统，主要使用于移动设备，如智能手机和平板电脑，由 Google 公司和开放手机联盟领导及开发。安卓操作系统最初由 Andy Rubin 开发，主要支持手机。2005 年 8 月由 Google 收购注资。2007 年 11 月，Google 与 84 家硬件制造商、软件开发商及电信营运商组建开放手机联盟共同研发改良安卓系统。随后 Google 以 Apache 开源许可证的授权方式，发布了安卓的源代码。第一部安卓智能手机发布于 2008 年 10 月。安卓逐渐扩展到平板电脑及其他领域上，如电视、数码相机、游戏机等。2011 年第一季度，安卓在全球的市场份额首次超过塞班系统，跃居全球第一。2013 年的第四季度，安卓平台手机的全球市场份额已经达到 78.1%，截至到 2017 年年底，安卓系统仍然是全球使用最多的手机操作系统。

安卓在正式发行之前，最开始拥有两个内部测试版本，并且以著名的机器人名称来对其进行命名，它们分别是：阿童木（AndroidBeta）、发条机器人（Android 1.0）。后来由于涉及版权问题，谷歌将其命名规则变更为用甜点作为系统版本代号的命名方法。甜点命名法开始于 Android 1.5 发布的时候。随着每个版本代表的甜点尺寸越变越大，最后按照 26 个字母数序为：纸杯蛋糕（Android 1.5）、甜甜圈（Android 1.6）、松饼（Android 2.0/2.1）、冻酸奶（Android 2.2）、姜饼（Android 2.3）、蜂巢（Android 3.0）、冰激凌三明治（Android 4.0）、果冻豆（Jelly Bean，Android4.1 和 Android 4.2）、奇巧（KitKat，Android 4.4）、棒棒糖（Lollipop，Android 5.0）、棉花糖（Marshmallow，Android 6.0）、牛轧糖（Nougat，Android 7.0）及最新的奥利奥（Oreo，Android 8.0）。

2. 苹果的 iOS

iOS 是由苹果公司开发的移动操作系统。苹果公司最早于 2007 年 1 月 9 日的 Macworld 大会上公布了这个系统，最初是设计给 iPhone 使用的，后来陆续套用到 iPod touch、iPad 以及 Apple TV 等产品上。iOS 与苹果的 Mac OS X 操作系统一样，属于类 Unix 的商业操作系统。原本这个系统名为 iPhone OS，因为 iPad、iPhone、iPod touch 都使用 iPhone OS，所以在 2010WWDC 大会上宣布改名为 iOS（iOS 为美国 Cisco 公司网络设备操作系统注册商标，苹果改名已获得 Cisco 公司授权）。需要强调的是，iOS 不支持非苹果的硬件设备。截至 2017 年年底，iOS 是全球第二大用户的手机操作系统。

2008 年 3 月 6 日，苹果公司发布第一个 Beta 版本 iPhone OS 1.2。2010 年 6 月 8 日在 WWDC2010 上，苹果公司宣布将原来 iPhone OS 系统重新定名为"iOS"，并发布新一代操作系统 iOS 4。2011 年 6 月 8 日在 WWDC2011 大会上，苹果公司发布 iOS5，全新的 iOS5 相比上一代系统拥有 200 项新功能特性。2012 年 6 月 12 日在 WWDC2012 大会上，苹果公司发布了全新的 iOS6 操作系统，相比上一代 iOS6 也拥有 200 多项新功能。2013 年 6 月 10 日在 WWDC2013 大会上，苹果公司发布 iOS 7 作为 iOS 6 的继任者。2014 年 6 月 3 日在 WWDC2014 上，苹果公司正式公布了最新版 iOS 系统版本 iOS8。iOS8 延续了 iOS7 的风格，只是在原有风格的基础上做了一些局部和细节上的优化、改进和完善。2016 年 6 月 14 日在 WWDC 2016 上，苹果公司发布新系统 iOS 10。2017 年 6 月 5 日在 WWDC 2017 上，苹果公司发布了最新的 iOS 11。

16.1.3 智能手机的构成

智能手机可以看成是手机和 PDA 的集合，融合了手机的通话功能和 PDA 的数据处理能力。市场上的智能手机品种非常多，但它们的基本构成具备一定的共性，如图 16-2 所示，这是一个智能手机的基本组成。

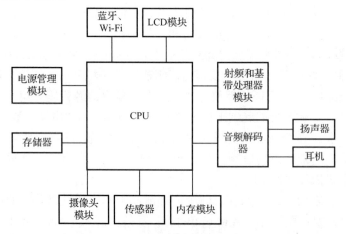

图 16-2　智能手机的基本构成图

1. CPU

主处理器运行开放式操作系统，负责整个系统的控制。手机 CPU 过去有许多的厂商都在研发，经过 10 多年的发展，高通、联发科、三星、苹果和华为从中脱颖而出，成为手机市场的主力，其余的厂商市场份额很小，在此不予介绍。下面就上述厂商 2017 年的旗舰 CPU 进行简单介绍。

（1）高通骁龙 835。骁龙 835 的主频为 1.9GHz+2.45GHz，并采用 8 核设计。骁龙 835 将采用 10nm 8 核心设计，大小核均为 Kryo280 架构，大核心频率为 2.45GHz，大核心簇带有 2MB 的 L2 Cache，小核心频率为 1.9GHz，小核心簇带有 1MB 的 L2 Cache，GPU 主频为 670MHz 的 Adreno 540，支持 4K 屏、UFS 2.1、双摄及 LPDDR4x 4 通道内存，整合了 Cat.16 基带。

（2）联发科 Helio X30。Helio X30 采用 3 丛 10 核，具体包括 2 个 Cortex-A73 2.8GHz、4 个 Cortex-A53 2.3GHz、4 个 Cortex-A35 2.0GHz。GPU 使用 Imagination PowerVR 7XTP，4 核

心，820MHz；内存支持提升到 4 组 16 位 LPDDR4X 1866MHz，最大容量 8GB，同时支持 UFS 2.1；整合基带 LTE Cat.10，支持三载波聚合，最大下载速率为 450Mb/s，上传为 100Mb/s。

（3）三星 Exynos 8895。三星 Exynos 8895 由三星自主研发的 4 颗猫鼬 M2 核心+4 颗 A53 核心组成，支持 4 通道 LPDDR4X 内存、UFS 2.1 闪存、4K 屏幕分辨率、LTE Cat.16 的载波聚合，并且还有 5 模基带。

（4）苹果 A11。A11 处理器是苹果公司自主研发的处理器芯片，采用 6 核心设计，由 2 个代号为 Monsoon 的高性能核心及 4 个代号 Mistral 的低功耗核心组成。

（5）华为麒麟 970。麒麟 970 为 8 核心设计，其中 4 颗为高性能的 ARM 公版 A73 架构，最高主频 2.4GHz（麒麟 960 是 2.36GHz），4 颗位低功耗的 ARM 公版 A53 架构，最高主频 1.8GHz。GPU 采用 ARM 的 Mali G72，基带可以支持全球先进的通信规格 LTE Cat.18，同时该款 CPU 是全球首款内置独立 NPU（神经网络单元）的智能手机 AI 计算平台。

2．内存模块

内存模块与 PC 的内存一样，为 CPU 提供最直接的数据存取服务。

3．存储器

存储器与 PC 的硬盘一样，为智能手机提供数据存取服务，一般由 ROM 和外置的拓展存储卡实现。

4．电源管理模块

该模块为智能手机提供电力支持，负责手机的电池管理及充电。

5．射频和基带处理器模块

该模块负责手机信号的通信，主要包含射频芯片和基带芯片。其中，射频模块进行接收、发送和处理高频无线电波的功能模块；基带模块负责完成移动网络中无线信号的解调、解扰、解扩和解码工作，并将最终解码完成的数字信号传递给上层处理系统进行处理。

6．音频解码器

该模块与 PC 的声卡功能一样，负责手机中多媒体的音频解码，并分别将解码的声音输出到手机的扬声器与耳机中。

7．摄像头模块

摄像头模块负责手机的拍照工作，目前的智能手机一般都具备前/后置两个摄像头模块，前置摄像头用于自拍，后置摄像头进行日常的景物拍照。

8．传感器

智能手机具备多样的传感器从而实现各种特定功能，如图 16-3 所示，是 iPhone X 的"刘海"中所包含的传感器。

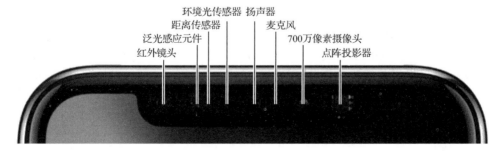

图 16-3　iPhone X 的"刘海"

主流的智能手机一般具备以下的传感器。

（1）环境光线传感器。

原理：利用光敏三极管，在接受外界光线时产生强弱不等的电流，从而感知环境光的亮度。

用途：通常用于调节屏幕自动背光的亮度，白天提高屏幕亮度，夜晚降低屏幕亮度，使屏幕看得更清楚，并且不刺眼。也可用于拍照时自动白平衡，还可以配合距离传感器检测手机是否在口袋里防止误触。

（2）距离传感器。

原理：红外 LED 灯发射红外线，被近距离物体反射后，红外探测器通过接收到红外线的强度，测定距离，一般有效距离在 10cm 内。距离传感器同时拥有发射和接收装置，一般体积较大。

用途：检测手机是否贴在耳朵上正在打电话，以便自动熄灭屏幕达到省电的目的。也可用于皮套、口袋模式下自动实现解锁与锁屏动作。

（3）重力传感器。

原理：利用压电效应实现传感器内部一块重物和压电片整合在一起，通过正交两个方向产生的电压大小计算出水平方向。

用途：手机横/竖屏智能切换、拍照时照片朝向、重力感应类游戏。

（4）加速度传感器。

原理：与重力传感器相同，也是压电效应，通过三个维度确定加速度方向，但功耗小，精度低。

用途：计步、手机摆放位置朝向角度。

（5）磁场传感器。

原理：各向异性磁致电阻材料，感受到微弱的磁场变化时会导致自身电阻产生变化，所以手机要旋转或晃动几下才能准确指示方向。

用途：指南针、地图导航方向、金属探测器 APP。

（6）陀螺仪。

原理：角动量守恒，一个正在高速旋转的物体（陀螺），它的旋转轴没有受到外力影响时，旋转轴的指向是不会有任何改变的。陀螺仪就是以这个原理作为依据，用它来保持一定的方向。三轴陀螺仪可以替代三个单轴陀螺仪，可同时测定 6 个方向的位置、移动轨迹及加速度。

用途：体感、摇一摇（晃动手机实现一些功能）、平移/转动/移动手机可在游戏中控制视角、VR 虚拟现实、在 GPS 没有信号时（如隧道中）根据物体运动状态实现惯性导航。

（7）GPS。

原理：地球特定轨道上运行着 24 颗 GPS 卫星，每一颗卫星都在时刻不停地向全世界广播自己的当前位置坐标及时间戳信息，手机 GPS 模块通过天线接收到这些信息。GPS 模块中的芯片根据高速运动的卫星瞬间位置作为已知的起算数据，用卫星发射坐标的时间戳与接收时的时间差计算出卫星与手机的距离，采用空间距离后方交会的方法，确定待测点的位置坐标。

用途：地图、导航、测速、测距。

（8）指纹传感器。

电容指纹传感器原理：手指构成电容的一极，另一极是硅晶片阵列，通过人体带有的微电场与电容传感器间形成微电流，指纹的波峰波谷与感应器之间的距离形成电容高低差，从而描绘出指纹图像。

超声波指纹传感器原理：超声波多用于测量距离，比如海底地形测绘用的声呐系统。超声波指纹识别的原理也相同，就是直接扫描并测绘指纹纹理，甚至连毛孔都能测绘出来。因此超声波获得的指纹是 3D 立体的，而电容指纹是 2D 平面的。超声波不仅识别速度更快，而且不受汗水油污的干扰、指纹细节更丰富难以破解。

用途：加密、解锁、支付等。

（9）霍尔感应器。

原理：霍尔磁电效应，当电流通过一个位于磁场中的导体时，磁场会对导体中的电子产生一个垂直于电子运动方向的作用力，从而在导体的两端产生电势差。

用途：翻盖自动解锁、合盖自动锁屏。

9．蓝牙、Wi-Fi

该模块提供蓝牙的连接和无线网络连接服务。

16.1.4 智能手机的技术指标

目前的智能手机主要有安卓和苹果两大操作系统阵营，由于这二者的运行环境完全不同，虽然苹果手机在同一时期其 CPU 的性能与安卓的旗舰机型相比，在参数上并不占优，然而在实际的处理能力和用户体验上，反而要优于其他机型，因此并不能将两种操作系统的手机一起讨论。目前市面上用户量最多的是安卓手机，下面对安卓手机进行介绍。

1．CPU 参数

CPU 的选择是最为重要的，目前市场上同一代的产品中，高通的性能最佳，然后是三星和华为，联发科主要是以低端的手机为市场目标，因此在性能上要弱些。在同一个公司的产品中，首先要看架构设计，如 4 核心、8 核心等，再者要看 CPU 的频率，最后还要看是否具备 AI 芯片（该功能将会成为未来的主流）。

2．GPU 参数

GPU 在智能手机中扮演非常重要的角色，主要参数要看多边形生成率，像素填充率等数据，但是 GPU 还需要和 CPU 进行配合工作，因此在同样的 CPU 前提下，再进行 GPU 的选择。

3．内存的大小

内存的大小决定了手机为 CPU 提供数据的能力，内存太小会严重影响 CPU 和 GPU 的工作，目前主流的手机都在 4GB 以上，高性能的旗舰机型内存可达 8GB。

4．存储空间的大小

虽然目前的手机许多都可以支持外置存储卡，但是和手机自身的存储空间相比，无论是在安卓系统对存储的管理上，还是在访问速度上，ROM 更大的手机当然更好。

5．屏幕分辨率

大屏已成为手机发展不可阻挡的趋势。5 寸屏幕几乎成为入门标准，5.5 英寸已成主流尺寸，6 寸屏幕的手机越来越多。屏幕是越来越大了，分辨率也要跟上，如果以 300PPI 作为视网膜屏幕的标准，那么 1080P 分辨率就成为最基本的要求。

6．是否支持快速充电

快充最大的好处在于能极大地提高充电效率，让用户能有效地利用碎片时间充电。目前的手机，快充成了最基本的配置。

7．电池容量的大小

智能手机最大的瓶颈就在于其续航能力不足，而随着手机的使用时间变长，电池更是容易老化，因此手机容量的大小也是用户必须考虑的技术指标之一。

8. 摄像头参数

拍照和摄影是智能手机最基本的功能之一,首先要看摄像头的像素,然后要看摄像头的设计,目前多数拍照效果好的手机都采用后置的两个摄像头的设计,然后还要看摄像头的成像品质,如华为的 P 系列和 Mate 系列就采用了莱卡认证的摄像头,诺基亚则采用了蔡司认证的摄像头。与普通摄像头相比,这些经过大厂认证的摄像头,在效果上当然更加出色。

9. 传感器的数量和种类

以下传感器几乎成为目前手机的标配:重力感应器、光线传感器、指纹传感器、霍尔传感器、陀螺仪、指南针、NFC、接近光传感器等。

10. 网络制式

根据用户所使用的手机号码,一定要认准所购买的手机能够支持的网络类型。中国移动使用的是 GSM(2G)/TD-SCDMA(3G)/TD-LTE(4G);中国联通使用的是 GSM(2G)/WCDMA(3G)/TD-LTE(4G)/FDD-LTE(4G);中国电信使用的是 CDMA1X(2G)/EVDO(3G)/TD-LTE(4G)/FDD-LTE(4G)。同时,对于有两个手机号码需求的用户,要选择双卡双待的手机。

16.1.5 智能手机的日常维护

(1)选择手机系统管理软件,对手机进行日常的管理,这类软件包括可以对手机进行内存清理、空间清理等。

(2)选择经过市场认证的软件进行安装,不要下载不明来历的软件,它们可能携带病毒,侵害用户的手机。

(3)定期清理手机,如微信的聊天、图片、短信、QQ 聊天记录等。

(4)使用正规的手机充电器和数据线,一些劣质的产品会损害手机的电池模块,严重的还会导致电池损坏。

(5)合理的使用手机,当手机外壳很烫手,一定要停止使用,让手机适当的休息。

(6)设置严格的加密方式,如人脸、指纹、图案、密码等,确保手机的安全。目前移动支付已经非常普遍,智能手机在日常生活中的角色越来越重要,一定要做好手机的加密,确保支付安全和隐私安全。

16.2 智能手机的管理

随着移动互联网的快速发展,人们的日常生活越来越离不开智能手机,在衣食住行的方方面面,智能手机都起着不可替代的作用。然而当人们越依赖手机,也会给手机带来越大的风险。各种类型的病毒都开始向智能手机侵袭,因此要做好智能手机的管理。

16.2.1 利用软件管理智能手机

许多的手机厂商,在自家研发的手机系统里,都会集成一定的手机管理软件,除了原厂自带的管理软件,市场上还有许多免费的软件供用户使用。下面以安卓系统为例,选择两款软件进行简单的介绍。

1. 利用腾讯手机管家进行系统管理

该软件是腾讯公司旗下一款永久免费的手机安全与管理软件。主要包括小管提醒、清理加速、安全检测和骚扰拦截等功能。

(1)小管提醒。小管提醒是腾讯手机管家主界面功能,在用户订阅提醒后,小管会智能帮助用户识别出来一些容易被遗忘或比较烦琐的事情，并记录和提醒。用户还可以主动订阅自己感兴趣的内容。

点击①"小管提醒"选项进入页面，可在②"我的提醒"中查看已设置好的提醒事项，在③"提醒管理"中可查看推荐开启和已开启的提醒内容，如图16-4所示。点击"语音创建"或"文字创建"按钮创建提醒事项，如图16-5所示，图中①选择要创建的提醒类型，②是创建语音提醒，③创建文字提醒。

图16-4 "小管提醒"操作图

图16-5 创建提醒

（2）清理加速。清理加速功能，基于已有功能大数据，清理历史遗弃的无用大缓存。可根据用户清理习惯、手机空间情况、垃圾缓存情况及使用手机的场景，提供每个用户最适合的清理推荐方案，具体操作如图16-6所示。①点击"清理加速"选项；②点击"一键清理"按钮；③查看清理结果。

（3）安全检测。安全检测功能，提供了手机全方位的安全服务，其中包括软件安全、诈骗电话短信的提醒拦截、微信支付安全、QQ账号保护、支付环境保护、Wi-Fi安全检测，对手机进行安全评估，让用户更加全面了解手机的安全状况。

可以进行微信支付安全、QQ账号安全保护：①点击"微信支付安全"；②或"QQ账号安全"选项；③进行登录设置保护，如图16-7所示。

点击"立即检测"选项进行安全检测，如图16-8所示。

点击"安全检测"首页，点击"扩展项"选项可以看到4个项目，根据自身需求进行相应操作，如图16-9所示。

图 16-6 清理加速

图 16-7 安全检测

图 16-8 安全监测界面

图 16-9 安全监测扩展项

（4）微信清理。微信清理功能，主要是为了清理手机微信里残留的图片、语音、视频、文件缓存，清理后可增加手机储存空间，让用户的手机可以储存更多信息，如图 16-10 所示。①点击进入"微信清理"功能，②点击"一键清理"按钮进行清理，③点击"深度清理"按钮选择要删除的项目即可。

图 16-10　微信清理操作

2．利用绿色守护进行进程管理

安卓系统由于其开放性，所以产生了许多优秀的软件，也由于其开放性，许多的软件都有一些"流氓行为"。这些"流氓行为"包括频繁自启动（条件自启、相互唤醒等）、权限的滥用（比如有些 App 对用户通话、短信的访问申请，然而此类 App 也许并不需要使用此类权限）。过多的 App 在系统后台自启动，并长期驻留后台，占用系统的 CPU 和内存资源，这些行为不但造成系统的卡顿，也会严重影响手机的续航。此外，由于其滥用权限，用户的隐私也得不到保障。为了对后台程序进行有效的控制，可以充分利用绿色守护对手机系统的进程进行管理。

绿色守护（Greenify）是一款安卓平台的应用程序，它可以帮助用户甄别那些对系统全局性能和耗电量有不良影响的应用程序，并通过独特的"绿色化"技术，阻止它们消耗系统的电池电量和内存。经过"绿色化"工艺处理的应用，在用户没有主动启动时，它们无法"偷偷"运行，而在用户正常启动它们时仍然拥有完整的功能和体验。绿色守护可以在 Root 和非 Root 模式下进行工作。Root 将在本章后面的内容中进行简单的介绍。

绿色守护的工作方式是，首先需要用户建立一个绿色守护进程的管理列表，然后根据手机当前的系统状态，对手机进程进行管理。

（1）建立进程管理列表。用户要添加需要进行自动休眠的程序，这些程序用户可以自己进行甄别，比如说某个订餐程序，一般用户在查看和完成订餐以后，这类程序是不需要在后台常驻的，因此可以将它定义成需要绿色化的程序。具体的操作过程如图 16-11 所示。

先点击主页面的"+"图标，添加需要进行绿色化的程序，其中会列出一些常见的程序，但并不是所有的程序，这时需要点击"显示更多程序"选项进行选择，然后再更多的程序列表中，选出大多数的程序，一般来讲，多数的程序都是不需要自启动的。完成选择以后，点击"✓"图标完成设置。

（2）非 Root 模式下的进程管理。在没有 Root 的安卓系统中，绿色守护是通过模拟点击应用详细页的"强制停止"来绿色化应用。具体操作步骤如图 16-12 所示。

①点击程序主界面右下角的"z²"图标，②点击下方提示中的"设置"选项，③点击"绿色守护-自动休眠助手"选项，④启动"开关"，并点击"确定"按钮。

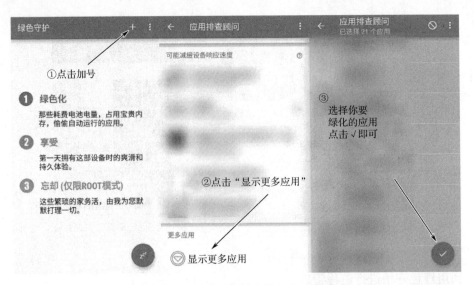

图 16-11　选择绿色化的程序列表

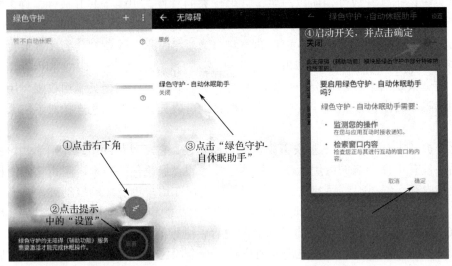

图 16-12　非 Root 模式下工作模式

通过以上操作就完成了非 Root 系统下的绿色守护进程的设置,这样当系统进入锁屏状态,绿色守护程序会对需要关闭的进程进行强制性的关闭。

（3）Root 模式下的进程管理。Root 模式下的进程管理与非 Root 下的管理基本一致,不过要在 Root 管理软件中,将绿色守护赋予 Root 权利。

16.2.2　利用计算机管理智能手机

智能手机已经成为人类生活中,不可或缺的一部分。在移动互联网的快速发展下,人类对手机的依赖性日益增强,同时对 PC 的依赖大大减小,尤其是在日常生活中,已经完全可以脱离 PC 通过智能手机完成几乎所有的互联网使用需求。但是,智能手机的输入和输出设备相对单一,在进行一些专业的信息化操作时,PC 仍是主要的信息处理工具。同时,智能手机集成度高,使用频繁,更新速度快,这些都让智能手机存在许多的不稳定性。通过 PC 实现对智能手机的辅助管理,可以有效地提高智能手机的可靠性和便利性。如可以运用 PC 管理智能手机的存储、应用、通讯录、信息,在手机崩溃时,还可以通过 PC 利用 PC 端的软件,对手机系统进行恢复。专业人员需要通过 PC 进行手机程序的设计和实现，PC 与智能手机有着极为紧密的联系。下面就 PC 对 iOS 和安卓系统手机的管理进行简单的介绍。

1. 通过 iTunes 管理 iOS 手机

iTunes 是一款媒体播放器的应用程序，主要用来播放及管理数字音乐与视频文件，是管理苹果 iOS 终端的主要工具。简单地说，用户可以使用该软件将歌曲、图片、视频导入苹果设备里。该软件可以在苹果公司的官方网站进行下载。

（1）iPhone 与 PC 的连接。首先用户需要将数据线分别接入苹果手机和 PC 端，连接的接口如图 16-13 所示。

图 16-13　iPhone 的数据线接口

接入以后，在软件主页面的左上角，可以看到设备的连接信息，如图 16-14 所示。

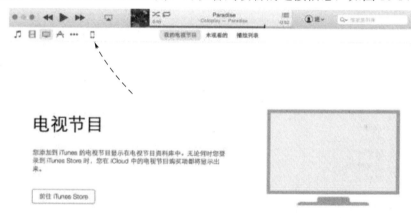

图 16-14　iTunes 中手机连接图示

在完成了手机的连接以后，可以看到当前设备的摘要信息，如容量大小、电话号码、序列号等。另外还可以检查设备有没有更新的固件，以及备份 iPhone 上的数据，如图 16-15 所示。

（2）iPhone 的数据备份。手机备份是非常重要的功能，用户应该定期将手机中的通讯录、信息等进行备份，iOS 可以在云端进行备份，但是从安全的角度出发，用户也应该对 PC 进行备份。选择"本电脑"→"备份加密"→"立即备份"按钮。就可以将手机中的主要内容备份到本地计算机中，过程如图 16-16 所示。

（3）iPhone 的数据恢复。当用户更换 iPhone 手机，或者将手机进行重置以后，原来的数据都不存在了。这时需要进行备份的恢复。与数据备份一样，恢复也可以通过 iCloud 将云端的数据恢复到本地手机，当然也可以通过 iTunes 进行数据的恢复。在图 16-17 中，点击"恢复备份"按钮，可以将本地 PC 中备份的数据恢复到当前的手机中。在此过程中，要查看各个备份的日期和大小，选择相关性最高的备份。点击"恢复"按钮，并等待恢复完成如图 16-18 所示。如果系统提示，请输入加密备份的密码，则用户需要输入创建备份时的密码。

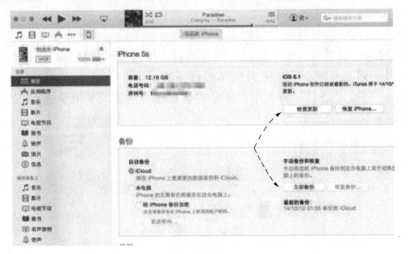

图 16-15　连接设备的摘要信息

图 16-16　PC 中进行 iPhone 手机备份

图 16-17　进行备份恢复

图 16-18　选择好备份进行恢复

（4）利用 iTunes 进行手机管理。在 iTunes 窗口的左侧可以看到如应用程序、音乐、影片等栏目，可以把 PC 上的资料同步对照 iPhone 上，如图 16-19 所示，也可以对手机中的应用、音乐等进行管理。

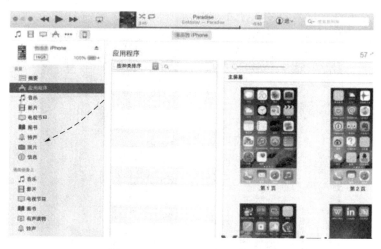

图 16-19　利用 iTunes 管理手机

2. 通过 360 手机助手进行 Android 管理

Android 系统由于其开放性，许多的手机厂商都根据自己产品的特性，对 Android 系统进行深度的定制和修改，并根据自家产品设计了一些手机管理软件，如小米、华为的手机助手等。但这些软件在非自家品牌的手机上，不能通用。不过，市场上有许多第三方的软件厂商针对各类 Android 手机，开发了手机助手，这类软件通过识别手机的特征码，进行方案适配连接，当识别出来以后，就可以利用 PC 进行管理。下面将选择一款常用的手机管理软件——360 手机助手进行介绍。

360 手机助手是一款在 PC 上使用的 Android 手机管理软件。把手机和 PC 连接上后，即可以将各类应用程序、音乐、视频、电子书等内容传输或者从网络直接下载到手机上，也可以用它实现备份、联系人管理、截屏等功能。

（1）Android 手机与 PC 的连接。Android 手机与 PC 需要通过数据线进行连接，过去一般使用 micro USB 接口，现在新款手机基本都是用 Type-c 接口。两种接口类型如图 16-20 所示。将数据线连接好了以后，还需要在手机系统中进行设置，然后 360 手机助手才能正常的识别手机。

Android 手机需要打开 USB 调试模式。USB 调试模式是 Android 提供的一个用于开发工作的功能，使用该功能可在计算机和 Android 设备之间复制数据、在移动设备上安装应用程序、读取日志数据等。默认情况下，USB 调试模式是关闭的，手动开启才能顺利连接手机。由于 Android 系统已经发展许多年了，早期的版本基本已经淘汰，下面以原生的 Android 4.2

为例，介绍 Android 4.2 以上版本的 USB 调试模式的打开方法，具体过程如图 16-21 所示。

图 16-20　Type-C 与 micro USB 接口

首先，点击"Menu"键（菜单键），在弹出的菜单中选择"设置"选择，或在应用程序中找到设置程序点击进入，点击"关于手机"选项。

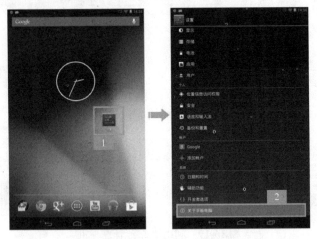

图 16-21　打开"关于手机"菜单

连续点击七次版本号，再返回设置菜单界面，选择"开发者选项"，点击打开右上角的开关，即可打开 USB 调试模式，如图 16-22 所示。

图 16-22　打开 USB 调试模式

当 360 手机助手检测到手机时，需要在手机中进行授权。在手机中允许当前的 PC 进行调试连接以后，360 手机助手就可以对手机进行管理，如图 16-23 所示。

勾选【一律允许这台计算机进行调试】，然后点击【确定】。

图 16-23　手机中需要允许 USB 调试的连接

当然需要注意的是，在完成连接设置以后，当前的手机中也会安装 360 手机助手的客户端。在完成权限的设置以后，手机成功的通过 360 手机助手与 PC 连接，如图 16-24 所示，左上侧显示"已通过 USB 连接"，左下方是最初的手机屏幕界面，右侧可以看到手机管理的功能选择图标。

图 16-24　手机连接成功后的界面

（2）Android 手机的管理。通过 360 手机助手，可以对手机进行管理，具体包括应用管理、文件管理、音视频管理、图片管理、通讯录管理等。点击左侧的"已装应用"选项，可以进行手机应用的安装和卸载，如图 16-25 所示，右侧可以看到当前已安装的手机应用。

（3）Android 手机的备份。许多大型厂商出厂的 Android 手机，都具备云端备份的功能，可以将用户的个人数据备份到厂商的云端，这些数据包括通讯录、短信、邮件以及应用列表等，但是也有一些厂商没有此的功能。另外，如果用户更换了新的手机，而这个手机并不是品牌的手机，这时如果要将原来的手机备份恢复到新品牌的手机中，也会产生一些麻烦，因此可以利用 360 手机助手进行手机的备份。在主界面中，选择"手机备份"选项，即可进入手机备份功能。如图 16-26 所示，选择需要进行备份的内容，包括联系人、短信、通话记录、应用。然后选择"一键备份"选项。备份完成以后会生成一个"zip"文件。

（4）Android 手机的备份恢复。如果用户是利用手机厂商的云服务进行备份的，则需要通过云服务进行手机的数据恢复。在此将介绍利用360手机助手进行的备份恢复操作。在图 16-26 选项的界面中，选择"数据恢复"选项，进入到数据恢复功能。如图 16-27 所示，可以看到利用 360 手机助手备份过的备份文件，然后用户选择所需恢复的备份数据，进行数据的恢复。此功能最大的优势是可以跨品牌进行恢复，因此当用户更换手机时完全可以利用该功能实现快速换机。

图 16-25　应用管理界面

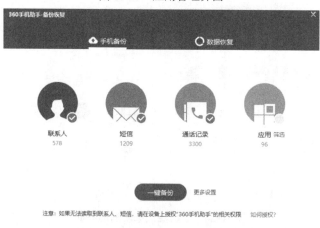

图 16-26　备份设置

图 16-27　数据备份列表

16.2.3 智能手机的特殊设置

智能手机成为移动生活必不可少的一部分，保障手机的系统安全非常重要，因此无论是 iOS 还是 Android 的厂商，都在尽量满足用户需求的同时，对手机的权限进行一定程度的限制。一些对手机认识比较深的用户也会为了获取更多的操作权限，对手机的出厂系统进行"破解"。下面对 iOS 的"越狱"和 Android 的"Root"进行简单的介绍。

Root 权限是 Linux 内核中的最高权限，如果用户的身份是 Root，那么就具有了 Root 权限。有了最高权限，就可以为所欲为，换句话说，如果恶意程序获取到了 Root 权限，那么就可以肆意地破坏用户的手机，获取用户的隐私等。所以，厂商一般在生产手机的时候，不会提供给用户 Root 权限，这其中有出于安全的角度，也有出于对用户控制的角度（如强制绑定一些程序给用户）。

1. iOS 的"越狱"

iOS 的"越狱"，是针对 iOS 限制用户存储读/写权限的破解操作。经过"越狱"的 iPhone 拥有对系统底层的读/写权限，能够让 iPhone 手机免费使用破解后的 App Store 软件的程序（相当于盗版）。

iOS 设备（iPhone、iPad 或者 iPod touch）破解的第一步，只有越狱过才能实现后续的安装插件、解锁操作，越狱使得第三方管理工具可以完全访问 iOS 设备的所有目录，并可安装更改系统功能的插件和盗版的软件。更详细点说，越狱是指利用 iOS 系统的某些漏洞，通过指令取得 iOS 的 Root 权限，然后改变一些程序使得设备的功能得到加强，突破封闭式环境。iOS 设备在刚刚买来的时候，是封闭式的。作为普通用户是无法得到 iOS 的 Root 权限的，更无法将一些软件自己安装到手机中。用户只能通过苹果的 App Store 下载和购买软件。当用户通过一些工具，实现系统的"越狱"后，就可以在 iOS 设备上，获取和运行苹果官方 Store 以外的程序，从而实现对设备更灵活的使用。

2. Android 的"Root"

Android 系统管理员用户就叫 Root，该账户拥有整个系统至高无上的权利，它可以访问和修改手机几乎所有的文件，只有 Root 才具备最高级别的管理权限。"Root"手机的过程也就是获得手机最高使用权限的过程。同时为了防止不良软件也取得 Root 用户的权限，当用户在"Root"的过程中，还会给系统装一个程序，用来作为运行提示，由用户来决定，是否给予某个程序最高权限。这个程序的名字叫"Superuser.apk"。当某些程序执行 su 指令想取得系统最高权限的时候，Superuser 就会自动启动，拦截该动作并进行询问，当用户认为该程序可以安全使用的时候，那么就选择"允许"，否则，可以禁止该程序继续取得最高权限。"Root"的过程其实就是把 su 文件/system/bin/ Superuser.apk 放到 system/app 下面，还需要设置 /system/bin/su 可以让任意用户可运行。通常，手机厂商是不会允许用户随便这么去做的，这就需要用户利用手机系统的各种漏洞来完成这个过程。

需要强调的是，一般手机在出厂以后，基本上可以满足用户的日常需求，而且能够较好地保障用户的使用安全。如果用户不具备一定的专业素养，不要轻易地"越狱"或者"Root"。

实验 16

1. 实验项目

利用计算机进行智能手机的管理。

2. 实验目的

（1）了解智能手机的含义。

（2）熟悉智能手机的各种数据线。

（3）掌握计算机中的手机管理软件。

3. 实验准备及要求

（1）智能手机。

（2）手机管理软件 iTunes 或者 360 手机助手。

（3）手机数据线。

4. 实验步骤

（1）说明个人手机的系统类型，并根据系统类型准备手机管理软件。

（2）利用数据线连接智能手机，并完成软件的安装。

（3）备份手机的各种重要信息，包括联系人、短信、应用程序。

（4）重置手机为出厂状态。

（5）利用管理软件对手机进行数据的恢复。

（6）整理记录，完成实验报告。

5. 实验报告

（1）说明当前手机的系统。

（2）描述手机系统的特性。

（3）列出系统备份的方式，包括云端备份和计算机本地备份。

（4）记录备份文件的大小、时间。

习题 16

1. 填空题

（1）智能手机具有独立的＿＿＿＿、独立的＿＿＿＿，可以由用户自行安装各类的程序，实现各种特定功能。

（2）安卓（Android）是一种基于＿＿＿＿的自由及开放源代码的操作系统，主要使用于＿＿＿＿。

（3）光线传感器通常用于＿＿＿＿的亮度，白天提高＿＿＿＿，夜晚降低＿＿＿＿。

（4）目前的智能手机主要有＿＿＿＿和＿＿＿＿两大操作系统阵营。

（5）中国移动使用的是＿＿＿＿；中国联通使用的是＿＿＿＿；中国电信使用的是＿＿＿＿。

（6）腾讯手机管家主要包含：＿＿＿＿、＿＿＿＿、＿＿＿＿和＿＿＿＿等功能。

（7）绿色守护可以帮助用户甄别那些对＿＿＿＿应用程序，并通过独特的＿＿＿＿，阻止它们消耗系统的电池电量和内存。

（8）＿＿＿＿是一款媒体播放器的应用程序，主要用来播放及管理数字音乐与视频文件，是管理苹果 iOS 终端的主要工具。

（9）＿＿＿＿是 Android 提供的一个用于开发工作的功能，使用该功能可在计算机和 Android 设备之间复制数据、在移动设备上安装应用程序、读取日志数据等。

（10）＿＿＿＿权限是 Linux 内核中的最高权限，如果用户的身份是＿＿＿＿，那么就具有了＿＿＿＿权限。

2. 选择题

（1）（　　）又称为掌上电脑，最大的特点是具有开放式的操作系统。

A. IDA　　　　　　　B. PDA　　　　　　　C. CDA　　　　　　　D. CAD

（2）以下不属于手机传感器的是（　　）。

A．加速度 B．GPS C．红外 D．无线

（3）以下不属于 Android 系统命名的是（　　）。

A．甜甜圈 B．松饼 C．棒棒糖 D．麦芽糖

（4）在（　　）上，苹果公司发布了 iOS11。

A．WWDC 2017 B．WWDC 2015 C．WWDC 2016 D．WWDC 2014

（5）以下哪个厂商不是主流手机 CPU 厂商（　　）。

A．高通 B．联发科 C．英伟达 D．三星

（6）（　　）传感器用于在体感、摇一摇（晃动手机实现一些功能）、平移/转动/移动手机可在游戏中控制视角、VR 虚拟现实、在 GPS 没有信号时（如隧道中）根据物体运动状态实现惯性导航。

A．GPS B．指纹传感器 C．霍尔感应器 D．陀螺仪

（7）用户连接智能手机的接口包括（　　）。

A．micro USB B．Lightning C．SATA D．Type-C

（8）Android 手机的连接，需要打开（　　）模式，才能通过软件管理手机。

A．多媒体模式 B．Root 模式 C．管理员模式 D．USB 调试模式

（9）智能手机的常规备份内容包括（　　）。

A．联系人 B．短信 C．通话记录 D．应用

（10）iPhone 可以通过哪些方式（　　），进行手机备份。

A．iTunes B．iCloud C．复制 D．存储卡

3．判断题

（1）智能手机是在 PDA 的概念上，加入手机通信功能。（　　）

（2）Android 系统是一种封闭式系统。（　　）

（3）Intel 是主要的手机 CPU 生产厂商，占据大多数的智能手机市场。（　　）

（4）GPS 传感器主要应用于：地图、导航、测速、测距。（　　）

（5）智能手机的软件安装来源不需要严格控制，目前各种渠道的 App 都非常的安全。（　　）

4．简答题

（1）智能手机的特点是什么？

（2）智能手机的构造主要包括哪些模块？

（3）选购智能手机时应主要考虑哪几方面的因素？

（4）绿色守护是什么软件？有什么功能？工作原理是什么？

（5）什么是 Android 的"Root"和 iOS 的"越狱"，它们有何利弊？

参 考 文 献

[1] 文光斌等. 计算机信息系统维护与维修[M]. 北京：清华大学出版社，2004.
[2] 李志学. 计算机组装与维护案例教程[M]. 北京：清华大学出版社，2016.
[3] www.vmware.com.
[4] detail.zol.com.cn.
[5] diannao.jd.com.
[6] product.pconline.com.cn/itbk/.

反侵权盗版声明

电子工业出版社依法对本作品享有专有出版权。任何未经权利人书面许可,复制、销售或通过信息网络传播本作品的行为,歪曲、篡改、剽窃本作品的行为,均违反《中华人民共和国著作权法》,其行为人应承担相应的民事责任和行政责任,构成犯罪的,将被依法追究刑事责任。

为了维护市场秩序,保护权利人的合法权益,我社将依法查处和打击侵权盗版的单位和个人。欢迎社会各界人士积极举报侵权盗版行为,本社将奖励举报有功人员,并保证举报人的信息不被泄露。

举报电话:(010)88254396;(010)88258888
传　　真:(010)88254397
E-mail:　dbqq@phei.com.cn
通信地址:北京市海淀区万寿路173信箱
　　　　　电子工业出版社总编办公室
邮　　编:100036